中国高等教育学会工程教育专业委员会新工科"十三五"规划教材

FINITE ELEMENT METHOD AND MATLAB

Theory, Experience and Practice

有限元法与 MATLAB

——理论、体验与实践

周　博　薛世峰　林英松 ◎ 著

ZHEJIANG UNIVERSITY PRESS
浙江大学出版社
·杭州·

图书在版编目(CIP)数据

有限元法与 MATLAB:理论、体验与实践 / 周博,薛
世峰,林英松著.— 杭州:浙江大学出版社,2022.8(2024.7 重印)
ISBN 978-7-308-22814-5

Ⅰ.①有… Ⅱ.①周… ②薛… ③林… Ⅲ.①有限元
法—Matlab 软件 Ⅳ.①O241.82②TP317

中国版本图书馆 CIP 数据核字(2022)第 118304 号

本书特色

　①有限元法与 MATLAB 高度融合:有效利用 MATLAB 的数值计算、符号计算、可视化处理等功能,全方位体验有限元法的理论、概念和思想,使有限元法的理论更朴实、概念更形象、思想更具体。

　②实例丰富、利于教学、方便自学:全书共包括 130 个例题,240 多个 MATLAB 程序均可通过手机扫码下载,利于教师备课和学生自主学习。

　③扫码获取程序、满足科研需求:有基础的读者扫码获取并研习相关 MATLAB 程序,可在短时间内迅速提高有限元法的实践能力和 MATLAB 的应用水平,并可将本书中的 MATLAB 程序用于科学研究。

有限元法与 MATLAB——理论、体验与实践
YOUXIAN YUANFA YU MATLAB——LILUN、TIYAN YU SHIJIAN
周　博　薛世峰　林英松　著

责任编辑	吴昌雷
责任校对	王　波
封面设计	北京春天
出版发行	浙江大学出版社
	(杭州市天目山路 148 号　邮政编码 310007)
	(网址:http://www.zjupress.com)
排　版	杭州晨特广告有限公司
印　刷	广东虎彩云印刷有限公司绍兴分公司
开　本	787mm×1092mm　1/16
印　张	28.5
字　数	694 千
版 印 次	2022 年 8 月第 1 版　2024 年 7 月第 3 次印刷
书　号	ISBN 978-7-308-22814-5
定　价	75.00 元

P前言
Preface

　　有限元法是 1960 年代发展起来的一种数值计算方法。随着计算机科学与技术的快速发展,有限元法已成为科学研究、工程分析与结构设计的重要工具,被高等院校众多理工类专业列为本科生和研究生的必修课程。党的二十大报告号召坚持为党育人、为国育才,全面提高人才自主培养质量,着力造就拔尖创新人才,聚天下英才而用之;新工科的核心理念是面向未来新兴产业和经济,为国家培养工程实践和创新能力强、具备国际竞争力的高素质复合型工程技术人才,这给有限元法的教学工作提出了更高要求。

　　在实现中华民族伟大复兴的征途上,中国石油大学(华东)全面贯彻习近平新时代中国特色社会主义思想,抓住立足新发展阶段、贯彻新发展理念、构建新发展格局的重大时代机遇,抓住高等教育高质量发展的重大战略机遇,积极推动党的二十大精神进课堂、进教材,加强学科融合、科教融合与课程思政。近年来我们以为党育人、为国育才为宗旨,在有限元法的教学实践中,积极采用现代教学手段、促进教学与科研的有机融合、面向新工科更新教育教学理念,进行了线上线下混合式教学、以学生为中心体验式课堂教学,通过实践教学弘扬爱国主义精神,有效激发了学生的科学兴趣和爱国热情、增强了实践和创新能力培养、提高了教学质量、教学效率和课程思政效果。

　　本书是梳理与提炼上述教学改革与实践经验、面向新工科、突出自主学习、适应现代教学环境、适合现代学习特点的新形态教材。以"理论阐述→理论体验→计算实践→综合训练"为主线,注重实践与创新能力的培养和教学质量与效率的提高。将有限元法讲授与 MATLAB 应用高度融合,有效利用 MATLAB 的数值计算、符号计算、可视化处理等功能,全方位体验有限元法的理论、概念和思想,使有限元法的理论更朴实、概念更形象、思想更具体。全书共包括 130 多个例题,240 多个 MATLAB 程序均可通过手机扫码下载,利于教师备课、学生自学和科研参引。对于有一定基础的读者,直接研习本书中的例题,可在短时间内迅

速提高有限元法的实践能力和 MATLAB 的应用水平,并有助于将本书中的
MATLAB 程序直接用于科学研究、工程分析与结构设计。

为便于教学安排,本书内容分为三篇:基础部分、实践部分与扩展部分。各篇的主要内容、服务课程及学时安排介绍如下。

第一篇基础部分共 7 章,主要介绍有限元法的基本原理,内容包括:第 1 章有限元法的理论基础、第 2 章弹性平面问题的有限元法、第 3 章单元及其形函数构造、第 4 章等参元和数值积分、第 5 章弹性空间问题的有限元法、第 6 章杆系结构的有限元法、第 7 章平板弯曲问题的有限元法,可用作"有限元法""计算力学"等本科生或研究生的课程教材,所需学时为 48 至 56 学时。

第二篇实践部分共 4 章,主要介绍有限元法的程序设计,内容包括:第 8 章平面三角形单元的程序设计、第 9 章平面 4 结点四边形等参元的程序设计、第 10 章平面 8 结点四边形等参元的程序设计、第 11 章杆单元和梁单元的程序设计,可用作"有限元法程序设计》""有限元法综合训练"等本科生或研究生的课程教材,所需学时为 24 至 32 学时。

第三篇扩展部分共 4 章,主要介绍有限元法的高级应用和发展,包括:第 12 章动力学问题的有限元法、第 13 章多场问题的有限元法、第 14 章非线性问题的有限元法、第 15 章扩展有限元法及其应用,可用于"高等有限元法""高等计算力学"等本科生或研究生的课程教材,所需学时为 24 至 32 学时。

作　者

2023 年 10 月 2 日

Contents 目录

第一篇　基本部分

有限元法与 MATLAB

第一篇

基本部分

根据党的二十大精神,全面提高人才自主培养质量,着力造就拔尖创新人才,聚天下英才而用之,是有效推进中华民族伟大复兴的必然要求。着力培养我国大学生的实践与创新能力,是新时期高等院校的重要责任与担当。掌握有限元法的基本理论,是灵活应用有限元法、培养实践与创新能力的重要前提。本篇主要介绍有限元法的基本理论,具体内容如下。

第1章　有限元法的理论基础

主要介绍泛函、变分原理、微分方程的等效积分、微分方程的加权余量法等方面内容。

第2章　弹性平面问题的有限元法

主要包括弹性平面问题的单元位移分析、单元刚度分析、整体刚度分析、结点载荷形成和整体刚度方程求解等方面内容。

第3章　单元及其形函数构造

主要包括有限元法形函数的概念、一维单元及其形函数构造、二维单元及其形函数构造、三维单元及其形函数构造等方面内容。

第4章　等参元和数值积分

主要包括有限元法等参元的概念、平面三角形等参元、平面四边形等参元、空间四面体等参元、空间六面体等参元、等参元数值积分等方面内容。

第5章　弹性空间问题的有限元法

主要包括弹性力学有限元法的一般格式、弹性空间四面体单元分析、弹性空间六面体单元分析、弹性轴对称单元分析等方面内容。

第6章　杆系结构的有限元法

主要包括平面桁架结构有限元法、空间桁架结构有限元法、平面刚架结构有限元法、空间刚架结构有限元法等方面内容。

第7章　平板弯曲问题的有限元法

主要包括弹性薄板理论、弹性薄板问题的有限元法、弹性厚板理论、弹性厚板问题的有限元法等方面内容。

本篇内容,可用作56学时"有限元法"本科生课程教材,也可作为48学时"计算力学"研究生课程教材。还可以根据各校实际学时情况,选择本篇部分内容作为本科生或研究生的相关课程教材。

第1章 有限元法的理论基础

1.1 泛函与变分的概念

1.1.1 泛函的概念

泛函和函数是两个不同概念,函数的自变量为数,而泛函的自变量是函数,可以简单将泛函描述为自变函数的函数。设$\{y(x)\}$是给定的函数集合,若对该集合中任一函数$y(x)$,恒有某个确定的值$\Pi[y(x)]$与之对应,则称$\Pi[y(x)]$是定义在集合$\{y(x)\}$内的一个泛函。

根据上述定义,泛函有两个基本点:1)泛函的定义域为满足一定条件的函数集合;2)泛函数的值$\Pi[y(x)]$与自变函数$y(x)$有明确的对应关系,通常是由自变函数$y(x)$的曲线整体决定的,主要表现在积分上。例如

$$T[y(x)] = \int_0^a \sqrt{\frac{1+(y')^2}{2gy}}\,\mathrm{d}x$$

由自变函数$y(x)$在区间$[0,a]$的整体属性决定,因此T为自变函数$y(x)$的泛函。再如

$$G[u(x)] = \frac{1}{2}\int_0^1 [(u')^2 - u^2 + 2x^2u]\,\mathrm{d}x$$

由自变函数$u(x)$在区间$[0,1]$的整体属性决定,因此G是自变函数$u(x)$的泛函。

1.1.2 变分的概念

变分和微分是两个不同的概念,求函数的极值用微分,求泛函的极值用变分。考察图1-1所示函数$y(x)$,函数的微分$\mathrm{d}y$是指,由于自变量的微小改变$\mathrm{d}x$而引起的函数值的微小变化,即

$$\mathrm{d}y = y(x+\mathrm{d}x) - y(x)$$

而泛函$\Pi[y(x)]$的变分是指,由于自变函数$y(x)$的微小改变$\delta y(x)$引起的泛函数值的微小变化,即

$$\delta\Pi[y(x)] = \Pi[y(x)+\delta y(x)] - \Pi[y(x)]$$

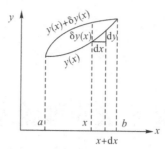

图 1-1　微分和变分的区别

变分在运算上和微分相似,常见的运算法则有

$$\left.\begin{aligned}
\delta(uv) &= v\delta u + u\delta v \\
\delta(y') &= (\delta y)' \\
\delta(y^n) &= ny^{n-1}\delta y \\
\delta\int F\mathrm{d}x &= \int \delta F\mathrm{d}x
\end{aligned}\right\}$$

1.1.3　体验与实践

1.1.3.1　实例 1-1

【例 1-1】　求泛函

$$G[y(x)] = \int_a^b \left[(y')^2 + y^2 + 2x^2 y\right]\mathrm{d}x$$

的变分 δG。

【解】　设

$$F = (y')^2 + y^2 + 2x^2 y$$

对泛函 G 取变分,得

$$\delta G = \int_a^b \left(\frac{\partial F}{\partial y}\delta y + \frac{\partial F}{\partial y'}\delta y'\right)\mathrm{d}x = \int_a^b (2y + 2x^2)\delta y\mathrm{d}x + \int_a^b 2y'\delta y'\mathrm{d}x \tag{a}$$

利用分部积分,可得

$$\int_a^b 2y'\delta y'\mathrm{d}x = \int_a^b 2y'\mathrm{d}(\delta y) = 2y'\delta y\bigg|_a^b - \int_a^b 2y''\delta y\mathrm{d}x \tag{b}$$

将(b)式代入(a)式,得到

$$\delta G = \int_a^b (2y + 2x^2 - 2y'')\delta y\mathrm{d}x + 2y'\delta y\bigg|_a^b$$

1.1.3.2　实例 1-2

【例 1-2】　举例说明高等数学和弹性力学中的泛函。

【解】　1)定积分是以被积函数为自变函数的泛函,例如

$$I(f(x)) = \int_a^b f(x)\mathrm{d}x$$

和

$$I(f(x,y)) = \int_A f(x,y)\mathrm{d}A$$

2)弹性体的变形能是以位移场函数为自变函数的泛函。单向拉伸时,弹性体的应变能表达式为

$$U(u(x)) = \frac{1}{2} \int_l EA \left(\frac{\mathrm{d}u}{\mathrm{d}x} \right)^2 \mathrm{d}x$$

1.2 泛函极值问题

1.2.1 简单泛函极值问题

定义一简单泛函

$$\Pi[y(x)] = \int_a^b F(x, y, y') \mathrm{d}x \tag{1-1}$$

其自变函数满足边界条件

$$\left. \begin{array}{l} y(a) = \alpha \\ y(b) = \beta \end{array} \right\} \tag{1-2}$$

下面寻找一个函数 $y(x)$,使得(1-1)式中定义的泛函取得极值。

根据变分运算法则,由(1-1)式出发可得到

$$\begin{aligned} \delta\Pi &= \delta \left[\int_a^b F(x, y, y') \mathrm{d}x \right] \\ &= \int_a^b \delta F(x, y, y') \mathrm{d}x \\ &= \int_a^b \left(\frac{\partial F}{\partial y} \delta y + \frac{\partial F}{\partial y'} \delta y' \right) \mathrm{d}x \end{aligned} \tag{1-3}$$

对(1-3)式中等号右端第二项,进行分部积分得到

$$\delta\Pi = \int_a^b \left[\frac{\partial F}{\partial y} - \frac{\mathrm{d}}{\mathrm{d}x} \left(\frac{\partial F}{\partial y'} \right) \right] \delta y \mathrm{d}x + \left[\frac{\partial F}{\partial y'} \delta y \right]_a^b$$

根据(1-2)式可知,$\delta y(a) = \delta y(b) = 0$,因此上式可进一步简化为

$$\delta\Pi = \int_a^b \left[\frac{\partial F}{\partial y} - \frac{\mathrm{d}}{\mathrm{d}x} \left(\frac{\partial F}{\partial y'} \right) \right] \delta y \mathrm{d}x \tag{1-4}$$

根据泛函极值条件 $\delta\Pi = 0$ 及 δy 的任意性,由(1-4)可得

$$\frac{\partial F}{\partial y} - \frac{\mathrm{d}}{\mathrm{d}x} \left(\frac{\partial F}{\partial y'} \right) = 0 \tag{1-5}$$

这就是泛函(1-1)式取得极值时,自变函数满足的微分方程,称为泛函的**欧拉方程**。根据(1-5)式及边界条件(1-2)式即可确定出自变函数 $y(x)$ 的表达式。

1.2.2 含高阶导数的泛函极值问题

定义一个含自变函数二阶导数的泛函

$$\Pi[y(x)] = \int_a^b F(x, y, y', y'') \mathrm{d}x \tag{1-6}$$

其自变函数满足边界条件

$$\left.\begin{array}{l} y(a)=\alpha_1 \\ y(b)=\beta_1 \\ y'(a)=\alpha_2 \\ y'(b)=\beta_2 \end{array}\right\} \tag{1-7}$$

下面寻找一个函数 $y(x)$ 使得 (1-6) 式定义的泛函取得极值。

对 (1-6) 式定义的泛函取变分，得到

$$\delta\Pi=\int_a^b \left(\frac{\partial F}{\partial y}\delta y+\frac{\partial F}{\partial y'}\delta y'+\frac{\partial F}{\partial y''}\delta y''\right)\mathrm{d}x \tag{1-8}$$

对 (1-8) 式等号右端第二、三项，进行分部积分运算，得到

$$\int_a^b \frac{\partial F}{\partial y'}\delta y'\,\mathrm{d}x=-\int_a^b \frac{\mathrm{d}}{\mathrm{d}x}\left(\frac{\partial F}{\partial y'}\right)\delta y\,\mathrm{d}x+\left(\frac{\partial F}{\partial y'}\delta y\right)\Big|_a^b \tag{1-9}$$

和

$$\int_a^b \frac{\partial F}{\partial y''}\delta y''\,\mathrm{d}x=-\int_a^b \frac{\mathrm{d}}{\mathrm{d}x}\left(\frac{\partial F}{\partial y''}\right)\delta y'\,\mathrm{d}x+\left(\frac{\partial F}{\partial y''}\delta y'\right)\Big|_a^b$$
$$=\int_a^b \frac{\mathrm{d}^2}{\mathrm{d}x^2}\left(\frac{\partial F}{\partial y''}\right)\delta y\,\mathrm{d}x-\left[\frac{\mathrm{d}}{\mathrm{d}x}\left(\frac{\partial F}{\partial y''}\right)\delta y\right]\Big|_a^b+\left(\frac{\partial F}{\partial y''}\delta y'\right)\Big|_a^b \tag{1-10}$$

将 (1-9) 式和 (1-10) 式代入 (1-8) 式，得到

$$\delta\Pi=\int_a^b \left[\frac{\partial F}{\partial y}-\frac{\mathrm{d}}{\mathrm{d}x}\left(\frac{\partial F}{\partial y'}\right)+\frac{\mathrm{d}^2}{\mathrm{d}x^2}\left(\frac{\partial F}{\partial y''}\right)\right]\delta y\,\mathrm{d}x$$
$$+\left\{\left[\frac{\partial F}{\partial y'}-\frac{\mathrm{d}}{\mathrm{d}x}\left(\frac{\partial F}{\partial y''}\right)\right]\delta y\right\}\Big|_a^b+\left(\frac{\partial F}{\partial y''}\delta y'\right)\Big|_a^b=0 \tag{1-11}$$

根据边界条件 (1-7) 式可知

$$\left.\begin{array}{l} \delta y(a)=\delta y(b)=0 \\ \delta y'(a)=\delta y'(b)=0 \end{array}\right\} \tag{1-12}$$

将 (1-12) 代入 (1-11)，得到

$$\delta\Pi=\int_a^b \left[\frac{\partial F}{\partial y}-\frac{\mathrm{d}}{\mathrm{d}x}\left(\frac{\partial F}{\partial y'}\right)+\frac{\mathrm{d}^2}{\mathrm{d}x^2}\left(\frac{\partial F}{\partial y''}\right)\right]\delta y\,\mathrm{d}x=0$$

根据泛函极值条件 $\delta\Pi=0$ 及 δy 的任意性，上式成立必然有

$$\frac{\partial F}{\partial y}-\frac{\mathrm{d}}{\mathrm{d}x}\left(\frac{\partial F}{\partial y'}\right)+\frac{\mathrm{d}^2}{\mathrm{d}x^2}\left(\frac{\partial F}{\partial y''}\right)=0 \tag{1-13}$$

即 (1-6) 式的**欧拉方程**。

若事先没有给定边界条件 (1-7) 式，则根据 (1-12) 式可知，需要满足如下边界条件

$$\left.\begin{array}{l} \frac{\partial F}{\partial y'}-\frac{\mathrm{d}}{\mathrm{d}x}\left(\frac{\partial F}{\partial y''}\right)=0 \\ \frac{\partial F}{\partial y''}=0 \end{array}\right\} \quad (x=a,x=b) \tag{1-14}$$

才能得到欧拉方程 (1-13)。像 (1-14) 式这种由泛函变分极值条件推导出的边界条件称为**自然边界条件**，而像 (1-7) 式这种事先给定的边界条件称为**强加边界条件**或**本质边界条件**。

类似地定义一含 n 阶导数的泛函

$$\Pi[y(x)]=\int_a^b F(x,y,y',y'',\cdots,y^{(n)})\mathrm{d}x \tag{1-15}$$

经过类似的过程,可以得到(1-15)式的欧拉方程为

$$\frac{\partial F}{\partial y}-\frac{\mathrm{d}}{\mathrm{d}x}\left(\frac{\partial F}{\partial y'}\right)+\frac{\mathrm{d}^2}{\mathrm{d}x^2}\left(\frac{\partial F}{\partial y''}\right)-\cdots+(-1)^n\frac{\mathrm{d}^n}{\mathrm{d}x^n}\left(\frac{\partial F}{\partial y^{(n)}}\right)=0 \tag{1-16}$$

与(1-16)式对应的强加边界条件和自然边界条件分别为

$$\left.\begin{array}{l} y(a)=\alpha_1,y(b)=\beta_1 \\ y'(a)=\alpha_2,y'(b)=\beta_2 \\ \cdots\cdots \\ y^{(n-1)}(a)=\alpha_{n-1},y^{(n-1)}(b)=\beta_{n-1}\end{array}\right\} \tag{1-17}$$

和

$$\left.\begin{array}{l} \frac{\partial F}{\partial y'}-\frac{\mathrm{d}}{\mathrm{d}x}\left(\frac{\partial F}{\partial y''}\right)+\cdots+(-1)^{n-1}\frac{\mathrm{d}^{n-1}}{\mathrm{d}x^{n-1}}\left(\frac{\partial F}{\partial y^{(n-1)}}\right)=0 \\ \frac{\partial F}{\partial y''}+\cdots+(-1)^{n-2}\frac{\mathrm{d}^{n-2}}{\mathrm{d}x^{n-2}}\left(\frac{\partial F}{\partial y^{(n-2)}}\right)=0 \\ \cdots\cdots \\ \frac{\partial F}{\partial y^{(n)}}=0\end{array}\right\} \quad (x=a,x=b) \tag{1-18}$$

1.2.3　具有多个独立变量的泛函极值问题

定义自变函数为二元函数的泛函

$$\Pi=\int_\Omega F(x,y,\varphi,\varphi_x,\varphi_y)\mathrm{d}\Omega \tag{1-19}$$

其中

$$\left.\begin{array}{l}\varphi=\varphi(x,y) \\ \varphi_x=\dfrac{\partial\varphi}{\partial x} \\ \varphi_y=\dfrac{\partial\varphi}{\partial y}\end{array}\right\}$$

对泛函(1-19)取一阶变分,得到

$$\begin{aligned}\delta\Pi&=\int_\Omega\left(\frac{\partial F}{\partial\varphi}\delta\varphi+\frac{\partial F}{\partial\varphi_x}\delta\varphi_x+\frac{\partial F}{\partial\varphi_y}\delta\varphi_y\right)\mathrm{d}\Omega \\ &=\int_\Omega\left(\frac{\partial F}{\partial\varphi}\delta\varphi+\frac{\partial F}{\partial\varphi_x}\frac{\partial\delta\varphi}{\partial x}+\frac{\partial F}{\partial\varphi_y}\frac{\partial\delta\varphi}{\partial y}\right)\mathrm{d}\Omega\end{aligned} \tag{1-20}$$

利用分部积分和格林—高斯定理,可得到

$$\begin{aligned}\int_\Omega\frac{\partial F}{\partial\varphi_x}\frac{\partial\delta\varphi}{\partial x}\mathrm{d}\Omega&=\int_\Omega\frac{\partial}{\partial x}\left(\frac{\partial F}{\partial\varphi_x}\delta\varphi\right)\mathrm{d}\Omega-\int_\Omega\frac{\partial}{\partial x}\left(\frac{\partial F}{\partial\varphi_x}\right)\delta\varphi\mathrm{d}\Omega \\ &=\int_\Gamma\frac{\partial F}{\partial\varphi_x}\delta\varphi n_x\mathrm{d}\Gamma-\int_\Omega\frac{\partial}{\partial x}\left(\frac{\partial F}{\partial\varphi_x}\right)\delta\varphi\mathrm{d}\Omega\end{aligned}$$

和

$$\begin{aligned}\int_\Omega\frac{\partial F}{\partial\varphi_y}\frac{\partial\delta\varphi}{\partial y}\mathrm{d}\Omega&=\int_\Omega\frac{\partial}{\partial y}\left(\frac{\partial F}{\partial\varphi_y}\delta\varphi\right)\mathrm{d}\Omega-\int_\Omega\frac{\partial}{\partial y}\left(\frac{\partial F}{\partial\varphi_y}\right)\delta\varphi\mathrm{d}\Omega \\ &=\int_\Gamma\frac{\partial F}{\partial\varphi_y}\delta\varphi n_y\mathrm{d}\Gamma-\int_\Omega\frac{\partial}{\partial y}\left(\frac{\partial F}{\partial\varphi_y}\right)\delta\varphi\mathrm{d}\Omega\end{aligned}$$

其中 Γ 为 Ω 的边界，n_x 为边界外法线方向 n 和 x 轴间的方向余弦，n_y 为边界外法线方向 n 和 y 轴间的方向余弦。将以上两式代入(1-20)式，得到

$$\delta\Pi = \int_{\Omega}\left[\frac{\partial F}{\partial\varphi} - \frac{\partial}{\partial x}\left(\frac{\partial F}{\partial\varphi_x}\right) - \frac{\partial}{\partial y}\left(\frac{\partial F}{\partial\varphi_y}\right)\right]\delta\varphi\,\mathrm{d}\Omega + \int_{\Gamma}\left(\frac{\partial F}{\partial\varphi_x}n_x + \frac{\partial F}{\partial\varphi_y}n_y\right)\delta\varphi\,\mathrm{d}\Gamma \qquad (1\text{-}21)$$

根据泛函极值条件 $\delta\Pi = 0$ 及 δy 的任意性，由(1-21)式可知(1-19)式的欧拉方程和自然边界条件分别为

$$\frac{\partial F}{\partial\varphi} - \frac{\partial}{\partial x}\left(\frac{\partial F}{\partial\varphi_x}\right) - \frac{\partial}{\partial y}\left(\frac{\partial F}{\partial\varphi_y}\right) = 0 \quad (在\ \Omega\ 内) \qquad (1\text{-}22)$$

和

$$\frac{\partial F}{\partial\varphi_x}n_x + \frac{\partial F}{\partial\varphi_y}n_y = 0 \quad (在\ \Gamma\ 上) \qquad (1\text{-}23)$$

经过类似的推导过程，对于下面自变函数为三元函数的泛函

$$\Pi = \int_{\Omega}F(x, y, z, \varphi, \varphi_x, \varphi_y, \varphi_z)\,\mathrm{d}\Omega \qquad (1\text{-}24)$$

其中

$$\left.\begin{array}{l}\varphi = \varphi(x, y, z)\\[6pt]\varphi_x = \dfrac{\partial\varphi}{\partial x}\\[6pt]\varphi_y = \dfrac{\partial\varphi}{\partial y}\\[6pt]\varphi_z = \dfrac{\partial\varphi}{\partial z}\end{array}\right\}$$

可得到其欧拉方程和自然边界条件分别为

$$\frac{\partial F}{\partial\varphi} - \frac{\partial}{\partial x}\left(\frac{\partial F}{\partial\varphi_x}\right) - \frac{\partial}{\partial y}\left(\frac{\partial F}{\partial\varphi_y}\right) - \frac{\partial}{\partial z}\left(\frac{\partial F}{\partial\varphi_z}\right) = 0 \quad (在\ \Omega\ 内) \qquad (1\text{-}25)$$

和

$$\frac{\partial F}{\partial\varphi_x}n_x + \frac{\partial F}{\partial\varphi_y}n_y + \frac{\partial F}{\partial\varphi_z}n_z = 0 \quad (在\ \Gamma\ 上) \qquad (1\text{-}26)$$

1.2.4 体验与实践

1.2.4.1 实例 1-3

【例 1-3】 泛函

$$\Pi[y(x)] = \frac{1}{2}\int_0^1\left[(y')^2 - y^2 + 2x^2 y\right]\mathrm{d}x$$

的自变函数的边界条件为 $y(0) = y(1) = 0$。求使该泛函取极值的自变函数 $y(x)$。

【解】 设

$$F = \frac{1}{2}\left[(y')^2 - y^2 + 2x^2 y\right]$$

据此可进一步得到

$$\frac{\partial F}{\partial y} = -y + x^2, \qquad \frac{\partial F}{\partial y'} = y' \tag{a}$$

将(a)式代入欧拉方程(1-5),得到

$$-\frac{\mathrm{d}^2 y}{\mathrm{d}x^2} - y + x^2 = 0 \qquad\qquad (b)$$

微分方程(b)满足 $y(0) = y(1) = 0$ 的特解为

$$y = 2\cos(x) + x^2 - \frac{2\cos(1) - 1}{\sin(1)}\sin(x) - 2$$

可进一步整理为

$$y = \frac{\sin x + 2\sin(1-x)}{\sin 1} + x^2 - 2$$

【另解】 1)编写如下 MATLAB 程序:

```
clear;
clc
syms p y x      % p=diff(y,x,1)
F=p^2−y^2+2*x^2*y
F=1/2*F
Fp=diff(F,p,1)
Fy=diff(F,y,1)
```

代码下载

运行后,得到:

```
F=p^2/2+x^2*y−y^2/2
Fp=p
Fy=x^2−y
```

代入欧拉方程(1-5),得到:

```
x^2−y−diff(y,x,2)=0
```

2)编写如下 MATLAB 程序:

```
clc;
clear;
syms  y(x)
deq=−diff(y,x,2)−y+x^2==0
con1=y(0)==0
con2=y(1)==0
y=dsolve(deq,con1,con2)
pretty(y)
```

代码下载

运行后,得到:

```
y=2*cos(x)+x^2−(sin(x)*(2*cos(1)−1))/sin(1) −2
```

$$2\cos(x) + x^2 - \frac{\sin(x)(2 - \cos(1) - 1)}{\sin(1)} - 2$$

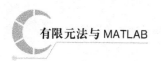
1.2.4.2 实例 1-4

【例 1-4】 求使泛函

$$G[y(x)] = \int_0^{\pi/2} \left[(y')^2 - y^2 + y\sin(x) \right] dx$$

取极值,且满足边界条件 $y(0) = y(\pi/2) = 0$ 的自变函数 $y(x)$。

【解】 设

$$F = (y')^2 - y^2 + y\sin(x)$$

代入欧拉方程(1-5),得到

$$2y'' + 2y - \sin(x) = 0$$

该微分方程满足 $y(0) = y(\pi/2) = 0$ 的解为

$$y(x) = \frac{1}{16}\left[\sin(3x) - \sin(x)\right] - \cos(x)\left[\frac{1}{4}x - \frac{1}{8}\sin(2x)\right]$$

【令解】 编写如下 MATLAB 程序:

```
clc;
clear;
syms  y p x % p=diff(y,x,1)
F=p^2-y^2+y*sin(x)
Fy=diff(F,y,1)
Fp=diff(F,p,1)
```

代码下载

运行后,得到:

```
F=p^2-y^2+sin(x)*y
Fy=sin(x)-2*y
Fp=2*p
```

代入欧拉方程(1-5),得到:

```
sin(x)-2*y-2*diff(y,x,2)=0
```

编写如下 MATLAB 程序:

```
clear;
clc;
syms  y(x)
deq=sin(x)-2*y-2*diff(y,x,2)==0
con1=y(0)==0
con2=y(pi/2)==0
y(x)=dsolve(deq,con1,con2)
pretty(y(x))
```

代码下载

运行后,得到:

```
y(x)=-sin(3*x)/16-sin(x)/16-cos(x)*(x/4-sin(2*x)/8)
```

$$-\frac{\sin(3x)}{16} - \frac{\sin(x)}{16} - \cos(x)\left(\frac{x}{4} - \frac{\sin(2x)}{8}\right)$$

1.3　变分原理和里兹法

1.3.1　变分原理简介

与函数存在极值的条件类似,泛函 $\Pi[y(x)]$ 在其定义域内,即自变函数集合内,取极值的必要条件是其 1 阶变分等于零,即

$$\delta\Pi[y(x)]=0$$

利用泛函极值条件求解问题的方法,称为**变分原理**或**变分法**。

对于一个具体的工程或科学问题,经常存在不同但相互等效的表达形式。在变分原理中,问题的求解是寻找一个满足边界条件且使泛函取得极值的待求未知函数。在微分方程边值问题的表达中,问题的求解是对已知边界条件的微分方程进行积分。泛函极值问题和微分方程边值问题是两种不同但相互等效的表达形式。

对于任何泛函极值问题,都可以找到相应的欧拉方程,即都可转换为微分方程边值问题。但不是所有微分方程边值问题都存在相应的变分原理,即不是所有微分方程边值问题都能转换为泛函极值问题。下面主要介绍如何建立线性微分方程的泛函。

将微分方程记为

$$L(u)+f=0 \tag{1-27}$$

其中 L 为微分算子,f 为已知函数项。若微分算子 L 具有如下性质

$$L(\alpha u+\beta v)=\alpha L(u)+\beta L(v) \tag{1-28}$$

其中 α 和 β 为常数,u 和 v 为两个任意函数,则称 L 为线性微分算子,(1-27)式为线性微分方程。

对于 u 和 v 为两个任意函数,定义如下内积

$$\int_{\Omega}L(u)v\mathrm{d}\Omega \tag{1-29}$$

若内积(1-29)经过分部积分运算后,可以改写为

$$\int_{\Omega}L(u)v\mathrm{d}\Omega=\int_{\Omega}L(v)u\mathrm{d}\Omega+\mathrm{b.\,t.\,}(u,v) \tag{1-30}$$

其中 b. t. (u,v) 为边界项,则称微分算子 L 为自伴随算子,称(1-27)式为线性自伴随微分方程。线性自伴随微分方程可以转化为相应的泛函极值问题。线性自伴微分方程的泛函数确定,即变分原理的建立,主要通过分部积分运算得到。

1.3.2　微分方程的里兹法

在实际应用中,很多微分方程问题很难得到解析解,只能求得其近似解。**里兹(Ritz)法**是基于变分原理的微分方程近似解法。该法具体过程为:①将微分方程问题转化为泛函极值问题;②假设含有待定参数的近似解;③利用泛函的极值条件求出近似解中的待定参数。具体情况介绍如下。

对某一微分方程,若已求得其对应的泛函为 $\Pi[y(x)]$。假设函数 $y(x)$ 为

$$y(x) = \sum_{i=1}^{0} C_i Y_i(x) + Y_0(x) \tag{1-31}$$

其中 Y_i 为基函数，C_i 为待定系数。将(1-31)式代入泛函极值条件 $\delta\Pi = 0$，得到

$$\delta\Pi = \frac{\partial\Pi}{\partial C_1}\delta C_1 + \frac{\partial\Pi}{\partial C_2}\delta C_2 + \cdots + \frac{\partial\Pi}{\partial C_n}\delta C_n = 0 \tag{1-32}$$

由于 δC_i 的任意性，若(1-32)式成立必然有

$$\frac{\partial\Pi}{\partial C_i} = 0 \quad (i = 1, 2, \cdots, n) \tag{1-33}$$

根据上述 n 个方程，即可求出 n 个待定系数 C_i，进而得到原微分方程问题的近似解。利用里兹法求解微分方程问题的前提，是能找到微分方程问题所对应的泛函数。

1.3.3　体验与实践

1.3.3.1　实例 1-5

【例 1-5】　设有微分方程

$$\frac{\mathrm{d}^2}{\mathrm{d}x^2}\left[b(x)\frac{\mathrm{d}^2 w}{\mathrm{d}x^2}\right] + f(x) = 0 \quad (0 \leqslant x \leqslant L) \tag{a}$$

其边界条件为

$$w\big|_{x=0} = 0, \quad \frac{\mathrm{d}w}{\mathrm{d}x}\Big|_{x=0} = 0, \quad \left(b(x)\frac{\mathrm{d}^2 w}{\mathrm{d}x^2}\right)\Big|_{x=L} = M_0, \quad \left[\frac{\mathrm{d}}{\mathrm{d}x}\left(b(x)\frac{\mathrm{d}^2 w}{\mathrm{d}x^2}\right)\right]\Big|_{x=L} = 0 \tag{b}$$

建立该微分方程的变分原理。

【解】　设微分方程(a)对应的泛函变分为

$$\delta\Pi = \int_0^L \left\{\frac{\mathrm{d}^2}{\mathrm{d}x^2}\left[b(x)\frac{\mathrm{d}^2 w}{\mathrm{d}x^2}\right] + f(x)\right\}\delta w\,\mathrm{d}x \tag{c}$$

利用分部积分可得到

$$\int_0^L \left\{\frac{\mathrm{d}^2}{\mathrm{d}x^2}\left[b(x)\frac{\mathrm{d}^2 w}{\mathrm{d}x^2}\right]\right\}\delta w\,\mathrm{d}x$$

$$= -\int_0^L \frac{\mathrm{d}}{\mathrm{d}x}\left[b(x)\frac{\mathrm{d}^2 w}{\mathrm{d}x^2}\right]\delta\left(\frac{\mathrm{d}w}{\mathrm{d}x}\right)\mathrm{d}x + \left\{\frac{\mathrm{d}}{\mathrm{d}x}\left[b(x)\frac{\mathrm{d}^2 w}{\mathrm{d}x^2}\right]\delta w\right\}\Big|_0^L$$

$$= \int_0^L \left[b(x)\frac{\mathrm{d}^2 w}{\mathrm{d}x^2}\delta\left(\frac{\mathrm{d}^2 w}{\mathrm{d}x^2}\right)\right]\mathrm{d}x - \left[b(x)\frac{\mathrm{d}^2 w}{\mathrm{d}x^2}\delta\left(\frac{\mathrm{d}w}{\mathrm{d}x}\right)\right]\Big|_0^L + \left\{\frac{\mathrm{d}}{\mathrm{d}x}\left[b(x)\frac{\mathrm{d}^2 w}{\mathrm{d}x^2}\right]\delta w\right\}\Big|_0^L$$

利用边界条件(b)式，可以得到

$$-\left[b(x)\frac{\mathrm{d}^2 w}{\mathrm{d}x^2}\delta\left(\frac{\mathrm{d}w}{\mathrm{d}x}\right)\right]\Big|_0^L + \left\{\frac{\mathrm{d}}{\mathrm{d}x}\left[b(x)\frac{\mathrm{d}^2 w}{\mathrm{d}x^2}\right]\delta w\right\}\Big|_0^L$$

$$= -\left[b(x)\frac{\mathrm{d}^2 w}{\mathrm{d}x^2}\delta\left(\frac{\mathrm{d}w}{\mathrm{d}x}\right)\right]_{x=L} + \left\{\frac{\mathrm{d}}{\mathrm{d}x}\left[b(x)\frac{\mathrm{d}^2 w}{\mathrm{d}x^2}\right]\delta w\right\}_{x=L}$$

$$= -M_0\delta\left(\frac{\mathrm{d}w}{\mathrm{d}x}\right)_{x=L}$$

根据以上两式，可以得到

$$\int_0^L \left\{\frac{\mathrm{d}^2}{\mathrm{d}x^2}\left[b(x)\frac{\mathrm{d}^2 w}{\mathrm{d}x^2}\right]\right\}\delta w\,\mathrm{d}x = \int_0^L \left[b(x)\frac{\mathrm{d}^2 w}{\mathrm{d}x^2}\delta\left(\frac{\mathrm{d}^2 w}{\mathrm{d}x^2}\right)\right]\mathrm{d}x - M_0\delta\left(\frac{\mathrm{d}w}{\mathrm{d}x}\right)_{x=L} \tag{d}$$

将(d)式代入(c)式，得到

$$\delta\Pi = \delta\left\{\int_0^L \left[\frac{1}{2}b(x)\left(\frac{\mathrm{d}^2 w}{\mathrm{d}x^2}\right)^2 + f(x)w\right]\mathrm{d}x - M_0\left(\frac{\mathrm{d}w}{\mathrm{d}x}\right)_{x=L}\right\}$$

由此得到微分方程(a)和边界条件(b)的泛函

$$\Pi = \int_0^L \left[\frac{1}{2}b(x)\left(\frac{\mathrm{d}^2 w}{\mathrm{d}x^2}\right)^2 + f(x)w\right]\mathrm{d}x - M_0\left(\frac{\mathrm{d}w}{\mathrm{d}x}\right)_{x=L}$$

1.3.3.2 实例 1-6

【例 1-6】 建立如下微分方程边值问题

$$\left.\begin{array}{l}\dfrac{\partial}{\partial x}\left(K_1 \dfrac{\partial \varphi}{\partial x}\right) + \dfrac{\partial}{\partial y}\left(K_2 \dfrac{\partial \varphi}{\partial y}\right) + Q = 0 \quad (\text{在 } \Omega \text{ 内}) \\[3mm] K_1 \dfrac{\partial \varphi}{\partial x}n_x + K_2 \dfrac{\partial \varphi}{\partial y}n_y = \bar{q} \qquad (\text{在 } \Gamma_1 \text{ 上}) \\[3mm] \varphi = \bar{\varphi} \qquad (\text{在 } \Gamma_2 \text{ 上})\end{array}\right\}$$

的变分原理。

【解】 将泛函变分设为

$$\delta\Pi = -\int_\Omega \left[\frac{\partial}{\partial x}\left(K_1 \frac{\partial \varphi}{\partial x}\right) + \frac{\partial}{\partial y}\left(K_2 \frac{\partial \varphi}{\partial y}\right) + Q\right]\delta\varphi\,\mathrm{d}\Omega +$$

$$\int_{\Gamma_1} \left(K_1 \frac{\partial \varphi}{\partial x}n_x + K_2 \frac{\partial \varphi}{\partial y}n_y - \bar{q}\right)\delta\varphi\,\mathrm{d}\Gamma$$

利用分部积分的格林—高斯定理,可以得到

$$\int_\Omega \left[\frac{\partial}{\partial x}\left(K_1 \frac{\partial \varphi}{\partial x}\right) + \frac{\partial}{\partial y}\left(K_2 \frac{\partial \varphi}{\partial y}\right) + Q\right]\delta\varphi\,\mathrm{d}\Omega$$

$$= \int_\Omega \left(K_1 \frac{\partial \varphi}{\partial x}\delta\frac{\partial \varphi}{\partial x} + K_2 \frac{\partial \varphi}{\partial y}\delta\frac{\partial \varphi}{\partial y} - Q\delta\varphi\right)\mathrm{d}\Omega - \int_\Gamma \left(K_1 \frac{\partial \varphi}{\partial x}n_x + K_2 \frac{\partial \varphi}{\partial y}n_y\right)\delta\varphi\,\mathrm{d}\Gamma$$

其中 $\Gamma = \Gamma_1 + \Gamma_2$。在 Γ_2 上 $\delta\varphi = 0$,因此有

$$\int_\Gamma \left(K_1 \frac{\partial \varphi}{\partial x}n_x + K_2 \frac{\partial \varphi}{\partial y}n_y\right)\delta\varphi\,\mathrm{d}\Gamma = \int_{\Gamma_1} \left(K_1 \frac{\partial \varphi}{\partial x}n_x + K_2 \frac{\partial \varphi}{\partial y}n_y\right)\delta\varphi\,\mathrm{d}\Gamma。$$

将以上两式代入(a)式得到

$$\delta\Pi = \int_\Omega \left(K_1 \frac{\partial \varphi}{\partial x}\delta\frac{\partial \varphi}{\partial x} + K_2 \frac{\partial \varphi}{\partial y}\delta\frac{\partial \varphi}{\partial y} - Q\delta\varphi\right)\mathrm{d}\Omega - \int_{\Gamma_1} \bar{q}\delta\varphi\,\mathrm{d}\Gamma$$

$$= \delta\left\{\int_\Omega \left[\frac{1}{2}K_1\left(\frac{\partial \varphi}{\partial x}\right)^2 + \frac{1}{2}K_2\left(\frac{\partial \varphi}{\partial y}\right)^2 - Q\varphi\right]\mathrm{d}\Omega - \int_{\Gamma_1} \bar{q}\varphi\,\mathrm{d}\Gamma\right\}$$

因此原微分方程边值问题的泛函为

$$\Pi = \int_\Omega \left[\frac{1}{2}K_1\left(\frac{\partial \varphi}{\partial x}\right)^2 + \frac{1}{2}K_2\left(\frac{\partial \varphi}{\partial y}\right)^2 - Q\varphi\right]\mathrm{d}\Omega - \int_{\Gamma_1} \bar{q}\varphi\,\mathrm{d}\Gamma$$

1.3.3.3 实例 1-7

【例 1-7】 利用里兹法求微分方程边值问题

$$-\frac{\mathrm{d}^2 y}{\mathrm{d}x^2} - y + x^2 = 0 \quad (0 \leqslant x \leqslant 1) \Bigg\}$$
$$y(0) = y(1) = 0$$

的近似解。

【解】 设微分方程的近似解为

$$y \approx C_1 x(1-x) + C_2 x^2(1-x) + C_3 x^3(1-x)$$

可见该近似解满足边界条件 $y(0) = y(1) = 0$，因此该问题的边界条件为强加边界条件。

将微分方程边值问题对应的泛函变分表示为

$$\delta\Pi = \int_0^1 \left(-\frac{\mathrm{d}^2 y}{\mathrm{d}x^2} - y + x^2\right)\delta y \,\mathrm{d}x$$

利用分部积分，得到

$$\delta\Pi = \int_0^1 \left[\frac{\mathrm{d}y}{\mathrm{d}x}\delta\frac{\mathrm{d}y}{\mathrm{d}x} - y\delta y + x^2 \delta y\right]\mathrm{d}x - \frac{\mathrm{d}y}{\mathrm{d}x}\delta y \Bigg|_0^1$$

由边界条件 $y(0) = y(1) = 0$，可知

$$\frac{\mathrm{d}y}{\mathrm{d}x}\delta y \Bigg|_0^1 = 0$$

因此泛函变分可进一步简化为

$$\delta\Pi = \int_0^1 \left[\frac{\mathrm{d}y}{\mathrm{d}x}\delta\frac{\mathrm{d}y}{\mathrm{d}x} - y\delta y + x^2 \delta y\right]\mathrm{d}x = \frac{1}{2}\int_0^1 \delta\left[\left(\frac{\mathrm{d}y}{\mathrm{d}x}\right)^2 - y^2 + 2x^2 y\right]\mathrm{d}x$$

由此可知微分方程边值问题对应的泛函为

$$\Pi = \frac{1}{2}\int_0^1 \left[\left(\frac{\mathrm{d}y}{\mathrm{d}x}\right)^2 - y^2 + 2x^2 y\right]\mathrm{d}x$$

将近似解和泛函代入

$$\frac{\partial\Pi}{\partial C_1} = 0, \quad \frac{\partial\Pi}{\partial C_2} = 0, \quad \frac{\partial\Pi}{\partial C_3} = 0$$

得到

$$\frac{3}{10}C_1 + \frac{3}{20}C_2 + \frac{19}{210}C_3 + \frac{1}{20} = 0 \Bigg\}$$
$$\frac{3}{20}C_1 + \frac{13}{105}C_2 + \frac{79}{840}C_3 + \frac{1}{30} = 0$$
$$\frac{19}{210}C_1 + \frac{79}{840}C_2 + \frac{103}{1260}C_3 + \frac{1}{42} = 0$$

解得

$$C_1 = -0.0952, \quad C_2 = -0.1005, \quad C_3 = -0.0702$$

求解待定系数 C_1、C_2、C_3 的 MATLAB 程序如下：

```
clear;
clc;
syms x C1 C2 C3
```

```
y＝C1 * x * (1－x)＋C2 * x^2 * (1－x)＋C3 * x^3 * (1－x)
F＝(diff(y,x))^2－y^2＋2 * x^2 * y；
P＝int(F,x,0,1)/2；
eq1＝diff(P,C1)==0
eq2＝diff(P,C2)==0
eq3＝diff(P,C3)==0
R＝solve(eq1,eq2,eq3,C1,C2,C3)
C1＝eval(R.C1)
C2＝eval(R.C2)
C3＝eval(R.C3)
```

代码下载

运行后得到：

$$eq1＝(3 * C1)/10＋(3 * C2)/20＋(19 * C3)/210＋1/20==0$$

$$eq2＝(3 * C1)/20＋(13 * C2)/105＋(79 * C3)/840＋1/30==0$$

$$eq3＝(19 * C1)/210＋(79 * C2)/840＋(103 * C3)/1260＋1/42==0$$

$$C1＝-0.0952$$

$$C2＝-0.1005$$

$$C3＝-0.0702$$

该问题的解析解为

$$y=\frac{\sin x+2\sin(1-x)}{\sin 1}+x^2-2。$$

求解问题解析解的 MATLAB 程序如下：

```
clear；
clc；
syms y(x)
deq＝－diff(y,x,2)－y＋x^2==0
con1＝y(0)==0
con2＝y(1)==0
ysol＝dsolve(deq,con1,con2)
```

代码下载

运行后,得到：

$$ysol＝2 * cos(x)＋x^2－(sin(x) * (2 * cos(1)－1))/sin(1)－2$$

1.3.3.4　实例 1-8

【例 1-8】　利用里兹法求微分方程边值问题

$$-\frac{\mathrm{d}^2 y}{\mathrm{d}x^2}-y+x^2=0 \quad (0\leqslant x\leqslant 1)$$
$$y(0)=0, y'(1)=1$$

的近似解。

【解】　和例 1-5 不同,该问题中的边界条件 $y'(1)=1$ 为自然边界条件,为此设泛函变分为

$$\delta\Pi = \int_0^1 \left(-\frac{d^2 y}{dx^2} - y + x^2\right)\delta y\, dx + [y'(1)-1]\delta y(1)$$

利用分部积分,得到

$$\delta\Pi = \int_0^1 \left(\frac{dy}{dx}\delta\frac{dy}{dx} - y\delta y + x^2\delta y\right)dx - \frac{dy}{dx}\delta y\Big|_0^1 + [y'(1)-1]\delta y(1)$$

利用边界条件 $y(0)=0$,$y'(1)=1$,得到

$$-\frac{dy}{dx}\delta y\Big|_0^1 + [y'(1)-1]\delta y(1) = -y'(1)\delta y(1) + [y'(1)-1]\delta y(1) = -\delta y(1)$$

由此得到

$$\delta\Pi = \int_0^1 \left(\frac{dy}{dx}\delta\frac{dy}{dx} - y\delta y + x^2\delta y\right)dx - \delta y(1)$$

根据上式进一步得到

$$\Pi = \frac{1}{2}\int_0^1 \left[\left(\frac{dy}{dx}\right)^2 - y^2 + 2x^2 y\right]dx - y(1)$$

设原问题的近似解为

$$y = C_1 x + C_2 x^2 + C_3 x^3$$

将其代入

$$\frac{\partial\Pi}{\partial C_1} = 0, \quad \frac{\partial\Pi}{\partial C_2} = 0, \quad \frac{\partial\Pi}{\partial C_3} = 0$$

后,求得

$$C_1 = 1.283, \quad C_2 = -0.1142, \quad C_3 = -0.02462$$

求解待定系数 C_1、C_2、C_3 的 MATLAB 程序如下:

```
clear;
clc;
syms x C1 C2 C3
y=C1*x+C2*x^2+C3*x^3
y1=C1+C2+C3
F=(diff(y,x))^2-y^2+2*x^2*y
P=1/2*int(F,x,0,1)-y1
eq1=diff(P,C1)==0
eq2=diff(P,C2)==0
eq3=diff(P,C3)==0
R=solve(eq1,eq2,eq3,C1,C2,C3)
C1=eval(R.C1)
C2=eval(R.C2)
C3=eval(R.C3)
```

代码下载

运行后,得到:

$$eq1 = (2*C1)/3 + (3*C2)/4 + (4*C3)/5 - 3/4 == 0$$
$$eq2 = (3*C1)/4 + (17*C2)/15 + (4*C3)/3 - 4/5 == 0$$
$$eq3 = (4*C1)/5 + (4*C2)/3 + (58*C3)/35 - 5/6 == 0$$

C1＝1.2831

C2＝－0.1142

C3＝－0.0246

求解问题解析解的 MATLAB 程序如下：

```
clear;
clc;
syms y(x)
deq=-diff(y,x,2)-y+x^2==0
con1=y(0)==0
df=diff(y)
con2=df(1)==1
ysol=dsolve(deq,con1,con2)
```

代码下载

运行后，得到：

$deq(x)=x^2-y(x)-diff(y(x),x,x)==0$

$con1=y(0)==0$

$df(x)=diff(y(x),x)$

$con2=subs(diff(y(x),x),x,1)==1$

$ysol=2*cos(x)+x^2+(sin(x)*(2*sin(1)-1))/cos(1)-2$

1.4 弹性力学变分原理

1.4.1 弹性力学基础

弹性力学主要研究弹性体在载荷（外力和约束）作用下的应力和变形的分布规律，它通过静力分析、几何分析和物理分析，建立描述弹性体变形状态和应力状态的基本方程，将弹性力学问题转化为偏微分方程的边值问题。物体所受的外力主要包括体力和面力两类。体力的量纲为［力］/［长度］^{3}，面力的量纲为［力］/［长度］^{2}。在弹性力学中，基本变量包括应力、应变和位移三类，应力的量纲为［力］/［长度］^{2}，应变为无量纲量，位移的量纲为［长度］。弹性力学的基本方程包括平衡方程、几何方程和物理方程。

弹性力学的平衡方程是指在平衡状态下，物体内任一点的应力分量和体力分量之间满足的微分关系方程。在直角坐标系下，根据弹性体内微元体上各力沿 x 轴、y 轴、z 轴合力为零的平衡条件，可以得到

$$\left.\begin{array}{l} \dfrac{\partial \sigma_x}{\partial x}+\dfrac{\partial \tau_{yx}}{\partial y}+\dfrac{\partial \tau_{zx}}{\partial z}+b_x=0 \\[2mm] \dfrac{\partial \tau_{xy}}{\partial x}+\dfrac{\partial \sigma_y}{\partial y}+\dfrac{\partial \tau_{zy}}{\partial z}+b_y=0 \\[2mm] \dfrac{\partial \tau_{xz}}{\partial x}+\dfrac{\partial \tau_{yz}}{\partial y}+\dfrac{\partial \sigma_z}{\partial z}+b_z=0 \end{array}\right\}$$

上式通常称为平衡微分方程，简称**平衡方程**。根据微元体上各力对 x 轴、y 轴、z 轴合力

矩为零的平衡条件,可以得到切应力分量间的关系

$$\left.\begin{array}{l} \tau_{xy}=\tau_{yx} \\ \tau_{yz}=\tau_{zy} \\ \tau_{zx}=\tau_{xz} \end{array}\right\}$$

上式通常称为**切应力互等定理**。

利用切应力互等定理,可将弹性力学平衡方程用矩阵表示为

$$\boldsymbol{A}(\boldsymbol{\sigma})+\boldsymbol{b}=\boldsymbol{0} \tag{1-34}$$

其中

$$\boldsymbol{\sigma}=[\sigma_x,\sigma_y,\sigma_z,\tau_{xy},\tau_{yz},\tau_{zx}]^{\mathrm{T}}$$
$$\boldsymbol{b}=[b_x,b_y,b_z]^{\mathrm{T}}$$

分别称为**应力列阵**和**体力列阵**;$\boldsymbol{A}$ 为微分算子矩阵,表示为

$$\boldsymbol{A}=\begin{bmatrix} \dfrac{\partial}{\partial x} & 0 & 0 & \dfrac{\partial}{\partial y} & 0 & \dfrac{\partial}{\partial z} \\ 0 & \dfrac{\partial}{\partial y} & 0 & \dfrac{\partial}{\partial x} & \dfrac{\partial}{\partial z} & 0 \\ 0 & 0 & \dfrac{\partial}{\partial z} & 0 & \dfrac{\partial}{\partial y} & \dfrac{\partial}{\partial x} \end{bmatrix}$$

弹性力学中的几何方程,是描述物体内任一点的应变分量和位移分量间的微分关系的方程。在微小位移和微小应变的情况下,直角坐标系下物体内任一点位移分量和应变分量间的微分关系描述为

$$\left.\begin{array}{l} \varepsilon_x=\dfrac{\partial u_x}{\partial x},\quad \varepsilon_y=\dfrac{\partial u_y}{\partial y},\quad \varepsilon_z=\dfrac{\partial u_z}{\partial z} \\[2mm] \gamma_{xy}=\gamma_{yx}=\dfrac{\partial u_x}{\partial y}+\dfrac{\partial u_y}{\partial x} \\[2mm] \gamma_{yz}=\gamma_{zy}=\dfrac{\partial u_y}{\partial z}+\dfrac{\partial u_z}{\partial y} \\[2mm] \gamma_{zx}=\gamma_{xz}=\dfrac{\partial u_z}{\partial x}+\dfrac{\partial u_x}{\partial z} \end{array}\right\}$$

上式称为弹性力学的**几何方程**。

几何方程可以用矩阵描述为

$$\boldsymbol{\varepsilon}=\boldsymbol{L}\boldsymbol{u} \tag{1-35}$$

其中

$$\boldsymbol{\varepsilon}=[\varepsilon_x,\varepsilon_y,\varepsilon_z,\gamma_{xy},\gamma_{yz},\gamma_{zx}]^{\mathrm{T}}$$
$$\boldsymbol{u}=[u_x,u_y,u_z]^{\mathrm{T}}$$

分别称为**应变列阵**和**位移列阵**;$\boldsymbol{L}$ 为微分算子矩阵,表示为

$$L=\begin{bmatrix} \dfrac{\partial}{\partial x} & 0 & 0 \\[6pt] 0 & \dfrac{\partial}{\partial y} & 0 \\[6pt] 0 & 0 & \dfrac{\partial}{\partial z} \\[6pt] \dfrac{\partial}{\partial y} & \dfrac{\partial}{\partial x} & 0 \\[6pt] 0 & \dfrac{\partial}{\partial z} & \dfrac{\partial}{\partial y} \\[6pt] \dfrac{\partial}{\partial z} & 0 & \dfrac{\partial}{\partial x} \end{bmatrix}$$

不难验证 $A=L^{\mathrm{T}}$。

弹性力学中的物理方程,是描述物体内任一点的应力分量和应变分量间的关系方程。对于线弹性材料,应力和应变之间的关系服从**广义胡克定律**。若为各向同性材料,广义胡克定律可以表示为

$$\left.\begin{aligned} \varepsilon_x &= \frac{\sigma_x}{E} - \mu\left(\frac{\sigma_y}{E}+\frac{\sigma_z}{E}\right) \\ \varepsilon_y &= \frac{\sigma_y}{E} - \mu\left(\frac{\sigma_z}{E}+\frac{\sigma_x}{E}\right) \\ \varepsilon_z &= \frac{\sigma_z}{E} - \mu\left(\frac{\sigma_x}{E}+\frac{\sigma_z}{E}\right) \\ \gamma_{xy} &= \frac{\tau_{xy}}{G}, \quad \gamma_{yz}=\frac{\tau_{yz}}{G}, \quad \gamma_{zx}=\frac{\tau_{zx}}{G} \end{aligned}\right\}$$

其中 E、μ、G 分别为**弹性模量**、**泊松比**和**剪切弹性模量**,且

$$G=\frac{E}{2(1+\mu)}$$

广义胡克定律还可以写出用应变表示应力的形式,即

$$\left.\begin{aligned} \sigma_x &= E_1\left[(1-\mu)\sigma_x+\mu(\sigma_y+\sigma_z)\right] \\ \sigma_y &= E_1\left[(1-\mu)\sigma_y+\mu(\sigma_z+\sigma_x)\right] \\ \sigma_z &= E_1\left[(1-\mu)\sigma_z+\mu(\sigma_x+\sigma_y)\right] \\ \tau_{xy} &= G\tau_{xy}, \quad \tau_{yz}=G\tau_{yz}, \quad \tau_{zx}=G\tau_{zx} \end{aligned}\right\}$$

其中

$$E_1=\frac{E}{(1+\mu)(1-2\mu)}$$

以上两种形式的胡克定律可用矩阵形式简单描述为

$$\boldsymbol{\varepsilon}=\boldsymbol{S\sigma} \tag{1-36}$$

和

$$\boldsymbol{\sigma}=\boldsymbol{D\varepsilon} \tag{1-37}$$

其中 $\boldsymbol{\varepsilon}$ 为应变列阵;$\boldsymbol{\sigma}$ 为应力列阵;

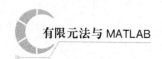

$$S = \frac{1}{E} \begin{bmatrix} 1 & -\mu & -\mu & 0 & 0 & \\ -\mu & 1 & -\mu & 0 & 0 & 0 \\ -\mu & -\mu & 1 & 0 & 0 & 0 \\ 0 & 0 & 0 & 2(1+\mu) & 0 & 0 \\ 0 & 0 & 0 & 0 & 2(1+\mu) & 0 \\ 0 & 0 & 0 & 0 & 0 & 2(1+\mu) \end{bmatrix}$$

称为**柔度矩阵**；

$$D = \begin{bmatrix} E_1(1-\mu) & E_1\mu & E_1\mu & 0 & 0 & 0 \\ E_1\mu & E_1(1-\mu) & E_1\mu & 0 & 0 & 0 \\ E_1\mu & E_1\mu & E_1(1-\mu) & 0 & 0 & 0 \\ 0 & 0 & 0 & G & 0 & 0 \\ 0 & 0 & 0 & 0 & G & 0 \\ 0 & 0 & 0 & 0 & 0 & G \end{bmatrix}$$

称为**刚度矩阵**。

弹性力学问题在数学上归结为偏微分方程的边值问题,因此求解弹性力学问题,除上述基本方程外还需要定解边值条件。在弹性力学中通常将定解边值条件称为边界条件。在弹性体的边界上,一部分为已知外力,称为应力边界条件;另一部分为已知位移,称为位移边界条件。

应力边界条件表示为

$$\left. \begin{array}{l} \sigma_x n_x + \tau_{yx} n_y + \tau_{zx} n_z = S_x \\ \tau_{xy} n_x + \sigma_y n_y + \tau_{zy} n_z = S_y \\ \tau_{xz} n_x + \tau_{yz} n_y + \sigma_z n_z = S_x \end{array} \right\}$$

或用矩阵表示为

$$n\sigma = s \tag{1-38}$$

其中 σ 为应力列阵,

$$s = [s_x, s_y, s_z]^{\mathrm{T}}$$

称为**已知面力列阵**,

$$n = \begin{bmatrix} n_x & 0 & 0 & n_y & 0 & n_z \\ 0 & n_y & 0 & n_x & n_z & 0 \\ 0 & 0 & n_z & 0 & n_y & n_x \end{bmatrix}$$

称为**方向余弦矩阵**。

位移边界条件表示为

$$\left. \begin{array}{l} u_x = \bar{u}_x \\ u_y = \bar{u}_y \\ u_z = \bar{u}_z \end{array} \right\}$$

或表示为矩阵形式

$$u = \bar{u} \tag{1-39}$$

其中

$$\bar{\boldsymbol{u}} = [\bar{u}_x, \bar{u}_y, \bar{u}_z]^{\mathrm{T}}$$

称为已知位移列阵。

1.4.2 虚位移原理

虚位移是指约束条件所允许的、任意的、微小的位移;任意的是指位移类型和方向不受限制,微小的是指发生虚位移过程中物体或结构上各力作用线保持不变。与实际位移相比,虚位移的重要特性是,它的发生与时间无关、与结构或物体所受到的外力无关。弹性体在发生虚位移的过程中,外力在虚位移上所做的功称为**虚功**。弹性体由于发生虚位移而产生的变形能,称为**虚应变能**。

弹性体的虚位移原理为:在外力作用下处于平衡状态的弹性体,在虚位移作用下,外力的总虚功等于物体的总虚应变能,即

$$\delta W = \delta U \tag{1-40}$$

其中,外力总虚功

$$\delta W = \int_{\Omega} \boldsymbol{b}^{\mathrm{T}} \delta \boldsymbol{u} \mathrm{d}\Omega + \int_{\Gamma} \boldsymbol{s}^{\mathrm{T}} \delta \boldsymbol{u} \mathrm{d}\Gamma$$

Ω 为弹性体的体域,Γ 为 Ω 的外表面,$\boldsymbol{b}$ 为体力列阵,$\boldsymbol{s}$ 为面力列阵,

$$\delta \boldsymbol{u} = [u_x, u_y, u_z]^{\mathrm{T}}$$

称为**虚位移列阵**;物体的总虚应变能

$$\delta U = \int_{\Omega} \boldsymbol{\sigma}^{\mathrm{T}} \delta \boldsymbol{\varepsilon} \mathrm{d}\Omega$$

$\boldsymbol{\sigma}$ 为应力列阵;

$$\delta \boldsymbol{\varepsilon} = [\delta \varepsilon_x, \delta \varepsilon_y, \delta \varepsilon_z, \delta \gamma_{xy}, \delta \gamma_{yz}, \delta \gamma_{zx}]^{\mathrm{T}}$$

称为**虚应变列阵**。

可以证明虚位移原理等价于平衡方程及应力边界条件,即满足虚位移原理的解,一定满足平衡方程和应力边界条件。因此虚位移原理还可以表述为:变形体平衡的充要条件是,对任意微小虚位移,外力所做总虚功等于变形体所产生的总虚变形能。

1.4.3 最小势能原理

弹性体的总势能 Π 定义为应变势能 V_{ε} 与外力势能 V_p 之和,即

$$\Pi = V_{\varepsilon} + V_p$$

其中,弹性体的应变势能

$$V_{\varepsilon} = \frac{1}{2} \int_{\Omega} \boldsymbol{\sigma}^{\mathrm{T}} \boldsymbol{\varepsilon} \mathrm{d}\Omega$$

$\boldsymbol{\sigma}$ 为应力列阵,$\boldsymbol{\varepsilon}$ 为应变列阵;弹性体的外力势能

$$V_p = -\int_{\Omega} \boldsymbol{b}^{\mathrm{T}} \boldsymbol{u} \mathrm{d}\Omega - \int_{\Gamma} \boldsymbol{s}^{\mathrm{T}} \boldsymbol{u} \mathrm{d}\Gamma$$

其中 $\boldsymbol{b}$ 为体力列阵,$\boldsymbol{s}$ 为面力列阵。

根据物理方程可知应力分量可以用应变分量描述,根据几何方程可知应变分量可以用

位移分量描述,因此应力分量也可以用应变分量描述,由此可知弹性体的总势能为自变函数为位移函数的泛函。

最小势能原理可以描述为:在所有满足几何约束的许可位移场中,真实位移场使得弹性体总势能取极小值。根据最小势能原理和泛函极值条件可知,真实位移场使弹性体势能泛函的变分等于零,即

$$\delta \Pi = 0 \tag{1-41}$$

可以证明势能原理等价于平衡方程及应力边界条件,即满足最小势能原理的解一定满足微分方程及应力边界条件。根据势能原理可知,弹性力学问题可以转化为势能泛函极值问题,因此可以利用里兹法确定弹性力学问题的近似解。

1.4.4 体验与实践

1.4.4.1 实例 1-9

【例 1-9】 利用虚位移原理证明单位载荷法(摩尔积分),即例 1-9 图(a)中梁上任一点 C 的挠度

$$\Delta_C = \int_l \frac{M(x)M_0(x)}{EI} \mathrm{d}x$$

其中 $M(x)$ 为例 1-9 图(a)中梁的弯矩方程,$M0(x)$ 为图(b)中卸除原来载荷在 C 点加单位载荷的梁的弯矩方程。

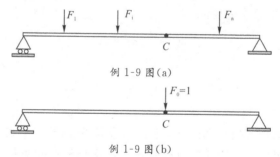

例 1-9 图(a)

例 1-9 图(b)

【解】 将例 1-9 图(a)中梁的位移作为虚位移加在例 1-9 图(b)中单位载荷作用的梁上。外力虚功为

$$\delta W = F_0 \Delta_C = \Delta_C \tag{a}$$

例 1-9 图(b)中梁微段 $\mathrm{d}x$ 的虚变形能为

$$M_0(x)\mathrm{d}\theta = \frac{M_0(x)M(x)}{EI}\mathrm{d}x$$

例 1-9 图(b)中梁的总变形能为

$$\delta U = \int_l \frac{M_0(x)M(x)}{EI}\mathrm{d}x \tag{b}$$

将(a)式、(b)式代入虚位移原理 $\delta W = \delta U$,得到

$$\Delta_C = \int_l \frac{M_0(x)M(x)}{EI}\mathrm{d}x$$

1.4.4.2 实例 1-10

【例 1-10】 利用最小势能原理求图示简支梁的挠曲线方程的近似解。

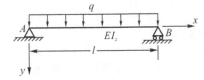

例 1-10 图

【解】 设挠曲线方程的近似解为

$$v = C_1 \sin\left(\frac{\pi x}{l}\right) + C_2 \sin\left(\frac{3\pi x}{l}\right) \tag{a}$$

梁的应变势能

$$V_\varepsilon = \frac{1}{2}\int_V \sigma_x \varepsilon_x \, \mathrm{d}\Omega = \frac{1}{2}\int_0^l \int_A E \cdot \varepsilon_x \cdot \varepsilon_x \, \mathrm{d}A \mathrm{d}x$$

根据材料力学

$$\varepsilon_x = -y \cdot \frac{\mathrm{d}^2 v}{\mathrm{d}x^2}$$

因此梁的应变势能进一步表示为

$$V_\varepsilon = \frac{1}{2}\int_0^l E\left(\int_A y^2 \, \mathrm{d}A\right)\left(\frac{\mathrm{d}^2 v}{\mathrm{d}x^2}\right)^2 \mathrm{d}x \tag{b}$$

将 (a) 式代入 (b) 式，得到

$$V_\varepsilon = \frac{1}{2}EI\int_0^l \left(\frac{\mathrm{d}^2 v}{\mathrm{d}x^2}\right)^2 \mathrm{d}x = \frac{EI}{2}\left[C_1^2 \left(\frac{\pi}{l}\right)^4 \frac{l}{2} + C_2^2 \left(\frac{3\pi}{l}\right)^4 \frac{l}{2}\right]$$

其中

$$I_z = \int_A y^2 \, \mathrm{d}A$$

外力势能

$$V_P = -\int_0^l q \cdot v \mathrm{d}x = -q\left(C_1 \frac{2l}{\pi} + C_2 \frac{2l}{3\pi}\right)$$

总势能

$$\Pi = V_\varepsilon + V_P = \frac{EI}{2}\left[C_1^2 \left(\frac{\pi}{l}\right)^4 \frac{l}{2} + C_2^2 \left(\frac{3\pi}{l}\right)^4 \frac{l}{2}\right] - q\left(C_1 \frac{2l}{\pi} + C_2 \frac{2l}{3\pi}\right)$$

根据最小势能原理，得到

$$\begin{cases} \dfrac{\partial \Pi}{\partial C_1} = \dfrac{EI}{2}\left[2C_1 \left(\dfrac{\pi}{l}\right)^4 \dfrac{l}{2}\right] - q\dfrac{2l}{\pi} = 0 \\[3mm] \dfrac{\partial \Pi}{\partial C_2} = \dfrac{EI}{2}\left[2C_2 \left(\dfrac{3\pi}{l}\right)^4 \dfrac{l}{2}\right] - q\dfrac{2l}{3\pi} = 0 \end{cases}$$

根据上式求出 C_1 和 C_2，回代至 (a)，得到

$$v(x) = \frac{4ql^4}{\pi^5 EI}\sin\left(\frac{\pi x}{l}\right) + \frac{4ql^4}{243\pi^2 EI}\sin\left(\frac{3\pi x}{l}\right)$$

1.5 微分方程的等效积分和加权余量法

1.5.1 微分方程的等效积分

在科学研究、工程分析与设计中,很多问题都可以归结为微分方程的边值问题。微分方程一般表示为

$$\boldsymbol{A}(\boldsymbol{u}) = \boldsymbol{0} \quad (\text{在 } \Omega \text{ 内}) \tag{1-42a}$$

其中,Ω 为求解域;

$$\boldsymbol{A}(\boldsymbol{u}) = [A_1(\boldsymbol{u}), A_2(\boldsymbol{u}), \cdots]^{\mathrm{T}}$$

为微分方程列阵;

$$\boldsymbol{u} = [u_1, u_2, \cdots]^{\mathrm{T}},$$

为未知函数列阵。

微分方程的边界条件一般表示为

$$\boldsymbol{B}(\boldsymbol{u}) = \boldsymbol{0} \quad (\text{在 } \Gamma \text{ 上}) \tag{1-42b}$$

其中,Γ 为求解域 Ω 的边界;

$$\boldsymbol{B}(\boldsymbol{u}) = [B_1(\boldsymbol{u}), B_2(\boldsymbol{u}), \cdots]^{\mathrm{T}}$$

为边界条件列阵。

由于微分方程(1-42a)在域 Ω 内任意点都成立,因此有

$$\int_\Omega \boldsymbol{v}^{\mathrm{T}} \boldsymbol{A}(\boldsymbol{u}) \mathrm{d}\Omega = \int_\Omega [v_1 A_1(\boldsymbol{u}) + v_2 A_2(\boldsymbol{u}) + \cdots] \mathrm{d}\Omega = 0 \tag{1-43a}$$

其中,v 为任意函数列阵。

同理,由于边界条件(1-42b)在边界 Γ 上任意点都成立,因此有

$$\int_\Gamma \boldsymbol{w}^{\mathrm{T}} \boldsymbol{B}(\boldsymbol{u}) \mathrm{d}\Gamma = \int_\Gamma [w_1 B_1(\boldsymbol{u}) + w_2 B_2(\boldsymbol{u}) + \cdots] \mathrm{d}\Gamma = 0 \tag{1-43b}$$

其中,w 为任意函数列阵。

根据以上两式,可得到

$$\int_\Omega \boldsymbol{v}^{\mathrm{T}} \boldsymbol{A}(\boldsymbol{u}) \mathrm{d}\Omega + \int_\Gamma \boldsymbol{w}^{\mathrm{T}} \boldsymbol{B}(\boldsymbol{u}) \mathrm{d}\Gamma = 0 \tag{1-44}$$

对于任意函数 v 和 w,若积分式(1-44)都成立,则微分方程(1-42a)及其边界条件(1-42b)一定成立,即积分式(1-44)与微分方程(1-42a)及其边界条件(1-42b)等效,因此将积分式(1-44)称为微分方程(1-42a)及其边界条件(1-42b)的**等效积分**。

对等效积分式(1-44)进行分部积分,得到

$$\int_\Omega \boldsymbol{C}^{\mathrm{T}}(\boldsymbol{v}) \boldsymbol{D}(\boldsymbol{u}) \mathrm{d}\Omega + \int_\Gamma \boldsymbol{E}^{\mathrm{T}}(\boldsymbol{w}) \boldsymbol{F}(\boldsymbol{u}) \mathrm{d}\Gamma = 0 \tag{1-45}$$

其中,$\boldsymbol{C}(\boldsymbol{v})$、$\boldsymbol{D}(\boldsymbol{u})$、$\boldsymbol{E}(\boldsymbol{w})$、$\boldsymbol{F}(\boldsymbol{u})$ 所包含的导数阶数比(1-44)式中 $\boldsymbol{A}(\boldsymbol{u})$ 所包含的阶数低,这样对未知函数 u 只要求低阶连续就可以了,即积分式(1-45)对未知函数 u 的连续性要求比等效积分式(1-45)对未知函数 u 的连续性要求降低了,因此将其称为**等效积分的弱形式**。

1.5.2　微分方程的加权余量法

用里兹法求微分方程问题的近似解,首先要得到相应的泛函,但不是所有微分方程问题都很容易找到对应的泛函,在很多情况下很难找到泛函,或者不存在泛函,这种情况下里兹法就失效了。加权余量法是求解微分方程问题近似解的一种更一般的途径,具体情况介绍如下。

设微分方程

$$L(y) - f = 0 \quad (在 \Omega 内),$$

其中 L 为微分算子,f 为已知函数,y 为未知待求函数。设微分方程的近似解为

$$y(x) \approx \bar{y}(x) = \sum_{j=1}^{n} C_i Y_i(x) + Y_0(x) \tag{1-46}$$

其中 Y_i 为已知函数,称为**基函数**,C_i 为待定系数。由于近似解不满足微分方程,将其代入微分方程,会得到余量

$$R(x) = L(\bar{y}) - f \neq 0 \quad (在 \Omega 内)$$

为了确定近似解中的待定系数,选择一函数系列函数

$$W_i(x) \quad (i=1,2,\cdots,n)$$

称为**权函数**,然后令

$$\int_{\Omega} W_i(x) R(x) \mathrm{d}\Omega = 0 \quad (i=1,2,\cdots,n) \tag{1-47}$$

上式积分后得到关于 n 个关于待定系数的方程,联立求解后得到 n 个待定系数 C_i。

不难发现,近似解中的待定系数是通过使微分方程的余量 R 和加权函数 W_i 的乘积在求解域内积分等于零得到的,因此将这种方法称为**加权余量法**。

加权余量法是求解微分方程近似解的一种有效方法。一般而言,任何独立的全函数集合都可以选作权函数。按照权函数的不同选取,加权余量法有不同的求解方法,主要包括**伽辽金法**、**最小二乘法**、**配点法**和**子域法**。

1.5.2.1　伽辽金法

伽辽金法将权函数取为近似解中的基函数,即

$$W_i(x) = Y_i(x) \quad (i=1,2,\cdots,n)$$

代入(1-47)式,得到

$$\int_{\Omega} Y_i(x) R(x) \mathrm{d}\Omega = 0 \quad (i=1,2,\cdots,n) \tag{1-48}$$

求解(1-46)式得到待定系数。**伽辽金法的实质**是通过令基函数和余量的乘积在求解域内的积分等于零,确定近似解中的待定系数。

1.5.2.2　最小二乘法

最小二乘法将权函数取为余量对待定系数的偏导数,即

$$W_i(x) = \frac{\partial R(x)}{\partial C_i} \quad (i=1,2,\cdots,n)$$

代入(1-47)式,得到

$$\int_{\Omega} \frac{\partial R(x)}{\partial C_i} R(x) \mathrm{d}\Omega = 0 \quad (i=1,2,\cdots,n) \tag{1-49}$$

求解(1-49)式得到待定系数。**最小二乘法的实质**是通过令余量对待定系数偏导数和余量的乘积在求解域内的积分等于零,确定近似解中的待定系数。

1.5.2.3 配点法

配点法是在求解域内取若干个点 x_i(称为**配点**),然后将权函数取为 δ 函数,即

$$W_i(x) = \delta(x - x_i) \quad (x_i \in \Omega, i = 1, 2, \cdots, n)$$

代入(1-47)式,得到

$$\int_{\Omega} \delta(x - x_i) R(x) \mathrm{d}\Omega = R(x_i) = 0 \quad (i = 1, 2, \cdots, n) \tag{1-50}$$

求解(1-50)式得到待定系数。**配点法的实质**是通过令余量在配点等于零,确定近似解中的待定系数。

1.5.2.4 子域法

子域法是将整个求解区域 Ω 分成若干个**子域** Ω_i,在各个子域内将权函数取为 1,即

$$W_i(x) = \begin{cases} 1 & (x \in \Omega_i) \\ 0 & (x \notin \Omega_i) \end{cases} \quad (i = 1, 2, \cdots, n)$$

代入(1-47)式,得到

$$\int_{\Omega} W_i(x) R(x) \mathrm{d}\Omega = \int_{\Omega_i} R(x) \mathrm{d}\Omega = 0 \quad (i = 1, 2, \cdots, n) \tag{1-51}$$

求解(1-51)式得到待定系数。**子域法的实质**是通过令余量在子域内的积分等于零,确定近似解中的待定系数。

1.5.3 体验与实践

1.5.3.1 实例 1-11

【**例 1-11**】 用伽辽金法求微分方程边值问题:

$$\left.\begin{array}{c} -y'' - y + x^2 = 0 \quad (0 \leqslant x \leqslant 1) \\ y(0) = 0, \quad y'(1) = 0 \end{array}\right\}$$

的近似解。

【**解**】 取满足边界条件的基函数:

$$Y_0 = x, \quad Y_1 = x(2-x), \quad Y_2 = x^2\left(1 - \frac{2}{3}x\right)$$

则近似解可取为

$$y = Y_0(x) + C_1 Y_1(x) + C_2 Y_2(x)$$

用伽辽金法确定待定系数 C_1 和 C_2 的 MATLAB 程序如下:

```
clear;
clc;
syms x
```

```
syms C1 C2
Y0=x;
Y1=x*(2-x);
Y2=x^2*(1-2/3*x);
y=Y0+C1*Y1+C2*Y2;
R=-diff(y,x,2)-y+x^2;    %计算余量
eq1=int(Y1*R,x,0,1)==0
eq2=int(Y2*R,x,0,1)==0
C=solve(eq1,eq2,C1,C2)    %求解待定系数
C1=eval(C.C1)
C2=eval(C.C2)
```

代码下载

运行上述 MATLAB 程序,得到

C1=0.1447

C2=0.0049

1.5.3.2　实例 1-12

【例 1-12】　用最小二乘法求微分方程边值问题:

$$-y''-y+x^2=0 \quad (0 \leqslant x \leqslant 1)$$
$$y(0)=0, y'(1)=0$$

的近似解。

【解】　取满足边界条件的基函数:

$$Y_0=x, \quad Y_1=x(2-x), \quad Y_2=x^2\left(1-\frac{2}{3}x\right)$$

则近似解可取为

$$y=Y_0(x)+C_1Y_1(x)+C_2Y_2(x)$$

用最小二乘法确定待定系数 C_1 和 C_2 的 MATLAB 程序如下:

```
clear;clc;
syms x
syms C1 C2
Y0=x;
Y1=x*(2-x);
Y2=x^2*(1-2/3*x);
y=Y0+C1*Y1+C2*Y2;
R=-diff(y,x,2)-y+x^2;
w1=diff(R,C1)
w2=diff(R,C2)
eq1=int(w1*R,x,0,1)==0
eq2=int(w2*R,x,0,1)==0
```

代码下载

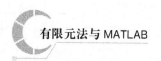
```
C=solve(eq1,eq2,C1,C2)
C1=eval(C.C1)
C2=eval(C.C2)
```

运行上述 MATLAB 程序,得到

```
C1=0.1256
C2=0.0341
```

1.5.3.3　实例 1-13

【例 1-13】 用配点法求微分方程边值问题:

$$-y''-y+x^2=0 \quad (0 \leqslant x \leqslant 1)$$
$$y(0)=0, y'(1)=0$$

的近似解。

【解】 取满足边界条件的基函数:

$$Y_0=x, \quad Y_1=x(2-x), \quad Y_2=x^2\left(1-\frac{2}{3}x\right)$$

则近似解可取为

$$y=Y_0(x)+C_1Y_1(x)+C_2Y_2(x)$$

用配点法确定待定系数 C_1 和 C_2 的 MATLAB 程序如下:

```
clear;clc;
syms x
syms C1 C2
Y0=x;
Y1=x*(2-x);
Y2=x^2*(1-2/3*x);
y=Y0+C1*Y1+C2*Y2;
R=-diff(y,x,2)-y+x^2;
R1=subs(R,x,1/3)    %取配点 x=1/3
R2=subs(R,x,2/3)    %取配点 x=2/3
eq1=R1==0
eq2=R2==0
C=solve(eq1,eq2,C1,C2)
C1=eval(C.C1)
C2=eval(C.C2)
```

代码下载

运行上述 MATLAB 程序,得到:

```
C1=0.1806
C2=0.0513
```

1.5.3.4 实例 1-14

【例 1-14】 用子域法求微分方程边值问题：

$$-y''-y+x^2=0 \quad (0 \leqslant x \leqslant 1)$$
$$y(0)=0, y'(1)=0$$

的近似解。

【解】 取满足边界条件的基函数：

$$Y_0=x, \quad Y_1=x(2-x), \quad Y_2=x^2\left(1-\frac{2}{3}x\right)$$

则近似解可取为

$$y=Y_0(x)+C_1Y_1(x)+C_2Y_2(x)$$

用子域法确定待定系数 C_1 和 C_2 的 MATLAB 程序如下：

代码下载

```
clear;
clc;
syms x
syms C1 C2
Y0=x;
Y1=x*(2-x);
Y2=x^2*(1-2/3*x);
y=Y0+C1*Y1+C2*Y2;
R=-diff(y,x,2)-y+x^2;
eq1=int(R,x,0,1/2)==0
eq2=int(R,x,1/2,1)==0
C=solve(eq1,eq2,C1,C2)
C1=eval(C.C1)
C2=eval(C.C2)
```

运行上述 MATLAB 程序,得到：

eq1=(19*C1)/24-(17*C2)/32-1/12==0

eq2=(13*C1)/24+(35*C2)/96-1/12==0

C1=0.1295

C2=0.0361

第 1 章 习题

习题 1-1 求使泛函

$$T[y(x)] = \int_0^{x_1} \sqrt{\frac{1+(y')^2}{2gy}} \, \mathrm{d}x \tag{a}$$

取极值,并满足 $y(0)=0$、$y(x_1)=y_1$ 的函数 $y(x)$。

习题 1-2 图示悬臂梁的弯曲刚度为 EI、长度为 L,设其挠曲线的近似解为 $y=C_1 x^2 + C_2 x^3$,利用最小势能原理计算待定系数 C_1 和 C_2。

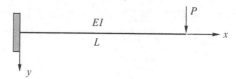

习题 1-2 图

习题 1-3 图示悬臂梁的弯曲刚度为 EI、长度为 L,设其挠曲线的近似解为 $y=C_1 x^2 + C_2 x^3 + C_3 x^4$,利用虚位移原理计算待定系数 C_1、C_2 和 C_3。

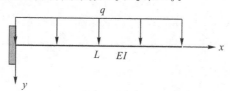

习题 1-3 图

第2章 弹性平面问题的有限元法

2.1 引 言

2.1.1 有限元法概述

有限元法是求解微分方程边值问题近似解的有效方法之一,利用其求解具体工程实际问题时,首先,要将所研的结构或物体分割成若干个**单元**,单元之间的连结点称为**结点**,并将待求场变量设置为单元结点的插值函数;然后,通过变分原理等方法,将原问题转化为以所有结点处场变量为未知数的代数方程组;最后,求解代数方程组得到所有结点处的场变量值,再将其回代到单元场变量的结点插值函数,得到单元场变量的近似解。

有限元法的基本步骤包括:①结构或物体的离散化;②选取单元场变量的插值函数;③通过单元分析得到单元特性矩阵;④通过整体分析得到结构或物体的整体特征矩阵,建立整体特征方程,求出所有结点处的场变量值;⑤利用单元插值函数计算单元内任一点的场变量值。

对于弹性平面问题,最简单的单元类型是平面3结点三角形单元,各单元在结点处通过铰接联系起来。如图 2-1(a)所示的深梁有限元离散化模型,如图 2-1(b)所示的水坝有限元离散化模型。

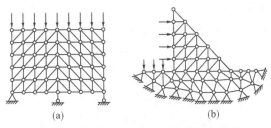

(a)   (b)

图 2-1 深梁和水坝的有限元离散化模型

2.1.2 弹性平面问题概述

实际结构或物体都是空间物体,作用于其上的外力系也都是空间力系,因此弹性力学问题本质上都是空间问题。但是如果所研究结构或物体具有特殊形状,并且承受某些特殊外

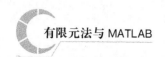

力的作用,这时就可以把空间问题转化为平面问题。弹性平面问题可以分为平面应力问题和平面应变问题两类,下面分别介绍。

平面应力问题是指满足以下条件的弹性力学问题:①几何条件:研究对象是一个很薄且等厚度的薄板;②载荷条件:所受外力平行与板面且沿厚度方向均匀分布。平面应力问题最显著的特征为出平面应力为零,若用 z 代表板的厚度方向,则应力分量 σ_z、τ_{yz}、τ_{zx} 都等于零。

平面应变问题是指满足以下条件的弹性力学问题:①几何条件:研究对象是很长的柱体,且横截面沿长度方向不变;②载荷条件:作用于柱体上的载荷平行于横截面,且沿长度方向均匀分布。平面应变问题最显著的特征是出平面应变等于零,若用 z 代表柱体的长度方向,则应变分量 ε_z、γ_{yz}、γ_{xz} 都等于零。

弹性平面问题的平衡方程,可用矩阵表示为

$$\boldsymbol{L}^{\mathrm{T}}\boldsymbol{\sigma}+\boldsymbol{b}=\boldsymbol{0} \tag{2-1}$$

其中

$$\boldsymbol{L}=\begin{bmatrix} \dfrac{\partial}{\partial x} & 0 \\[2mm] 0 & \dfrac{\partial}{\partial y} \\[2mm] \dfrac{\partial}{\partial y} & \dfrac{\partial}{\partial x} \end{bmatrix} \tag{2-2}$$

为微分算子矩阵,

$$\left.\begin{array}{l} \boldsymbol{\sigma}=\begin{bmatrix}\sigma_x,\sigma_y,\tau_{xy}\end{bmatrix}^{\mathrm{T}} \\[2mm] \boldsymbol{b}=\begin{bmatrix}b_x,b_y\end{bmatrix}^{\mathrm{T}} \end{array}\right\} \tag{2-3}$$

分别为**应力列阵**和**体力列阵**。

弹性平面问题的几何方程,可用矩阵表示为

$$\boldsymbol{\varepsilon}=\boldsymbol{L}\boldsymbol{u} \tag{2-4}$$

其中

$$\left.\begin{array}{l} \boldsymbol{\varepsilon}=\begin{bmatrix}\varepsilon_x,\varepsilon_y,\gamma_{xy}\end{bmatrix}^{\mathrm{T}} \\[2mm] \boldsymbol{u}=\begin{bmatrix}u,v\end{bmatrix}^{\mathrm{T}} \end{array}\right\} \tag{2-5}$$

分别为**应变列阵**和**位移列阵**。

弹性平面问题的物理方程,可表示用矩阵表示为

$$\boldsymbol{\sigma}=\boldsymbol{D}\boldsymbol{\varepsilon} \tag{2-6}$$

其中

$$\boldsymbol{D}=\frac{E'}{1-(\mu')^2}\begin{bmatrix} 1 & \mu' & 0 \\[2mm] \mu' & 1 & 0 \\[2mm] 0 & 0 & \dfrac{1-\mu'}{2} \end{bmatrix} \tag{2-7}$$

为**弹性矩阵**。

对于平面应力问题

$$E'=E,\mu'=\mu \tag{2-8a}$$

对于平面应变问题

$$E' = \frac{E}{1-\mu^2}, \quad \mu' = \frac{v}{1-\mu} \tag{2-8b}$$

在以上两式中，E 和 μ 分别为**弹性模量**和**泊松比**。

2.2　单元位移分析

2.2.1　单元位移模式

位移法求解弹性力学问题时，以位移作为基本未知量，求出位移分量后，根据几何方程求出应变分量，然后再利用物理方程求出应力分量。下面以平面 3 结点三角形单元为例，分析弹性平面问题的单元位移模式（或称单元位移函数）。

如图 2-2 所示平面 3 结点三角形单元，其中 i、j、m 为单元的结点编号。结点 i 的水平位移分量和竖直位移分量分别表示为 u_i 和 v_i，结点 j 的水平位移分量和竖直位移分量分别表示为 u_j 和 v_j，结点 m 的水平位移分量和竖直位移分量分别表示为 u_m 和 v_m。而单元内任一点的水平位移分量和竖直位移分量分别表示为 u 和 v。

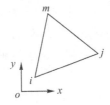

图 2-2　平面 3 结点三角形单元

取线性位移模式，即将单元内任一点处位移分量描述为该点坐标的线性函数

$$\left. \begin{array}{l} u = \alpha_1 + \alpha_2 x + \alpha_3 y \\ v = \alpha_4 + \alpha_5 x + \alpha_6 y \end{array} \right\} \tag{2-9}$$

其中 x 和 y 分别为单元内任一点的横坐标和纵坐标；α_1、α_2、α_3、α_4、α_5、α_6 为待定系数，称为**广义坐标**。

位移模式(2-9)式中的 6 个广义坐标，可由单元的 6 个结点位移来表示。根据(2-9)式，图 2-2 中的三角形单元在结点 i、j、m 处应有

$$\left. \begin{array}{l} u_r = \alpha_1 + \alpha_2 x_r + \alpha_3 y_r \\ v_r = \alpha_4 + \alpha_5 x_r + \alpha_6 y_r \end{array} \right\} \quad (r = i, j, m) \tag{2-10}$$

利用(2-10)式中第一式描述的 3 个方程，求出待定系数 α_1、α_2、α_3；利用(2-10)式中第二式描述的 3 个方程，求出待定系数 α_4、α_5、α_6。

将求出的 6 个待定系数回代至位移模式(2-9)式中，经整理后得到

$$\left. \begin{array}{l} u = N_i u_i + N_j u_j + N_m u_m \\ v = N_i v_i + N_j v_j + N_m v_m \end{array} \right\} \tag{2-11}$$

其中

$$N_k = \frac{1}{2A}(a_k + b_k x + c_k y) \quad (k=i,j,m) \tag{2-12}$$

称为**单元位移的形函数**。

在(2-12)式中

$$A = \frac{1}{2}\begin{vmatrix} 1 & x_i & y_i \\ 1 & x_j & y_j \\ 1 & x_m & y_m \end{vmatrix} \tag{2-13}$$

是图 2-2 中三角形单元的面积,为保证 A 取正值,三个结点 i,j,m 必须按逆时针转向编号; a_k、b_k、$c_k(k=i,j,m)$ 的计算式为

$$\left.\begin{aligned} a_i &= \begin{vmatrix} x_j & y_j \\ x_m & y_m \end{vmatrix} = x_j y_m - x_m y_j, & b_i &= -\begin{vmatrix} 1 & y_j \\ 1 & y_m \end{vmatrix} = y_j - y_m, & c_i &= \begin{vmatrix} 1 & x_j \\ 1 & x_m \end{vmatrix} = -x_j + x_m \\ a_j &= \begin{vmatrix} x_m & y_m \\ x_i & y_i \end{vmatrix} = x_m y_i - x_i y_m, & b_j &= -\begin{vmatrix} 1 & y_m \\ 1 & y_i \end{vmatrix} = y_m - y_i, & c_j &= \begin{vmatrix} 1 & x_m \\ 1 & x_i \end{vmatrix} = -x_m + x_i \\ a_m &= \begin{vmatrix} x_i & y_i \\ x_j & y_j \end{vmatrix} = x_i y_j - x_j y_i, & b_m &= -\begin{vmatrix} 1 & y_i \\ 1 & y_j \end{vmatrix} = y_i - y_j, & c_m &= \begin{vmatrix} 1 & x_i \\ 1 & x_j \end{vmatrix} = -x_i + x_j \end{aligned}\right\} \tag{2-14}$$

综上所述,(2-11)式描述了单元内任一点的位移和其结点位移间的关系,即位移等于所有结点形函数与结点位移之积的代数和。上述确定单元位移形函数的过程为:①先假定含有待定系数(或广义坐标)的位移模型;②根据结点位移求出广义坐标,再改写单元的位移模式得到形函数表达式。通常将这种通过求解广义坐标确定形函数的方法称为**广义坐标法**。

2.2.2　形函数的性质

可以验证,平面 3 结点三角形单元的位移型函数(2-12)具有如下性质:①在结点上形函数的值满足 δ 属性,即

$$N_r(x_s, y_s) = \delta_{rs} = \begin{cases} 1 & (r=s) \\ 0 & (r \neq s) \end{cases} \quad (r,s=i,j,k) \tag{2-15a}$$

其中 δ_{rs} 称为 Kronecker delta 符号;②在单元中任一点各形函数之和等于1,即

$$N_i + N_j + N_m = 1 \tag{2-15b}$$

需要说明的是,上述单元形函数性质,不只是针对平面 3 结点三角形单元的,对于有限元法中所有类型的单元都是适用的。

根据上述性质,平面 3 结点三角形单元的形函数,还可以用面积坐标简单表示为

$$\left.\begin{aligned} N_i(x,y) &= L_i(x,y) \\ N_j(x,y) &= L_j(x,y) \\ N_m(x,y) &= L_m(x,y) \end{aligned}\right\} \tag{2-16}$$

其中,L_i、L_j、L_m 为如图 2-3 所示三角形内任一点 $P(x,y)$ 的面积坐标,且

$$L_i(x,y) = \frac{A_i(x,y)}{A}$$
$$L_j(x,y) = \frac{A_j(x,y)}{A}$$
$$L_m(x,y) = \frac{A_m(x,y)}{A} \qquad (2\text{-}17)$$

在(2-17)式中,A 为图 2-3 中三角形 ijm 的面积值,A_i、A_j、A_m 为图 2-3 中由 P 点分割的三个子三角形的面积值。

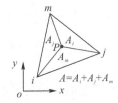

图 2-3　三角形内点的面积坐标

平面 3 结点三角形单元的位移函数(2-11),可用矩阵简单表示为

$$\boldsymbol{u} = \boldsymbol{N}\boldsymbol{a}_e = \boldsymbol{N}_i\boldsymbol{u}_i + \boldsymbol{N}_j\boldsymbol{u}_j + \boldsymbol{N}_m\boldsymbol{u}_m \qquad (2\text{-}18)$$

其中,

$$\boldsymbol{a}_e = \begin{Bmatrix} \boldsymbol{u}_i \\ \boldsymbol{u}_j \\ \boldsymbol{u}_m \end{Bmatrix} = [u_i, v_i, u_j, v_j, u_m, v_m]^{\mathrm{T}} \qquad (2\text{-}19)$$

称为**单元结点位移列阵**,

$$\boldsymbol{u}_r = [u_r, v_r]^{\mathrm{T}} \qquad (r=i,j,m) \qquad (2\text{-}20)$$

为单元结点位移列阵的子列阵;

$$\boldsymbol{N} = [\boldsymbol{N}_i, \boldsymbol{N}_j, \boldsymbol{N}_m] = \begin{bmatrix} N_i & 0 & N_j & 0 & N_m & 0 \\ 0 & N_i & 0 & N_j & 0 & N_m \end{bmatrix} \qquad (2\text{-}21)$$

称为**单元位移形函数矩阵**。

$$\boldsymbol{N}_r = \begin{bmatrix} N_r & 0 \\ 0 & N_r \end{bmatrix} \qquad (r=i,j,m) \qquad (2\text{-}22)$$

为单元位移形函数矩阵的子矩阵。

2.2.3　位移收敛准则

有限元法的求解精度,一方面取决于有限元离散化模型与实际真实结构的逼近程度,另一方面更依赖于位移模式与真实位移形态的逼近程度。在弹性力学有限元法中,位移、应力、应变等物理量的计算都和位移模式的选取有关。因此合理地选择单元位移模式,是保证有限元法求解精度的重要前提。要使有限元法的近似解收敛于实际问题的真实解析解,位移模式要满足下列条件。

1)能反映单元的刚体位移

每个单元的位移一般包含两部分:一部分是单元自身的变形引起的;另一部分是由于其

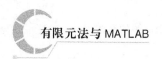

他相邻单元发生变形或位移而连带引起的,该部分和单元本身变形无关,称为刚体位移。为了正确反映单元的位移形态,位移模式必须能反映单元的刚体位移。

假设线性位移模式(2-9)式中的系数

$$\alpha_5 = -\alpha_3 = \alpha_0, \quad \alpha_2 = \alpha_6 = 0$$

则有

$$u = \alpha_1 - \alpha_0 y, \quad v = \alpha_4 + \alpha_0 x \tag{a}$$

将(a)式代入几何方程,得到

$$\varepsilon_x = \frac{\partial u}{\partial x} = 0, \quad \varepsilon_y = \frac{\partial v}{\partial y} = 0, \quad \gamma_{xy} = \frac{\partial u}{\partial y} + \frac{\partial v}{\partial x} = 0$$

可见,线性位移模式(2-9)式能反映单元的刚体位移。

2)能反映单元的常量应变

单元的应变一般由两部分组成,即和点的位置有关的变量应变,以及和位置无关的常量应变,当单元无限缩小时,单元内各点的应变趋于相等,常应变成为应变的主要部分,所以位移模式必须反映单元的常量应变。

将线性位移模式(2-9)式代入几何方程,可得

$$\varepsilon_x = \alpha_2, \quad \varepsilon_y = \alpha_6, \quad \gamma_{xy} = \alpha_3 + \alpha_5 \tag{b}$$

可见线性位移模式(2-9)式对应于常量应变单元。因此线性位移模式(2-9)式能反映单元的常量应变。

3)能反映位移的连续性

不仅要保证单元内部的连续性,而且相邻单元的位移应协调,即具有共同边界的不同单元,在共同边界处应该有相同的位移分量。

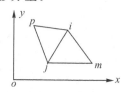

图 2-4　两个相邻的平面 3 结点三角形单元

如图 2-4 所示两个相邻的平面 3 结点三角形单元,它们的共同边界位 ij。因为线性位移函数(2-9)式描述的位移是单值连续的,所以在一个单元内部位移是连续的。而在两个单元的公共边界 ij 上,由于公共结点处的位移是同一个值,且位移在 ij 边界上也是线性变化,故 ij 上任一点都具有相同的位移,即保证了相邻单元之间位移的连续性。因此线性位移模式(2-9)式能反映单元位移的连续性。

以上 3 个条件就是单元的**位移收敛准则**。理论和实践证明,只要是位移函数满足这个准则,则在逐步加密单元网格时,所得到的有限单元法的解收敛于解析解。

2.2.4　体验与实践

2.2.4.1　实例 2-1

【例 2-1】　一平面 3 结点三角形单元的 3 个结点坐标分别为 1(0,0)、2(1,0)和 3(0,1)。

求结点 1、2、3 的形函数 N_1、N_2、N_3。

【解】 编写如下 MATLAB 程序：

```
clear;
clc;
syms x y
xy=[0,0;1,0;0,1]
[A,abc]=SHP3(xy)
N1=abc(1,1)+abc(1,2)*x+abc(1,3)*y
N1=N1/(2*A)
N2=abc(2,1)+abc(2,2)*x+abc(2,3)*y
N2=N2/(2*A)
N3=abc(3,1)+abc(3,2)*x+abc(3,3)*y
N3=N3/(2*A)
```

代码下载

运行后,得到：

N1=1-y-x

N2=x

N3=y

在上述 MATLAB 程序中,功能函数[A,abc]=SHP3(xy)的内容如下：

```
function [A,abc]=SHP3(xy)
% shape function for triangle element with 3 nodes
% xy(3,2)——node coordinates of an element
A=[1,xy(1,1),xy(1,2);
   1,xy(2,1),xy(2,2);
   1,xy(3,1),xy(3,2)]
A=0.5*det(A);
%——————————————————————
a1=[xy(2,1),xy(2,2);
    xy(3,1),xy(3,2)];
a1=det(a1);
a2=[xy(3,1),xy(3,2);
    xy(1,1),xy(1,2)];
a2=det(a2);
a3=[xy(1,1),xy(1,2);
    xy(2,1),xy(2,2)];
a3=det(a3);
%——————————————————————
b1=[1,xy(2,2);
```

```
            1,xy(3,2)];
b1=-det(b1);
b2=[1,xy(3,2);
        1,xy(1,2)];
b2=-det(b2);
b3=[1,xy(1,2);
        1,xy(2,2)];
b3=-det(b3);
%--------------------------------
c1=[1,xy(2,1);
        1,xy(3,1)];
c1=det(c1);
c2=[1,xy(3,1);
        1,xy(1,1)];
c2=det(c2);
c3=[1,xy(1,1);
        1,xy(2,1)];
c3=det(c3);
%--------------------------------
abc=[a1,b1,c1;
     a2,b2,c2;
     a3,b3,c3];
end
```

【另解】 编写如下 MATLAB 程序：

```
clear;
clc;
syms x y
assume (x,'real')
assume (y,'real')
x1=0;
y1=0;
x2=1;
y2=0;
x3=0;
y3=1;
A=[1,x1,y1;
    1,x2,y2;
```

代码下载

```
       1,x3,y3];
A=1/2 * det(A)
A1=[1,x,y;
     1,x2,y2;
     1,x3,y3];
A1=1/2 * det(A1)
A2=[1,x1,y1;
     1,x,y;
     1,x3,y3];
A2=1/2 * det(A2)
A3=[1,x1,y1;
     1,x2,y2;
     1,x,y];
A3=1/2 * det(A3)
N1=A1/A
N2=A2/A
N3=A3/A
```

运行后,得到:

```
N1=1-y-x
N2=x
N3=y
```

2.2.4.2 实例 2-2

【例 2-2】 证明平面 3 结点三角形单元形函数的性质:$N_i+N_j+N_m=1$。

【解】 编写如下 MATLAB 程序:

```
A=[1,x1,y1;
    1,x2,y2;
    1,x3,y3];
A=det(A)
A1=[1,x,y;
     1,x2,y2;
     1,x3,y3];
A1=det(A1)
A2=[1,x1,y1;
     1,x,y;
     1,x3,y3];
A2=det(A2)
A3=[1,x1,y1;
```

代码下载

```
        1,x2,y2；
        1,x,y]；
    A3=det(A3)
    N1=A1/A
    N2=A2/A
    N3=A3/A
    eq=N1+N2+N3
    eq=simplify(eq)
```

运行后,得到:

    eq=1

2.2.4.3 实例 2-3

【例 2-3】 绘制例 2-2 中形函数 N_1 在单元内的云图。

【解】 编写如下 MATLAB 程序:

```
clear;clc;
p1=[0,0]；
p2=[1,0]；
p3=[0,1]；
xy31=Pdivide(p3,p1,5)
xy32=Pdivide(p3,p2,5)
xy1=xy31(1,:)
xy2=Pdivide(xy31(2,:),xy32(2,:),2)
xy3=Pdivide(xy31(3,:),xy32(3,:),3)
xy4=Pdivide(xy31(4,:),xy32(4,:),4)
xy5=Pdivide(xy31(5,:),xy32(5,:),5)
xy=[xy1;xy2;xy3;xy4;xy5]
N1=1-xy(:,1)-xy(:,2)
Enod=delaunay(xy(:,1),xy(:,2))
Nxy=[(1:15)',xy]
Enod=[(1:16)',Enod]
N1=[(1:15)',N1]
pltvc2d3n_x(Enod,Nxy,N1)
```

代码下载

运行后,得到形函数 N_1 的云图,如例 2-3 图所示。

例 2-3 图

在上述程序中,功能函数 function xy＝Pdivide(P1,P2,n)的内容如下:

```
function xy＝Pdivide(P1,P2,n)
% Point partition function
% P1(1,2)－[x1,y1]
% P2(1,2)－[x2,y2]
% xy(n,2)
x＝linspace(P1(1),P2(1),n);
y＝linspace(P1(2),P2(2),n);
xy＝[x',y']
end
```

代码下载

功能函数 function pltvc2d3n_x(Enod,Nxy,Nvar)的内容如下:

```
function pltvc2d3n_x(Enod,Nxy,Nvar)
figure
hold on
axis equal
axis off
m＝size(Enod,1)
for i＝1:m
    k＝Enod(i,2:4)
    x＝Nxy(k,2)
    y＝Nxy(k,3)
    c＝Nvar(k,2)    %
    h＝fill(x,y,c)
    set(h,'linestyle','none')
end
colorbar('location','eastoutside')
end
```

代码下载

2.3 单元刚度分析

2.3.1 单元应变方程

将弹性平面问题的位移函数(2-18)代入几何方程(2-3),得到

$$\boldsymbol{\varepsilon}=\boldsymbol{B}\boldsymbol{a}_e=\boldsymbol{B}_i\boldsymbol{u}_i+\boldsymbol{B}_j\boldsymbol{u}_j+\boldsymbol{B}_m\boldsymbol{u}_m \tag{2-23}$$

其中,$\boldsymbol{a}_e$ 和 $\boldsymbol{u}_k(k=i,j,m)$ 为单元结点位移列阵及其子列阵,

$$\boldsymbol{B}=[\boldsymbol{B}_i,\boldsymbol{B}_j,\boldsymbol{B}_m] \tag{2-24}$$

称为单元应变矩阵,

$$\boldsymbol{B}_k=\boldsymbol{L}^{\mathrm{T}}\boldsymbol{N}_k=\begin{bmatrix} \dfrac{\partial N_k}{\partial x} & 0 \\[2mm] 0 & \dfrac{\partial N_k}{\partial y} \\[2mm] \dfrac{\partial N_k}{\partial y} & \dfrac{\partial N_k}{\partial x} \end{bmatrix}=\frac{1}{2A}\begin{bmatrix} b_k & 0 \\ 0 & c_k \\ c_k & b_k \end{bmatrix} \quad (k=i,j,m) \tag{2-25}$$

为单元应变矩阵的子矩阵。

(2-23)式描述了单元内任一点应变分量与单元结点位移之间的关系,即单元应变列阵等于单元应变矩阵与结点位移列阵的积,将其称为**单元应变方程**。

2.3.2 单元应力方程

将单元应变方程(2-23)代入物理方程(2-5),得到

$$\boldsymbol{\sigma}=\boldsymbol{S}\boldsymbol{a}_e=\boldsymbol{S}_i\boldsymbol{u}_i+\boldsymbol{S}_j\boldsymbol{u}_j+\boldsymbol{S}_m\boldsymbol{u}_m \tag{2-26}$$

其中 $\boldsymbol{a}$ 和 $\boldsymbol{a}_k(k=i,j,m)$ 为单元结点位移列阵及其子列阵,

$$\boldsymbol{S}=\boldsymbol{D}\boldsymbol{B}=[\boldsymbol{D}\boldsymbol{B}_i,\boldsymbol{D}\boldsymbol{B}_j,\boldsymbol{D}\boldsymbol{B}_m]=[\boldsymbol{S}_i,\boldsymbol{S}_j,\boldsymbol{S}_m] \tag{2-27}$$

称为**单元应力矩阵**,其中 $\boldsymbol{D}$ 为(2-6)式描述的弹性矩阵;

$$\boldsymbol{S}_k=\frac{E'}{2[1-(\mu')^2]A}\begin{bmatrix} b_k & -\mu'c_k \\[1mm] \mu'b_k & c_k \\[1mm] \dfrac{1-\mu'}{2}c_k & \dfrac{1-\mu'}{2}b_k \end{bmatrix} \quad (k=i,j,m) \tag{2-28}$$

为单元应力矩阵的子矩阵。

(2-26)式描述了单元内任一点应力分量与单元结点位移之间的关系,即单元应力列阵等于单元应力矩阵与结点位移列阵的积,称其为**单元应力方程**。

2.3.3 单元刚度方程

单元结点力是其他单元通过结点上施加于单元上的力,它的大小和单元的结点位移有关。如图 2-2 所示的平面 3 结点三角形单元,每个结点有两个结点力分量,其所有结点力可以表示为

$$F_e = [U_i, V_i, U_j, V_j, U_m, V_m]^T \qquad (2\text{-}29)$$

称为**单元结点力列阵**，其中 U 和 V 代表水平和竖直方向的结点力分量，下标 i、j、m 代表单元的结点编号。

假想在图 2-2 所示的平面 3 结点三角形单元中任一点发生的虚位移表示为

$$\delta u = [\delta u, \delta v]^T \qquad (2\text{-}30)$$

称为**虚位移列阵**，相应的**结点虚位移列阵**为

$$\delta a_e = [\delta u_i, \delta v_i, \delta u_j, \delta v_j, \delta u_m, \delta v_m]^T \qquad (2\text{-}31)$$

由虚位移引起的虚应变表示为

$$\delta \varepsilon = [\delta \varepsilon_x, \delta \varepsilon_y, \delta \gamma_{xy}]^T \qquad (2\text{-}32)$$

称为**虚应变列阵**。

对于图 2-2 所示的平面 3 结点三角形单元，其上仅有结点力，因此在虚位移作用下单元的外力总虚功为

$$\delta W = (\delta a_e)^T F_e \qquad (2\text{-}33)$$

在虚位移作用下单元产生的总应变能为

$$\delta U = \int_{\Omega_e} (\delta \varepsilon)^T \sigma d\Omega \qquad (2\text{-}34)$$

其中 Ω_e 为单元体积域。

根据单元应变方程(2-23)，得到

$$\delta \varepsilon = B \delta a_e \qquad (2\text{-}35)$$

将单元应力方程(2-26)和(2-35)式代入(2-34)式，得到

$$(\delta a_e)^T F_e = (\delta a_e)^T \left[\int_{\Omega_e} B^T D B d\Omega \right] a_e \qquad (2\text{-}36)$$

由此可进一步得到

$$F_e = k_e a_e \qquad (2\text{-}37)$$

其中

$$k_e = \int_{\Omega_e} B^T D B d\Omega \qquad (2\text{-}38)$$

称为**单元刚度矩阵**。(2-37)式描述了单元结点力和单元结点位移间的关系，即单元结点力列阵等于单元刚度矩阵和单元结点位移列阵的积，通常将其称为**单元刚度方程**。

对于厚度为 t 的平面 3 结点三角形单元，将(2-24)式代入(2-38)式，得到

$$k_e = \begin{bmatrix} k_{ii} & k_{ij} & k_{im} \\ k_{ji} & k_{jj} & k_{jm} \\ k_{mi} & k_{mj} & k_{mn} \end{bmatrix} \qquad (2\text{-}39)$$

其中的子矩阵

$$k_{rs} = A t B_r^T D B_s \qquad (r,s=i,j,m) \qquad (2\text{-}40)$$

将(2-25)式及(2-6)式代入(2-40)式，得到

$$k_{rs} = \frac{E't}{4A[1-(\mu')^2]} \begin{bmatrix} b_r b_s + \dfrac{1-\mu'}{2} c_r c_s & \mu' b_r c_s + \dfrac{1-\mu'}{2} c_r b_s \\ \mu' c_r b_s + \dfrac{1-\mu'}{2} b_r c_s & c_r c_s + \dfrac{1-\mu'}{2} b_r b_s \end{bmatrix} \qquad (r,s=i,j,m) \qquad (2\text{-}41)$$

2.3.4　单元刚度矩阵的性质

对于平面 3 结点三角形单元，单元刚度矩阵具有如下的性质。

1）单元刚度矩阵为对称矩阵

根据（2-38）式可知

$$(k_e)^{\mathrm{T}} = \int_{\Omega_e} \boldsymbol{B}^{\mathrm{T}} \boldsymbol{D}^{\mathrm{T}} \boldsymbol{B} \mathrm{d}\Omega$$

根据（2-6）式可知 $\boldsymbol{D}$ 为对称矩阵，因此

$$(k_e)^{\mathrm{T}} = \int_{\Omega_e} \boldsymbol{B}^{\mathrm{T}} \boldsymbol{D}^{\mathrm{T}} \boldsymbol{B} \mathrm{d}\Omega = \int_{\Omega_e} \boldsymbol{B}^{\mathrm{T}} \boldsymbol{D} \boldsymbol{B} \mathrm{d}\Omega = k_e$$

即单元刚度矩阵（2-38）式为对称矩阵。

2）单元刚度矩阵的每一行元素之和为零，每一列元素之和也为零

将平面 3 结点三角形单元的单元刚度方程（2-37）展开为

$$\begin{Bmatrix} U_i \\ V_i \\ U_j \\ V_i \\ U_m \\ V_m \end{Bmatrix} = \begin{bmatrix} k_{11} & k_{12} & k_{13} & k_{14} & k_{15} & k_{16} \\ k_{21} & k_{22} & k_{23} & k_{24} & k_{25} & k_{26} \\ k_{31} & k_{32} & k_{33} & k_{34} & k_{35} & k_{36} \\ k_{41} & k_{42} & k_{43} & k_{44} & k_{45} & k_{46} \\ k_{51} & k_{52} & k_{53} & k_{54} & k_{55} & k_{56} \\ k_{61} & k_{62} & k_{63} & k_{64} & k_{65} & k_{66} \end{bmatrix} \begin{Bmatrix} u_i \\ v_i \\ u_j \\ v_j \\ u_m \\ v_m \end{Bmatrix} \tag{2-42}$$

当

$$\boldsymbol{u}_i \neq 0$$

而其他结点位移分量都为零时，根据（2-42）式可得到

$$U_i = k_{11}, V_i = k_{21}, U_j = k_{31}, V_j = k_{41}, U_m = k_{51}, V_m = k_{61}$$

根据静力学平衡条件，可知

$$U_i + U_J + U_m = 0, V_i + V_J + V_m = 0$$

由此可进一步得到

$$k_{11} + k_{21} + k_{31} + k_{41} + k_{51} + k_{61} = 0$$

同理，可以证明其他列的元素代数和也为零。再利用单元刚度矩阵的对称性，可知任一行元素代数和也为零。

3）单元刚度矩阵为奇异矩阵

利用性质 2，很容易证明单元刚度矩阵对应的行列式等于零，因此单元刚度矩阵为奇异矩阵，不存在逆矩阵。

4）单元刚度矩阵与空间方位无关

根据（2-41）式可知，单元刚度矩阵的各元素值决定于单元的形式、方位和弹性常数，而与单元的空间位置无关，平面图形相似的单元，如果具有相同的材料性质和厚度，则它们具有相同的单元刚度矩阵。

2.3.5 体验与实践

2.3.5.1 实例 2-4

【例 2-4】 利用 MATLAB 推导平面 3 结点三角形单元的应变矩阵计算公式(2-25)。

【解】 编写如下 MATLAB 程序：

```
clear;
clc;
syms N1(x,y) N2(x,y) N3(x,y)
syms a1 b1 c1
syms a2 b2 c2
syms a3 b3 c3
syms A
N1=1/(2*A)*(a1+b1*x+c1*y)
N2=1/(2*A)*(a2+b2*x+c2*y)
N3=1/(2*A)*(a3+b3*x+c3*y)
B1=[diff(N1,x),0;
    0,diff(N1,y);
    diff(N1,y),diff(N1,x)]
B2=[diff(N2,x),0;
    0,diff(N2,y);
    diff(N2,y),diff(N2,x)]
B3=[diff(N3,x),0;
    0,diff(N3,y);
    diff(N3,y),diff(N3,x)]
B=[B1,B2,B3]
```

代码下载

运行后得到：

```
B1 =                    B2 =                    B3 =


[ b1/(2*A),        0]   [ b2/(2*A),        0]   [ b3/(2*A),        0]
[        0, c1/(2*A)]   [        0, c2/(2*A)]   [        0, c3/(2*A)]
[ c1/(2*A), b1/(2*A)]   [ c2/(2*A), b2/(2*A)]   [ c3/(2*A), b3/(2*A)]


B =


[ b1/(2*A),        0, b2/(2*A),        0, b3/(2*A),        0]
[        0, c1/(2*A),        0, c2/(2*A),        0, c3/(2*A)]
[ c1/(2*A), b1/(2*A), c2/(2*A), b2/(2*A), c2/(2*A), b2/(2*A)]
```

2.3.5.2 实例 2-5

【例 2-5】 一平面 3 结点三角形单元三个结点坐标分别为 1(1,1)、2(4,2)和 3(3,5),计算该单元的应变矩阵。

【解】 编写如下 MATLAB 程序:

```
clear;clc;
xy=[1,1;4,2;3,5];
[A,abc]=SHP3(xy)    % SHP3 为例 2-1 中的功能函数
B1=[abc(1,2),0;
    0,abc(1,3);
    abc(1,3),abc(1,2)];
B1=B1/(2*A)
B2=[abc(2,2),0;
    0,abc(2,3);
    abc(2,3),abc(2,2)];
B2=B2/(2*A)
B3=[abc(3,2),0;
    0,abc(3,3);
    abc(3,3),abc(3,2)];
B3=B3/(2*A)
B=[B1,B2,B3]
```

运行后,得到:

	B

3x6 double

	1	2	3	4	5	6
1	-0.3000	0	0.4000	0	-0.1000	0
2	0	-0.1000	0	-0.2000	0	0.3000
3	-0.1000	-0.3000	-0.2000	0.4000	0.3000	-0.1000

2.3.5.3 实例 2-6

【例 2-6】 一平面 3 结点三角形单元三个结点坐标分别为 1(1,1)、2(4,2)和 3(3,5),若弹性模量为 120GPa、泊松比为 0.35,计算平面应力情况下该单元的应力矩阵。

【解】 编写如下 MATLAB 程序:

```
clear;
clc;
xy=[1,1;4,2;3,5];
E=120e9;mu=0.35;
[A,abc]=SHP3(xy)    % SHP3 为例 2-1 中的功能函数
B1=[abc(1,2),0;
```

代码下载

```
        0,abc(1,3);
        abc(1,3),abc(1,2)];
B1=B1/(2*A)
B2=[abc(2,2),0;
        0,abc(2,3);
        abc(2,3),abc(2,2)];
B2=B2/(2*A)
B3=[abc(3,2),0;
        0,abc(3,3);
        abc(3,3),abc(3,2)];
B3=B3/(2*A)
B=[B1,B2,B3]
D=[1,mu,0;
        mu,1,0;
        0,0,(1-mu)/2]
D=E/(1-mu^2)*D
S=D*B
```

运行后,得到:

	1	2	3	4	5	6
1	-4.1026e+10	-4.7863e+09	5.4701e+10	-9.5726e+09	-1.3675e+10	1.4359e+10
2	-1.4359e+10	-1.3675e+10	1.9145e+10	-2.7350e+10	-4.7863e+09	4.1026e+10
3	-4.4444e+09	-1.3333e+10	-8.8889e+09	1.7778e+10	1.3333e+10	-4.4444e+09

(S × 3x6 double)

2.3.5.4 实例 2-7

【例 2-7】 一平面 3 结点三角形单元三个结点坐标分别为 1(1,1)、2(4,2)和 3(3,5),若弹性模量为 120GPa、泊松比为 0.35,计算平面应力情况下该单元的刚度矩阵。

【解】 编写如下 MATLAB 程序:

```
clear;
clc;
xy=[1,1;4,2;3,5];
E=120e9;mu=0.35;t=10e-3;
[A,abc]=SHP3(xy)        % SHP3 为例 2-1 中的功能函数
B1=[abc(1,2),0;
        0,abc(1,3);
        abc(1,3),abc(1,2)];
B1=B1/(2*A)
```

代码下载

```
B2=[abc(2,2),0;
    0,abc(2,3);
    abc(2,3),abc(2,2)];
B2=B2/(2*A)
B3=[abc(3,2),0;
    0,abc(3,3);
    abc(3,3),abc(3,2)];
B3=B3/(2*A)
B=[B1,B2,B3]
D=[1,mu,0;
   mu,1,0;
   0,0,(1-mu)/2]
D=E/(1-mu^2)*D
K=B'*D*B;
K=A*t*K
```

运行后,得到:

	1	2	3	4	5	6
1	6.3761e+08	1.3846e+08	-7.7607e+08	5.4701e+07	1.3846e+08	-1.9316e+08
2	1.3846e+08	2.6838e+08	3.7607e+07	-1.2991e+08	-1.7607e+08	-1.3846e+08
3	-7.7607e+08	3.7607e+07	1.1829e+09	-3.6923e+08	-4.0684e+08	3.3162e+08
4	5.4701e+07	-1.2991e+08	-3.6923e+08	6.2906e+08	3.1453e+08	-4.9915e+08
5	1.3846e+08	-1.7607e+08	-4.0684e+08	3.1453e+08	2.6838e+08	-1.3846e+08
6	-1.9316e+08	-1.3846e+08	3.3162e+08	-4.9915e+08	-1.3846e+08	6.3761e+08

K ×
6x6 double

2.4 整体刚度分析

通过 2.3 节中的单元刚度分析可知,只要获得结点位移,就可以通过单元应变方程计算出单元应变,通过单元应力方程计算出单元应力。可见弹性平面问题有限元法最终归结为求解结点位移。

从力学基本概念上看,位移法中求解位移的控制方程是力学平衡方程。对实际结构有限元离散化后得到的计算体系,有限元法求解结点位移的方程是结点的力学平衡方程。整体分析就是建立结点的力学平衡方程、并引入位移边界条件,然后求解力学平衡方程得到结点位移,然后利用所求得的结点位移,进一步计算出其他物理量。

2.4.1 结点平衡分析

如图 2-5(a)所示有限元法离散结构中围绕任一结点 i 的局部放大图,其中不带括号的英文字母代表结点编号,带括号的英文字母为单元编号。以结点 i 为研究对象,其受力如图

2-5(b)所示,其所受到的力有两部分。一部分是由与结点 i 相连单元上的外载荷按静力等效原则移置到结点 i 的等效结点载荷

$$
\left.\begin{aligned}
P_{ix} &= \sum_e X_i^{(e)} = X_i^{(i)} + X_i^{(j)} + X_i^{(k)} + X_i^{(l)} + X_i^{(m)} + X_i^{(p)} \\
P_{iy} &= \sum_e Y_i^{(e)} = Y_i^{(i)} + Y_i^{(j)} + Y_i^{(k)} + Y_i^{(l)} + Y_i^{(m)} + Y_i^{(p)}
\end{aligned}\right\} \tag{a}
$$

其中 $X_i^{(e)}, Y_i^{(e)}$ 为单元 e 在结点 i 处的**单元等效结点载荷**分量。另一部分为与结点 i 相连单元施加给结点 i 的力,即结点力的反作用力

$$
\left.\begin{aligned}
Q_{ix} &= -\sum_e U_i^{(e)} = -\left[U_i^{(i)} + U_i^{(j)} + U_i^{(k)} + U_i^{(l)} + U_i^{(m)} + U_i^{(p)}\right] \\
Q_{iy} &= -\sum_e V_i^{(e)} = -\left[V_i^{(i)} + V_i^{(j)} + V_i^{(k)} + V_i^{(l)} + V_i^{(m)} + V_i^{(p)}\right]
\end{aligned}\right\} \tag{b}
$$

其中 $U_i^{(e)}, V_i^{(e)}$ 为单元 e 在结点 i 处的**单元结点力**分量,如图 2-5(c)所示。

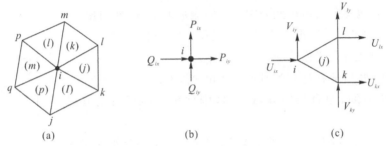

图 2-5　结点受力分析

图 2-5 中结点 i 的平衡条件为

$$
\left.\begin{aligned}
Q_{ix} + P_{ix} &= 0 \\
Q_{iy} + P_{iy} &= 0
\end{aligned}\right\} \qquad (i=1,2,\cdots,n) \tag{c}
$$

其中 n 为有限元离散结构的**结点总数**。将(a)式和(b)式代入(c)式,得到

$$
\left.\begin{aligned}
\sum_e U_i^{(e)} &= \sum_e X_i^{(e)} \\
\sum_e V_i^{(e)} &= \sum_e Y_i^{(e)}
\end{aligned}\right\} \qquad (i=1,2,\cdots,n) \tag{d}
$$

利用单元刚度方程(2-37),将(d)式中等号左端的单元结点力分量用结点位移分量表示,然后将(d)式写成矩阵形式,得到

$$
\boldsymbol{Ka} = \boldsymbol{P} \tag{2-43}
$$

其中

$$
\boldsymbol{a} = \left[u_1, v_1, u_2, v_2, \cdots, u_N, v_N\right]^{\mathrm{T}} \tag{2-44}
$$

为有限元离散结构的**整体结点位移列阵**,

$$
\boldsymbol{P} = \left[P_{1x}, P_{1y}, P_{2x}, P_{2y}, \cdots, P_{Nx}, P_{Ny}\right]^{\mathrm{T}} \tag{2-45}
$$

为有限元离散结构的**整体结点载荷列阵**,

$$K = \begin{bmatrix} K_{11} & K_{12} & \cdots & K_{1n} \\ K_{21} & K_{22} & \cdots & K_{2n} \\ \vdots & \vdots & \vdots & \vdots \\ K_{n1} & K_{n2} & \cdots & K_{nn} \end{bmatrix}$$

(2-46)

为有限元离散结构的整体刚度矩阵,其中的各子矩阵,可通过相关单元的单元刚度矩阵的子矩阵相加得到,即

$$K_{ij} = \sum_{e} k_{ij}^{(e)} \qquad (i, j = 1, 2, \cdots, n)$$

(2-47)

不难看出(2-43)式描述了有限元离散结构的结点载荷和结点位移之间的关系,即结点载荷列阵等于整体刚度矩阵与结点位移列阵的积,通常将(2-43)式称为**结构刚度方程**。

2.4.2 整体刚度矩阵的性质

由于整体刚度矩阵是由单元的刚度矩阵集成而来,因此根据 2.3.4 节中介绍的单元刚度矩阵的性质,可知整体刚度矩阵(2-46)式具有如下性质:

1)整体刚度矩阵是对称矩阵;

2)整体刚度矩阵的各行和各列元素之和均为零;

3)整体刚度矩阵是奇异矩阵,即整体刚度矩阵的行列式值等于零。

此外,整体刚度矩阵为大型稀疏矩阵,非零元素主要分布在对角线附近,如图 2-6 所示。

图 2-6　大型稀疏矩阵

2.4.3 体验与实践

2.4.3.1 实例 2-8

【例 2-8】 写出图示有限元离散结构的整体刚度矩阵和各单元刚度矩阵之间的关系。

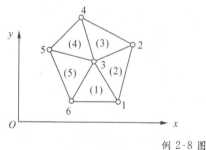

单元编号	结点编号		
(1)	1	3	6
(2)	1	2	3
(3)	3	2	4
(4)	3	4	5
(5)	5	6	3

例 2-8 图

【解】 整体刚度矩阵可表示为:

$$K = \begin{bmatrix} K_{11} & K_{12} & K_{13} & K_{14} & K_{15} & K_{16} \\ K_{21} & K_{22} & K_{23} & K_{24} & K_{25} & K_{26} \\ K_{31} & K_{32} & K_{33} & K_{34} & K_{35} & K_{36} \\ K_{41} & K_{42} & K_{43} & K_{44} & K_{45} & K_{46} \\ K_{51} & K_{52} & K_{53} & K_{54} & K_{55} & K_{56} \\ K_{61} & K_{62} & K_{63} & K_{64} & K_{65} & K_{66} \end{bmatrix}$$

其各行中的非零子矩阵可用单元刚度矩阵的子矩阵分别表示为：

1）$K_{11} = k_{11}^{(1)} + k_{11}^{(2)}$，$K_{12} = k_{12}^{(2)}$，$K_{13} = k_{13}^{(1)} + k_{13}^{(2)}$，$K_{16} = k_{16}^{(1)}$；

2）$K_{21} = k_{21}^{(1)}$，$K_{22} = k_{22}^{(2)} + k_{22}^{(3)}$，$K_{23} = k_{23}^{(2)} + k_{23}^{(3)}$，$K_{24} = k_{24}^{(3)}$；

3）$K_{31} = k_{31}^{(1)} + k_{31}^{(2)}$，$K_{32} = k_{32}^{(2)} + k_{32}^{(3)}$，$K_{33} = k_{33}^{(1)} + k_{33}^{(2)} + k_{33}^{(3)} + k_{33}^{(4)} + k_{33}^{(5)}$，$K_{34} = k_{34}^{(3)} + k_{34}^{(4)}$，

$K_{35} = k_{35}^{(4)} + k_{35}^{(5)}$，$K_{36} = k_{36}^{(1)} + k_{36}^{(5)}$；

4）$K_{42} = k_{42}^{(3)}$，$K_{43} = k_{43}^{(3)} + k_{43}^{(4)}$，$K_{44} = k_{44}^{(3)} + k_{44}^{(4)}$，$K_{45} = k_{45}^{(4)}$；

5）$K_{53} = k_{53}^{(4)} + k_{53}^{(5)}$，$K_{54} = k_{54}^{(4)}$，$K_{55} = k_{55}^{(4)} + k_{55}^{(5)}$，$K_{56} = k_{56}^{(5)}$；

6）$K_{61} = k_{61}^{(1)}$，$K_{63} = k_{63}^{(1)} + k_{63}^{(5)}$，$K_{65} = k_{65}^{(5)}$，$K_{66} = k_{66}^{(1)} + k_{66}^{(5)}$。

2.4.3.2 实例 2-9

【例 2-9】 3 结点平面三角形单元离散结构的整体刚度矩阵和单元编号及结点编号是否有关。

【解】 整体刚度矩阵和单元编号无关，整体刚度矩阵和结点编号有关。

2.5 结点载荷的形成

2.5.1 单元等效结点载荷

弹性平面结构经过有限元离散后，变成由有限个单元组成的**有限元离散结构**（或称为**有限元模型**），各单元之间通过结点联系在一起，一切力和变形也只能通过结点来传递，因此需要将作用于单元上各种外载荷向单元结点简化成**单元等效结点载荷**。这种简化应按静力等效原则来进行，根据圣维南原理可知这种简化的影响是局部的。对于变形体静力等效是指，原载荷与结点载荷在任何虚位移上的虚功都相等。外载荷的简化和位移模式有关，且在一定的位移模式下，简化结果是唯一的。

弹性平面问题的外载荷，一般情况下包括重力、惯性力、温度载荷和作用在计算区域边缘上的集中载荷及分布载荷。对于平面 3 结点三角形单元来说，把重力和边界上集中力及分布转化为结点载荷的规律，符合常规的力的合成与分解法则。

对于体力为常量的等厚度平面 3 结点三角形单元，利用变形体的静力等效原则，可以求出常体力的等效结点载荷为

$$X_r^{(e)} = \frac{1}{3} A t b_x, \quad Y_r^{(e)} = \frac{1}{3} A t b_y \quad (r = i, j, m) \tag{2-48}$$

其中 b_x、b_y 为体力分量，A 为三角形单元面积，t 为三角形单元厚度。

如图 2-7 所示,对于作用在单元边界 ij 上 c 点的集中力 $P=[P_x,P_y]$,利用变形体的静力等效原则,可求出其等效结点载荷为

$$\left.\begin{array}{ll}
X_i^{(e)}=\dfrac{l_j}{l}P_x, & Y_i^{(e)}=\dfrac{l_j}{l}P_y \\[2mm]
X_j^{(e)}=\dfrac{l_i}{l}P_x, & Y_j^{(e)}=\dfrac{l_i}{l}P_y \\[2mm]
X_m^{(e)}=0, & Y_m^{(e)}=0
\end{array}\right\}
\qquad (2\text{-}49)$$

其中 l_i 为 c 点到 i 点的距离,l_j 为 c 点到 j 点的距离,l 为 i 点和 j 点间的距离。

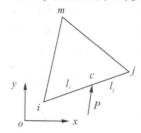

图 2-7　单元边界上的集中力

如图 2-8 所示,对于在 3 结点三角形单元某一边 ij 上的线性分布载荷,利用变形体的静力等效原则,可求出其等效结点载荷为

$$\left.\begin{array}{ll}
X_i^{(e)}=\dfrac{q_{ix}l}{3}+\dfrac{q_{jx}l}{6}, & Y_i^{e}=\dfrac{q_{iy}l}{3}+\dfrac{q_{jy}l}{6} \\[2mm]
X_j^{(e)}=\dfrac{q_{jx}l}{3}+\dfrac{q_{ix}l}{6}, & Y_j^{e}=\dfrac{q_{jy}l}{3}+\dfrac{q_{iy}l}{6} \\[2mm]
X_m^{(e)}=0, & Y_m^{(e)}=0
\end{array}\right\}
\qquad (2\text{-}50)$$

其中

$$\boldsymbol{q}_i=[q_{ix},q_{iy}], \qquad \boldsymbol{q}_j=[q_{jx},q_{jy}]$$

分别为结点 i 和结点 j 处的载荷分布集度,l 为边 ij 的长度。

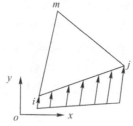

图 2-8　单元边界上的分布力

2.5.2　整体结点载荷列阵

得到各个单元的等效结点载荷,就可将各单元的等效结点载荷集合成有限元模型的整体结点载荷列阵,整体结点载荷和单元等效结点载荷的集成关系为(2-47)式,对于弹性平面问题可以将其改写为如下分量形式

$$P_{ix}=\sum_e X_i^{(e)}, \qquad P_{iy}=\sum_e Y_i^{(e)} \qquad (i=1,2,\cdots,n) \qquad (2\text{-}51)$$

其中等号左端为整个有限元模型在结点 i 处的结点载荷分量;等号右端是与结点 i 相连的所有单元在结点 i 处的单元等效结点载荷分量的代数和;n 为整个有限元模型的结点总数。

2.5.3 体验与实践

2.5.3.1 实例 2-10

【例 2-10】 根据静力等效原则,确定平面 3 结点三角形单元的常体力等效结点载荷。

【解】 先确定 x 方向的体力分量 b_x 对应的等效结点载荷。

设 x 方向的结点虚位移为 δu_i、δu_j 和 δu_m,则单元内任一点 x 方向的虚位移可表示为

$$\delta u = N_i \delta u_j + N_j \delta u_j + N_m \delta u_m \tag{a}$$

根据静力等效原则,应有

$$\int_A b_x \delta u t \mathrm{d}A = X_i^{(e)} \delta u_i + X_j^{(e)} \delta u_j + X_m^{(e)} \delta u_m \tag{b}$$

将(a)式代入(b)式,得到

$$\left(b_x t \int_A N_i \mathrm{d}A\right)\delta u_i + \left(b_x t \int_A N_j \mathrm{d}A\right)\delta u_j + \left(b_x t \int_A N_m \mathrm{d}A\right)\delta u_m = X_i^{(e)} \delta u_i + X_j^{(e)} \delta u_j + X_m^{(e)} \delta u_m$$

根据虚位移的任意性,若上式恒成立,应有

$$X_i^{(e)} = b_x t \int_A N_i \mathrm{d}A, \quad X_j^{(e)} = b_x t \int_A N_j \mathrm{d}A, \quad X_m^{(e)} = b_x t \int_A N_m \mathrm{d}A \tag{c}$$

根据形函数的几何意义,可以得到

$$\int_A N_i \mathrm{d}A = \int_A N_j \mathrm{d}A = \int_A N_m \mathrm{d}A = \frac{1}{3}A$$

将其代入(c)式,得到

$$X_i^{(e)} = X_j^{(e)} = X_m^{(e)} = \frac{1}{3}Atb_x$$

同理可以得到 y 方向的体力分量为 b_y 对应的等效结点载荷为

$$Y_i^{(e)} = Y_j^{(e)} = Y_m^{(e)} = \frac{1}{3}Atb_y$$

2.5.3.2 实例 2-11

【例 2-11】 利用变形体静力等效原则,计算图 2-8 所示 3 结点三角形单元 ij 边 c 点上集中力 P 的等效结点载荷。

【解】 图 2-7 中 ij 边上 c 点的虚位移可以用结点是虚位移表示为

$$\delta u_c = N_i \delta u_i + N_j \delta u_j + N_m \delta u_m$$
$$= \frac{l_j}{l}\delta u_i + \frac{l_i}{l}\delta u_j + 0 \cdot \delta u_m \tag{a}$$
$$= \frac{l_j}{l}\delta u_i + \frac{l_i}{l}\delta u_j$$

$$\delta v_c = N_i \delta v_i + N_j \delta v_j + N_m \delta v_m$$

$$= \frac{l_j}{l} \cdot \delta v_i + \frac{l_i}{l} \cdot \delta v_j + 0 \cdot \delta v_m \tag{b}$$

$$= \frac{l_j}{l} \cdot \delta v_i + \frac{l_i}{l} \cdot \delta v_j$$

根据变形体静力等效原则,有

$$P_x \delta u_c + P_y \delta v_c = X_i^{(e)} \delta u_i + X_j^{(e)} \delta u_j + X_m^{(e)} \delta u_m + Y_i^{(e)} \delta v_i + Y_j^{(e)} \delta v_j + Y_m^{(e)} \delta v_m \tag{c}$$

将(a)式和(b)式代入(c)式,并考虑虚位移的任意性,可以得到单元的等效结点载荷为

$$\left.\begin{array}{ll} X_i^{(e)} = \dfrac{l_j}{l} P_x , & Y_i^{(e)} = \dfrac{l_j}{l} P_y \\[2mm] X_j^{(e)} = \dfrac{l_i}{l} P_x , & Y_j^{(e)} = \dfrac{l_i}{l} P_y \\[2mm] X_m^{(e)} = 0 , & Y_m^{(e)} = 0 \end{array}\right\}$$

2.6 整体刚度方程的求解

由于整体刚度矩阵(2-46)是奇异矩阵,因此整体刚度方程(2-43)是奇异方程,无法利用其直接求解结点位移,需要根据给定的约束条件对整体刚度方程(2-43)进行适当的处理,才能求出结点位移和约束处的约束反力。下面介绍三类常用的处理方法。

2.6.1 零位移的先处理法

对于已知结点位移为零的约束,可以将整体刚度矩阵中与零位移分量对应的行和列删除,将结点载荷列阵中与零位移分量对应的结点载荷分量删除,得到缩减方程。求解这个缩减方程可求出非零结点位移分量,再将得到的非零结点位移分量回代到原方程,求得零位移处的约束反力。

如图 2-9 所示有限元离散结构,在结点 1 和结点 4 的水平位移和竖直位移分量等于零。其刚度方程为

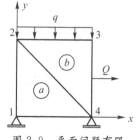

图 2-9　平面问题有限元离散结构

$$\begin{bmatrix} K_{11} & K_{12} & K_{13} & K_{14} & K_{15} & K_{16} & K_{17} & K_{18} \\ K_{21} & K_{22} & K_{23} & K_{24} & K_{25} & K_{26} & K_{27} & K_{28} \\ K_{31} & K_{32} & K_{33} & K_{34} & K_{35} & K_{36} & K_{37} & K_{38} \\ K_{41} & K_{42} & K_{43} & K_{44} & K_{45} & K_{46} & K_{47} & K_{48} \\ K_{51} & K_{52} & K_{53} & K_{54} & K_{55} & K_{56} & K_{57} & K_{58} \\ K_{61} & K_{62} & K_{63} & K_{64} & K_{65} & K_{66} & K_{67} & K_{68} \\ K_{71} & K_{72} & K_{73} & K_{74} & K_{75} & K_{76} & K_{77} & K_{78} \\ K_{81} & K_{82} & K_{83} & K_{84} & K_{85} & K_{86} & K_{87} & K_{88} \end{bmatrix} \begin{Bmatrix} u_1 \\ v_1 \\ u_2 \\ v_2 \\ u_3 \\ v_3 \\ u_4 \\ v_4 \end{Bmatrix} = \begin{Bmatrix} P_{1x} \\ P_{1y} \\ P_{2x} \\ P_{2x} \\ P_{3x} \\ P_{3x} \\ P_{4x} \\ P_{4x} \end{Bmatrix} \tag{a}$$

按照上述方法,将(a)式中刚度矩阵中的第 1、2、7、8 行和列删除,将(a)式中等号右端结点载荷列阵中的第 1、2、7、8 个元素删除,得到如下缩减方程

$$\begin{bmatrix} K_{33} & K_{34} & K_{35} & K_{36} \\ K_{43} & K_{44} & K_{45} & K_{46} \\ K_{53} & K_{54} & K_{55} & K_{56} \\ K_{63} & K_{64} & K_{65} & K_{66} \end{bmatrix} \begin{Bmatrix} u_2 \\ v_2 \\ u_3 \\ v_3 \end{Bmatrix} = \begin{Bmatrix} P_{2x} \\ P_{2y} \\ P_{3x} \\ P_{3y} \end{Bmatrix} \qquad (b)$$

求解缩减方程(b)得到结点 2、3 处的非零位移分量,再将其回代至原方程(a)可得到结点 1、4 处的约束反力。

2.6.2 零位移的化 0 置 1 法

对于已知结点位移为零的约束,还可以将整体刚度矩阵中与零位移分量对应的行和列的非对角元素改为 0、对角元素改为 1,将结点载荷列阵中与零位移分量对应的结点载荷分量改为 0,得到非奇异性简化方程。通过这个简化方程可求出非零结点位移分量,再将得到的非零结点位移分量回代到原方程,求得零位移处的约束反力。

仍以图 2-9 所示有限元离散结构为例,根据上述方法可将整体刚度方程(a)转化为如下非奇异性简化方程

$$\begin{bmatrix} 1 & 0 & 0 & 0 & 0 & 0 & 0 & 0 \\ 0 & 1 & 0 & 0 & 0 & 0 & 0 & 0 \\ 0 & 0 & K_{33} & K_{34} & K_{35} & K_{36} & 0 & 0 \\ 0 & 0 & K_{43} & K_{44} & K_{45} & K_{46} & 0 & 0 \\ 0 & 0 & K_{53} & K_{54} & K_{55} & K_{56} & 0 & 0 \\ 0 & 0 & K_{63} & K_{64} & K_{65} & K_{66} & 0 & 0 \\ 0 & 0 & 0 & 0 & 0 & 0 & 1 & 0 \\ 0 & 0 & 0 & 0 & 0 & 0 & 0 & 1 \end{bmatrix} \begin{Bmatrix} u_1 \\ v_1 \\ u_2 \\ v_2 \\ u_3 \\ v_3 \\ u_4 \\ v_4 \end{Bmatrix} = \begin{Bmatrix} 0 \\ 0 \\ P_{2x} \\ P_{2y} \\ P_{3x} \\ P_{3y} \\ 0 \\ 0 \end{Bmatrix} \qquad (c)$$

通过(c)求出结点 2、3 处的非零位移分量,再将其回代至原方程(a)可得到结点 1、4 处的约束反力。

2.6.3 非零位移的乘大数法

对于已知结点位移为非零的约束,可将整体刚度矩阵中与已知非零结点位移分量对应的对角线元素乘上一个大数 C(如 $C = 10^9$),将整体结点载荷列阵中对已知非零结点位移分量对应的元素乘上大数 C 和整体刚度矩阵对应的对角线元素的积,得到非奇异性简化方程。通过这个简化方程可求出其他结点位移分量,再将其回代到原方程,求得已知非零结点位移处的约束反力。

仍以图 2-9 所示有限元离散结构为例,假设结点 1、4 处的已知结点位移分量不等于零,则根据上述方法可将整体结构方程(a)转化为如下非奇异性简化方程

$$\begin{bmatrix} CK_{11} & K_{12} & K_{13} & K_{14} & K_{15} & K_{16} & K_{17} & K_{18} \\ K_{21} & CK_{22} & K_{23} & K_{24} & K_{25} & K_{26} & K_{27} & K_{28} \\ K_{31} & K_{32} & K_{33} & K_{34} & K_{35} & K_{36} & K_{37} & K_{38} \\ K_{41} & K_{42} & K_{43} & K_{44} & K_{45} & K_{46} & K_{47} & K_{48} \\ K_{51} & K_{52} & K_{53} & K_{54} & K_{55} & K_{56} & K_{57} & K_{58} \\ K_{61} & K_{62} & K_{63} & K_{64} & K_{65} & K_{66} & K_{67} & K_{68} \\ K_{71} & K_{72} & K_{73} & K_{74} & K_{75} & K_{76} & CK_{77} & K_{78} \\ K_{81} & K_{82} & K_{83} & K_{84} & K_{85} & K_{86} & K_{87} & CK_{88} \end{bmatrix} \begin{Bmatrix} u_1 \\ v_1 \\ u_2 \\ v_2 \\ u_3 \\ v_3 \\ u_4 \\ v_4 \end{Bmatrix} = \begin{Bmatrix} CK_{11}u_1 \\ CK_{22}v_1 \\ P_{2x} \\ P_{2y} \\ P_{3x} \\ P_{3y} \\ CK_{77}u_4 \\ CK_{88}v_4 \end{Bmatrix} \quad (d)$$

通过(d)求出其他未知结点位移分量,再将其回代到原方程(a),可求出已知非零结点位移分量对应的约束反力。

2.6.4 体验与实践

2.6.4.1 实例 2-12

【例 2-12】 利用化 0 置 1 法求解下列方程组

$$\begin{bmatrix} 2 & 3 & 4 & 1 \\ 1 & 1 & 1 & 1 \\ 5 & 2 & 1 & 6 \\ 4 & 5 & 3 & 2 \end{bmatrix} \begin{Bmatrix} 0 \\ x_2 \\ 0 \\ x_4 \end{Bmatrix} = \begin{Bmatrix} b_1 \\ 6 \\ b_3 \\ 18 \end{Bmatrix}$$

【解】 编写如下 MATLAB 程序:

```
clear;
clc;
A=[2,3,4,1;
   1,1,1,1;
   5,2,1,6;
   4,5,3,2];
A1=A;
A1(1,:)=0
A1(1,1)=1
b(1,1)=0
A1(3,:)=0
A1(3,3)=1
b(3,1)=0
b(2,1)=6
b(4,1)=18
x=A1\b
b1=A(1,:)*x
b3=A(3,:)*x
x2=x(2)
x4=x(4)
```

代码下载

运行后得到：

    b1＝10

    b3＝28

    x2＝2

    x4＝4

2.5.3.2 实例2-13

【例2-13】 利用乘大数法求解下列方程组

$$\begin{bmatrix} 2 & 3 & 4 & 1 \\ 1 & 1 & 1 & 1 \\ 5 & 2 & 1 & 6 \\ 4 & 5 & 3 & 2 \end{bmatrix} \begin{Bmatrix} 1 \\ x_2 \\ x_3 \\ 4 \end{Bmatrix} = \begin{Bmatrix} b_1 \\ 10 \\ 36 \\ b_4 \end{Bmatrix}$$

【解】 编写如下MATLAB程序：

```
clear;
clc;
A＝[2,3,4,1;
    1,1,1,1;
    5,2,1,6;
    4,5,3,2];
A1＝A;
A1(1,1)＝10e7 * A1(1,1)
b(1,1)＝A1(1,1) * 1
A1(4,4)＝10e7 * A1(4,4)
b(4,1)＝A1(4,4) * 4
b(2,1)＝10;
b(3,1)＝36;
x＝A1\b
b1＝A(1,:) * x
b4＝A(4,:) * x
x2＝x(2)
x3＝x(3)
```

代码下载

运行后,得到：

    b1＝24.0000

    b4＝31.0000

    x2＝2.0000

    x3＝3.0000

第 2 章习题

习题 2-1　某平面结构的位移场为

$$u = a_1 + a_2 x + a_3 y \\ v = b_1 + b_2 x + b_3 y$$

求该位移场为刚体位移场的条件。

习题 2-2　验证平面 3 结点三角形单元的形函数满足

$$N_i(x_j, y_j) = \delta_{ij}$$

和

$$N_i + N_j + N_m = 1$$

习题 2-3　图示 3 结点三角形单元,厚度为 1cm,弹性模量为 200GPa,泊松比为 0.3。求单元的:1)形函数;2)应变矩阵;3)应力矩阵;4)单元刚度矩阵。

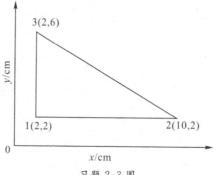

习题 2-3 图

习题 2-4　图示弹性平面应力问题的有限元离散结构,已知弹性模量为 100GPa,泊松比为 0.35,板厚为 1cm。求各结点位移和各单元的应力。

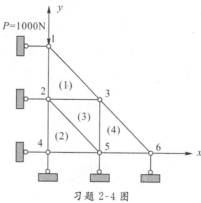

习题 2-4 图

本章程序下载

第3章 单元及其形函数构造

3.1 引 言

3.1.1 单元类型概述

在利用有限元法求解实际问题时,需要根据求解域的几何特点、方程类型、连续性、求解精度等多方面因素,合理选择不同的单元类型。根据几何特点划分,单元类型包括:**一维单元、二维单元和三维单元**。一维单元可以是直线,也可以是曲线;二维单元可以是三角形、矩形或一般四边形;三维单元可以是四面体、五面体、长方体或一般六面体。

根据单元交界处的场函数连续性要求,可以将单元类型可分为 C_0 型单元和 C_1 型单元。如果在单元交界处只需保证场函数值连续,即保持 C_0 连续,这样单元的结点参数只需包括场函数的结点值即可,这样的单元称为 C_0 **型单元**。如果在单元交界处要同时满足场函数值和场函数导数的连续性,即保持 C_1 连续,这样单元的结点参数既要包括参函数的结点值还要包括参函数导数的结点值,这样的单元称为 C_1 **型单元**。

除上述两种单元类型划分外,还有很多中单元类型的划分,在后的章节中,将结合具体问题介绍一些其他的单元类型划分。

3.1.2 形函数构造法

在 2.2.1 中介绍了确定单元形函数的广义坐标法,这种方法对于结点数较少的简单单元类型行之有效。但对于结点数较多的复杂单元类型,这种方法的计算过程过于烦琐。下面介绍一种基于形函数性质的,对很多复杂单元类型也适用的**形函数构造法**。

根据(2-15)式描述的形函数性质,对于任一类型单元,其结点 i 对应的形函数可统一表示为

$$N_i(x) = \frac{\prod\limits_{k=1}^{m} F_k(x)}{\prod\limits_{k=1}^{m} F_k(x)|_i} \tag{3-1}$$

其中 F_k 为不通过结点 i 而通过其他结点的点、线或面的方程 $F_k(x)=0$ 的等号左端项,m 为

59

形函数的次数。在本书我们将(3-1)式称为有限元法的**形函数构造式**。

对于一维单元,形函数构造式(3-1)中的

$$F_k = x - x_k = 0 \quad (k \neq i) \tag{3-2}$$

为单元的结点坐标方程,其中 x_k 为结点坐标。

对于二维单元,形函数构造式(3-1)中的

$$F_k = F(x, y) = 0 \tag{3-3}$$

为通过其他结点而不通过 i 结点的曲线方程。

对于三维单元,形函数构造式(3-1)中的

$$F_k = F(x, y, z) = 0 \tag{3-4}$$

为通过其他结点而不通过 i 结点的曲面方程。

3.1.3 体验与实践

3.1.3.1 实例 3-1

【例 3-1】 构造图示 3 结点三角形单元的形函数 N_1、N_2、N_3。

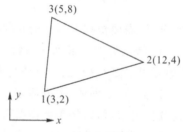

例 3-1 图

【解】 编写如下 MATLAB 程序:

```
clear;
clc;
syms x y
x1=3;
y1=2;
x2=12;
y2=4;
x3=5;
y3=8;
%——————————————————
k1=(y3-y2)/(x3-x2)
F1(x,y)=y-y2-k1*(x-x2)
N1(x,y)=F1(x,y)/F1(x1,y1)
N1_1=N1(x1,y1)
N1_2=N1(x2,y2)
N1_3=N1(x3,y3)
```

代码下载

```
%————————————
k2=(y3−y1)/(x3−x1)
F2(x,y)=y−y1−k2*(x−x1)
N2(x,y)=F2(x,y)/F2(x2,y2)
N2_1=N2(x1,y1)
N2_2=N2(x2,y2)
N2_3=N2(x3,y3)
%————————————
k3=(y2−y1)/(x2−x1)
F3(x,y)=y−y1−k3*(x−x1)
N3(x,y)=F3(x,y)/F3(x3,y3)
N3_1=N3(x1,y1)
N3_2=N3(x2,y2)
N3_3=N3(x3,y3)
```

运行后,得到:

N1(x,y)=38/25−(7*y)/50−(2*x)/25

N1_1=1

N1_2=0

N1_3=0

N2(x,y)=(3*x)/25−y/25−7/25

N2_1=0

N2_2=1

N2_3=0

N3(x,y)=(9*y)/50−x/25−6/25

N3_1=0

N3_2=0

N3_3=1

3.1.3.2 实例 3-2

【例 3-2】 构造例 3-2 图示 4 结点平面四边形单元的形函数 N_1、N_2、N_3、N_4。

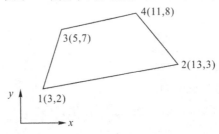

例 3-2 图

【解】 编写如下 MATLAB 程序:

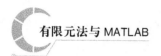

```
clear;
clc;
syms x y
x1=3;
y1=2;
x2=13;
y2=3;
x3=5;
y3=7;
x4=11;
y4=8;
%----------------------------
k34=(y4-y3)/(x4-x3)
F34(x,y)=y-y3-k34*(x-x3)
k24=(y4-y2)/(x4-x2)
F24(x,y)=y-y2-k24*(x-x2)
N1(x,y)=F34(x,y)*F24(x,y)/F34(x1,y1)/F24(x1,y1)
pretty(N1)
N1_1=N1(x1,y1)
N1_2=N1(x2,y2)
N1_3=N1(x3,y3)
N1_4=N1(x4,y4)
%----------------------------
k31=(y3-y1)/(x3-x1)
F31(x,y)=y-y1-k31*(x-x1)
N2(x,y)=F31(x,y)*F34(x,y)/F31(x2,y2)/F34(x2,y2)
pretty(N2)
N2_1=N2(x1,y1)
N2_2=N2(x2,y2)
N2_3=N2(x3,y3)
N2_4=N2(x4,y4)
%----------------------------
k21=(y2-y1)/(x2-x1)
F21(x,y)=y-y1-k21*(x-x1)
N3(x,y)=F21(x,y)*F24(x,y)/F21(x3,y3)/F24(x3,y3)
pretty(N3)
N3_1=N3(x1,y1)
N3_2=N3(x2,y2)
```

N3_3＝N3(x3,y3)

N3_4＝N3(x4,y4)

%－－－－－－－－－－－－－－－－－－－－－－－－

N4(x,y)＝F21(x,y)＊F31(x,y)/F21(x4,y4)/F31(x4,y4)

pretty(N4)

N4_1＝N4(x1,y1)

N4_2＝N4(x2,y2)

N4_3＝N4(x3,y3)

N4_4＝N4(x4,y4)

%－－－－－－－－－－－－－－－－－－－－－－－－

运行后,得到：

N1(x,y)＝－(3＊(x/6－y＋37/6)＊((5＊x)/2＋y－71/2))/364

$$-\frac{\left(\dfrac{x}{6}-y+\dfrac{37}{6}\right)\left(\dfrac{5x}{2}+y-\dfrac{71}{2}\right)3}{364}$$

N1_1＝1

N1_2＝0

N1_3＝0

N1_4＝0

N2(x,y)＝－((x/6－y＋37/6)＊(y－(5＊x)/2＋11/2))/128

$$-\frac{\left(\dfrac{x}{6}-y+\dfrac{37}{6}\right)\left(y-\dfrac{5x}{2}+\dfrac{11}{2}\right)}{128}$$

N2_1＝0

N2_2＝1

N2_3＝0

N2_4＝0

N3(x,y)＝(5＊(x/10－y＋17/10)＊((5＊x)/2＋y－71/2))/384

$$\frac{\left(\dfrac{x}{10}-y+\dfrac{17}{10}\right)\left(\dfrac{5x}{2}+y-\dfrac{71}{2}\right)5}{384}$$

N3_1＝0

N3_2＝0

N3_3＝1

N3_4＝0

N4(x,y)＝(5＊(x/10－y＋17/10)＊(y－(5＊x)/2＋11/2))/364

$$\frac{\left(\dfrac{x}{10}-y+\dfrac{17}{10}\right)\left(y-\dfrac{5x}{2}+\dfrac{11}{2}\right)5}{364}$$

N4_1＝0

N4_2=0

N4_3=0

N4_4=1

3.2 一维单元及其形函数

本节主要介绍一维 Lagrange 单元及其形函数、一维 Hermite 单元及其形函数,其中 Lagrange 单元属于 C_0 型单元、Hermite 单元属于 C_1 型单元。

3.2.1 Lagrange 一维单元

如图 3-1 所示,具有 n 个结点的一维 C_0 型单元,结点参数只包含场函数的结点值,单元内任一点的场函数值可表示为

$$\phi = \sum_{i=1}^{n} N_i \phi_i \tag{3-5}$$

其中 N_i 为结点 i 的形函数,ϕ_i 为场函数 ϕ 在结点 i 处的值。

图 3-1 Lagrange 一维单元

根据形函数构造法(3-1)式,结点 i 的形函数可表示为

$$N_i(x) = \prod_{j=1, j \neq i}^{n} \frac{x - x_j}{x_i - x_j} \tag{3-6}$$

它是 $n-1$ 次函数。不难发现(3-6)式等号右端是 Lagrange 插值多项式,因此将这样的单元称为 Lagrange 一维单元。

对于含有 2 个结点($n=2$)的一维 Lagrange 线性单元,

$$\phi(x) = N_1(x)\phi_1 + N_2(x)\phi_2$$

其中

$$\left. \begin{array}{l} N_1(x) = \dfrac{x - x_2}{x_1 - x_2} \\[2mm] N_2(x) = \dfrac{x - x_1}{x_2 - x_1} \end{array} \right\}$$

对于含有 3 个结点($n=3$)的一维 Lagrange 二次单元,有

$$\phi(x) = N_1(x)\phi_1 + N_2(x)\phi_2 + N_3(x)\phi_3$$

其中

$$\left. \begin{array}{l} N_1(x) = \dfrac{(x - x_2)(x - x_3)}{(x_1 - x_2)(x_1 - x_3)} \\[2mm] N_2(x) = \dfrac{(x - x_1)(x - x_3)}{(x_2 - x_1)(x_2 - x_3)} \\[2mm] N_3(x) = \dfrac{(x - x_1)(x - x_2)}{(x_3 - x_1)(x_3 - x_2)} \end{array} \right\}$$

引入如下局部坐标

$$\xi = \frac{x - x_1}{x_n - x_1} = \frac{x - x_1}{l} \quad (0 \leqslant \xi \leqslant 1) \tag{3-7}$$

其中 l 为单元长度。利用上述局部坐标，可将形函数(3-6)表示为

$$N_i(\xi) = \prod_{j=1, j \neq i}^{n} \frac{\xi - \xi_j}{\xi_i - \xi_j} \tag{3-8}$$

此时，对于含有 2 个结点的一维 Lagrange 线性单元，若 $\xi_1 = 0, \xi_2 = 1$，有

$$\left. \begin{aligned} N_1(\xi) &= \frac{\xi - \xi_2}{\xi_1 - \xi_2} \\ &= 1 - \xi \\ N_2(\xi) &= \frac{\xi - \xi_1}{\xi_2 - \xi_1} \\ &= \xi \end{aligned} \right\}$$

对于含有 3 个结点的一维 Lagrange 二次单元，若 $\xi_1 = 0, \xi_2 = 1/2, \xi_3 = 1$，则有

$$\left. \begin{aligned} N_1(\xi) &= \frac{(\xi - \xi_2)(\xi - \xi_3)}{(\xi_1 - \xi_2)(\xi_1 - \xi_3)} \\ &= 2\left(\xi - \frac{1}{2}\right)(\xi - 1) \\ N_2(\xi) &= \frac{(\xi - \xi_1)(\xi - \xi_3)}{(\xi_2 - \xi_1)(\xi_2 - \xi_3)} \\ &= -4\xi(\xi - 1) \\ N_3(\xi) &= \frac{(\xi - \xi_1)(\xi - \xi_2)}{(\xi_3 - \xi_1)(\xi_3 - \xi_2)} \\ &= 2\xi\left(\xi - \frac{1}{2}\right) \end{aligned} \right\}$$

若引入另一种局部坐标

$$\xi = \frac{2x - (x_1 + x_n)}{x_n - x_1} \quad (-1 \leqslant \xi \leqslant 1) \tag{3-9}$$

利用(3-9)式定义的局部坐标系，对于含有 2 个结点的 Lagrange 线性单元，根据(3-8)式，有

$$\left. \begin{aligned} N_1(\xi) &= \frac{1}{2}(1 - \xi) \\ N_2(\xi) &= \frac{1}{2}(1 + \xi) \end{aligned} \right\}$$

对于含有 3 个结点 Lagrange 二次单元，根据(3-8)式，有

$$\left. \begin{aligned} N_1(\xi) &= \frac{1}{2}\xi(\xi - 1) \\ N_2(\xi) &= 1 - \xi^2 \\ N_3(\xi) &= \frac{1}{2}\xi(\xi + 1) \end{aligned} \right\}$$

3.2.2　Hermite 一维单元

如果希望在单元间的公共结点上既保持场函数的连续又保持场函数导数的连续，即 C_1

型单元,在结点参数应该包含场函数的结点值和场函数导数的结点值,Hermite 多项式插值函数能满足这一要求。

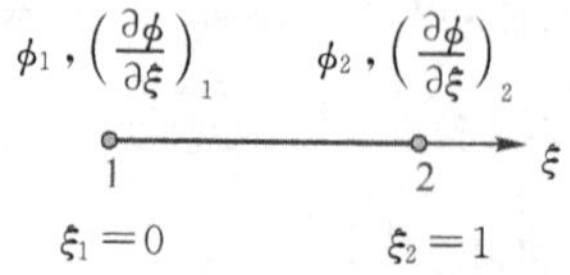

$$\phi_1,\left(\frac{\partial\phi}{\partial\xi}\right)_1 \qquad \phi_2,\left(\frac{\partial\phi}{\partial\xi}\right)_2$$

$$\xi_1=0 \qquad\qquad \xi_2=1$$

图 3-2 一维 2 结点 Hermite 单元

图 3-2 为局部坐标系下的 2 结点 Hermite 线单元,其单元内任一点的场函数值表示为

$$\phi(\xi)=\sum_{i=1}^{2}H_i^{(0)}(\xi)\phi_i+\sum_{i=1}^{2}H_i^{(1)}(\xi)\left(\frac{\mathrm{d}\phi}{\mathrm{d}\xi}\right)_i \tag{3-10}$$

其中形函数即 Hermite 多项式,具有以下性质:

$$\left.\begin{array}{l} H_i^{(0)}(\xi_j)=\delta_{ij} \\[2mm] \dfrac{\mathrm{d}H_i^{(0)}(\xi)}{\mathrm{d}\xi}\bigg|_{\xi_j}=0 \\[2mm] H_i^{(1)}(\xi_j)=0 \\[2mm] \dfrac{\mathrm{d}H_i^{(1)}(\xi)}{\mathrm{d}\xi}\bigg|_{\xi_j}=\delta_{ij} \end{array}\right\}\quad(i,j=1,2) \tag{3-11}$$

由于 Hermite 单元的结点参数既包括场函数的结点值又包括场函数导数的结点值,不容易利用构造法确定单元形函数,可利用 2.2.1 中介绍的广义坐标法确定单元形函数。对于图 3-2 所示 Hermite 线单元,利用广义坐标法求得其形函数,即 Hermite 多项式,为

$$\left.\begin{array}{l} H_1^{(0)}(\xi)=1-3\xi^2+2\xi^3 \\[1mm] H_2^{(0)}(\xi)=3\xi^2-2\xi^3 \\[1mm] H_1^{(1)}(\xi)=\xi-2\xi^2+\xi^3 \\[1mm] H_2^{(1)}(\xi)=\xi^3-\xi^2 \end{array}\right\}$$

上面介绍的 Hermite 多项式在端结点最高保持场函数的 1 阶导数连续性,称为 1 阶 Hermite 多项式,在两个结点的情况下,它是 3 次多项式。0 阶 Hermite 多项式就是 Lagrange 多项式。在端结点保持场函数 n 阶导数连续性的 Hermite 多项式称为 n 阶 Hermite 多项式,在两个结点的情况下,它是 $2n+1$ 次多项式。

在两个结点情况下,函数 ϕ 的 2 阶 Hermite 多项式插值为

$$\phi(\xi)=\sum_{i=1}^{2}H_i^{(0)}(\xi)\phi_i+\sum_{i=1}^{2}H_i^{(1)}(\xi)\left(\frac{\mathrm{d}\phi}{\mathrm{d}\xi}\right)_i+\sum_{i=1}^{2}H_i^{(2)}(\xi)\left(\frac{\mathrm{d}^2\phi}{\mathrm{d}\xi^2}\right)_i \tag{3-12}$$

其中

$$\left.\begin{array}{l} H_1^{(0)}=1-10\xi^3+15\xi^4-6\xi^5 \\[1mm] H_2^{(0)}=10\xi^3-15\xi^4+6\xi^5 \\[1mm] H_1^{(1)}=\xi-6\xi^3+8\xi^4-3\xi^5 \\[1mm] H_2^{(1)}=-4\xi^3+7\xi^4-3\xi^5 \\[1mm] H_1^{(2)}=0.5(\xi^2-3\xi^3+3\xi^4-\xi^5) \\[1mm] H_2^{(2)}=0.5(\xi^3-2\xi^4+\xi^5) \end{array}\right\}$$

3.2.3　体验与实践

3.2.3.1　实例 3-3

【例 3-3】　已知：一维 3 结点 Lagrange 单元的结点坐标为 $x_1=0$、$x_2=1$、$x_3=2$。绘制形函数 N_1、N_2、N_3 的曲线图。

【解】　编写如下 MATLAB 程序：

```
clear;
clc;
x1=0;
x2=1;
x3=2;
x=linspace(0,2,30)
N1=(x−x2).*(x−x3)./(x1−x2)./(x1−x3)
N2=(x−x3).*(x−x1)./(x2−x3)./(x2−x1)
N3=(x−x1).*(x−x2)./(x3−x1)./(x3−x2)
plot(x,N1,'r−')
hold on
plot(x,N2,'b−−')
plot(x,N3,'k−.')
legend('N1','N2','N3')
```

代码下载

运行后，得到形函数 N_1、N_2、N_3 的曲线图，如例 3-3 图所示。

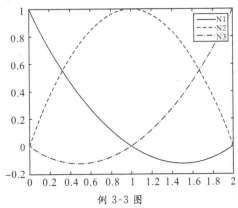

例 3-3 图

3.2.3.2 实例 3-4

【例 3-4】 利用广义坐标法确定一维 2 结点 Hermite 单元的形函数。

【解】 1)编写如下 MATLAB 程序:

代码下载

```
clear;
clc;
syms H01(t)
syms a b c d
H0_1(t)=a+b*t+c*t^2+d*t^3
DH0_1(t)=diff(H0_1,t)
eq1=H0_1(0)==1
eq2=H0_1(1)==0
eq3=DH0_1(0)==0
eq4=DH0_1(1)==0
R=solve(eq1,eq2,eq3,eq4,a,b,c,d)
a=R.a
b=R.b
c=R.c
d=R.d
H0_1=eval(H0_1)
```

运行后,得到:

```
H0_1=2*t^3-3*t^2+1
```

2)编写如下 MATLAB 程序:

代码下载

```
clear;
clc;
syms H01(t)
syms a b c d
H0_2(t)=a+b*t+c*t^2+d*t^3
DH0_2(t)=diff(H0_2,t)
eq1=H0_2(0)==0
eq2=H0_2(1)==1
eq3=DH0_2(0)==0
eq4=DH0_2(1)==0
R=solve(eq1,eq2,eq3,eq4,a,b,c,d)
a=R.a
b=R.b
c=R.c
d=R.d
H0_2=eval(H0_2)
```

运行后得到：

H0_2＝－2＊t^3＋3＊t^2

3）编写如下 MATLAB 程序：

代码下载

```
clear;
clc;
syms H01(t)
syms a b c d
H1_1(t)＝a＋b＊t＋c＊t^2＋d＊t^3
DH1_1(t)＝diff(H1_1,t)
eq1＝H1_1(0)＝＝0
eq2＝H1_1(1)＝＝0
eq3＝DH1_1(0)＝＝1
eq4＝DH1_1(1)＝＝0
R＝solve(eq1,eq2,eq3,eq4,a,b,c,d)
a＝R.a
b＝R.b
c＝R.c
d＝R.d
H1_1＝eval(H1_1)
```

运行后得到：

H1_1＝t^3－2＊t^2＋t

4）编写如下 MATLAB 程序：

代码下载

```
clear;
clc;
syms H01(t)
syms a b c d
H1_2(t)＝a＋b＊t＋c＊t^2＋d＊t^3
DH1_2(t)＝diff(H1_2,t)
eq1＝H1_2(0)＝＝0
eq2＝H1_2(1)＝＝0
eq3＝DH1_2(0)＝＝0
eq4＝DH1_2(1)＝＝1
R＝solve(eq1,eq2,eq3,eq4,a,b,c,d)
a＝R.a
b＝R.b
c＝R.c
d＝R.d
H1_2＝eval(H1_2)
```

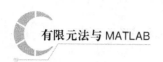

运行后得到：

　　H1_2＝t^3－t^2

3.3　二维单元及其形函数

　　本节主要介绍平面三角形单元及其形函数，Lagrange 矩形单元及其形函数，Hermite 矩形单元及其形函数，Serendipity 矩形单元及其形函数。

3.3.1　三角形单元

　　在有限元法中，常用的三角形单元包括平面 3 结点三角形单元和平面 6 结点三角形单元。在分析三角形单元时采用面积坐标比较方便。下面逐一介绍面积坐标及三角形单元形函数的相关内容。

　　如图 3-1 所示三角形单元的面积为 A，其内任一点 P 与其 3 个角点的连线，将其分割成 3 个子三角形 Pij、Pjm、Pmi，面积分别为 A_m、A_i、A_j，定义三个面积比

$$\left. \begin{array}{l} L_i = \dfrac{A_i}{A} \\[4pt] L_j = \dfrac{A_j}{A} \\[4pt] L_m = \dfrac{A_m}{A} \end{array} \right\} \tag{3-13}$$

不难发现 P 点的位置可由(3-13)式定义的三个面积比 (L_i,L_j,L_m) 确定，因此将其称为 P 点的**面积坐标**。根据面积坐标的定义，不难发现面积坐标应满足

$$L_i + L_j + L_m = 1 \tag{3-14}$$

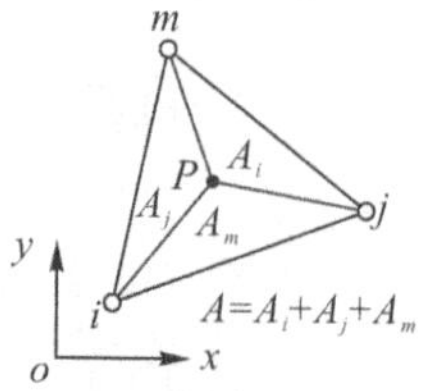

图 3-3　面积坐标

　　可以证明面积坐标具有如下特性：1)与三角形 jm 边平行直线上的各点具有相同的面积坐标 L_i，与其他两边平行直线上各点具有相似的性质；2)角点 i 的面积坐标 $L_i=1$、$L_j=L_m=0$，其他两个角点具有相似的性质。

　　在面积坐标定义(3-13)式中，三角形单元的面积

$$A = \frac{1}{2} \begin{vmatrix} 1 & x_i & y_i \\ 1 & x_j & y_j \\ 1 & x_m & y_m \end{vmatrix}$$

被 P 点分割出的 3 个子三角形的面积

$$A_i = \frac{1}{2} \begin{vmatrix} 1 & x & y \\ 1 & x_j & y_j \\ 1 & x_m & y_m \end{vmatrix}$$

$$A_j = \frac{1}{2} \begin{vmatrix} 1 & x_i & y_i \\ 1 & x & y \\ 1 & x_m & y_m \end{vmatrix},$$

$$A_m = \frac{1}{2} \begin{vmatrix} 1 & x_i & y_i \\ 1 & x_j & y_j \\ 1 & x & y \end{vmatrix}$$

因此,面积坐标可用直角坐标表示为

$$L_k = \frac{1}{2A}(a_k + b_k x + c_k y) \quad (k = i, j, m) \tag{3-15}$$

其中

$$a_i = \begin{vmatrix} x_j & y_j \\ x_m & y_m \end{vmatrix},$$

$$b_i = - \begin{vmatrix} 1 & y_j \\ 1 & y_m \end{vmatrix},$$

$$c_i = \begin{vmatrix} 1 & x_j \\ 1 & x_m \end{vmatrix}$$

其余的 a_k、b_k、$c_k(k = j, m)$可由上式,通过轮换指标 i、j、m 即可得到。直角坐标也可以用面积坐标表示为

$$\left. \begin{array}{l} x = x_i L_i + x_j L_j + x_m L_m \\ y = y_i L_i + y_j L_j + y_m L_m \end{array} \right\} \tag{3-16}$$

对于二维三角形单元,形函数构造式(3-1)可用面积坐标表示为

$$N_i(L_i, L_j, L_m) = \frac{\prod\limits_{k=1}^{m} F_k(L_i, L_j, L_m)}{\prod\limits_{k=1}^{m} F_k(L_i, L_j, L_m) \big|_i} \tag{3-17}$$

其中 F_k 为不通过结点 i 而通过其他结点的直线方程 $F_k = 0$ 的等号左端项,m 为形函数的次数。

根据(3-20)式,可以得到图 3-3 所示平面 3 结点三角形单元的形函数为

$$N_r = L_r \quad (r = i, j, m)$$

根据(3-20)式得到图 3-4 所示平面 6 结点三角形单元的形函数为

$$\left. \begin{array}{l} N_1 = (2L_1 - 1)L_1 \\ N_2 = (2L_2 - 1)L_2 \\ N_3 = (2L_3 - 1)L_3 \\ N_4 = 4L_1 L_2 \\ N_5 = 4L_2 L_3 \\ N_6 = 4L_3 L_1 \end{array} \right\}$$

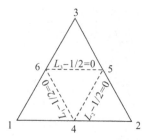

	L_1	L_2	L_3
1	1	0	0
2	0	1	0
3	0	0	1
4	1/2	1/2	0
5	0	1/2	1/2
6	1/2	0	1/2

图 3-4　平面 6 结点三角形单元

根据(3-20)式得到图 3-5 所示平面 10 结点三角形单元的形函数为

$$N_i = \frac{1}{2}(3L_i-1)(3L_i-2)L_i \quad (i=1,2,3)$$

$$N_4 = \frac{9}{2}L_1 L_2 (3L_1-1)$$

$$N_5 = \frac{9}{2}L_1 L_2 (3L_2-1)$$

$$N_6 = \frac{9}{2}L_2 L_3 (3L_2-1)$$

$$N_7 = \frac{9}{2}L_2 L_3 (3L_3-1)$$

$$N_8 = \frac{9}{2}L_1 L_3 (3L_3-1)$$

$$N_9 = \frac{9}{2}L_1 L_3 (3L_1-1)$$

$$N_{10} = 27 L_1 L_2 L_3$$

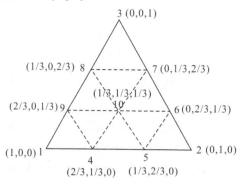

图 3-5　平面 10 结点三角形单元

3.3.2　Lagrange 矩形单元

如图 3-6 所示 Lagrange 矩形单元,沿 x 方向各列均包括 n 个结点,沿 y 方向各行均包括 m 个结点,共有结点总数为 mn。Lagrange 矩形单元的形函数构造式,可由 Lagrange 一维单元形函数构造式(3-6)推广至二维得到,即

$$N_{ij}(x,y) = \left(\prod_{k=1,k\neq i}^{n} \frac{x-x_k}{x_i-x_k} \right) \left(\prod_{k=1,k\neq j}^{m} \frac{y-y_k}{y_j-x_k} \right) \tag{3-18}$$

例如,当 $n=m=2$ 时,有

$$\left.\begin{aligned}
N_{11}(x,y) &= \frac{(x-x_2)(y-y_2)}{(x_1-x_2)(y_1-y_2)} \\[2mm]
N_{12}(x,y) &= \frac{(x-x_2)(y-y_1)}{(x_1-x_2)(y_2-y_1)} \\[2mm]
N_{21}(x,y) &= \frac{(x-x_1)(y-y_2)}{(x_2-x_1)(y_1-y_2)} \\[2mm]
N_{22}(x,y) &= \frac{(x-x_1)(y-y_1)}{(x_2-x_1)(y_2-y_1)}
\end{aligned}\right\}$$

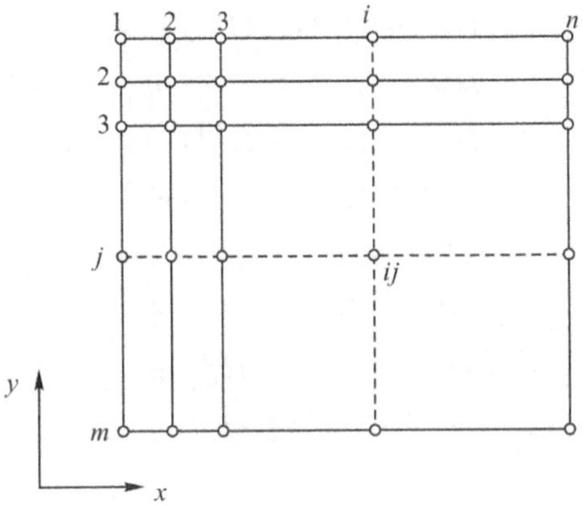

图 3-6　Lagrange 矩形单元

3.3.3　Hermite 矩形单元

Hermite 矩形单元的形函数,也可根据一维 Hermite 插值函数推广得到。对于如图 3-7 所示包含 4 个结点的矩形单元,可将(3-10)式推广为

$$\left.\begin{aligned}
\phi =\, & H_{11}^{(00)}\phi_{11} + H_{11}^{(10)}\left(\frac{\partial\phi}{\partial\xi}\right)_{11} + H_{11}^{(01)}\left(\frac{\partial\phi}{\partial\eta}\right)_{11} + H_{11}^{(11)}\left(\frac{\partial^2\phi}{\partial\xi\,\partial\eta}\right)_{11} \\
& + H_{12}^{(00)}\phi_{12} + H_{12}^{(10)}\left(\frac{\partial\phi}{\partial\xi}\right)_{12} + H_{12}^{(01)}\left(\frac{\partial\phi}{\partial\eta}\right)_{12} + H_{11}^{(11)}\left(\frac{\partial^2\phi}{\partial\xi\,\partial\eta}\right)_{12} \\
& + H_{21}^{(00)}\phi_{21} + H_{21}^{(10)}\left(\frac{\partial\phi}{\partial\xi}\right)_{21} + H_{21}^{(01)}\left(\frac{\partial\phi}{\partial\eta}\right)_{21} + H_{21}^{(11)}\left(\frac{\partial^2\phi}{\partial\xi\,\partial\eta}\right)_{21} \\
& + H_{22}^{(00)}\phi_{22} + H_{22}^{(10)}\left(\frac{\partial\phi}{\partial\xi}\right)_{22} + H_{22}^{(01)}\left(\frac{\partial\phi}{\partial\eta}\right)_{22} + H_{22}^{(11)}\left(\frac{\partial^2\phi}{\partial\xi\,\partial\eta}\right)_{22}
\end{aligned}\right\} \tag{3-19}$$

在(3-19)式中的二维 Hermite 多项式,可由一维 Hermite 多项式推广得到,表示为

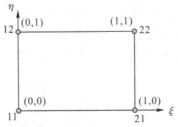

图 3-7　Hermite 矩形单元

$$
\left.\begin{array}{l}
H_{11}^{(00)} = H_1^{(0)}(\xi) H_1^{(0)}(\eta) \\
H_{11}^{(10)} = H_1^{(1)}(\xi) H_1^{(0)}(\eta) \\
H_{11}^{(01)} = H_1^{(0)}(\xi) H_1^{(1)}(\eta) \\
H_{11}^{(11)} = H_1^{(1)}(\xi) H_1^{(1)}(\eta)
\end{array}\right\},
$$

$$
\left.\begin{array}{l}
H_{12}^{(00)} = H_1^{(0)}(\xi) H_2^{(0)}(\eta) \\
H_{12}^{(10)} = H_1^{(1)}(\xi) H_2^{(0)}(\eta) \\
H_{12}^{(01)} = H_1^{(0)}(\xi) H_2^{(1)}(\eta) \\
H_{12}^{(11)} = H_1^{(1)}(\xi) H_2^{(1)}(\eta)
\end{array}\right\},
$$

$$
\left.\begin{array}{l}
H_{21}^{(00)} = H_2^{(0)}(\xi) H_1^{(0)}(\eta) \\
H_{21}^{(10)} = H_2^{(1)}(\xi) H_1^{(0)}(\eta) \\
H_{21}^{(01)} = H_2^{(0)}(\xi) H_1^{(1)}(\eta) \\
H_{21}^{(11)} = H_2^{(1)}(\xi) H_1^{(1)}(\eta)
\end{array}\right\},
$$

$$
\left.\begin{array}{l}
H_{22}^{(00)} = H_2^{(0)}(\xi) H_2^{(0)}(\eta) \\
H_{22}^{(10)} = H_2^{(1)}(\xi) H_2^{(0)}(\eta) \\
H_{22}^{(01)} = H_2^{(0)}(\xi) H_2^{(1)}(\eta) \\
H_{22}^{(11)} = H_2^{(1)}(\xi) H_2^{(1)}(\eta)
\end{array}\right\}
$$

其中一维 Hermite 多项式为

$$
\left.\begin{array}{l}
H_1^{(0)}(\xi) = 1 - 3\xi^2 + 2\xi^3 \\
H_1^{(0)}(\eta) = 1 - 3\eta^2 + 2\eta^3 \\
H_2^{(0)}(\xi) = 3\xi^2 - 2\xi^3 \\
H_2^{(0)}(\eta) = 3\eta^2 - 2\eta^3
\end{array}\right\},
$$

$$
\left.\begin{array}{l}
H_1^{(1)}(\xi) = \xi - 2\xi^2 + \xi^3 \\
H_1^{(1)}(\eta) = \eta - 2\eta^2 + \eta^3 \\
H_2^{(1)}(\xi) = \xi^3 - \xi^2 \\
H_2^{(1)}(\eta) = \eta^3 - \eta^2
\end{array}\right\}
$$

需要强调的是,由于 Hermite 矩形单元的插值函数是利用两个坐标方向的一维 Hermite 多项式乘积得到的,二阶混合导数的结点值自然要包含在结点参数中。

3.3.4　Serendipity 矩形单元

在实际有限元计算中,单元结点仅配置在单元边界上,在计算和分析上都比较简单。像这种结点仅配置在单元边界上的单元称为 Serendipity 单元。常用的 Serendipity 矩形单元如图 3-8 所示,其中(a)为线性单元、(b)为二次单元、(c)为三次单元。

在局部坐标系下,Serendipity 四边形单元的形函数构造式可表示为

$$
N_i(\xi, \eta) = \frac{\prod\limits_{k=1}^{m} F_k(\xi, \eta)}{\prod\limits_{k=1}^{m} F_k(\xi, \eta) \big|_i} \tag{3-20}
$$

其中 F_k 为不通过结点 i 而通过其他结点的曲线 k 的直线方程 $F_k(\xi,\eta)=0$ 的等号左端项，m 为形函数的次数。

利用形函数构造式(3-20)，可以得到图 3-8(a)所示 4 结点矩形单元的各结点形函数，统一表示为

$$N_i(\xi,\eta)=\frac{1}{4}(1+\xi_i\xi)(1+\eta_i\eta) \quad (i=1,2,3,4)$$

利用形函数构造式(3-20)，也可以得到图 3-8(b)所示 8 结点矩形单元的各结点形函数，表示为

$$\left.\begin{aligned}
N_i&=\frac{1}{4}(1+\xi_i\xi)(1+\eta_i\eta)(-1+\xi_i\xi+\eta_i\eta) \quad (i=1,2,3,4)\\
N_k&=\frac{1}{2}(1+\xi_k\eta+\eta_k\xi)(1-\xi_k\eta-\eta_k\xi)(1+\xi_k\xi+\eta_k\eta) \quad (k=5,6,7,8)
\end{aligned}\right\}$$

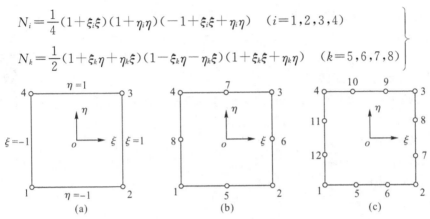

图 3-8　Serendipity 矩形单元

3.3.5　体验与实践

3.3.5.1　实例 3-5

【例 3-5】　已知一平面 6 结点三角形单元的结点坐标分别为 1(0,0)、2(2,0)、3(0,2)、4(1,0)、5(1,1)、6(0,1)。求该单元的形函数 N_1 和 N_5。

【解】　1)编写如下 MATLAB 程序：

```
clear;clc;
syms N1(x,y)
syms a1 a2 a3 a4 a5 a6
N1(x,y)=a1+a2*x+a3*y+a4*x*y+a5*x^2+a6*y^2
eq1=N1(0,0)==1;
eq2=N1(2,0)==0;
eq3=N1(0,2)==0;
eq4=N1(1,0)==0;
eq5=N1(1,1)==0;
eq6=N1(0,1)==0;
R=solve(eq1,eq2,eq2,eq4,eq5,eq6,...
    a1,a2,a3,a4,a5,a6)
a1=R.a1
```

代码下载

```
a2＝R. a2
a3＝R. a3
a4＝R. a4
a5＝R. a5
a6＝R. a6
N1(x,y)＝eval(N1)
```

运行后得到：

$$N1(x,y) = x * y - y - (3 * x)/2 + x\hat{}2/2 + 1$$

2）编写如下 MATLAB 程序：

```
clear;clc;
syms N5(x,y)
syms a1 a2 a3 a4 a5 a6
N5(x,y)＝a1＋a2 * x＋a3 * y＋a4 * x * y＋a5 * x^2＋a6 * y^2
eq1＝N5(0,0)＝＝0;
eq2＝N5(2,0)＝＝0;
eq3＝N5(0,2)＝＝0;
eq4＝N5(1,0)＝＝0;
eq5＝N5(1,1)＝＝1;
eq6＝N5(0,1)＝＝0;
R＝solve(eq1,eq2,eq2,eq4,eq5,eq6,...
    a1,a2,a3,a4,a5,a6)
a1＝R. a1
a2＝R. a2
a3＝R. a3
a4＝R. a4
a5＝R. a5
a6＝R. a6
N5(x,y)＝eval(N5)
```

运行后得到：

$$N5(x,y) = x * y$$

3.3.5.2　实例 3-6

【例 3-6】　利用广义坐标法，求图 3-8(b)所示 8 结点平面矩形单元的形函数 N_1 和 N_5。

【解】　1）编写如下 MATLAB 程序：

```
clear;clc;
syms N1(r,s)
syms a1 a2 a3 a4 a5 a6 a7 a8
N1(r,s)＝a1＋a2 * r＋a3 * s＋a4 * r * s＋...
    a5 * r^2＋a6 * s^2＋a7 * r^2 * s＋a8 * s^2 * r
```

代码下载

```
eq1＝N1(－1,－1)＝＝1;
eq2＝N1(1,－1)＝＝0;
eq3＝N1(1,1)＝＝0;
eq4＝N1(－1,1)＝＝0;
eq5＝N1(0,－1)＝＝0;
eq6＝N1(1,0)＝＝0;
eq7＝N1(0,1)＝＝0;
eq8＝N1(－1,0)＝＝0;
R＝solve(eq1,eq2,eq3,eq4,eq5,eq6,eq7,eq8,...
         a1,a2,a3,a4,a5,a6,a7,a8)
a1＝R. a1
a2＝R. a2
a3＝R. a3
a4＝R. a4
a5＝R. a5
a6＝R. a6
a7＝R. a7
a8＝R. a8
N1(r,s)＝eval(N1)
N1_f＝factor(N1)
```

运行后,得到:

$$N1(r,s)＝-(r^2*s)/4+r^2/4-(r*s^2)/4+(r*s)/4+s^2/4-1/4$$

$$N1\_f(r,s)＝[-1/4,s-1,r-1,r+s+1]$$

2)编写如下 MATLAB 程序:

```
clear;clc;
syms N5(r,s)
syms a1 a2 a3 a4 a5 a6 a7 a8
N5(r,s)＝a1+a2*r+a3*s+a4*r*s+...
         a5*r^2+a6*s^2+a7*r^2*s+a8*s^2*r
eq1＝N5(－1,－1)＝＝0;
eq2＝N5(1,－1)＝＝0;
eq3＝N5(1,1)＝＝0;
eq4＝N5(－1,1)＝＝0;
eq5＝N5(0,－1)＝＝1;
eq6＝N5(1,0)＝＝0;
eq7＝N5(0,1)＝＝0;
eq8＝N5(－1,0)＝＝0;
R＝solve(eq1,eq2,eq3,eq4,eq5,eq6,eq7,eq8,...
```

代码下载

```
                        a1,a2,a3,a4,a5,a6,a7,a8)
a1=R.a1
a2=R.a2
a3=R.a3
a4=R.a4
a5=R.a5
a6=R.a6
a7=R.a7
a8=R.a8
N5(r,s)=eval(N5)
N5_f=factor(N5)
```

运行后,得到:

N5(r,s)=(r^2 * s)/2−s/2−r^2/2+1/2

N5_f(r,s)=[1/2,r−1,r+1,s−1]

3.4　三维单元及其形函数

本节主要介绍四面体单元及其形函数、Serendipity 六面体单元及其形函数、三角形棱柱单元及其形函数的相关内容。

3.4.1　四面体单元

在有限元法中常用的四面体单元,包括空间 4 结点四面体单元和空间 10 结点四面体单元。分析四面体单元应用体积坐标比较方便。下面主要介绍体积坐标和四面体单元形函数的相关内容。

如图 3-9 所示空间四面体单元的体积为 V,其体内任一点 $P(x,y,z)$ 与 4 个角点的 4 条连线可将其分割为 4 个子体积,引入如下体积比

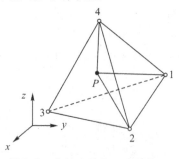

图 3-9　空间 4 结点四面体单元

$$L_1 = \frac{V_{P234}}{V}$$

$$L_2 = \frac{V_{P341}}{V}$$

$$L_3 = \frac{V_{P412}}{V}$$

$$L_4 = \frac{V_{P123}}{V}$$

(3-21)

上述 4 个体积比可以确定 P 点的位置,将(L_1, L_2, L_3, L_4)称为 P 点的**体积坐标**。不难看出体积坐标满足

$$L_1 + L_2 + L_3 + L_4 = 1 \tag{3-22}$$

容易证明体积坐标具有如下特性:1)与四面体的 234 表面平行的面上各点具有相同的体积坐标 L_1,与四面体其他表面平行的面上各点具有相似的性质;2)角点 1 的面积坐标 L_1 $=1$、$L_2 = L_3 = L_4 = 0$,其他 3 个角点具有相似的性质。

在体积坐标定义(3-21)式中,四面体的体积

$$V = \frac{1}{6}\begin{vmatrix} 1 & x_1 & y_1 & z_1 \\ 1 & x_2 & y_2 & z_2 \\ 1 & x_3 & y_3 & z_3 \\ 1 & x_4 & y_4 & z_4 \end{vmatrix}$$

被 P 点分割的四个子体积为

$$V_{P234} = \frac{1}{6}\begin{vmatrix} 1 & x & y & z \\ 1 & x_2 & y_2 & z_2 \\ 1 & x_3 & y_3 & z_3 \\ 1 & x_4 & y_4 & z_4 \end{vmatrix}, \quad V_{P341} = \frac{1}{6}\begin{vmatrix} 1 & x_1 & y_1 & z_1 \\ 1 & x & y & z \\ 1 & x_3 & y_3 & z_3 \\ 1 & x_4 & y_4 & z_4 \end{vmatrix},$$

$$V_{P412} = \frac{1}{6}\begin{vmatrix} 1 & x_1 & y_1 & z_1 \\ 1 & x_2 & y_2 & z_2 \\ 1 & x & y & z \\ 1 & x_4 & y_4 & z_4 \end{vmatrix}, \quad V_{P123} = \frac{1}{6}\begin{vmatrix} 1 & x_1 & y_1 & z_1 \\ 1 & x_2 & y_2 & z_2 \\ 1 & x_3 & y_3 & z_3 \\ 1 & x & y & z \end{vmatrix}$$

因此,体积坐标用直角坐标表示为

$$L_i = \frac{1}{6V}(a_i + b_i x + c_i y + d_i z) \quad (i = 1, 2, 3, 4) \tag{3-23}$$

其中

$$a_1 = \begin{vmatrix} x_2 & y_2 & z_2 \\ x_3 & y_3 & z_3 \\ x_4 & y_4 & z_4 \end{vmatrix},$$

$$b_1 = -\begin{vmatrix} 1 & y_2 & z_2 \\ 1 & y_3 & z_3 \\ 1 & y_4 & z_4 \end{vmatrix}$$

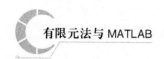

$$c_1 = - \begin{vmatrix} x_2 & 1 & z_2 \\ x_3 & 1 & z_3 \\ x_4 & 1 & z_4 \end{vmatrix},$$

$$d_1 = \begin{vmatrix} x_2 & y_2 & 1 \\ x_3 & y_3 & 1 \\ x_4 & y_4 & 1 \end{vmatrix}$$

其余的 a_i、b_i、c_i、$d_i (i=2,3,4)$ 可由上式,通过轮换指标 1、2、3、4 得到。直角坐标也可用体积坐标表示为

$$\left.\begin{array}{l} x = x_1 L_1 + x_2 L_2 + x_3 L_3 + x_4 L_4 \\ y = y_1 L_1 + y_2 L_2 + y_3 L_3 + y_4 L_4 \\ z = z_1 L_1 + z_2 L_2 + z_3 L_3 + z_4 L_4 \end{array}\right\} \tag{3-24}$$

采用与平面三角形单元插值函数构造的相似办法,可以得到空间四面体单元的形函数。图 3-7 所示空间 4 结点四面体单元的形函数为

$$N_i = L_i \quad (i=1,2,3,4)$$

图 3-10 所示空间 10 结点四面体单元的形函数为

$$\left.\begin{array}{l} N_i = (2L_i - 1)L_i \quad (i=1,2,3,4) \\ N_5 = 4L_1 L_2 \\ N_6 = 4L_1 L_3 \\ N_7 = 4L_1 L_4 \\ N_8 = 4L_2 L_3 \\ N_9 = 4L_3 L_4 \\ N_{10} = 4L_2 L_4 \end{array}\right\}$$

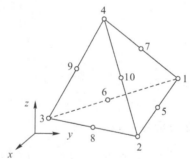

图 3-10 空间 10 结点四面体单元

3.4.2 Serendipity 六面体单元

在局部坐标系下,Serendipity 六面体单元的形函数构造式为

$$N_i(\xi, \eta, \zeta) = \frac{\prod\limits_{k=1}^{m} F_k(\xi, \eta, \zeta)}{\prod\limits_{k=1}^{m} F_k(\xi, \eta, \zeta)|_i} \tag{3-25}$$

其中 F_k 为不通过结点 i 而通过其他结点的直线方程 $F_k=0$ 的等号左端项,m 为形函数的次数。

根据(3-25)式,得到图 3-11 所示空间 8 结点立方体单元的形函数,统一表示为

$$N_i = \frac{1}{8}(1+\xi_0)(1+\eta_0)(1+\zeta_0) \quad (i=1,2,\cdots,8)$$

其中

$$\xi_0=\xi_i\xi,\ \eta_0=\eta_i\eta,\ \zeta_0=\zeta_i\zeta \quad (i=1,2,\cdots,8)$$

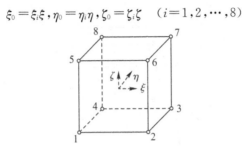

图 3-11　空间 8 结点立方体单元

根据(3-25)式,得到图 3-12 所示空间 20 结点立方体单元的形函数,统一表示为

$$\begin{aligned}
N_i = &\frac{1}{8}\xi_i^2\eta_i^2\zeta_i^2(1+\xi_0)(1+\eta_0)(1+\zeta_0)(\xi_0+\eta_0+\zeta_0-2)\\
&+\frac{1}{4}\eta_i^2\zeta_i^2(1-\xi^2)(1+\eta_0)(1+\zeta_0)(1-\xi_i^2)\\
&+\frac{1}{4}\zeta_i^2\xi_i^2(1-\eta^2)(1+\zeta_0)(1+\xi_0)(1-\eta_i^2)\\
&+\frac{1}{4}\xi_i^2\eta_i^2(1-\zeta^2)(1+\xi_0)(1+\eta_0)(1-\zeta_i^2)
\end{aligned}$$

其中

$$\xi_0=\xi_i\xi,\ \eta_0=\eta_i\eta,\ \zeta_0=\zeta_i\zeta \quad (i=1,2,\cdots,20)$$

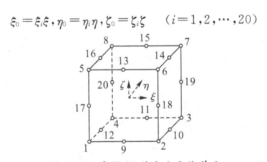

图 3-12　空间 20 结点立方体单元

3.4.3　Lagrange 六面体单元

空间 Lagrange 正六面体单元,沿 x 方向各行均包括 n 个结点,沿 y 方向各列均包括 m 个结点,沿 y 方向各列均包括 l 个结点,共有结点总数为 mnl。Lagrange 矩形单元的形函数构造式,可由 Lagrange 一维单元形函数构造式(3-6)推广至三维得到,即

$$N_{ijl}(x,y,z) = \left(\prod_{k=1,k\neq i}^{n}\frac{x-x_k}{x_i-x_k}\right)\left(\prod_{k=1,k\neq j}^{m}\frac{y-y_k}{y_j-x_k}\right)\left(\prod_{k=1,k\neq l}^{p}\frac{y-y_k}{y_l-x_k}\right) \tag{3-26}$$

如图 3-13 所示的空间 Lagrange 正六面体单元,沿 x、y、z 方向均含 3 个结点,结点总数

为 27,其各点形函数分别为

$$N_{111}(x,y,,z)=\frac{(x-x_2)(x-x_3)(y-y_2)(y-y_3)(z-z_2)(z-z_3)}{(x_1-x_2)(x_1-x_3)(y_1-y_2)(y_1-y_3)(z_1-z_2)(z_1-z_3)},$$

$$N_{112}(x,y,,z)=\frac{(x-x_2)(x-x_3)(y-y_2)(y-y_3)(z-z_1)(z-z_3)}{(x_1-x_2)(x_1-x_3)(y_1-y_2)(y_1-y_3)(z_2-z_1)(z_2-z_3)}$$

等 27 个表达式。

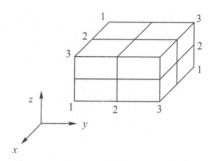

图 3-13　空间 27 结点 Lagrange 单元

3.4.4　三角棱柱单元

在对复杂三维求解区域进行有限元离散时,在某些边界区域采用四面体或六面体单元往往不十分有效,而采用三角棱柱单元就非常必要。在构造三角棱柱单元的形函数时,混合使用面积坐标和直线坐标,其形函数构造式可表示为

$$N_i(L_i,L_j,L_m,\zeta)=\frac{\prod\limits_{k=1}^{m}F_k(L_i,L_j,L_m,\zeta)}{\prod\limits_{k=1}^{m}F_k(L_i,L_j,L_m,\zeta)\big|_i} \tag{3-27}$$

其中 F_k 为不通过结点 i 而通过其他结点的曲线 k 的直线方程 $F_k=0$ 的等号左端项,m 为形函数的次数。

例如,对于图 3-14 所示空间 15 结点三角棱柱单元,利用构造式(3-27)可得到其角结点 1、三角形边内结点 10 和矩形边内结点 7 的形函数为

$$\left.\begin{array}{l}N_1=0.5L_1(2L_1-1)(1+\zeta)-0.5L_1(1-\zeta^2)\\ N_{10}=2L_1L_2(1+\zeta)\\ N_7=L_1(1-\zeta^2)\end{array}\right\}$$

图 3-14　空间 15 结点三角棱柱单元

3.4.5　体验与实践

3.4.5.1　实例 3-7

【例 3-7】　一空间 4 结点四面体单元的结点坐标分别为 $1(1,0,0)$、$2(0,2,0)$、$3(0,0,0)$、$4(0,0,3)$。求该单元的形函数 N_1、N_2、N_3。

【解】　1）编写如下 MATLAB 程序：

```
clear;clc;
syms N1(x,y,z)
syms a1 a2 a3 a4
N1(x,y,z)=a1+a2*x+a3*y+a4*z
eq1=N1(1,0,0)==1;
eq2=N1(0,2,0)==0;
eq3=N1(0,0,0)==0;
eq4=N1(0,0,3)==0;
R=solve(eq1,eq2,eq3,eq4,a1,a2,a3,a4)
a1=R.a1
a2=R.a2
a3=R.a3
a4=R.a4
N1(x,y,z)=eval(N1)
```

代码下载

运行后得到：

$$N1(x,y,z)=x$$

2）编写如下 MATLAB 程序：

```
clear;clc;
syms N2(x,y,z)
syms a1 a2 a3 a4
N2(x,y,z)=a1+a2*x+a3*y+a4*z
eq1=N2(1,0,0)==0;
eq2=N2(0,2,0)==1;
eq3=N2(0,0,0)==0;
eq4=N2(0,0,3)==0;
R=solve(eq1,eq2,eq3,eq4,a1,a2,a3,a4)
a1=R.a1
a2=R.a2
a3=R.a3
a4=R.a4
N2(x,y,z)=eval(N2)
```

代码下载

运行后得到：

$N2(x,y,z)=y/2$

3)编写如下 MATLAB 程序：

```
clear;clc;
syms N3(x,y,z)
syms a1 a2 a3 a4
N3(x,y,z)=a1+a2*x+a3*y+a4*z
eq1=N3(1,0,0)==0;
eq2=N3(0,2,0)==0;
eq3=N3(0,0,0)==1;
eq4=N3(0,0,3)==0;
R=solve(eq1,eq2,eq3,eq4,a1,a2,a3,a4)
a1=R.a1
a2=R.a2
a3=R.a3
a4=R.a4
N3(x,y,z)=eval(N3)
```

代码下载

运行后得到：

$N3(x,y,z)=1-y/2-z/3-x$

4)编写如下 MATLAB 程序：

```
clear;clc;
syms N4(x,y,z)
syms a1 a2 a3 a4
N4(x,y,z)=a1+a2*x+a3*y+a4*z
eq1=N4(1,0,0)==0;
eq2=N4(0,2,0)==0;
eq3=N4(0,0,0)==0;
eq4=N4(0,0,3)==1;
R=solve(eq1,eq2,eq3,eq4,a1,a2,a3,a4)
a1=R.a1
a2=R.a2
a3=R.a3
a4=R.a4
N4(x,y,z)=eval(N4)
```

代码下载

运行后得到：

$N4(x,y,z)=z/3$

3.4.5.2　实例 3-8

【例 3-8】　利用广义坐标法，求图 3-11 所示 8 结点空间立方体单元的形函数 N_1。

【解】　编写如下 MATLAB 程序：

```
clear;clc;
syms N1(r,s,t)
syms a1 a2 a3 a4 a5 a6 a7 a8
N1(r,s,t)=a1+a2*r+a3*s+a4*t+...
          a5*r*s+a6*s*t+a7*t*r+a8*r*s*t
eq1=N1(-1,-1,-1)==1;
eq2=N1(1,-1,-1)==0;
eq3=N1(1,1,-1)==0;
eq4=N1(-1,1,-1)==0;
eq5=N1(-1,-1,1)==0;
eq6=N1(1,-1,1)==0;
eq7=N1(1,1,1)==0;
eq8=N1(-1,1,1)==0;
R=solve(eq1,eq2,eq3,eq4,eq5,eq6,eq7,eq7,eq8,...
          a1,a2,a3,a4,a5,a6,a7,a8)
a1=R.a1
a2=R.a2
a3=R.a3
a4=R.a4
a5=R.a5
a6=R.a6
a7=R.a7
a8=R.a8
N1=eval(N1)
N1_f=factor(N1)
```

运行后得到：

$$N1=(r*s)/8-s/8-t/8-r/8+(r*t)/8+(s*t)/8-(r*s*t)/8+1/8$$

$$N1\_f=[-1/8,t-1,s-1,r-1]$$

第 3 章习题

习题 3-1 利用形函数构造法,求图示 8 结点平面四边形单元的形函数 N_1、N_2、N_3、N_4、N_5、N_6、N_7、N_8。

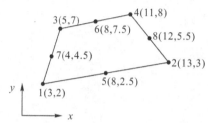

习题 3-1 图

习题 3-2 已知某 4 结点一维 Lagrange 单元的结点坐标为 $x_1=2$、$x_2=4$、$x_3=6$、$x_4=8$。利用广义坐标法求该单元的形函数 N_1、N_2、N_3、N_4。

习题 3-3 已知某 2 结点 2 阶 Hermite 一维单元的结点坐标为 $x_1=2$、$x_2=4$。利用广义坐标法求该单元的形函数 H_{10}、H_{11}、H_{20}、H_{21}。

习题 3-4 利用广义坐标法求图示 4 结点平面四边形单元的形函数 N_1、N_2、N_3、N_4。

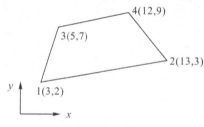

习题 3-4 图

第4章 等参元及数值积分

4.1 等参元及其变换

4.1.1 等参元的概念

在第 3 章介绍了很多形状规则的简单单元,如三角形单元、矩形单元、立方体单元等。对于某些具有曲线边界的结构,利用上述简单单元离散结构时,会产生以直线代替曲线而引起的模型误差。为消除或减小这种模型误差,需要寻找一种适当的变换方法,将这些形状规则的简单单元转化为含有曲线或曲面的复杂单元。

为了将局部坐标系 ξ 中形状规则的单元,转换为总体坐标系 x 中形状不规则的单元,需要构造一个坐标变换,即

$$x = f(\xi) \tag{4-1}$$

对于三维问题

$$\left.\begin{array}{l} x = [x, y, z]^{\mathrm{T}} \\ \xi = [\xi, \eta, \zeta]^{\mathrm{T}} \end{array}\right\}$$

对于二维问题

$$\left.\begin{array}{l} x = [x, y]^{\mathrm{T}} \\ \xi = [\xi, \eta]^{\mathrm{T}} \end{array}\right\}$$

为便于构造坐标变换,通常将(4-1)式表示为

$$x = \sum_{i=1}^{m} N_i'(\xi) x_i \tag{4-2}$$

其中 N_i' 称为坐标变换形函数,m 为坐标变换结点参数的个数。而单元内任一点的场变量可表示为

$$\phi = \sum_{i=1}^{n} N_i(\xi) \phi_i \tag{4-3}$$

其中 N_i 为场变量形函数,n 为场变量结点参数的个数。

如果某单元的坐标变换形函数和场变量形函数相同,坐标变换结点参数个数和场变量结点参数个数相等,即

$$\left.\begin{array}{l} N_i' = N_i \\ m = n \end{array}\right\}$$

则称这种变换为**等参变换**,称这种单元为**等参元**。如果坐标变换结点参数个数大于场变量结点参数个数,即 $m > n$,则称这种变换为**超参变换**,称这种单元为**超参元**。如果坐标变换结点参数个数小于场变量结点参数个数,即 $m < n$,则称这种变换为**亚参变换**,称这种单元为**亚参元**。

4.1.2 等参元的变换

在有限元分析中,需要对单元进行各类积分运算,为此需要建立局部坐标系和整体坐标系间的导数、体积微元、面积微元间的变换关系。

1.形函数导数的变换

根据复合函数求导法则,对于形函数 N_i,有

$$\left.\begin{array}{l} \dfrac{\partial N_i}{\partial \xi} = \dfrac{\partial N_i}{\partial x}\dfrac{\partial x}{\partial \xi} + \dfrac{\partial N_i}{\partial y}\dfrac{\partial y}{\partial \xi} + \dfrac{\partial N_i}{\partial z}\dfrac{\partial z}{\partial \xi} \\[2mm] \dfrac{\partial N_i}{\partial \eta} = \dfrac{\partial N_i}{\partial x}\dfrac{\partial x}{\partial \eta} + \dfrac{\partial N_i}{\partial y}\dfrac{\partial y}{\partial \eta} + \dfrac{\partial N_i}{\partial z}\dfrac{\partial z}{\partial \eta} \\[2mm] \dfrac{\partial N_i}{\partial \zeta} = \dfrac{\partial N_i}{\partial x}\dfrac{\partial x}{\partial \zeta} + \dfrac{\partial N_i}{\partial y}\dfrac{\partial y}{\partial \zeta} + \dfrac{\partial N_i}{\partial z}\dfrac{\partial z}{\partial \zeta} \end{array}\right\}$$

引入

$$\boldsymbol{J} = \frac{\partial(x, y, z)}{\partial(\xi, \eta, \zeta)} = \begin{bmatrix} \dfrac{\partial x}{\partial \xi} & \dfrac{\partial y}{\partial \xi} & \dfrac{\partial z}{\partial \xi} \\[2mm] \dfrac{\partial x}{\partial \eta} & \dfrac{\partial y}{\partial \eta} & \dfrac{\partial z}{\partial \eta} \\[2mm] \dfrac{\partial x}{\partial \zeta} & \dfrac{\partial y}{\partial \zeta} & \dfrac{\partial z}{\partial \zeta} \end{bmatrix} \tag{4-4}$$

称为雅可比(Jacobian)矩阵。由此可以得到

$$\left\{\begin{array}{l} \dfrac{\partial N_i}{\partial \xi} \\[2mm] \dfrac{\partial N_i}{\partial \eta} \\[2mm] \dfrac{\partial N_i}{\partial \zeta} \end{array}\right\} = \boldsymbol{J} \left\{\begin{array}{l} \dfrac{\partial N_i}{\partial x} \\[2mm] \dfrac{\partial N_i}{\partial y} \\[2mm] \dfrac{\partial N_i}{\partial z} \end{array}\right\} \tag{4-5}$$

对于等参元,坐标变换为

$$\left.\begin{array}{l} x = \displaystyle\sum_{i=1}^{n} N_i(\xi, \eta, \zeta) x_i \\[2mm] y = \displaystyle\sum_{i=1}^{n} N_i(\xi, \eta, \zeta) y_i \\[2mm] z = \displaystyle\sum_{i=1}^{n} N_i(\xi, \eta, \zeta) z_i \end{array}\right\}$$

将其代入(4-4)式,得到

$$J=\begin{bmatrix} \sum_{i=1}^{n}\dfrac{\partial N_i}{\partial \xi}x_i & \sum_{i=1}^{n}\dfrac{\partial N_i}{\partial \xi}y_i & \sum_{i=1}^{n}\dfrac{\partial N_i}{\partial \xi}z_i \\ \sum_{i=1}^{n}\dfrac{\partial N_i}{\partial \eta}x_i & \sum_{i=1}^{n}\dfrac{\partial N_i}{\partial \eta}y_i & \sum_{i=1}^{n}\dfrac{\partial N_i}{\partial \eta}z_i \\ \sum_{i=1}^{n}\dfrac{\partial N_i}{\partial \zeta}x_i & \sum_{i=1}^{n}\dfrac{\partial N_i}{\partial \zeta}y_i & \sum_{i=1}^{n}\dfrac{\partial N_i}{\partial \zeta}z_i \end{bmatrix}$$

可进一步表示为

$$J=\begin{bmatrix} \dfrac{\partial N_1}{\partial \xi} & \dfrac{\partial N_2}{\partial \xi} & \cdots & \dfrac{\partial N_n}{\partial \xi} \\ \dfrac{\partial N_1}{\partial \eta} & \dfrac{\partial N_2}{\partial \eta} & \cdots & \dfrac{\partial N_n}{\partial \eta} \\ \dfrac{\partial N_1}{\partial \zeta} & \dfrac{\partial N_2}{\partial \zeta} & \cdots & \dfrac{\partial N_n}{\partial \zeta} \end{bmatrix}\begin{bmatrix} x_1 & y_1 & z_1 \\ x_2 & y_2 & z_2 \\ \vdots & \vdots & \vdots \\ x_n & y_n & z_n \end{bmatrix} \tag{4-6}$$

对于三维情况下的空间问题，雅可比(Jacobian)矩阵等于**形函数的局部坐标偏导数矩阵乘以结点的整体坐标矩阵**。形函数的局部坐标偏导数矩阵为 3 行 n 列的，结点的整体坐标矩阵为 n 行 3 列的。

根据(4-5)式，可将形函数在整体坐标系下的偏导数表示为

$$\begin{Bmatrix} \dfrac{\partial N_i}{\partial x} \\ \dfrac{\partial N_i}{\partial y} \\ \dfrac{\partial N_i}{\partial z} \end{Bmatrix}=J^{-1}\begin{Bmatrix} \dfrac{\partial N_i}{\partial \xi} \\ \dfrac{\partial N_i}{\partial \eta} \\ \dfrac{\partial N_i}{\partial \zeta} \end{Bmatrix} \tag{4-7}$$

其中 J^{-1} 为 J 的逆矩阵，可按下式计算

$$J^{-1}=\frac{1}{|J|}J^{*} \tag{4-8}$$

$|J|$ 是 J 的行列式，称为雅可比(Jacobian)行列式，J^{*} 是 J 的伴随矩阵，它的元素 J_{ij}^{*} 是 J 的元素 J_{ij} 的代数余子式。

2. 体积微元的变换

在三维情况下，在局部坐标系内沿坐标方向的 3 个微线元，在整体坐标系内对应的 3 个微线元，可以用矢量表示为

$$\left.\begin{aligned} \mathrm{d}\boldsymbol{R}_{\xi}&=\left(\frac{\partial x}{\partial \xi}\mathrm{d}\xi\right)\boldsymbol{i}+\left(\frac{\partial y}{\partial \xi}\mathrm{d}\xi\right)\boldsymbol{j}+\left(\frac{\partial z}{\partial \xi}\mathrm{d}\xi\right)\boldsymbol{k} \\ \mathrm{d}\boldsymbol{R}_{\eta}&=\left(\frac{\partial x}{\partial \eta}\mathrm{d}\eta\right)\boldsymbol{i}+\left(\frac{\partial y}{\partial \eta}\mathrm{d}\eta\right)\boldsymbol{j}+\left(\frac{\partial z}{\partial \eta}\mathrm{d}\eta\right)\boldsymbol{k} \\ \mathrm{d}\boldsymbol{R}_{\zeta}&=\left(\frac{\partial x}{\partial \zeta}\mathrm{d}\zeta\right)\boldsymbol{i}+\left(\frac{\partial y}{\partial \zeta}\mathrm{d}\zeta\right)\boldsymbol{j}+\left(\frac{\partial z}{\partial \zeta}\mathrm{d}\zeta\right)\boldsymbol{k} \end{aligned}\right\}$$

由这 3 个微线元矢量构成的体积微元

$$\mathrm{d}V=\mathrm{d}\boldsymbol{R}_{\xi}\cdot(\mathrm{d}\boldsymbol{R}_{\eta}\times\mathrm{d}\boldsymbol{R}_{\zeta})=|J|\mathrm{d}\xi\mathrm{d}\eta\mathrm{d}\zeta \tag{4-9}$$

其中 $|J|$ 是(4-4)式描述的雅可比(Jacobian)矩阵行列式。

上式描述了整体坐标系下体积微元和局部坐标系下体积微元的关系,即整体坐标系下的体积微元等于雅可比(Jacobian)矩阵行列式与局部坐标系下体积微元的积。

3.面积微元的变换

在二维情况下,雅可比(Jacobian)矩阵退化为

$$J = \frac{\partial(x,y)}{\partial(\xi,\eta)} = \begin{bmatrix} \dfrac{\partial x}{\partial \xi} & \dfrac{\partial y}{\partial \xi} \\ \dfrac{\partial x}{\partial \eta} & \dfrac{\partial y}{\partial \eta} \end{bmatrix} = \begin{bmatrix} \dfrac{\partial N_1}{\partial \xi} & \dfrac{\partial N_2}{\partial \xi} & \cdots & \dfrac{\partial N_n}{\partial \xi} \\ \dfrac{\partial N_1}{\partial \eta} & \dfrac{\partial N_2}{\partial \eta} & \cdots & \dfrac{\partial N_n}{\partial \eta} \end{bmatrix} \begin{bmatrix} x_1 & y_1 \\ x_2 & y_2 \\ \vdots & \vdots \\ x_n & y_n \end{bmatrix} \tag{4-10}$$

形函数的局部坐标偏导数矩阵为 2 行 n 列的,结点的整体坐标矩阵为 n 行 2 列的,雅可比(Jacobian)矩阵仍等于**形函数的局部坐标偏导数矩阵**乘以**结点的整体坐标矩阵**。

在二维情况下,整体坐标系下面微元与局部坐标系下面微元的关系为

$$dA = |J| d\xi d\eta \tag{4-11}$$

其中 $|J|$ 是(4-10)式描述的雅可比(Jacobian)矩阵行列式。

4.1.3 体验与实践

4.1.3.1 实例 4-1

【例 4-1】 计算球坐标和直角坐标间的雅可比矩阵及其行列式。

【解】 球坐标系 (r,θ,φ) 与直角坐标系 (x,y,z) 的转换关系为

$$x = r\sin\theta\cos\varphi, \quad y = r\sin\theta\sin\varphi, \quad z = r\cos\theta$$

编写如下 MATLAB 程序:

```
clear;clc
syms r xt fi
x=r*sin(xt)*cos(fi);
y=r*sin(xt)*sin(fi);
z=r*cos(xt);
J=[diff(x,r,1),diff(y,r,1),diff(z,r,1)
    diff(x,xt,1),diff(y,xt,1),diff(z,xt,1)
    diff(x,fi,1),diff(y,fi,1),diff(z,fi,1)]
J_det=det(J);
J_det=simplify(J_det)
```

代码下载

运行后,得到:

J=

```
[      cos(fi)*sin(xt),      sin(fi)*sin(xt),            cos(xt)]
[  r*cos(fi)*cos(xt),    r*sin(fi)*cos(xt),   -r*sin(xt)]
[-r*sin(fi)*sin(xt),    r*cos(fi)*sin(xt),                  0]
```

J_det＝

r^2 * sin(xt)

4.1.3.2　实例 4-2

【**例 4-2**】　计算柱坐标和直角坐标间的雅可比矩阵及其行列式。

【**解**】　柱坐标系 (r,φ,z) 与直角坐标系 (x,y,z) 的转换关系为

$$x＝r\cos\varphi, y＝r\sin\varphi, z＝z$$

编写如下 MATLAB 程序：

```
clear;
clc;
syms r fi z1
x＝r * cos(fi);
y＝r * sin(fi);
z＝z1;
J＝[diff(x,r,1),diff(y,r,1),diff(z,r,1)
    diff(x,fi,1),diff(y,fi,1),diff(z,fi,1)
    diff(x,z1,1),diff(y,z1,1),diff(z,z1,1)]
J_det＝det(J);
J_det＝simplify(J_det)
```

代码下载

运行后,得到：

J＝

$$\begin{bmatrix} \cos(\mathrm{fi}), & \sin(\mathrm{fi}), & 0 \\ -r * \sin(\mathrm{fi}), & r * \cos(\mathrm{fi}), & 0 \\ 0, & 0, & 1 \end{bmatrix}$$

J_det＝

r

4.2 平面三角形等参元

4.2.1 平面 3 结点三角形等参元

如图 4-1 所示平面 3 结点三角形等参元,其坐标变换函数为

$$\left.\begin{array}{l}x=N_1 x_1+N_2 x_2+N_3 x_3\\y=N_1 y_1+N_2 y_2+N_3 y_3\end{array}\right\}$$

其单元内任一点的场函数表示为

$$\phi=N_1\phi_1+N_2\phi_2+N_3\phi_3$$

根据广义坐标法或构造法,可以求出图 4-1 中等参元的形函数,即

$$\left.\begin{array}{l}N_1=L_1=1-\xi-\eta\\N_2=L_2=\xi\\N_3=L_3=\eta\end{array}\right\} \tag{4-12}$$

根据(4-12)式,得到形函数对局部坐标的偏导数,即

$$\left.\begin{array}{lll}\dfrac{\partial N_1}{\partial \xi}=-1, & \dfrac{\partial N_2}{\partial \xi}=1, & \dfrac{\partial N_3}{\partial \xi}=0\\[2mm]\dfrac{\partial N_1}{\partial \eta}=-1, & \dfrac{\partial N_2}{\partial \eta}=0, & \dfrac{\partial N_3}{\partial \eta}=1\end{array}\right\} \tag{4-13}$$

代入(4-10)式,得到平面 3 结点三角形等参元的雅可比(Jacobian)矩阵,即

$$\boldsymbol{J}=\frac{\partial(x,y)}{\partial(\xi,\eta)}=\begin{bmatrix}x_2-x_1 & y_2-y_1\\x_3-x_1 & y_3-y_1\end{bmatrix} \tag{4-14}$$

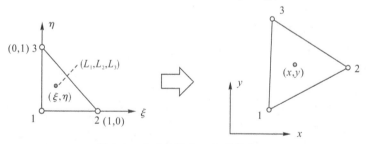

图 4-1　平面 3 结点三角形等参元

4.2.2 平面 6 结点三角形等参元

如图 4-2 所示平面 6 结点三角形等参元,其坐标变换函数为

$$\left.\begin{array}{l}x=\displaystyle\sum_{i=1}^{6}N_i(\xi,\eta)x_i\\y=\displaystyle\sum_{i=1}^{6}N_i(\xi,\eta)y_i\end{array}\right\}$$

单元内任一点的场变量表示为

$$\phi = \sum_{i=1}^{6} N_i(\xi, \eta)\phi_i$$

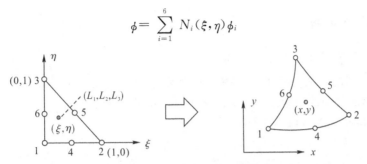

图 4-2　平面 6 结点三角形等参元

根据广义坐标法或构造法,可求出上述平面 6 结点三角形等参元的形函数,用面积坐标表示为

$$N_1=(2L_1-1)L_1,\quad N_2=(2L_2-1)L_2,\quad N_3=(2L_3-1)L_3$$
$$N_4=4L_1L_2,\qquad\qquad N_5=4L_2L_3,\qquad\qquad N_6=4L_3L_1$$

其中

$$L_1=1-\xi-\eta$$
$$L_2=\xi$$
$$L_3=\eta$$

根据以上两式,在局部坐标系内将上述平面 6 结点三角形等参元的形函数表示为

$$
\left.\begin{aligned}
N_1&=(1-2\xi-2\eta)(1-\xi-\eta)\\
N_2&=(2\xi-1)\xi\\
N_3&=(2\eta-1)\eta\\
N_4&=4(1-\xi-\eta)\xi\\
N_5&=4\xi\eta\\
N_6&=4\eta(1-\xi-\eta)
\end{aligned}\right\} \tag{4-15}
$$

根据(4-15)式,得到形函数对局部坐标的偏导数,即

$$
\left.\begin{aligned}
\frac{\partial N_1}{\partial \xi}&=-3+4\xi+4\eta, & \frac{\partial N_2}{\partial \xi}&=4\xi-1, & \frac{\partial N_3}{\partial \xi}&=0\\
\frac{\partial N_4}{\partial \xi}&=4(1-2\xi-\eta), & \frac{\partial N_5}{\partial \xi}&=4\eta, & \frac{\partial N_6}{\partial \xi}&=-4\eta
\end{aligned}\right\} \tag{4-16a}
$$

和

$$
\left.\begin{aligned}
\frac{\partial N_1}{\partial \eta}&=-3+4\eta+4\xi, & \frac{\partial N_2}{\partial \eta}&=0, & \frac{\partial N_3}{\partial \eta}&=4\eta-1\\
\frac{\partial N_4}{\partial \eta}&=-4\xi, & \frac{\partial N_5}{\partial \eta}&=4\xi, & \frac{\partial N_6}{\partial \eta}&=4(1-\xi-2\eta)
\end{aligned}\right\} \tag{4-16b}
$$

将以上两式代入(4-10)式,可以得到上述平面 6 结点三角形等参元的雅可比(Jacobian)矩阵。

4.2.3 体验与实践

4.2.3.1 实例 4-3

【例 4-3】 利用广义坐标法,推导图 4-1 所示平面 3 结点三角形等参元,在局部坐标系下的形函数、形函数局部坐标偏导数矩阵和 Jacobian 矩阵的表达式。

【解】 编写如下 MATLAB 程序:

```
clear;clc;
syms N1(r,s) N2(r,s) N3(r,s)
%－－－－－－－－－－－－－－－
syms a1 b1 c1
N1(r,s)=a1+b1*r+c1*s;
eq1=N1(0,0)==1;
eq2=N1(1,0)==0;
eq3=N1(0,1)==0;
R1=solve(eq1,eq2,eq3,a1,b1,c1);
a1=R1.a1;
b1=R1.b1;
c1=R1.c1;
N1(r,s)=eval(N1)
%－－－－－－－－－－－－－－－
syms a2 b2 c2
N2(r,s)=a2+b2*r+c2*s;
eq1=N2(0,0)==0;
eq2=N2(1,0)==1;
eq3=N2(0,1)==0;
R2=solve(eq1,eq2,eq3,a2,b2,c2);
a2=R2.a2;
b2=R2.b2;
c2=R2.c2;
N2(r,s)=eval(N2)
%－－－－－－－－－－－－－－－
syms a3 b3 c3
N3(r,s)=a3+b3*r+c3*s;
eq1=N3(0,0)==0;
eq2=N3(1,0)==0;
eq3=N3(0,1)==1;
R3=solve(eq1,eq2,eq3,a3,b3,c3);
a3=R3.a3;
```

```
b3＝R3.b3；
c3＝R3.c3；
N3(r,s)＝eval(N3)
%－－－－－－－－－－－－－－－
Npd＝[diff(N1,r),diff(N2,r),diff(N3,r)；
     diff(N1,s),diff(N2,s),diff(N3,s)]
syms x1 y1 x2 y2 x3 y3
J＝Npd*[x1,y1;x2,y2;x3,y3]
```

运行后得到：

$$N1(r,s)=1-s-r$$
$$N2(r,s)=r$$
$$N3(r,s)=s$$
$$Npd(r,s)=$$
$$[-1,1,0]$$
$$[-1,0,1]$$
$$J(r,s)=$$
$$[x2-x1,y2-y1]$$
$$[x3-x1,y3-y1]$$

4.2.3.2 实例4-4

【例4-4】 利用广义坐标法，推导图4-2所示平面6结点三角形等参元的形函数在局部坐标系内的表达式。

【解】 1)编写如下程序计算 N_1：

```
clear;clc;
syms a1 a2 a3 a4 a5 a6
syms N1(r,s)
N1(r,s)＝a1＋a2*r＋a3*s＋a4*r*s＋a5*r^2＋a6*s^2
eq1＝N1(0,0)＝＝1
eq2＝N1(1,0)＝＝0
eq3＝N1(0,1)＝＝0
eq4＝N1(0.5,0)＝＝0
eq5＝N1(0.5,0.5)＝＝0
eq6＝N1(0,0.5)＝＝0
R＝solve(eq1,eq2,eq3,eq3,eq4,eq5,eq5,eq6,...
          a1,a2,a3,a4,a5,a6)
a1＝R.a1
a2＝R.a2
a3＝R.a3
a4＝R.a4
```

代码下载

```
a5＝R. a5
a6＝R. a6
N1(r,s)＝eval(N1)
N1_f＝factor(N1)
```

运行后,得到:

N1(r,s)＝2 * r^2＋4 * r * s－3 * r＋2 * s^2－3 * s＋1

N1_f(r,s)＝[r＋s－1,2 * r＋2 * s－1]

2)编写如下程序计算 N_2:

```
clear;clc;
syms a1 a2 a3 a4 a5 a6
syms N2(r,s)
N2(r,s)＝a1＋a2 * r＋a3 * s＋a4 * r * s＋a5 * r^2＋a6 * s^2
eq1＝N2(0,0)＝＝0
eq2＝N2(1,0)＝＝1
eq3＝N2(0,1)＝＝0
eq4＝N2(0.5,0)＝＝0
eq5＝N2(0.5,0.5)＝＝0
eq6＝N2(0,0.5)＝＝0
R＝solve(eq1,eq2,eq3,eq3,eq4,eq5,eq5,eq6,...
          a1,a2,a3,a4,a5,a6)
a1＝R. a1
a2＝R. a2
a3＝R. a3
a4＝R. a4
a5＝R. a5
a6＝R. a6
N2(r,s)＝eval(N2)
N2_f＝factor(N2)
```

运行后,得到:

N2(r,s)＝2 * r^2－r

N2_f(r,s)＝[r,2 * r－1]

3)编写如下程序计算 N_3:

```
clear;clc;
syms a1 a2 a3 a4 a5 a6
syms N3(r,s)
N3(r,s)＝a1＋a2 * r＋a3 * s＋a4 * r * s＋a5 * r^2＋a6 * s^2
eq1＝N3(0,0)＝＝0
eq2＝N3(1,0)＝＝0
```

```
eq3＝N3(0,1)==1
eq4＝N3(0.5,0)==0
eq5＝N3(0.5,0.5)==0
eq6＝N3(0,0.5)==0
R＝solve(eq1,eq2,eq3,eq3,eq4,eq5,eq5,eq6,...
         a1,a2,a3,a4,a5,a6)
a1＝R.a1
a2＝R.a2
a3＝R.a3
a4＝R.a4
a5＝R.a5
a6＝R.a6
N3(r,s)＝eval(N3)
N3_f＝factor(N3)
```

运行后,得到:

$$N3(r,s)＝2*s\hat{}2-s$$

$$N3\_f(r,s)＝[s,2*s-1]$$

4)编写如下程序计算 N_4:

```
clear;clc;
syms a1 a2 a3 a4 a5 a6
syms N4(r,s)
N4(r,s)＝a1+a2*r+a3*s+a4*r*s+a5*r\hat{}2+a6*s\hat{}2
eq1＝N4(0,0)==0
eq2＝N4(1,0)==0
eq3＝N4(0,1)==0
eq4＝N4(0.5,0)==1
eq5＝N4(0.5,0.5)==0
eq6＝N4(0,0.5)==0
R＝solve(eq1,eq2,eq3,eq3,eq4,eq5,eq5,eq6,...
         a1,a2,a3,a4,a5,a6)
a1＝R.a1
a2＝R.a2
a3＝R.a3
a4＝R.a4
a5＝R.a5
a6＝R.a6
N4(r,s)＝eval(N4)
N4_f＝factor(N4)
```

代码下载

运行后,得到:

$N4(r,s) = 4 * r - 4 * r * s - 4 * r\hat{}2$

$N4\_f(r,s) = [-4, r, r + s - 1]$

5)编写如下程序计算 N_5:

```
clear;clc;
syms a1 a2 a3 a4 a5 a6
syms N5(r,s)
N5(r,s) = a1 + a2 * r + a3 * s + a4 * r * s + a5 * r^2 + a6 * s^2
eq1 = N5(0,0) == 0
eq2 = N5(1,0) == 0
eq3 = N5(0,1) == 0
eq4 = N5(0.5,0) == 0
eq5 = N5(0.5,0.5) == 1
eq6 = N5(0,0.5) == 0
R = solve(eq1,eq2,eq3,eq3,eq4,eq5,eq5,eq6,...
          a1,a2,a3,a4,a5,a6)
a1 = R. a1
a2 = R. a2
a3 = R. a3
a4 = R. a4
a5 = R. a5
a6 = R. a6
N5(r,s) = eval(N5)
N5_f = factor(N5)
```

代码下载

运行后,得到:

$N5(r,s) = 4 * r * s$

$N5\_f(r,s) = [4, r, s]$

6)编写如下程序计算 N_6:

```
clear;clc;
syms a1 a2 a3 a4 a5 a6
syms N6(r,s)
N6(r,s) = a1 + a2 * r + a3 * s + a4 * r * s + a5 * r^2 + a6 * s^2
eq1 = N6(0,0) == 0
eq2 = N6(1,0) == 0
eq3 = N6(0,1) == 0
eq4 = N6(0.5,0) == 0
eq5 = N6(0.5,0.5) == 0
eq6 = N6(0,0.5) == 1
```

代码下载

```
R＝solve(eq1,eq2,eq3,eq3,eq4,eq5,eq5,eq6,...
         a1,a2,a3,a4,a5,a6)
a1＝R.a1
a2＝R.a2
a3＝R.a3
a4＝R.a4
a5＝R.a5
a6＝R.a6
N6(r,s)＝eval(N6)
N6_f＝factor(N6)
```

运行后,得到:

```
N6(r,s)＝4*s－4*r*s－4*s^2
N6_f(r,s)＝[－4,s,r+s－1]
```

4.2.3.3　实例4-5

【例4-5】　平面6结点三角形等参元的结点坐标为1(0.1,0.1)、2(2,0)、3(0,4)、4(1,0.2)、5(1.2,2)、6(0.2,2)。求该单元的Jacobian矩阵。

【解】　编写如下MATLAB程序:

```
clear;clc;
syms N1(r,s) N2(r,s) N3(r,s)
syms N4(r,s) N5(r,s) N6(r,s)
N1(r,s)＝(1－2*r－2*s)*(1－r－s)
N2(r,s)＝(2*r－1)*r
N3(r,s)＝(2*s－1)*s
N4(r,s)＝4*(1－r－s)*r
N5(r,s)＝4*r*s
N6(r,s)＝4*s*(1－r－s)
x1＝0.1;y1＝0.1;
x2＝2;y2＝0;
x3＝0;y3＝4;
x4＝1;y4＝0.2;
x5＝1.2;y5＝2;
x6＝0.2;y6＝2;
x(r,s)＝N1*x1+N2*x2+N3*x3+N4*x4+N5*x5+N6*x6
y(r,s)＝N1*y1+N2*y2+N3*y3+N4*y4+N5*y5+N6*y6
J＝[diff(x,r),diff(y,r);
    diff(x,s),diff(y,s)]
J＝simplify(J)
```

代码下载

运行后得到:

$$J(r,s)=$$

$$\begin{bmatrix} (2*r)/5+(2*s)/5+17/10, & 1/2-(2*s)/5-(6*r)/5 \\ (2*r)/5-(6*s)/5+1/2, & (2*s)/5-(2*r)/5+37/10 \end{bmatrix}$$

【另解】 编写如下 MATLAB 程序：

```
clear;
clc;
syms N1(r,s) N2(r,s) N3(r,s)
syms N4(r,s) N5(r,s) N6(r,s)
N1(r,s)=(1-2*r-2*s)*(1-r-s)
N2(r,s)=(2*r-1)*r
N3(r,s)=(2*s-1)*s
N4(r,s)=4*(1-r-s)*r
N5(r,s)=4*r*s
N6(r,s)=4*s*(1-r-s)
Npd=[diff(N1,r),diff(N2,r),diff(N3,r),diff(N4,r),diff(N5,r),diff(N6,r);
    diff(N1,s),diff(N2,s),diff(N3,s),diff(N4,s),diff(N5,s),diff(N6,s)]
xy=[0.1,0.1;
2,0;
0,4;
1,0.2;
1.2,2;
0.2,2]
J=Npd*xy
```

运行后得到：

$$Npd(r,s)=$$

$$\begin{bmatrix} 4*r+4*s-3,4*r-1, & 0,4-4*s-8*r,4*s, & -4*s \\ 4*r+4*s-3, & 0,4*s-1, & -4*r,4*r,4-8*s-4*r \end{bmatrix}$$

$$xy=$$

0.1000	0.1000
2.0000	0
0	4.0000
1.0000	0.2000
1.2000	2.0000
0.2000	2.0000

$$J(r,s)=$$

$$\left[\begin{array}{cc} (2*r)/5+(2*s)/5+17/10, & 1/2-(2*s)/5-(6*r)/5 \\ (2*r)/5-(6*s)/5+1/2, & (2*s)/5-(2*r)/5+37/10 \end{array} \right]$$

4.3　平面四边形等参元

4.3.1　平面4结点四边形等参元

如图 4-3 所示平面 4 结点四边形等参元,其坐标变换函数为

$$\left. \begin{array}{l} x=\displaystyle\sum_{i=1}^{4} N_i(\xi,\eta)x_i \\ y=\displaystyle\sum_{i=1}^{4} N_i(\xi,\eta)y_i \end{array} \right\}$$

单元场函数表示为

$$\phi=\sum_{i=1}^{4} N_i(\xi,\eta)\phi_i$$

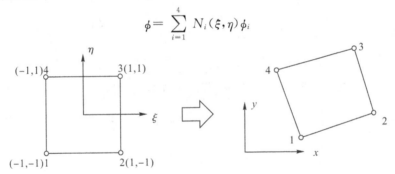

图 4-3　平面 4 结点四边形等参元

根据 3.3.4 节中的介绍可知,上述平面 4 结点四边形等参元的形函数可表示为

$$N_i(\xi,\eta)=\frac{1}{4}(1+\xi_i\xi)(1+\eta_i\eta) \quad (i=1,2,3,4) \tag{4-17}$$

根据上式得到

$$\left. \begin{array}{l} \dfrac{\partial N_i}{\partial \xi}=\dfrac{1}{4}\xi_i(1+\eta\eta_i) \\[2mm] \dfrac{\partial N_i}{\partial \eta}=\dfrac{1}{4}\eta_i(1+\xi\xi_i) \end{array} \right\} \quad (i=1,2,3,4) \tag{4-18}$$

将其代入(4-10)式,得到上述平面 4 结点四边形等参元的雅可比(Jacobian)矩阵。

4.3.2　平面8结点四边形等参元

如图 4-4 所示平面 8 结点四边形等参元,其坐标变换函数为

$$\left.\begin{aligned} x &= \sum_{i=1}^{8} N_i(\xi,\eta) x_i \\ y &= \sum_{i=1}^{8} N_i(\xi,\eta) y_i \end{aligned}\right\}$$

单元场函数表示为

$$\phi = \sum_{i=1}^{8} N_i(\xi,\eta) \phi_i$$

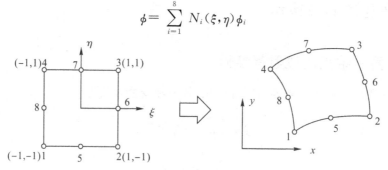

图 4-4　平面 8 结点四边形等参元

根据 3.3.4 节中的介绍可知,上述平面 8 结点四边形等参元的形函数可表示为

$$\left.\begin{aligned} N_i &= \frac{1}{4}(1+\xi_i\xi)(1+\eta_i\eta)(-1+\xi_i\xi+\eta_i\eta) \quad (i=1,2,3,4) \\ N_k &= \frac{1}{2}(1+\xi_k\eta+\eta_k\xi)(1-\xi_k\eta-\eta_k\xi)(1+\xi_k\xi+\eta_k\eta) \quad (k=5,6,7,8) \end{aligned}\right\} \tag{4-19}$$

根据(4-19)式,可以将形函数对局部坐标的偏导数表示为

$$\left.\begin{aligned} \frac{\partial N_i}{\partial \xi} &= \frac{1}{4}\xi_i(1+\eta_i\eta)(2\xi_i\xi+\eta_i\eta) \\ \frac{\partial N_i}{\partial \eta} &= \frac{1}{4}\eta_i(1+\xi_i\xi)(2\eta_i\eta+\xi_i\xi) \end{aligned}\right\} \quad (i=1,2,3,4) \tag{4-20a}$$

和

$$\left.\begin{aligned} \frac{\partial N_k}{\partial \xi} &= \frac{1}{2}(1+\xi_k\eta+\eta_k\xi)[\xi_k-\xi_k(2\eta_k+\xi_k)\eta-\eta_k(2\eta_k+\xi_k)\xi] \\ \frac{\partial N_k}{\partial \eta} &= \frac{1}{2}(1+\eta_k\xi+\xi_k\eta)[\eta_k-\eta_k(2\xi_k+\xi_k)\xi-\xi_k(2\xi_k+\eta_k)\eta] \end{aligned}\right\} (k=5,6,7,8) \tag{4-20b}$$

将以上两式代入(4-10)式,即可得到上述平面 8 结点四边形等参元的雅可比(Jacobian)矩阵。

4.3.3　体验与实践

4.3.3.1　实例 4-6

【例 4-6】　利用广义坐标法推导图 4-3 所示平面 4 结点四边形等参元的形函数,在局部坐标系内的表达式。

【解】　1)编写如下计算 N_1 的 MATLAB 程序:

```
clear;clc;
syms a1 a2 a3 a4
syms N1(r,s)
N1(r,s)=a1+a2*r+a3*s+a4*r*s
eq1=N1(-1,-1)==1
eq2=N1(1,-1)==0
eq3=N1(1,1)==0
eq4=N1(-1,1)==0
R=solve(eq1,eq2,eq3,eq4,a1,a2,a3,a4)
a1=R. a1
a2=R. a2
a3=R. a3
a4=R. a4
N1(r,s)=eval(N1)
N1_f=factor(N1)
```

代码下载

运行后,得到:

N1(r,s)=(r*s)/4-s/4-r/4+1/4

N1_f(r,s)=[1/4,s-1,r-1]

2)编写如下计算 N_2 的 MATLAB 程序:

```
clear;clc;
syms a1 a2 a3 a4
syms N2(r,s)
N2(r,s)=a1+a2*r+a3*s+a4*r*s
eq1=N2(-1,-1)==0
eq2=N2(1,-1)==1
eq3=N2(1,1)==0
eq4=N2(-1,1)==0
R=solve(eq1,eq2,eq3,eq4,a1,a2,a3,a4)
a1=R. a1
a2=R. a2
a3=R. a3
a4=R. a4
N2(r,s)=eval(N2)
N2_f=factor(N2)
```

代码下载

运行后,得到:

N2(r,s)=r/4-s/4-(r*s)/4+1/4

N2_f(r,s)=[-1/4,s-1,r+1]

3)编写如下计算 N_3 的 MATLAB 程序：

```
clear;clc;
syms a1 a2 a3 a4
syms N3(r,s)
N3(r,s)=a1+a2*r+a3*s+a4*r*s
eq1=N3(-1,-1)==0
eq2=N3(1,-1)==0
eq3=N3(1,1)==1
eq4=N3(-1,1)==0
R=solve(eq1,eq2,eq3,eq4,a1,a2,a3,a4)
a1=R.a1
a2=R.a2
a3=R.a3
a4=R.a4
N3(r,s)=eval(N3)
N3_f=factor(N3)
```

运行后,得到：

N3(r,s)=r/4+s/4+(r*s)/4+1/4

N3_f(r,s)=[1/4,s+1,r+1]

4)编写如下计算 N_4 的 MATLAB 程序：

```
clear;clc;
syms a1 a2 a3 a4
syms N4(r,s)
N4(r,s)=a1+a2*r+a3*s+a4*r*s
eq1=N4(-1,-1)==0
eq2=N4(1,-1)==0
eq3=N4(1,1)==0
eq4=N4(-1,1)==1
R=solve(eq1,eq2,eq3,eq4,a1,a2,a3,a4)
a1=R.a1
a2=R.a2
a3=R.a3
a4=R.a4
N4(r,s)=eval(N4)
N4_f=factor(N4)
```

运行后,得到：

N4(r,s)=s/4-r/4-(r*s)/4+1/4

N4_f(r,s)=[-1/4,s+1,r-1]

4.3.3.2　实例 4-7

【例 4-7】　利用广义坐标法求图 4-4 所示平面 8 结点四边形等参元的形函数,并求其偏导数在局部坐标系内的表达式。

【解】　1)编写如下计算 N_1 及其偏导数的 MATLAB 程序:

```
clear;clc;
syms a1 a2 a3 a4 a5 a6 a7 a8
syms N1(r,s)
N1(r,s)=a1+a2*r+a3*s+a4*r^2+a5*s^2+a6*r*s...
            +a7*r^2*s+a8*r*s^2
eq1=N1(-1,-1)==1
eq2=N1(1,-1)==0
eq3=N1(1,1)==0
eq4=N1(-1,1)==0
eq5=N1(0,-1)==0
eq6=N1(1,0)==0
eq7=N1(0,1)==0
eq8=N1(-1,0)==0
R=solve(eq1,eq2,eq3,eq4,eq5,eq6,eq7,eq8,...
    a1,a2,a3,a4,a5,a6,a7,a8)
a1=R.a1;
a2=R.a2;
a3=R.a3;
a4=R.a4;
a5=R.a5;
a6=R.a6;
a7=R.a7;
a8=R.a8;
N1(r,s)=eval(N1)
N1_f=factor(N1)
N1r=diff(N1,r)
N1r_f=factor(N1r)
N1s=diff(N1,s)
N1s_f=factor(N1s)
```

代码下载

运行后,得到:

$N1(r,s)=-(r^2*s)/4+r^2/4-(r*s^2)/4+(r*s)/4+s^2/4-1/4$

$N1\_f(r,s)=[-1/4,s-1,r-1,r+s+1]$

$N1r(r,s)=r/2+s/4-(r*s)/2-s^2/4$

$N1r\_f(r,s)=[-1/4,s-1,2*r+s]$

N1s(r,s)＝r/4＋s/2－(r＊s)/2－r^2/4

N1s_f(r,s)＝[－1/4,r－1,r＋2＊s]

2)编写如下计算 N_2 及其偏导数的 MATLAB 程序：

代码下载

```
clear;clc;
syms a1 a2 a3 a4 a5 a6 a7 a8
syms N2(r,s)
N2(r,s)＝a1＋a2＊r＋a3＊s＋a4＊r^2＋a5＊s^2＋a6＊r＊s...
         ＋a7＊r^2＊s＋a8＊r＊s^2
eq1＝N2(－1,－1)＝＝0
eq2＝N2(1,－1)＝＝1
eq3＝N2(1,1)＝＝0
eq4＝N2(－1,1)＝＝0
eq5＝N2(0,－1)＝＝0
eq6＝N2(1,0)＝＝0
eq7＝N2(0,1)＝＝0
eq8＝N2(－1,0)＝＝0
R＝solve(eq1,eq2,eq3,eq4,eq5,eq6,eq7,eq8,...
    a1,a2,a3,a4,a5,a6,a7,a8)
a1＝R. a1;
a2＝R. a2;
a3＝R. a3;
a4＝R. a4;
a5＝R. a5;
a6＝R. a6;
a7＝R. a7;
a8＝R. a8;
N2(r,s)＝eval(N2)
N2_f＝factor(N2)
N2r＝diff(N2,r)
N2r_f＝factor(N2r)
N2s＝diff(N2,s)
N2s_f＝factor(N2s)
```

运行后,得到：

N2(r,s)＝－(r^2＊s)/4＋r^2/4＋(r＊s^2)/4－(r＊s)/4＋s^2/4－1/4

N2_f(r,s)＝[－1/4,s－1,r＋1,r－s－1]

N2r(r,s)＝r/2－s/4－(r＊s)/2＋s^2/4

N2r_f(r,s)＝[－1/4,s－1,2＊r－s]

N2s(r,s)＝s/2－r/4＋(r＊s)/2－r^2/4

N2s_f(r,s)=[−1/4,r+1,r−2*s]

3)编写如下计算 N_3 及其偏导数的 MATLAB 程序：

```
clear;clc;
syms a1 a2 a3 a4 a5 a6 a7 a8
syms N3(r,s)
N3(r,s)=a1+a2*r+a3*s+a4*r^2+a5*s^2+a6*r*s...
        +a7*r^2*s+a8*r*s^2
eq1=N3(−1,−1)==0
eq2=N3(1,−1)==0
eq3=N3(1,1)==1
eq4=N3(−1,1)==0
eq5=N3(0,−1)==0
eq6=N3(1,0)==0
eq7=N3(0,1)==0
eq8=N3(−1,0)==0
R=solve(eq1,eq2,eq3,eq4,eq5,eq6,eq7,eq8,...
    a1,a2,a3,a4,a5,a6,a7,a8)
a1=R.a1;
a2=R.a2;
a3=R.a3;
a4=R.a4;
a5=R.a5;
a6=R.a6;
a7=R.a7;
a8=R.a8;
N3(r,s)=eval(N3)
N3_f=factor(N3)
N3r=diff(N3,r)
N3r_f=factor(N3r)
N3s=diff(N3,s)
N3s_f=factor(N3s)
```

代码下载

运行后,得到：

N3(r,s)=(r^2*s)/4+r^2/4+(r*s^2)/4+(r*s)/4+s^2/4−1/4

N3_f(r,s)=[1/4,s+1,r+1,r+s−1]

N3r(r,s)=r/2+s/4+(r*s)/2+s^2/4

N3r_f(r,s)=[1/4,s+1,2*r+s]

N3s(r,s)=r/4+s/2+(r*s)/2+r^2/4

N3s_f(r,s)=[1/4,r+1,r+2*s]

4）编写如下计算 N_4 及其偏导数的 MATLAB 程序：

```
clear;clc;
syms a1 a2 a3 a4 a5 a6 a7 a8
syms N4(r,s)
N4(r,s)=a1+a2*r+a3*s+a4*r^2+a5*s^2+a6*r*s...
        +a7*r^2*s+a8*r*s^2
eq1=N4(-1,-1)==0
eq2=N4(1,-1)==0
eq3=N4(1,1)==0
eq4=N4(-1,1)==1
eq5=N4(0,-1)==0
eq6=N4(1,0)==0
eq7=N4(0,1)==0
eq8=N4(-1,0)==0
R=solve(eq1,eq2,eq3,eq4,eq5,eq6,eq7,eq8,...
    a1,a2,a3,a4,a5,a6,a7,a8)
a1=R.a1;
a2=R.a2;
a3=R.a3;
a4=R.a4;
a5=R.a5;
a6=R.a6;
a7=R.a7;
a8=R.a8;
N4(r,s)=eval(N4)
N4_f=factor(N4)
N4r=diff(N4,r)
N4r_f=factor(N4r)
N4s=diff(N4,s)
N4s_f=factor(N4s)
```

运行后，得到：

N4(r,s)=(r^2*s)/4+r^2/4-(r*s^2)/4-(r*s)/4+s^2/4-1/4

N4_f(r,s)=[1/4,s+1,r-1,r-s+1]

N4r(r,s)=r/2-s/4+(r*s)/2-s^2/4

N4r_f(r,s)=[1/4,s+1,2*r-s]

N4s(r,s)=s/2-r/4-(r*s)/2+r^2/4

N4s_f(r,s)=[1/4,r-1,r-2*s]

5)编写如下计算 N_5 及其偏导数的 MATLAB 程序：

```
clear;clc;
syms a1 a2 a3 a4 a5 a6 a7 a8
syms N5(r,s)
N5(r,s)=a1+a2*r+a3*s+a4*r^2+a5*s^2+a6*r*s...
        +a7*r^2*s+a8*r*s^2
eq1=N5(-1,-1)==0
eq2=N5(1,-1)==0
eq3=N5(1,1)==0
eq4=N5(-1,1)==0
eq5=N5(0,-1)==1
eq6=N5(1,0)==0
eq7=N5(0,1)==0
eq8=N5(-1,0)==0
R=solve(eq1,eq2,eq3,eq4,eq5,eq6,eq7,eq8,...
    a1,a2,a3,a4,a5,a6,a7,a8)
a1=R.a1;
a2=R.a2;
a3=R.a3;
a4=R.a4;
a5=R.a5;
a6=R.a6;
a7=R.a7;
a8=R.a8;
N5(r,s)=eval(N5)
N5_f=factor(N5)
N5r=diff(N5,r)
N5r_f=factor(N5r)
N5s=diff(N5,s)
N5s_f=factor(N5s)
```

运行后,得到：

N5(r,s)=(r^2*s)/2-s/2-r^2/2+1/2

N5_f(r,s)=[1/2,r-1,r+1,s-1]

N5r(r,s)=r*s-r

N5r_f(r,s)=[r,s-1]

N5s(r,s)=r^2/2-1/2

N5s_f(r,s)=[1/2,r-1,r+1]

6)编写如下计算 N_6 及其偏导数的 MATLAB 程序：

代码下载

```
clear;clc;
syms a1 a2 a3 a4 a5 a6 a7 a8
syms N6(r,s)
N6(r,s)=a1+a2*r+a3*s+a4*r^2+a5*s^2+a6*r*s...
        +a7*r^2*s+a8*r*s^2
eq1=N6(-1,-1)==0
eq2=N6(1,-1)==0
eq3=N6(1,1)==0
eq4=N6(-1,1)==0
eq5=N6(0,-1)==0
eq6=N6(1,0)==1
eq7=N6(0,1)==0
eq8=N6(-1,0)==0
R=solve(eq1,eq2,eq3,eq4,eq5,eq6,eq7,eq8,...
    a1,a2,a3,a4,a5,a6,a7,a8)
a1=R.a1;
a2=R.a2;
a3=R.a3;
a4=R.a4;
a5=R.a5;
a6=R.a6;
a7=R.a7;
a8=R.a8;
N6(r,s)=eval(N6)
N6_f=factor(N6)
N6r=diff(N6,r)
N6r_f=factor(N6r)
N6s=diff(N6,s)
N6s_f=factor(N6s)
```

运行后,得到：

N6(r,s)=r/2-(r*s^2)/2-s^2/2+1/2

N6_f(r,s)=[-1/2,s-1,s+1,r+1]

N6r(r,s)=1/2-s^2/2

N6r_f(r,s)=[-1/2,s-1,s+1]

N6s(r,s)=-s-r*s

N6s_f(r,s)=[-1,s,r+1]

7）编写如下计算 N_7 及其偏导数的 MATLAB 程序：

```
clear;clc;
syms a1 a2 a3 a4 a5 a6 a7 a8
syms N7(r,s)
N7(r,s)=a1+a2*r+a3*s+a4*r^2+a5*s^2+a6*r*s...
        +a7*r^2*s+a8*r*s^2
eq1=N7(-1,-1)==0
eq2=N7(1,-1)==0
eq3=N7(1,1)==0
eq4=N7(-1,1)==0
eq5=N7(0,-1)==0
eq6=N7(1,0)==0
eq7=N7(0,1)==1
eq8=N7(-1,0)==0
R=solve(eq1,eq2,eq3,eq4,eq5,eq6,eq7,eq8,...
    a1,a2,a3,a4,a5,a6,a7,a8)
a1=R.a1;
a2=R.a2;
a3=R.a3;
a4=R.a4;
a5=R.a5;
a6=R.a6;
a7=R.a7;
a8=R.a8;
N7(r,s)=eval(N7)
N7_f=factor(N7)
N7r=diff(N7,r)
N7r_f=factor(N7r)
N7s=diff(N7,s)
N7s_f=factor(N7s)
```

运行后，得到：

```
N7(r,s)=s/2-(r^2*s)/2-r^2/2+1/2
N7_f(r,s)=[-1/2,r-1,r+1,s+1]
N7r(r,s)=-r-r*s
N7r_f(r,s)=[-1,r,s+1]
N7s(r,s)=1/2-r^2/2
N7s_f(r,s)=[-1/2,r-1,r+1]
```

8)编写如下计算 N_8 及其偏导数的 MATLAB 程序：

代码下载

```
clear;clc;
syms a1 a2 a3 a4 a5 a6 a7 a8
syms N8(r,s)
N8(r,s)=a1+a2*r+a3*s+a4*r^2+a5*s^2+a6*r*s...
            +a7*r^2*s+a8*r*s^2
eq1=N8(-1,-1)==0
eq2=N8(1,-1)==0
eq3=N8(1,1)==0
eq4=N8(-1,1)==0
eq5=N8(0,-1)==0
eq6=N8(1,0)==0
eq7=N8(0,1)==0
eq8=N8(-1,0)==1
R=solve(eq1,eq2,eq3,eq4,eq5,eq6,eq7,eq8,...
    a1,a2,a3,a4,a5,a6,a7,a8)
a1=R.a1;
a2=R.a2;
a3=R.a3;
a4=R.a4;
a5=R.a5;
a6=R.a6;
a7=R.a7;
a8=R.a8;
N8(r,s)=eval(N8)
N8_f=factor(N8)
N8r=diff(N8,r)
N8r_f=factor(N8r)
N8s=diff(N8,s)
N8s_f=factor(N8s)
```

运行后,得到：

$N8(r,s)=(r*s^2)/2-r/2-s^2/2+1/2$

$N8\_f(r,s)=[1/2,s-1,s+1,r-1]$

$N8r(r,s)=s^2/2-1/2$

$N8r\_f(r,s)=[1/2,s-1,s+1]$

$N8s(r,s)=r*s-s$

$N8s\_f(r,s)=[s,r-1]$

4.4　空间四面体等参元

4.4.1　空间 4 结点四面体等参元

如图 4-5 所示空间 4 结点四面体等参元,其坐标变换函数为

$$x = \sum_{i=1}^{4} N_i(\xi,\eta) x_i \left.\right\}$$
$$y = \sum_{i=1}^{4} N_i(\xi,\eta) y_i$$
$$z = \sum_{i=1}^{4} N_i(\xi,\eta) z_i$$

单元场函数表示为

$$\phi = \sum_{i=1}^{4} N_i(\xi,\eta) \phi_i$$

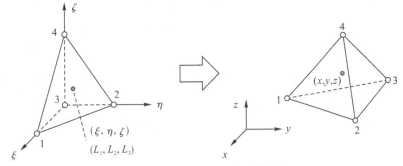

图 4-5　空间 4 结点四面体等参元

根据广义坐标法或形函数构造法,可求出上述空间 4 结点四面体等参元的形函数,即

$$N_1(\xi,\eta) = L_1(\xi,\eta) = \xi$$
$$N_2(\xi,\eta) = L_2(\xi,\eta) = \eta$$
$$N_3(\xi,\eta) = L_3(\xi,\eta) = 1 - \xi - \eta - \zeta \left.\right\} \tag{4-21}$$
$$N_4(\xi,\eta) = L_4(\xi,\eta) = \zeta$$

根据(4-21)式可以得到形函数对局部坐标的偏导数,即

$$\frac{\partial N_1}{\partial \xi} = 1, \quad \frac{\partial N_2}{\partial \xi} = 0, \quad \frac{\partial N_3}{\partial \xi} = -1, \quad \frac{\partial N_4}{\partial \xi} = 0$$
$$\frac{\partial N_1}{\partial \eta} = 0, \quad \frac{\partial N_2}{\partial \eta} = 1, \quad \frac{\partial N_3}{\partial \eta} = -1, \quad \frac{\partial N_4}{\partial \eta} = 0 \left.\right\} \tag{4-22}$$
$$\frac{\partial N_1}{\partial \zeta} = 0, \quad \frac{\partial N_2}{\partial \zeta} = 0, \quad \frac{\partial N_3}{\partial \zeta} = -1, \quad \frac{\partial N_4}{\partial \zeta} = 1$$

将其代入(4-6)式,得到上述空间 4 结点四面体等参元的雅可比(Jacobian)矩阵

$$J = \begin{bmatrix} (x_1-x_3) & (y_1-y_3) & (z_1-z_3) \\ (x_2-x_3) & (y_2-y_3) & (z_2-z_3) \\ (x_4-x_3) & (y_4-y_3) & (z_4-z_3) \end{bmatrix} \tag{4-23}$$

4.4.2 空间 10 结点四面体等参元

如图 4-6 所示空间 10 结点四面体等参元,其坐标变换函数为

$$\left. \begin{aligned} x &= \sum_{i=1}^{10} N_i(\xi,\eta)x_i \\ y &= \sum_{i=1}^{10} N_i(\xi,\eta)y_i \\ z &= \sum_{i=1}^{10} N_i(\xi,\eta)z_i \end{aligned} \right\}$$

单元场函数表示为

$$\phi = \sum_{i=1}^{10} N_i(\xi,\eta)\phi_i$$

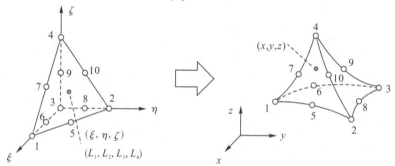

图 4-6 空间 10 结点四面体等参元

其体积坐标可表示为

$$\left. \begin{aligned} L_1(\xi,\eta) &= \xi \\ L_2(\xi,\eta) &= \eta \\ L_3(\xi,\eta) &= 1-\xi-\eta-\zeta \\ L_4(\xi,\eta) &= \zeta \end{aligned} \right\} \tag{4-24}$$

根据广义坐标法或形函数构造法,可求出上述空间 10 结点四面体等参元的形函数,即

$$\left. \begin{aligned} N_1 &= L_1(2L_1-1) = \xi(2\xi-1) \\ N_2 &= L_2(2L_2-1) = \eta(2\eta-1) \\ N_3 &= L_3(2L_3-1) = (1-\xi-\eta-\zeta)(1-2\xi-2\eta-2\zeta) \\ N_4 &= L_4(2L_4-1) = \zeta(2\zeta-1) \end{aligned} \right\} \tag{4-25a}$$

$$\left. \begin{aligned} N_5 &= 4L_1L_2 = 4\xi\eta \\ N_6 &= 4L_1L_3 = 4\xi(1-\xi-\eta-\zeta) \\ N_7 &= 4L_1L_4 = 4\xi\zeta \end{aligned} \right\} \tag{4-25b}$$

和

$$N_8 = 4L_2L_3 = 4\eta(1-\xi-\eta-\zeta)$$
$$N_9 = 4L_3L_4 = 4\zeta(1-\xi-\eta-\zeta) \tag{4-25c}$$
$$N_{10} = 4L_2L_4 = 4\eta\zeta$$

根据（4-25）式可以得到

$$\frac{\partial N_1}{\partial \xi} = 4\xi - 1, \quad \frac{\partial N_2}{\partial \xi} = 0, \quad \frac{\partial N_3}{\partial \xi} = 4(\xi+\eta+\zeta)-3$$
$$\frac{\partial N_4}{\partial \xi} = 0, \quad \frac{\partial N_5}{\partial \xi} = \eta, \quad \frac{\partial N_6}{\partial \xi} = 4(1-2\xi-\eta-\zeta) \tag{4-26a}$$
$$\frac{\partial N_7}{\partial \xi} = \zeta, \quad \frac{\partial N_8}{\partial \xi} = -4\eta, \quad \frac{\partial N_9}{\partial \xi} = -4\zeta, \quad \frac{\partial N_{10}}{\partial \xi} = 0$$

$$\frac{\partial N_1}{\partial \eta} = 0, \quad \frac{\partial N_2}{\partial \eta} = 4\eta - 1, \quad \frac{\partial N_3}{\partial \eta} = 4(\xi+\eta+\zeta)-3$$
$$\frac{\partial N_4}{\partial \eta} = 0, \quad \frac{\partial N_5}{\partial \eta} = 4\xi, \quad \frac{\partial N_6}{\partial \eta} = -4\xi, \quad \frac{\partial N_7}{\partial \eta} = 0 \tag{4-26b}$$
$$\frac{\partial N_8}{\partial \eta} = 4(1-\xi-2\eta-\zeta), \quad \frac{\partial N_9}{\partial \eta} = -4\zeta, \quad \frac{\partial N_{10}}{\partial \eta} = 4\zeta$$

和

$$\frac{\partial N_1}{\partial \zeta} = 0, \quad \frac{\partial N_2}{\partial \zeta} = 0, \quad \frac{\partial N_3}{\partial \zeta} = 4(\xi+\eta+\zeta)-3$$
$$\frac{\partial N_4}{\partial \zeta} = 4\zeta - 1, \quad \frac{\partial N_5}{\partial \zeta} = 0, \quad \frac{\partial N_6}{\partial \zeta} = -4\xi, \quad \frac{\partial N_7}{\partial \zeta} = 4\xi \tag{4-26c}$$
$$\frac{\partial N_8}{\partial \zeta} = -4\eta, \quad \frac{\partial N_9}{\partial \zeta} = 4(1-\xi-\eta-2\zeta), \quad \frac{\partial N_{10}}{\partial \zeta} = 4\eta$$

将以上 3 式代入（4-6）式，即可得到上述空间 10 结点四面体等参元的雅可比（Jacobian）矩阵。

4.4.3 体验与实践

4.4.3.1 实例 4-8

【例 4-8】 利用广义坐标法推导图 4-5 所示空间 4 结点四面体等参元形函数，并求其偏导数在局部坐标系下的表达式。

【解】 1）编写如下计算 N_1 及其偏导数的 MATLAB 程序：

```
clear;clc;
syms a1 a2 a3 a4
syms N1(r,s,t)
N1(r,s,t)=a1+a2*r+a3*s+a4*t
eq1=N1(1,0,0)==1
eq2=N1(0,1,0)==0
eq3=N1(0,0,0)==0
eq4=N1(0,0,1)==0
R=solve(eq1,eq2,eq3,eq4,a1,a2,a3,a4)
a1=R.a1
```

代码下载

```
a2=R. a2
a3=R. a3
a4=R. a4
N1(r,s,t)=eval(N1)
N1r=diff(N1,r)
N1s=diff(N1,s)
N1t=diff(N1,t)
```

运行后,得到:

```
N1(r,s,t)=r
N1r(r,s,t)=1
N1s(r,s,t)=0
N1t(r,s,t)=0
```

2)编写如下计算 N_2 及其偏导数的 MATLAB 程序:

```
clear;clc;
syms a1 a2 a3 a4
syms N2(r,s,t)
N2(r,s,t)=a1+a2*r+a3*s+a4*t
eq1=N2(1,0,0)==0
eq2=N2(0,1,0)==1
eq3=N2(0,0,0)==0
eq4=N2(0,0,1)==0
R=solve(eq1,eq2,eq3,eq4,a1,a2,a3,a4)
a1=R. a1
a2=R. a2
a3=R. a3
a4=R. a4
N2(r,s,t)=eval(N2)
N2r=diff(N2,r)
N2s=diff(N2,s)
N2t=diff(N2,t)
```

代码下载

运行后,得到:

```
N2(r,s,t)=s
N2r(r,s,t)=0
N2s(r,s,t)=1
N2t(r,s,t)=0
```

3）编写如下计算 N_3 及其偏导数的 MATLAB 程序：

代码下载

```
clear;clc;
syms a1 a2 a3 a4
syms N3(r,s,t)
N3(r,s,t)=a1+a2*r+a3*s+a4*t
eq1=N3(1,0,0)==0
eq2=N3(0,1,0)==0
eq3=N3(0,0,0)==1
eq4=N3(0,0,1)==0
R=solve(eq1,eq2,eq3,eq4,a1,a2,a3,a4)
a1=R.a1
a2=R.a2
a3=R.a3
a4=R.a4
N3(r,s,t)=eval(N3)
N3r=diff(N3,r)
N3s=diff(N3,s)
N3t=diff(N3,t)
```

运行后，得到：

```
N3(r,s,t)=1-s-t-r
N3r(r,s,t)=-1
N3s(r,s,t)=-1
N3t(r,s,t)=-1
```

4）编写如下计算 N_4 及其偏导数的 MATLAB 程序：

代码下载

```
clear;clc;
syms a1 a2 a3 a4
syms N4(r,s,t)
N4(r,s,t)=a1+a2*r+a3*s+a4*t
eq1=N4(1,0,0)==0
eq2=N4(0,1,0)==0
eq3=N4(0,0,0)==0
eq4=N4(0,0,1)==1
R=solve(eq1,eq2,eq3,eq4,a1,a2,a3,a4)
a1=R.a1
a2=R.a2
a3=R.a3
a4=R.a4
N4(r,s,t)=eval(N4)
```

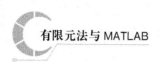

N4r＝diff(N4,r)

N4s＝diff(N4,s)

N4t＝diff(N4,t)

运行后,得到:

N4(r,s,t)＝t

N4r(r,s,t)＝0

N4s(r,s,t)＝0

N4t(r,s,t)＝1

4.5 空间六面体等参元

4.5.1 空间8结点六面体等参元

如图 4-7 所示空间 8 结点六面体等参元,其坐标变换函数为

$$
\left.\begin{array}{l}
x = \sum_{i=1}^{8} N_i(\xi, \eta) x_i \\
y = \sum_{i=1}^{8} N_i(\xi, \eta) y_i \\
z = \sum_{i=1}^{8} N_i(\xi, \eta) z_i
\end{array}\right\}
$$

单元场函数表示为

$$
\phi = \sum_{i=1}^{8} N_i(\xi, \eta) \phi_i
$$

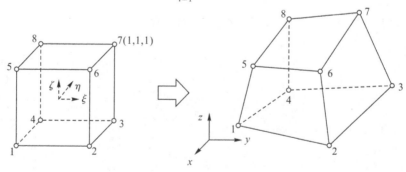

图 4-7　空间 8 结点六面体等参元

根据广义坐标法或形函数构造法,可求出上述空间 8 结点六面体等参元的形函数,即

$$
N_i(\xi, \eta, \zeta) = \frac{1}{8}(1 + \xi_i \xi)(1 + \eta_i \eta)(1 + \zeta_i \zeta) \quad (i = 1, 2, \cdots, 8) \tag{4-27}
$$

根据(4-27)式可求得上述形函数为局部坐标的偏导数,即

$$\left.\begin{aligned}\frac{\partial N_i}{\partial \xi} &= \frac{1}{8}\xi_i(1+\eta_i\eta)(1+\zeta_i\zeta)\\[2mm]\frac{\partial N_i}{\partial \eta} &= \frac{1}{8}\eta_i(1+\xi_i\xi)(1+\zeta_i\zeta)\\[2mm]\frac{\partial N_i}{\partial \zeta} &= \frac{1}{8}\zeta_i(1+\xi_i\xi)(1+\eta_i\eta)\end{aligned}\right\} \quad (i=1,2,\cdots,8) \qquad (4\text{-}28)$$

将上式代入(4-6)式,即可得到上述空间 8 结点六面体等参元的雅可比(Jacobian)矩阵。

4.5.2　空间 20 结点六面体等参元

如图 4-8 所示空间 20 结点六面体等参元,其坐标变换函数为

$$\left.\begin{aligned}x &= \sum_{i=1}^{20} N_i(\xi,\eta)x_i\\y &= \sum_{i=1}^{20} N_i(\xi,\eta)y_i\\z &= \sum_{i=1}^{20} N_i(\xi,\eta)z_i\end{aligned}\right\}$$

单元场函数表示为

$$\phi = \sum_{i=1}^{20} N_i(\xi,\eta)\phi_i$$

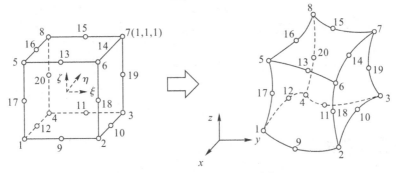

图 4-8　空间 20 结点六面体等参元

根据广义坐标法或形函数构造法,可以求出上述空间 20 结点六面体等参元的形函数,即

$$\left.\begin{aligned}N_i &= \frac{1}{8}\xi_i^2\eta_i^2\zeta_i^2(1+\xi_i\xi)(1+\eta_i\eta)(1+\zeta_i\zeta)(\xi_i\xi+\eta_i\eta+\zeta_i\zeta-2)\\[2mm]&\quad + \frac{1}{4}\eta_i^2\zeta_i^2(1-\xi_i^2)(1-\xi^2)(1+\eta_i\eta)(1+\zeta_i\zeta)\\[2mm]&\quad + \frac{1}{4}\zeta_i^2\xi_i^2(1-\eta_i^2)(1-\eta^2)(1+\zeta_i\zeta)(1+\xi_i\xi)\\[2mm]&\quad + \frac{1}{4}\xi_i^2\eta_i^2(1-\zeta_i^2)(1-\zeta^2)(1+\xi_i\xi)(1+\eta_i\eta)\end{aligned}\right\} \quad (i=1,2,\cdots,20) \quad (4\text{-}29)$$

根据(4-29)式可求得上述空间 20 结点六面体等参元的形函数对局部坐标的偏导数,即

$$
\begin{aligned}
\frac{\partial N_i}{\partial \xi} = &\frac{1}{8}\xi_i^3\eta_i^2\zeta_i^2(1+\eta_i\eta)(1+\zeta_i\zeta)(2\xi_i\xi+\eta_i\eta+\zeta_i\zeta-1)\\
&-\frac{1}{2}\eta_i^2\zeta_i^2(1-\xi_i^2)\xi(1+\eta_i\eta)(1+\zeta_i\zeta)\\
&+\frac{1}{4}\zeta_i^2\xi_i^3(1-\eta_i^2)(1-\eta^2)(1+\zeta_i\zeta)\\
&+\frac{1}{4}\xi_i^3\eta_i^2(1-\zeta_i^2)(1-\zeta^2)(1+\eta_i\eta)
\end{aligned}
\quad (i=1,2,\cdots,20) \quad (4\text{-}30a)
$$

$$
\begin{aligned}
\frac{\partial N_i}{\partial \eta} = &\frac{1}{8}\xi_i^2\eta_i^3\zeta_i^2(1+\xi_i\xi)(1+\zeta_i\zeta)(\xi_i\xi+2\eta_i\eta+\zeta_i\zeta-1)\\
&+\frac{1}{4}\eta_i^3\zeta_i^2(1-\xi_i^2)(1-\xi^2)(1+\zeta_i\zeta)\\
&-\frac{1}{2}\zeta_i^2\xi_i^2(1-\eta_i^2)\eta(1+\zeta_i\zeta)(1+\xi_i\xi)\\
&+\frac{1}{4}\xi_i^2\eta_i^3(1-\zeta_i^2)(1-\zeta^2)(1+\xi_i\xi)
\end{aligned}
\quad (i=1,2,\cdots,20) \quad (4\text{-}30b)
$$

和

$$
\begin{aligned}
\frac{\partial N_i}{\partial \zeta} = &\frac{1}{8}\xi_i^2\eta_i^2\zeta_i^3(1+\xi_i\xi)(1+\eta_i\eta)(\xi_i\xi+\eta_i\eta+2\zeta_i\zeta-1)\\
&+\frac{1}{4}\eta_i^2\zeta_i^3(1-\xi_i^2)(1-\xi^2)(1+\eta_i\eta)\\
&+\frac{1}{4}\zeta_i^3\xi_i^2(1-\eta_i^2)(1-\eta^2)(1+\xi_i\xi)\\
&-\frac{1}{2}\xi_i^2\eta_i^2(1-\zeta_i^2)\zeta(1+\xi_i\xi)(1+\eta_i\eta)
\end{aligned}
\quad (i=1,2,\cdots,20) \quad (4\text{-}30c)
$$

将以上 3 式代入(4-6)式,即可得到上述空间 20 结点六面体等参元的雅可比(Jacobian)矩阵。

4.5.3 体验与实践

4.5.3.1 实例 4-9

【例 4-9】 验证空间 20 结点六面体等参元的形函数

$$
\begin{aligned}
N_i = &\frac{1}{8}\xi_i^2\eta_i^2\zeta_i^2(1+\xi_i\xi)(1+\eta_i\eta)(1+\zeta_i\zeta)(\xi_i\xi+\eta_i\eta+\zeta_i\zeta-2)\\
&+\frac{1}{4}\eta_i^2\zeta_i^2(1-\xi_i^2)(1-\xi^2)(1+\eta_i\eta)(1+\zeta_i\zeta)\\
&+\frac{1}{4}\zeta_i^2\xi_i^2(1-\eta_i^2)(1-\eta^2)(1+\zeta_i\zeta)(1+\xi_i\xi)\\
&+\frac{1}{4}\xi_i^2\eta_i^2(1-\zeta_i^2)(1-\zeta^2)(1+\xi_i\xi)(1+\eta_i\eta)
\end{aligned}
\quad (i=1,2,\cdots,20)
$$

的 δ 特性。

【解】 编写如下 MATLAB 程序:

```
clear;
clc;
syms r s t
syms ri si ti
Ni_1=1/8 * ri^2 * si^2 * ti^2 * (1+ri * r) * (1+si * s) * (1+ti * t) * (ri *
r+si * s+ti * t−2);
Ni_2=1/4 * si^2 * ti^2 * (1−ri^2) * (1−r^2) * (1+si * s) * (1+ti * t);
Ni_3=1/4 * ti^2 * ri^2 * (1−si^2) * (1−s^2) * (1+ti * t) * (1+ri * r);
Ni_4=1/4 * ri^2 * si^2 * (1−ti^2) * (1−t^2) * (1+ri * r) * (1+si * s);
Ni(r,s,t,ri,si,ti)=Ni_1+Ni_2+Ni_3+Ni_4;
% 1(−1,−1,−1);2(1,−1,−1);3(1,1,−1);4(−1,1,−1)
% 5(−1,−1,1);6(1,−1,1);7(1,1,1);8(−1,1,1)
% 9(0,−1,−1);10(1,0,−1);11(0,1,−1);12(−1,0,−1)
% 13(0,−1,1);14(1,0,1);15(0,1,1);16(−1,0,1)
% 17(−1,−1,0);18(1,−1,0);19(1,1,0);20(−1,1,0)
%−−−−−−−−−−−−−1−−−−−−−−−−−−−
P(1,1)=Ni(−1,−1,−1,−1,−1,−1)
P(1,2)=Ni(−1,−1,−1,1,−1,−1)
P(1,3)=Ni(−1,−1,−1,1,1,−1)
P(1,4)=Ni(−1,−1,−1,−1,1,−1)
P(1,5)=Ni(−1,−1,−1,−1,−1,1)
P(1,6)=Ni(−1,−1,−1,1,−1,1)
P(1,7)=Ni(−1,−1,−1,1,1,1)
P(1,8)=Ni(−1,−1,−1,−1,1,1)
P(1,9)=Ni(−1,−1,−1,0,−1,−1)
P(1,10)=Ni(−1,−1,−1,1,0,−1)
P(1,11)=Ni(−1,−1,−1,0,1,−1)
P(1,12)=Ni(−1,−1,−1,−1,0,−1)
P(1,13)=Ni(−1,−1,−1,0,−1,1)
P(1,14)=Ni(−1,−1,−1,1,0,1)
P(1,15)=Ni(−1,−1,−1,0,1,1)
P(1,16)=Ni(−1,−1,−1,−1,0,1)
P(1,17)=Ni(−1,−1,−1,−1,−1,0)
P(1,18)=Ni(−1,−1,−1,1,−1,0)
P(1,19)=Ni(−1,−1,−1,1,1,0)
P(1,20)=Ni(−1,−1,−1,−1,1,0)
%−−−−−−−−−−−−−2−−−−−−−−−−−−−
P(2,1)=Ni(1,−1,−1,−1,−1,−1)
```

```
    P(2,2)=Ni(1,-1,-1,1,-1,-1)
    P(2,3)=Ni(1,-1,-1,1,1,-1)
    P(2,4)=Ni(1,-1,-1,-1,1,-1)
    P(2,5)=Ni(1,-1,-1,-1,-1,1)
    P(2,6)=Ni(1,-1,-1,1,-1,1)
    P(2,7)=Ni(1,-1,-1,1,1,1)
    P(2,8)=Ni(1,-1,-1,-1,1,1)
    P(2,9)=Ni(1,-1,-1,0,-1,-1)
    P(2,10)=Ni(1,-1,-1,1,0,-1)
    P(2,11)=Ni(1,-1,-1,0,1,-1)
    P(2,12)=Ni(1,-1,-1,-1,0,-1)
    P(2,13)=Ni(1,-1,-1,0,-1,1)
    P(2,14)=Ni(1,-1,-1,1,0,1)
    P(2,15)=Ni(1,-1,-1,0,1,1)
    P(2,16)=Ni(1,-1,-1,-1,0,1)
    P(2,17)=Ni(1,-1,-1,-1,-1,0)
    P(2,18)=Ni(1,-1,-1,1,-1,0)
    P(2,19)=Ni(1,-1,-1,1,1,0)
    P(2,20)=Ni(1,-1,-1,-1,1,0)
%-------------3-------------
    P(3,1)=Ni(1,1,-1,-1,-1,-1)
    P(3,2)=Ni(1,1,-1,1,-1,-1)
    P(3,3)=Ni(1,1,-1,1,1,-1)
    P(3,4)=Ni(1,1,-1,-1,1,-1)
    P(3,5)=Ni(1,1,-1,-1,-1,1)
    P(3,6)=Ni(1,1,-1,1,-1,1)
    P(3,7)=Ni(1,1,-1,1,1,1)
    P(3,8)=Ni(1,1,-1,-1,1,1)
    P(3,9)=Ni(1,1,-1,0,-1,-1)
    P(3,10)=Ni(1,1,-1,1,0,-1)
    P(3,11)=Ni(1,1,-1,0,1,-1)
    P(3,12)=Ni(1,1,-1,-1,0,-1)
    P(3,13)=Ni(1,1,-1,0,-1,1)
    P(3,14)=Ni(1,1,-1,1,0,1)
    P(3,15)=Ni(1,1,-1,0,1,1)
    P(3,16)=Ni(1,1,-1,-1,0,1)
    P(3,17)=Ni(1,1,-1,-1,-1,0)
    P(3,18)=Ni(1,1,-1,1,-1,0)
```

P(3,19)＝Ni(1,1,−1,1,1,0)

P(3,20)＝Ni(1,1,−1,−1,1,0)

%－－－－－－　－－－4－－－－－－－－－－

P(4,1)＝Ni(−1,1,−1,−1,−1,−1)

P(4,2)＝Ni(−1,1,−1,1,−1,−1)

P(4,3)＝Ni(−1,1,−1,1,1,−1)

P(4,4)＝Ni(−1,1,−1,−1,1,−1)

P(4,5)＝Ni(−1,1,−1,−1,−1,1)

P(4,6)＝Ni(−1,1,−1,1,−1,1)

P(4,7)＝Ni(−1,1,−1,1,1,1)

P(4,8)＝Ni(−1,1,−1,−1,1,1)

P(4,9)＝Ni(−1,1,−1,0,−1,−1)

P(4,10)＝Ni(−1,1,−1,1,0,−1)

P(4,11)＝Ni(−1,1,−1,0,1,−1)

P(4,12)＝Ni(−1,1,−1,−1,0,−1)

P(4,13)＝Ni(−1,1,−1,0,−1,1)

P(4,14)＝Ni(−1,1,−1,1,0,1)

P(4,15)＝Ni(−1,1,−1,0,1,1)

P(4,16)＝Ni(−1,1,−1,−1,0,1)

P(4,17)＝Ni(−1,1,−1,−1,−1,0)

P(4,18)＝Ni(−1,1,−1,1,−1,0)

P(4,19)＝Ni(−1,1,−1,1,1,0)

P(4,20)＝Ni(−1,1,−1,−1,1,0)

%－－－－－－－－－5－－－－－－－－－－

P(5,1)＝Ni(−1,−1,1,−1,−1,−1)

P(5,2)＝Ni(−1,−1,1,1,−1,−1)

P(5,3)＝Ni(−1,−1,1,1,1,−1)

P(5,4)＝Ni(−1,−1,1,−1,1,−1)

P(5,5)＝Ni(−1,−1,1,−1,−1,1)

P(5,6)＝Ni(−1,−1,1,1,−1,1)

P(5,7)＝Ni(−1,−1,1,1,1,1)

P(5,8)＝Ni(−1,−1,1,−1,1,1)

P(5,9)＝Ni(−1,−1,1,0,−1,−1)

P(5,10)＝Ni(−1,−1,1,1,0,−1)

P(5,11)＝Ni(−1,−1,1,0,1,−1)

P(5,12)＝Ni(−1,−1,1,−1,0,−1)

P(5,13)＝Ni(−1,−1,1,0,−1,1)

P(5,14)＝Ni(−1,−1,1,1,0,1)

P(5,15)=Ni(−1,−1,1,0,1,1)

P(5,16)=Ni(−1,−1,1,−1,0,1)

P(5,17)=Ni(−1,−1,1,−1,−1,0)

P(5,18)=Ni(−1,−1,1,1,−1,0)

P(5,19)=Ni(−1,−1,1,1,1,0)

P(5,20)=Ni(−1,−1,1,−1,1,0)

%−−−−−−−−−−−6−−−−−−−−−−−

P(6,1)=Ni(1,−1,1,−1,−1,−1)

P(6,2)=Ni(1,−1,1,1,−1,−1)

P(6,3)=Ni(1,−1,1,1,1,−1)

P(6,4)=Ni(1,−1,1,−1,1,−1)

P(6,5)=Ni(1,−1,1,−1,−1,1)

P(6,6)=Ni(1,−1,1,1,−1,1)

P(6,7)=Ni(1,−1,1,1,1,1)

P(6,8)=Ni(1,−1,1,−1,1,1)

P(6,9)=Ni(1,−1,1,0,−1,−1)

P(6,10)=Ni(1,−1,1,1,0,−1)

P(6,11)=Ni(1,−1,1,0,1,−1)

P(6,12)=Ni(1,−1,1,−1,0,−1)

P(6,13)=Ni(1,−1,1,0,−1,1)

P(6,14)=Ni(1,−1,1,1,0,1)

P(6,15)=Ni(1,−1,1,0,1,1)

P(6,16)=Ni(1,−1,1,−1,0,1)

P(6,17)=Ni(1,−1,1,−1,−1,0)

P(6,18)=Ni(1,−1,1,1,−1,0)

P(6,19)=Ni(1,−1,1,1,1,0)

P(6,20)=Ni(1,−1,1,−1,1,0)

%−−−−−−−−−−−7−−−−−−−−−−−

P(7,1)=Ni(1,1,1,−1,−1,−1)

P(7,2)=Ni(1,1,1,1,−1,−1)

P(7,3)=Ni(1,1,1,1,1,−1)

P(7,4)=Ni(1,1,1,−1,1,−1)

P(7,5)=Ni(1,1,1,−1,−1,1)

P(7,6)=Ni(1,1,1,1,−1,1)

P(7,7)=Ni(1,1,1,1,1,1)

P(7,8)=Ni(1,1,1,−1,1,1)

P(7,9)=Ni(1,1,1,0,−1,−1)

P(7,10)=Ni(1,1,1,1,0,−1)

P(7,11)＝Ni(1,1,1,0,1,−1)

P(7,12)＝Ni(1,1,1,−1,0,−1)

P(7,13)＝Ni(1,1,1,0,−1,1);

P(7,14)＝Ni(1,1,1,1,0,1);

P(7,15)＝Ni(1,1,1,0,1,1);

P(7,16)＝Ni(1,1,1,−1,0,1);

P(7,17)＝Ni(1,1,1,−1,−1,0);

P(7,18)＝Ni(1,1,1,1,−1,0);

P(7,19)＝Ni(1,1,1,1,1,0);

P(7,20)＝Ni(1,1,1,−1,1,0);

%−−−−−−−−−−8−−−−−−−−−−−−

P(8,1)＝Ni(−1,1,−1,−1,−1,−1)

P(8,2)＝Ni(−1,1,−1,1,−1,−1)

P(8,3)＝Ni(−1,1,−1,1,1,−1)

P(8,4)＝Ni(−1,1,−1,−1,1,−1)

P(8,5)＝Ni(−1,1,−1,−1,−1,1)

P(8,6)＝Ni(−1,1,−1,1,−1,1)

P(8,7)＝Ni(−1,1,−1,1,1,1)

P(8,8)＝Ni(−1,1,1,−1,1,1)

P(8,9)＝Ni(−1,1,−1,0,−1,−1)

P(8,10)＝Ni(−1,1,−1,1,0,−1)

P(8,11)＝Ni(−1,1,−1,0,1,−1)

P(8,12)＝Ni(−1,1,−1,−1,0,−1)

P(8,13)＝Ni(−1,1,−1,0,−1,1)

P(8,14)＝Ni(−1,1,−1,1,0,1)

P(8,15)＝Ni(−1,1,−1,0,1,1)

P(8,16)＝Ni(−1,1,−1,−1,0,1)

P(8,17)＝Ni(−1,1,−1,−1,−1,0)

P(8,18)＝Ni(−1,1,−1,1,−1,0);

P(8,19)＝Ni(−1,1,−1,1,1,0);

P(8,20)＝Ni(−1,1,−1,−1,1,0);

%−−−−−−−−−−9−−−−−−−−−−−−

P(9,1)＝Ni(0,−1,−1,−1,−1,−1)

P(9,2)＝Ni(0,−1,−1,1,−1,−1)

P(9,3)＝Ni(0,−1,−1,1,1,−1)

P(9,4)＝Ni(0,−1,−1,−1,1,−1)

P(9,5)＝Ni(0,−1,−1,−1,−1,1)

P(9,6)＝Ni(0,−1,−1,1,−1,1)

P(9,7)=Ni(0,−1,−1,1,1,1)

P(9,8)=Ni(0,−1,−1,−1,1,1)

P(9,9)=Ni(0,−1,−1,0,−1,−1)

P(9,10)=Ni(0,−1,−1,1,0,−1)

P(9,11)=Ni(0,−1,−1,0,1,−1)

P(9,12)=Ni(0,−1,−1,−1,0,−1)

P(9,13)=Ni(0,−1,−1,0,−1,1)

P(9,14)=Ni(0,−1,−1,1,0,1)

P(9,15)=Ni(0,−1,−1,0,1,1)

P(9,16)=Ni(0,−1,−1,−1,0,1)

P(9,17)=Ni(0,−1,−1,−1,−1,0)

P(9,18)=Ni(0,−1,−1,1,−1,0)

P(9,19)=Ni(0,−1,−1,1,1,0)

P(9,20)=Ni(0,−1,−1,−1,1,0)

%−−−−−−−−−−−10−−−−−−−−−−−

P(10,1)=Ni(1,0,−1,−1,−1,−1)

P(10,2)=Ni(1,0,−1,1,−1,−1)

P(10,3)=Ni(1,0,−1,1,1,−1)

P(10,4)=Ni(1,0,−1,−1,1,−1)

P(10,5)=Ni(1,0,−1,−1,−1,1)

P(10,6)=Ni(1,0,−1,1,−1,1)

P(10,7)=Ni(1,0,−1,1,1,1)

P(10,8)=Ni(1,0,−1,−1,1,1)

P(10,9)=Ni(1,0,−1,0,−1,−1)

P(10,10)=Ni(1,0,−1,1,0,−1)

P(10,11)=Ni(1,0,−1,0,1,−1)

P(10,12)=Ni(1,0,−1,−1,0,−1)

P(10,13)=Ni(1,0,−1,0,−1,1)

P(10,14)=Ni(1,0,−1,1,0,1)

P(10,15)=Ni(1,0,−1,0,1,1)

P(10,16)=Ni(1,0,−1,−1,0,1)

P(10,17)=Ni(1,0,−1,−1,−1,0)

P(10,18)=Ni(1,0,−1,1,−1,0)

P(10,19)=Ni(1,0,−1,1,1,0)

P(10,20)=Ni(1,0,−1,−1,1,0)

%−−−−−−−−−−−11−−−−−−−−−−−

P(11,1)=Ni(0,1,−1,−1,−1,−1)

P(11,2)=Ni(0,1,−1,1,−1,−1)

P(11,3)＝Ni(0,1,−1,1,1,−1)

P(11,4)＝Ni(0,1,−1,−1,1,−1)

P(11,5)＝Ni(0,1,−1,−1,−1,1)

P(11,6)＝Ni(0,1,−1,1,−1,1)

P(11,7)＝Ni(0,1,−1,1,1,1)

P(11,8)＝Ni(0,1,−1,−1,1,1)

P(11,9)＝Ni(0,1,−1,0,−1,−1)

P(11,10)＝Ni(0,1,−1,1,0,−1)

P(11,11)＝Ni(0,1,−1,0,1,−1)

P(11,12)＝Ni(0,1,−1,−1,0,−1)

P(11,13)＝Ni(0,1,−1,0,−1,1)

P(11,14)＝Ni(0,1,−1,1,0,1)

P(11,15)＝Ni(0,1,−1,0,1,1)

P(11,16)＝Ni(0,1,−1,−1,0,1)

P(11,17)＝Ni(0,1,−1,−1,−1,0)

P(11,18)＝Ni(0,1,−1,1,−1,0)

P(11,19)＝Ni(0,1,−1,1,1,0)

P(11,20)＝Ni(0,1,−1,−1,1,0)

％−−−−−−−−−−−12−−−−−−−−−−−

P(12,1)＝Ni(−1,0,−1,−1,−1,−1)

P(12,2)＝Ni(−1,0,−1,1,−1,−1)

P(12,3)＝Ni(−1,0,−1,1,1,−1)

P(12,4)＝Ni(−1,0,−1,−1,1,−1)

P(12,5)＝Ni(−1,0,−1,−1,−1,1)

P(12,6)＝Ni(−1,0,−1,1,−1,1)

P(12,7)＝Ni(−1,0,−1,1,1,1)

P(12,8)＝Ni(−1,0,−1,−1,1,1)

P(12,9)＝Ni(−1,0,−1,0,−1,−1)

P(12,10)＝Ni(−1,0,−1,1,0,−1)

P(12,11)＝Ni(−1,0,−1,0,1,−1)

P(12,12)＝Ni(−1,0,−1,−1,0,−1)

P(12,13)＝Ni(−1,0,−1,0,−1,1)

P(12,14)＝Ni(−1,0,−1,1,0,1)

P(12,15)＝Ni(−1,0,−1,0,1,1)

P(12,16)＝Ni(−1,0,−1,−1,0,1)

P(12,17)＝Ni(−1,0,−1,−1,−1,0)

P(12,18)＝Ni(−1,0,−1,1,−1,0)

P(12,19)＝Ni(−1,0,−1,1,1,0)

```
P(12,20)=Ni(-1,0,-1,-1,1,0)
%-------------13-------------
P(13,1)=Ni(0,-1,1,-1,-1,-1)
P(13,2)=Ni(0,-1,1,1,-1,-1)
P(13,3)=Ni(0,-1,1,1,1,-1)
P(13,4)=Ni(0,-1,1,-1,1,-1)
P(13,5)=Ni(0,-1,1,-1,-1,1)
P(13,6)=Ni(0,-1,1,1,-1,1)
P(13,7)=Ni(0,-1,1,1,1,1)
P(13,8)=Ni(0,-1,1,-1,1,1)
P(13,9)=Ni(0,-1,1,0,-1,-1)
P(13,10)=Ni(0,-1,1,1,0,-1)
P(13,11)=Ni(0,-1,1,0,1,-1)
P(13,12)=Ni(0,-1,1,-1,0,-1)
P(13,13)=Ni(0,-1,1,0,-1,1)
P(13,14)=Ni(0,-1,1,1,0,1)
P(13,15)=Ni(0,-1,1,0,1,1)
P(13,16)=Ni(0,-1,1,-1,0,1)
P(13,17)=Ni(0,-1,1,-1,-1,0)
P(13,18)=Ni(0,-1,1,1,-1,0)
P(13,19)=Ni(0,-1,1,1,1,0)
P(13,20)=Ni(0,-1,1,-1,1,0)
%-------------14-------------
P(14,1)=Ni(1,0,1,-1,-1,-1)
P(14,2)=Ni(1,0,1,1,-1,-1)
P(14,3)=Ni(1,0,1,1,1,-1)
P(14,4)=Ni(1,0,1,-1,1,-1)
P(14,5)=Ni(1,0,1,-1,-1,1)
P(14,6)=Ni(1,0,1,1,-1,1)
P(14,7)=Ni(1,0,1,1,1,1)
P(14,8)=Ni(1,0,1,-1,1,1)
P(14,9)=Ni(1,0,1,0,-1,-1)
P(14,10)=Ni(1,0,1,1,0,-1)
P(14,11)=Ni(1,0,1,0,1,-1)
P(14,12)=Ni(1,0,1,-1,0,-1)
P(14,13)=Ni(1,0,1,0,-1,1)
P(14,14)=Ni(1,0,1,1,0,1)
P(14,15)=Ni(1,0,1,0,1,1)
```

P(14,16)＝Ni(1,0,1,－1,0,1)

P(14,17)＝Ni(1,0,1,－1,－1,0)

P(14,18)＝Ni(1,0,1,1,－1,0)

P(14,19)＝Ni(1,0,1,1,1,0)

P(14,20)＝Ni(1,0,1,－1,1,0)

%－－－－－－－－－15－－－－－－－－－－－

P(15,1)＝Ni(0,1,1,－1,－1,－1)

P(15,2)＝Ni(0,1,1,1,－1,－1)

P(15,3)＝Ni(0,1,1,1,1,－1)

P(15,4)＝Ni(0,1,1,－1,1,－1)

P(15,5)＝Ni(0,1,1,－1,－1,1)

P(15,6)＝Ni(0,1,1,1,－1,1)

P(15,7)＝Ni(0,1,1,1,1,1)

P(15,8)＝Ni(0,1,1,－1,1,1)

P(15,9)＝Ni(0,1,1,0,－1,－1)

P(15,10)＝Ni(0,1,1,1,0,－1)

P(15,11)＝Ni(0,1,1,0,1,－1)

P(15,12)＝Ni(0,1,1,－1,0,－1)

P(15,13)＝Ni(0,1,1,0,－1,1)

P(15,14)＝Ni(0,1,1,1,0,1)

P(15,15)＝Ni(0,1,1,0,1,1)

P(15,16)＝Ni(0,1,1,－1,0,1)

P(15,17)＝Ni(0,1,1,－1,－1,0)

P(15,18)＝Ni(0,1,1,1,－1,0)

P(15,19)＝Ni(0,1,1,1,1,0)

P(15,20)＝Ni(0,1,1,－1,1,0)

%－－－－－－－－－16－－－－－－－－－－－

P(16,1)＝Ni(－1,0,1,－1,－1,－1)

P(16,2)＝Ni(－1,0,1,1,－1,－1)

P(16,3)＝Ni(－1,0,1,1,1,－1)

P(16,4)＝Ni(－1,0,1,－1,1,－1)

P(16,5)＝Ni(－1,0,1,－1,－1,1)

P(16,6)＝Ni(－1,0,1,1,－1,1)

P(16,7)＝Ni(－1,0,1,1,1,1)

P(16,8)＝Ni(－1,0,1,－1,1,1)

P(16,9)＝Ni(－1,0,1,0,－1,－1)

P(16,10)＝Ni(－1,0,1,1,0,－1)

P(16,11)＝Ni(－1,0,1,0,1,－1)

$P(16,12)=Ni(-1,0,1,-1,0,-1)$

$P(16,13)=Ni(-1,0,1,0,-1,1)$

$P(16,14)=Ni(-1,0,1,1,0,1)$

$P(16,15)=Ni(-1,0,1,0,1,1)$

$P(16,16)=Ni(-1,0,1,-1,0,1)$

$P(16,17)=Ni(-1,0,1,-1,-1,0)$

$P(16,18)=Ni(-1,0,1,1,-1,0)$

$P(16,19)=Ni(-1,0,1,1,1,0)$

$P(16,20)=Ni(-1,0,1,-1,1,0)$

%——————————17——————————

$P(17,1)=Ni(-1,-1,0,-1,-1,-1)$

$P(17,2)=Ni(-1,-1,0,1,-1,-1)$

$P(17,3)=Ni(-1,-1,0,1,1,-1)$

$P(17,4)=Ni(-1,-1,0,-1,1,-1)$

$P(17,5)=Ni(-1,-1,0,-1,-1,1)$

$P(17,6)=Ni(-1,-1,0,1,-1,1)$

$P(17,7)=Ni(-1,-1,0,1,1,1)$

$P(17,8)=Ni(-1,-1,0,-1,1,1)$

$P(17,9)=Ni(-1,-1,0,0,-1,-1)$

$P(17,10)=Ni(-1,-1,0,1,0,-1)$

$P(17,11)=Ni(-1,-1,0,0,1,-1)$

$P(17,12)=Ni(-1,-1,0,-1,0,-1)$

$P(17,13)=Ni(-1,-1,0,0,-1,1)$

$P(17,14)=Ni(-1,-1,0,1,0,1)$

$P(17,15)=Ni(-1,-1,0,0,1,1)$

$P(17,16)=Ni(-1,-1,0,-1,0,1)$

$P(17,17)=Ni(-1,-1,0,-1,-1,0)$

$P(17,18)=Ni(-1,-1,0,1,-1,0)$

$P(17,19)=Ni(-1,-1,0,1,1,0)$

$P(17,20)=Ni(-1,-1,0,-1,1,0)$

%——————————18——————————

$P(18,1)=Ni(1,-1,0,-1,-1,-1)$

$P(18,2)=Ni(1,-1,0,1,-1,-1)$

$P(18,3)=Ni(1,-1,0,1,1,-1)$

$P(18,4)=Ni(1,-1,0,-1,1,-1)$

$P(18,5)=Ni(1,-1,0,-1,-1,1)$

$P(18,6)=Ni(1,-1,0,1,-1,1)$

$P(18,7)=Ni(1,-1,0,1,1,1)$

P(18,8)＝Ni(1,−1,0,−1,1,1)

P(18,9)＝Ni(1,−1,0,0,−1,−1)

P(18,10)＝Ni(1,−1,0,1,0,−1)

P(18,11)＝Ni(1,−1,0,0,1,−1)

P(18,12)＝Ni(1,−1,0,−1,0,−1)

P(18,13)＝Ni(1,−1,0,0,−1,1)

P(18,14)＝Ni(1,−1,0,1,0,1)

P(18,15)＝Ni(1,−1,0,0,1,1)

P(18,16)＝Ni(1,−1,0,−1,0,1)

P(18,17)＝Ni(1,−1,0,−1,−1,0)

P(18,18)＝Ni(1,−1,0,1,−1,0)

P(18,19)＝Ni(1,−1,0,1,1,0)

P(18,20)＝Ni(1,−1,0,−1,1,0)

%−−−−−−−−−−−19−−−−−−−−−−−

P(19,1)＝Ni(1,1,0,−1,−1,−1)

P(19,2)＝Ni(1,1,0,1,−1,−1)

P(19,3)＝Ni(1,1,0,1,1,−1)

P(19,4)＝Ni(1,1,0,−1,1,−1)

P(19,5)＝Ni(1,1,0,−1,−1,1)

P(19,6)＝Ni(1,1,0,1,−1,1)

P(19,7)＝Ni(1,1,0,1,1,1)

P(19,8)＝Ni(1,1,0,−1,1,1)

P(19,9)＝Ni(1,1,0,0,−1,−1)

P(19,10)＝Ni(1,1,0,1,0,−1)

P(19,11)＝Ni(1,1,0,0,1,−1)

P(19,12)＝Ni(1,1,0,−1,0,−1)

P(19,13)＝Ni(1,1,0,0,−1,1)

P(19,14)＝Ni(1,1,0,1,0,1)

P(19,15)＝Ni(1,1,0,0,1,1)

P(19,16)＝Ni(1,1,0,−1,0,1)

P(19,17)＝Ni(1,1,0,−1,−1,0)

P(19,18)＝Ni(1,1,0,1,−1,0)

P(19,19)＝Ni(1,1,0,1,1,0)

P(19,20)＝Ni(1,1,0,−1,1,0)

%−−−−−−−−−−−20−−−−−−−−−−−

P(20,1)＝Ni(−1,1,0,−1,−1,−1)

P(20,2)＝Ni(−1,1,0,1,−1,−1)

P(20,3)＝Ni(−1,1,0,1,1,−1)

```
P(20,4)＝Ni(－1,1,0,－1,1,－1)
P(20,5)＝Ni(－1,1,0,－1,－1,1)
P(20,6)＝Ni(－1,1,0,1,－1,1)
P(20,7)＝Ni(－1,1,0,1,1,1)
P(20,8)＝Ni(－1,1,0,－1,1,1)
P(20,9)＝Ni(－1,1,0,0,－1,－1)
P(20,10)＝Ni(－1,1,0,1,0,－1)
P(20,11)＝Ni(－1,1,0,0,1,－1)
P(20,12)＝Ni(－1,1,0,－1,0,－1)
P(20,13)＝Ni(－1,1,0,0,－1,1)
P(20,14)＝Ni(－1,1,0,1,0,1)
P(20,15)＝Ni(－1,1,0,0,1,1)
P(20,16)＝Ni(－1,1,0,－1,0,1)
P(20,17)＝Ni(－1,1,0,－1,－1,0)
P(20,18)＝Ni(－1,1,0,1,－1,0)
P(20,19)＝Ni(－1,1,0,1,1,0)
P(20,20)＝Ni(－1,1,0,－1,1,0)
%－－－－－－－－－－－
P1＝eval(P)
```

运行后,得到:

	1	2	3	4	5	6	7	8	9	10	11	12	13	14	15	16	17	18	19	20
1	1	0	0	0	0	0	0	0	0	0	0	0	0	0	0	0	0	0	0	0
2	0	1	0	0	0	0	0	0	0	0	0	0	0	0	0	0	0	0	0	0
3	0	0	1	0	0	0	0	0	0	0	0	0	0	0	0	0	0	0	0	0
4	0	0	0	1	0	0	0	0	0	0	0	0	0	0	0	0	0	0	0	0
5	0	0	0	0	1	0	0	0	0	0	0	0	0	0	0	0	0	0	0	0
6	0	0	0	0	0	1	0	0	0	0	0	0	0	0	0	0	0	0	0	0
7	0	0	0	0	0	0	1	0	0	0	0	0	0	0	0	0	0	0	0	0
8	0	0	0	0	0	0	0	1	0	0	0	0	0	0	0	0	0	0	0	0
9	0	0	0	0	0	0	0	0	1	0	0	0	0	0	0	0	0	0	0	0
10	0	0	0	0	0	0	0	0	0	1	0	0	0	0	0	0	0	0	0	0
11	0	0	0	0	0	0	0	0	0	0	1	0	0	0	0	0	0	0	0	0
12	0	0	0	0	0	0	0	0	0	0	0	1	0	0	0	0	0	0	0	0
13	0	0	0	0	0	0	0	0	0	0	0	0	1	0	0	0	0	0	0	0
14	0	0	0	0	0	0	0	0	0	0	0	0	0	1	0	0	0	0	0	0
15	0	0	0	0	0	0	0	0	0	0	0	0	0	0	1	0	0	0	0	0
16	0	0	0	0	0	0	0	0	0	0	0	0	0	0	0	1	0	0	0	0
17	0	0	0	0	0	0	0	0	0	0	0	0	0	0	0	0	1	0	0	0
18	0	0	0	0	0	0	0	0	0	0	0	0	0	0	0	0	0	1	0	0
19	0	0	0	0	0	0	0	0	0	0	0	0	0	0	0	0	0	0	1	0
20	0	0	0	0	0	0	0	0	0	0	0	0	0	0	0	0	0	0	0	1

4.6　数值积分

设一维积分

$$I = \int_a^b F(x)\,\mathrm{d}x \tag{4-31}$$

数值积分的基本思想是,构造一个多项式函数 $\varphi(x)$,使得

$$F(x_i) = \varphi(x_i) \quad (i = 1, 2, \cdots, n) \tag{4-32}$$

然后将积分(4-31)式近似描述为如下形式

$$I \approx \int_a^b \varphi(x) \mathrm{d}x = \sum_{i=1}^n A_i F(x_i) \tag{4-33}$$

其中 x_i 称为**积分点**或**取样点**，A_i 称为积分的**权系数**。积分点的数目和位置决定了 $\varphi(x)$ 与 $F(x)$ 的接近程度，及近似积分(4-33)式的数值精度。

按照积分点位置分布方案的不同，通常采用两种不同的数值积分方案，即 Newton-Cotes 积分方案和 Gauss 积分方案。

4.6.1　Newton-Cotes 积分

在 Newton-Cotes 积分方案中，包括积分域 $[a,b]$ 端点在内的积分点按等距离分布，积分点坐标描述为

$$\left.\begin{array}{l} x_i = a + (i-1)h \quad (i=1,2,\cdots,n) \\ h = \dfrac{b-a}{n-1} \end{array}\right\} \tag{4-34}$$

其中 n 为积分点总数。被积函数 $F(x)$ 可用多项式函数近似描述为

$$\varphi(x) = \sum_{i=1}^n l_i^{(n-1)}(x) F(x_i) \tag{4-35}$$

其中

$$l_i^{(n-1)}(x) = \prod_{j=1,j\neq i}^n \frac{x-x_j}{x_i-x_j} \quad (i=1,2,\cdots,n) \tag{4-36}$$

为 $n-1$ 阶 Lagrange 多项式。Lagrange 多项式具有如下性质：

$$l_i^{(n-1)}(x_j) = \delta_{ij}$$

因此有

$$\varphi(x_i) = F(x_i) \quad (i=1,2,\cdots,n)$$

根据上述内容，多项式函数的积分可表示为

$$\int_a^b \varphi(x) \mathrm{d}x = \sum_{i=1}^n A_i F(x_i)$$

其中权系数

$$A_i = \int_a^b l_i^{(n-1)}(x) \mathrm{d}x \tag{4-37}$$

因此被积函数的积分可近似表示为

$$\int_a^b F(x) \mathrm{d}x \approx \sum_{i=1}^n A_i F(x_i) \tag{4-38}$$

为计算权系数 A_i，引入局部坐标

$$\xi = \frac{x-a}{b-a}$$

代入(4-37)式，得到

$$A_i = (b-a) C_i^{(n-1)}$$

其中

$$C_i^{(n-1)} = \int_0^1 l_i^{(n-1)}(\xi) \mathrm{d}\xi \tag{4-39}$$

称为 $n-1$ 阶的 Newton-Cotes 数值积分常数。根据(4-39)计算得到的各阶 Newton-Cotes 数值积分常数列于表 4-1。

由于含 n 个积分点的 Newton-Cotes 积分构造的近似函数 $\varphi(x)$ 是 $n-1$ 次多项式,这说明 n 个积分点的 Newton-Cotes 积分可达到 $n-1$ 阶精度,即如果原被积分函数 $F(x)$ 是 $n-1$ 次多项式,则积分结果是精确的。

表 4-1　Newton-Cotes 数值积分常数

积分点数 n	$C_1^{(n-1)}$	$C_2^{(n-1)}$	$C_3^{(n-1)}$	$C_4^{(n-1)}$	$C_5^{(n-1)}$	$C_6^{(n-1)}$	$C_7^{(n-1)}$
2	1/2	1/2					
3	1/6	4/6	1/6				
4	1/8	3/8	3/8	1/8			
5	7/90	32/90	12/90	32/90	7/90		
6	19/288	75/288	50/288	75/288	19/288		
7	41/840	216/840	27/840	272/840	216/840	41/840	

4.6.2　Gauss 积分

Newton-Cotes 积分适用于被积函数便于等间距选取积分点的情况。但在有限元法的实际应用中,很容易通过程序计算单元内任意指定点被积函数的值,可以不采用等间距分布的积分点,而通过优化积分点的位置进一步提高积分的数值精度,即在给定积分点数目的情况下更合理选择积分点位置,以达到更高的数值积分精度。Gauss 积分就是这种积分方案中最常用的一种,在有限元法中被广泛应用。

Gauss 积分的实质是通过选取 n 个结点使数值积分达到 $2n-1$ 阶精度,而 Newton-Cotes 积分则是通过选取 n 个结点使数值积分达到 $n-1$ 阶精度,显然在积分点个数相同的情况下 Gauss 积分的数值精度更高。

对于一维 Gauss 积分在积分域 $[-1,1]$ 被积函数 $F(\xi)$ 的积分可近似表示为

$$\int_{-1}^{1} F(\xi)\mathrm{d}\xi \approx \sum_{i=1}^{n} G_i F(\xi_i) \tag{4-40}$$

其中 G_i 和 ξ_i 分别为权系数和积分点,它们是根据 $2n-1$ 阶精度要求确定的。常用 Gauss 积分的积分点和权系数列于表 4-2。

表 4-2　Gauss 数值积分常数

积分点个数/n	积分点坐标/ξ_i	权系数/G_i
1	0.0000000000	2.0000000000
2	±0.5773502692	1.0000000000
3	0.0000000000	0.8888888889
	±0.7745696692	0.5555555556

续表

积分点个数/n	积分点坐标/ξ_i	权系数/G_i
4	± 0.3399810436	0.6521451549
	± 0.8611363116	0.3478548451
5	0.0000000000	0.5688888889
	± 0.5384693101	0.4786286705
	± 0.9061798459	0.2369268850

下面以 2 个积分点 Gauss 积分为例,介绍 Gauss 积分的积分点和权系数的计算方法。当积分点数 $n=2$ 时,Gauss 积分表示为

$$\int_{-1}^{1} F(\xi)\mathrm{d}\xi \approx G_1 F(\xi_1) + G_2 F(\xi_2)$$

当被积函数为 3 次多项式

$$F(\xi) = C_0 + C_1\xi + C_2\xi^2 + C_3\xi^3$$

时上式应精确满足。将其代入上述 Gauss 积分表达式,得到

$$2C_0 + \frac{2}{3}C_2 = G_1(C_0 + C_1\xi_1 + C_2\xi_1^2 + C_3\xi_1^3) + G_2(C_0 + C_1\xi_2 + C_2\xi_2^2 + C_3\xi_2^3)$$

上式恒成立,应有

$$\left.\begin{array}{l} G_1 + G_2 = 2 \\ G_1\xi_1 + G_2\xi_2 = 0 \\ G_1\xi_1^2 + G_2\xi_2^2 = \dfrac{2}{3} \\ G_1\xi_1^3 + G_2\xi_2^3 = 0 \end{array}\right\}$$

求解上述方程组,得到

$$\left.\begin{array}{l} G_1 = G_2 = 1.0 \\ \xi_1 = -1/\sqrt{3} \\ \xi_2 = 1/\sqrt{3} \end{array}\right\}$$

二维和三维的 Gauss 积分可由一维 Gauss 积分扩展得到,分别表示为

$$\int_{-1}^{1}\int_{-1}^{1} F(\xi,\eta)\mathrm{d}\xi\mathrm{d}\eta \approx \sum_{j=1}^{n}\sum_{i=1}^{m} G_i G_j F(\xi_i,\eta_j) \tag{4-41}$$

和

$$\int_{-1}^{1}\int_{-1}^{1}\int_{-1}^{1} F(\xi,\eta,\zeta)\mathrm{d}\xi\mathrm{d}\eta\mathrm{d}\zeta \approx \sum_{k=1}^{l}\sum_{j=1}^{n}\sum_{i=1}^{m} G_i G_j G_k F(\xi_i,\eta_j,\zeta_k) \tag{4-42}$$

4.6.3 Hammer 积分

对于积分域为图 4-9 所示三角形的二维积分,可采用 Hammer 积分进行数值积分,即

$$\int_{0}^{1}\int_{0}^{1-\xi} F(\xi,\eta)\mathrm{d}\eta\mathrm{d}\xi = \sum_{i=1}^{n} H_i F(\xi_i,\eta_i) \tag{4-43a}$$

其中 H_i 称为 Hammer 积分的权系数,(ξ_i,η_i) 为积分点坐标,也可用面积坐标表示为

$$\int_0^1 \int_0^{1-L_1} F(L_1, L_2, L_3) \, \mathrm{d}L_2 \mathrm{d}L_1 = \sum_{i=1}^n H_i F(L_{1i}, L_{2i}, L_{3i}) \tag{4-43b}$$

常用的 Hammer 积分的积分点坐标及权系数列于表 4-3。

对于积分域为图 4-10 所示四面体的三维积分，也可采用 Hammer 积分进行数值积分，其表达式为

$$\int_0^1 \int_0^{1-\xi} \int_0^{1-\xi-\eta} F(\xi, \eta, \zeta) \, \mathrm{d}\eta \mathrm{d}\xi \mathrm{d}\zeta = \sum_{i=1}^n H_i F(\xi_i, \eta_i, \zeta_i) \tag{4-44a}$$

也可用体积坐标表示为

$$\int_0^1 \int_0^{1-L_1} \int_0^{1-L_2-L_1} F(L_1, L_2, L_3, L_4) \, \mathrm{d}L_3 \mathrm{d}L_2 \mathrm{d}L_1 = \sum_{i=1}^n H_i F(L_{1i}, L_{2i}, L_{3i}, L_{4i}) \tag{4-44b}$$

常用的三维 Hammer 积分的积分点坐标及权系数列于表 4-4。

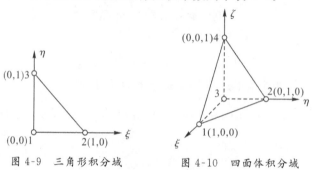

图 4-9 三角形积分域   图 4-10 四面体积分域

表 4-3 常用的二维 Hammer 积分常数

精度阶次	积分点	面积坐标	直角坐标	权系数
线性	a	$(1/3, 1/3, 1/3)$	$(1/3, 1/3)$	$1/2$
二次	a	$(2/3, 1/6, 1/6)$	$(1/6, 1/6)$	$1/6$
	b	$(1/6, 2/3, 1/6)$	$(2/3, 1/6)$	$1/6$
	c	$(1/6, 1/6, 2/3)$	$(1/6, 2/3)$	$1/6$
三次	a	$(1/3, 1/3, 1/3)$	$(1/3, 1/3)$	$-27/96$
	b	$(3/5, 1/5, 1/5)$	$(1/5, 1/5)$	$25/96$
	c	$(1/5, 3/5, 1/5)$	$(3/5, 1/5)$	$25/96$
	d	$(1/5, 1/5, 3/5)$	$(1/5, 3/5)$	$25/96$

表 4-4　常用的三维 Hammer 积分常数

精度阶次	积分点	体积坐标	直角坐标	权系数
线性	a	$(1/4,1/4,1/4,1/4)$	$(1/4,1/4,1/4)$	$1/6$
二次	a	$(\alpha,\beta,\beta,\beta)$	(α,β,β)	$1/24$
	a	$(\beta,\alpha,\beta,\beta)$	(β,α,β)	$1/24$
	a	$(\beta,\beta,\alpha,\beta)$	(β,β,β)	$1/24$
	a	$(\beta,\beta,\beta,\alpha)$	(β,β,α)	$1/24$
		$\alpha=0.58541020;\beta=0.13819660$		
三次	a	$(1/4,1/4,1/4,1/4)$	$(1/4,1/4,1/4)$	$-2/15$
	b	$(1/2,1/6,1/6,1/6)$	$(1/2,1/6,1/6)$	$3/40$
	c	$(1/6,1/2,1/6,1/6)$	$(1/6,1/2,1/6)$	$3/40$
	d	$(1/6,1/6,1/2,1/6)$	$(1/6,1/6,1/6)$	$3/40$
	e	$(1/6,1/6,1/6,1/2)$	$(1/6,1/6,1/2)$	$3/40$

4.6.4　体验与实践

4.6.4.1　实例 4-10

【例 4-10】　计算当积分点数 $n=3$ 时的 Newton-Cotes 数值积分常数。

【解】　编写如下 MATLAB 程序：

```
clear;
clc;
syms r
r1=0
r2=0.5
r3=1
L1=(r-r2)/(r1-r2)*(r-r3)/(r1-r3)
L2=(r-r1)/(r2-r1)*(r-r3)/(r2-r3)
L3=(r-r1)/(r3-r1)*(r-r2)/(r3-r2)
A1=int(L1,0,1)
A2=int(L2,0,1)
A3=int(L3,0,1)
```

代码下载

运行后,得到：

```
A1=1/6
A2=2/3
A3=1/6
```

4.6.4.2　实例 4-11

【例 4-11】　当积分点数 $n=4$ 时 Newton-Cotes 积分能对积分

$$I=\int_0^1 (a+bx+cx^2+dx^3)\,\mathrm{d}x$$

进行精确计算。

【解】　编写如下 MATLAB 程序：

```
clear;
clc;
syms a b c d
syms f(x)
f(x)=a+b*x+c*x^2+d*x^3
I1=int(f(x),0,1)
I2=1/8*f(0)+3/8*f(1/3)+3/8*f(2/3)+1/8*f(1)
```

代码下载

运行后,得到：

```
I1=a+b/2+c/3+d/4
I2=a+b/2+c/3+d/4
```

4.6.4.3　实例 4-12

【例 4-12】　计算当积分点数 $n=2$ 时 Gauss 积分

$$\int_{-1}^1 F(\xi)\,\mathrm{d}\xi \approx G_1 F(\xi_1)+G_2 F(\xi_2)$$

的积分点及其对应的权系数。

【解】　编写如下 MATLAB 程序：

```
clear;
clc;
syms a b c d
syms f(x) x1 x2 G1 G2
f(x)=a+b*x+c*x^2+d*x^3
I1=int(f(x),-1,1)
I2=G1*f(x1)+G2*f(x2)
R=I1-I2
R=collect(R,a)
R=collect(R,b)
R=collect(R,c)
R=collect(R,d)
eq1=(-G1*x1^3-G2*x2^3)==0
eq2=(-G1*x1^2-G2*x2^2+2/3)==0
eq3=(-G1*x1-G2*x2)==0
eq4=(2-G2-G1)==0
```

```
S＝solve(eq1,eq2,eq3,eq4,x1,G1,x2,G2)
x1＝S.x1
G1＝S.G1
x2＝S.x2
G2＝S.G2
```

运行后,得到:

```
x1＝3^(1/2)/3 ；－3^(1/2)/3
G1＝1 ；1
x2＝－3^(1/2)/3 ；3^(1/2)/3
G2＝1 ；1
```

4.6.4.4　实例 4-13

【例 4-13】　利用 Hammer 积分计算

$$I = \int_0^1 \int_0^{1-x} (a+bx+cy)\,\mathrm{d}y\mathrm{d}x$$

并验证计算精度。

【解】　编写如下 MATLAB 程序:

```
clear;clc;
syms a b c
syms f(x,y)
f(x,y)＝a＋b*x＋c*y
I1＝1/2*f(1/3,1/3)
I3＝1/6*f(2/3,1/6)＋1/6*f(1/6,2/3)＋1/6*f(1/6,1/6)
I＝int(f,y,0,1－x);
I＝int(I,x,0,1)
```

代码下载

运行后,得到:

```
I1＝a/2＋b/6＋c/6
I3＝a/2＋b/6＋c/6
I＝a/2＋b/6＋c/6
```

4.6.4.5　实例 4-14

【例 4-14】　利用 Hammer 积分计算

$$I = \int_0^1 \int_0^{1-x} \int_0^{1-x-y} (a+bx+cy+ez)\,\mathrm{d}z\mathrm{d}y\mathrm{d}x$$

并验证计算精度。

【解】　编写如下 MATLAB 程序:

```
clear;clc;
syms a b c e
syms f(x,y,z)
f(x,y,z)＝a＋b*x＋c*y＋e*z
```

```
I1=1/6 * f(1/4,1/4,1/4)
a=0.58541020;
b=0.13819660;
I4=1/24 * (f(a,b,b)+f(b,a,b)+f(b,b,a)+f(b,b,b))
I=int(f,z,0,1-x-y);
I=int(I,y,0,1-x);
I=int(I,x,0,1)
```

代码下载

运行后,得到:

I1=a/6+b/24+c/24+e/24

I4=a/6+b/24+c/24+e/24

I=a/6+b/24+c/24+e/24

4.7　弹性平面问题的等参元分析

4.7.1　单元应变矩阵

弹性平面问题的 4 结点四边形等参元如图 4-11 所示,其坐标变换和位移函数分别表示为

$$x = Nx_e = \sum_{i=1}^{4} N_i x_i \tag{4-45}$$

和

$$u = Na_e = \sum_{i=1}^{4} N_i a_i \tag{4-46}$$

其中 x_e 为单元结点坐标列阵,其子矩阵

$$x_i = \begin{Bmatrix} x_i \\ y_i \end{Bmatrix} \quad (i=1,2,3,4)$$

a_e 为单元结点位移列阵,其子矩阵

$$a_i = \begin{Bmatrix} u_i \\ v_i \end{Bmatrix} \quad (i=1,2,3,4)$$

N 为形函数矩阵,其子矩阵

$$N_i = \begin{bmatrix} N_i & 0 \\ 0 & N_i \end{bmatrix} \quad (i=1,2,3,4)$$

在局部坐标系内形函数 N_i 的表达式为

$$N_i(\xi,\eta) = \frac{1}{4}(1+\xi_i\xi)(1+\eta_i\eta) \quad (i=1,2,3,4)$$

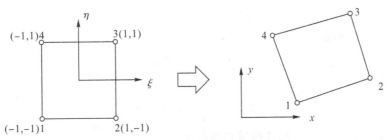

图 4-11　弹性平面 4 结点四边形等参元

上述弹性平面 4 结点四边形等参元的应变方程,可根据平面 3 结点三角形单元的应变方程(2-23)扩充得到,即

$$\boldsymbol{\varepsilon}=\boldsymbol{B}\boldsymbol{a}_e=\sum_{i=1}^{4}\boldsymbol{B}_i\boldsymbol{a}_i \tag{4-47}$$

其中 B 为单元应变矩阵,其子矩阵

$$\boldsymbol{B}_k=\begin{bmatrix}\dfrac{\partial N_k}{\partial x} & 0 \\[2mm] 0 & \dfrac{\partial N_k}{\partial y} \\[2mm] \dfrac{\partial N_k}{\partial y} & \dfrac{\partial N_k}{\partial x}\end{bmatrix}\quad(k=1,2,3,4) \tag{4-48}$$

形函数对整体坐标的偏导数可由下式计算

$$\begin{Bmatrix}\dfrac{\partial N_i}{\partial x} \\[2mm] \dfrac{\partial N_i}{\partial y}\end{Bmatrix}=\boldsymbol{J}^{-1}\begin{Bmatrix}\dfrac{\partial N_i}{\partial \xi} \\[2mm] \dfrac{\partial N_i}{\partial \eta}\end{Bmatrix}$$

其中 $\boldsymbol{J}$ 为雅可比(Jacobian)矩阵。根据(4-10)式和(4-18)式可以得到

$$J=\frac{1}{4}\begin{bmatrix}-(1-\eta) & (1-\eta) & (1+\eta) & -(1+\eta) \\ -(1-\xi) & -(1+\xi) & (1+\xi) & (1-\xi)\end{bmatrix}\begin{bmatrix}x_1 & y_1 \\ x_2 & y_2 \\ x_3 & y_3 \\ x_4 & y_4\end{bmatrix} \tag{4-49}$$

4.7.2　单元应力矩阵

弹性平面 4 结点四边形等参元的单元应力方程,可根据(2-26)式扩展得到,即

$$\boldsymbol{\sigma}=\boldsymbol{S}\boldsymbol{a}_e=\sum_{i=1}^{4}\boldsymbol{S}_i\boldsymbol{u}_i \tag{4-50}$$

其中 $\boldsymbol{S}$ 为应力矩阵,其子矩阵

$$\boldsymbol{S}_i=\boldsymbol{D}\boldsymbol{B}_i$$

$$\boldsymbol{D}=\frac{E'}{1-(\mu')^2}\begin{bmatrix}1 & \mu' & 0 \\ \mu' & 1 & 0 \\ 0 & 0 & \dfrac{1-\mu'}{2}\end{bmatrix}$$

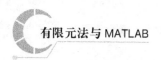

为弹性矩阵。

对于平面应力问题

$$E' = E, \mu' = \mu$$

对于平面应变问题

$$E' = \frac{E}{1-\mu^2}, \mu' = \frac{\mu}{1-\mu}$$

在以上两式中，E 和 μ 分别为**弹性模量**和**泊松比**。

4.7.3　单元刚度矩阵

弹性平面 4 结点四边形等参元的单元刚度方程可表示为

$$\boldsymbol{F} = \boldsymbol{ka} \tag{4-51}$$

其中

$$\boldsymbol{k}_e = \begin{bmatrix} \boldsymbol{k}_{11} & \boldsymbol{k}_{12} & \boldsymbol{k}_{13} & \boldsymbol{k}_{14} \\ \boldsymbol{k}_{21} & \boldsymbol{k}_{22} & \boldsymbol{k}_{23} & \boldsymbol{k}_{24} \\ \boldsymbol{k}_{31} & \boldsymbol{k}_{32} & \boldsymbol{k}_{33} & \boldsymbol{k}_{34} \\ \boldsymbol{k}_{41} & \boldsymbol{k}_{42} & \boldsymbol{k}_{43} & \boldsymbol{k}_{44} \end{bmatrix} \tag{4-52}$$

称为单元刚度矩阵，其子矩阵

$$\boldsymbol{k}_{ij} = t \int_{A_e} \boldsymbol{B}_i^{\mathrm{T}} \boldsymbol{D} \boldsymbol{B}_j \, \mathrm{d}A$$

将(4-11)式代入上式，得到

$$\boldsymbol{k}_{ij} = t \int_{-1}^{1} \int_{-1}^{1} \boldsymbol{B}_i^{\mathrm{T}} \boldsymbol{D} \boldsymbol{B}_j \, |\boldsymbol{J}| \, \mathrm{d}\eta \mathrm{d}\xi$$

引入

$$\boldsymbol{k}_{ij}^{(0)}(\xi, \eta) = \boldsymbol{B}_i^{\mathrm{T}} \boldsymbol{D} \boldsymbol{B}_j \, |\boldsymbol{J}|$$

可通过 Gauss 积分，

$$\boldsymbol{k}_{ij} = t \left[G_1 G_1 \boldsymbol{k}_{ij}^{(0)}(\xi_1, \eta_1) + G_1 G_2 \boldsymbol{k}_{ij}^{(0)}(\xi_1, \eta_2) + G_2 G_1 \boldsymbol{k}_{ij}^{(0)}(\xi_2, \eta_1) + G_2 G_2 \boldsymbol{k}_{ij}^{(0)}(\xi_2, \eta_2) \right]$$

4.7.4　体验与实践

4.7.4.1　实例 4-15

【例 4-15】 已知平面 4 结点等参元的坐标转换公式

$$\left. \begin{array}{l} x = \sum_{i=1}^{4} N_i(\xi, \eta) x_i \\ y = \sum_{i=1}^{4} N_i(\xi, \eta) y_i \end{array} \right\}$$

其中

$$N_i(\xi, \eta) = \frac{1}{4}(1 + \xi_i \xi)(1 + \eta_i \eta) \quad (i = 1, 2, 3, 4)$$

推导该单元的雅可比矩阵 $\boldsymbol{J}$。

【解】 形函数对局部坐标的偏导数可表示为

$$\left.\begin{aligned}\frac{\partial N_i}{\partial \xi} &= \frac{\partial N_i}{\partial x}\frac{\partial x}{\partial \xi}+\frac{\partial N_i}{\partial y}\frac{\partial y}{\partial \xi} \\ \frac{\partial N_i}{\partial \eta} &= \frac{\partial N_i}{\partial x}\frac{\partial x}{\partial \eta}+\frac{\partial N_i}{\partial y}\frac{\partial y}{\partial \eta}\end{aligned}\right\}$$

上式可改写为

$$\left\{\begin{aligned}\frac{\partial N_i}{\partial \xi} \\ \frac{\partial N_i}{\partial \eta}\end{aligned}\right\}=\begin{bmatrix}\dfrac{\partial x}{\partial \xi} & \dfrac{\partial y}{\partial \xi} \\ \dfrac{\partial x}{\partial \eta} & \dfrac{\partial y}{\partial \eta}\end{bmatrix}\left\{\begin{aligned}\frac{\partial N_i}{\partial x} \\ \frac{\partial N_i}{\partial y}\end{aligned}\right\}$$

因此

$$\boldsymbol{J}=\begin{bmatrix}\dfrac{\partial x}{\partial \xi} & \dfrac{\partial y}{\partial \xi} \\ \dfrac{\partial x}{\partial \eta} & \dfrac{\partial y}{\partial \eta}\end{bmatrix}=\begin{bmatrix}\displaystyle\sum_{i=1}^{4}\dfrac{\partial N_i(\xi,\eta)}{\partial \xi}x_i & \displaystyle\sum_{i=1}^{4}\dfrac{\partial N_i(\xi,\eta)}{\partial \xi}y_i \\ \displaystyle\sum_{i=1}^{4}\dfrac{\partial N_i(\xi,\eta)}{\partial \eta}x_i & \displaystyle\sum_{i=1}^{4}\dfrac{\partial N_i(\xi,\eta)}{\partial \eta}y_i\end{bmatrix}$$

可见,求雅可比矩阵 $\boldsymbol{J}$ 的关键是计算形函数对局部坐标的偏导数。

编写如下 MATLAB 程序,计算形函数对局部坐标的偏导数。

```
clear;clc;
syms r s
syms ri si
Ni=1/4 * (1+ri * r) * (1+si * s)
Nir=diff(Ni,r,1)
Nis=diff(Ni,s,1)
Nir_f=factor(Nir)
Nis_f=factor(Nis)
```

代码下载

运行后,得到:

Nir_f=[1/4,ri,s * si+1]

Nis_f=[1/4,si,r * ri+1]

将计算结果代入上式,得到:

$$J=\frac{1}{4}\begin{bmatrix}\displaystyle\sum_{i=1}^{4}\xi_i(1+\eta\eta_i)x_i & \displaystyle\sum_{i=1}^{4}\xi_i(1+\eta\eta_i)y_i \\ \displaystyle\sum_{i=1}^{4}\eta_i(1+\xi\xi_i)x_i & \displaystyle\sum_{i=1}^{4}\eta_i(1+\xi\xi_i)y_i\end{bmatrix}=\frac{1}{4}\sum_{i=1}^{4}\begin{bmatrix}\xi_i(1+\eta\eta_i)x_i & \xi_i(1+\eta\eta_i)y_i \\ \eta_i(1+\xi\xi_i)x_i & \eta_i(1+\xi\xi_i)y_i\end{bmatrix}$$

第 4 章习题

习题 **4-1**　利用形函数构造法,推导图 4-1 所示平面 3 结点三角形等参元在局部坐标系下的形函数。

习题 **4-2**　利用形函数构造法,推导图 4-2 所示平面 6 结点三角形等参元的形函数在局部坐标系内的表达式。

习题 **4-3**　利用形函数构造法推导图 4-3 所示平面 4 结点四边形等参元的形函数,在局部坐标系内的表达式。

习题 **4-4**　利用广义坐标法求图 4-4 所示平面 8 结点四边形等参元的形函数,并求其偏导数在局部坐标系内的表达式。

习题 **4-5**　利用形函数构造法推导图 4-5 所示空间 4 结点四面体等参元形函数,并求其偏导数在局部坐标系下的表达式。

第5章 弹性空间问题的有限元法

5.1 弹性力学有限元法的一般格式

第 2 章介绍的弹性平面问题有限元法的主要过程是：先通过单元刚度分析，得到单元应变方程、单元应力方程和单元刚度方程等单元特征方程；然后通过结点平衡分析，得到有限元离散结构的整体刚度方程。这种方法虽然比较烦琐，但是容易分析单元刚度矩阵和整体刚度矩阵的性质，这对有限元计算与分析非常重要。

本节将从弹性力学能量原理（如虚位移原理、最小势能原理等）出发，直接建立有限元离散结构的整体刚度方程。

5.1.1 利用最小势能原理建立弹性力学有限元法

在弹性体的有限元离散结构中，任一单元总势能是其应变势能（简称为应变能）和外力势能之和，即

$$V^{(e)} = V_\varepsilon^{(e)} + V_P^{(e)} \tag{5-1}$$

单元应变势能表示为

$$V_\varepsilon^{(e)} = \frac{1}{2} \int_{\Omega_e} \boldsymbol{\varepsilon}^{\mathrm{T}} \boldsymbol{\sigma} \mathrm{d}\Omega \tag{5-2}$$

其中，$\boldsymbol{\sigma}$ 为应力列阵，$\boldsymbol{\varepsilon}$ 为应变列阵。

单元外力势能表示为

$$V_P^{(e)} = -\int_{\Omega_e} \boldsymbol{u}^{\mathrm{T}} \boldsymbol{b} \mathrm{d}\Omega - \int_{\Gamma_e} \boldsymbol{u}^{\mathrm{T}} \boldsymbol{s} \mathrm{d}\Gamma \tag{5-3}$$

其中，$\boldsymbol{u}$ 为单元位移列阵，$\boldsymbol{b}$ 为单元体力列阵，$\boldsymbol{s}$ 为单元面力列阵。

将广义胡克定律

$$\boldsymbol{\sigma} = \boldsymbol{D}\boldsymbol{\varepsilon}$$

代入(5-2)式，得到

$$V_\varepsilon^{(e)} = \frac{1}{2} \int_{\Omega_e} \boldsymbol{\varepsilon}^{\mathrm{T}} \boldsymbol{D}\boldsymbol{\varepsilon} \mathrm{d}\Omega \tag{5-4}$$

其中，$\boldsymbol{D}$ 为弹性矩阵。

单元位移列阵可表示为形函数矩阵与单元结点位移列阵的积，即

$$u = Na_e$$

其中，a_e 为单元结点位移列阵。将上式代入(5-3)式，得到

$$V_P^{(e)} = -(a_e)^T p_e \tag{5-5}$$

其中，

$$p_e = \int_{\Omega_e} N^T b \mathrm{d}\Omega + \int_{\Gamma_e} N^T s \mathrm{d}\Gamma \tag{5-6}$$

是**单元等效结点载荷列阵**。

单元应变列阵可表示为单元应变矩阵与单元结点位移列阵的积，即

$$\varepsilon = Ba_e$$

其中，B 为单元应变矩阵。将上式代入(5-4)式，得到

$$V_\varepsilon^{(e)} = \frac{1}{2}(a_e)^T k_e a_e \tag{5-7}$$

其中，

$$k_e = \int_{\Omega_e} B^T DB \mathrm{d}\Omega \tag{5-8}$$

是**单元刚度矩阵**。

将(5-5)式和(5-7)式代入(5-1)式，可进一步将单元总势能表示为

$$V^{(e)} = \frac{1}{2}(a_e)^T k_e a_e - (a_e)^T p_e \tag{5-9}$$

根据(5-9)式可将有限元离散结构的总势能表示为

$$V = \sum_{e=1}^{M} V^{(e)} = \sum_{e=1}^{M} \left[\frac{1}{2}(a_e)^T k_e a_e - (a_e)^T p_e \right]$$

其中 M 为有限元离散结构中的单元总数。

将上式中单元刚度矩阵和单元等效结点载荷列阵，按整体刚度矩阵和整体等效结点载荷列阵的维度进行扩维，得到

$$V = \sum_{e=1}^{M} \left(\frac{1}{2}a^T K_e a - a^T P_e \right)$$

其中，K_e 为扩维后的单元刚度矩阵，P_e 为扩维后的单元等效结点载荷列阵，a 为有限元离散结构的整体结点位移列阵。

上式可进一步简化为

$$V = \frac{1}{2}a^T Ka - a^T P \tag{5-10}$$

其中

$$K = \sum_{e=1}^{M} K_e$$

为有限元离散结构的**整体刚度矩阵**；

$$P = \sum_{e=1}^{M} P_e$$

为有限元离散结构的**整体等效结点载荷列阵**。

弹性力学中的最小势能原理可描述为，在所有满足几何约束的许可位移场中，真实位移

场使得弹性体总势能取极小值。根据(5-10)式可知,有限元离散结构总势能取得极小值的条件为

$$\frac{\partial V}{\partial \boldsymbol{a}} = \boldsymbol{0}$$

将(5-10)式代入上式,得到

$$\boldsymbol{Ka} = \boldsymbol{P} \tag{5-11}$$

即有限元离散结构的**整体刚度方程**。

5.1.2 利用虚位移原理建立弹性力学有限元法

弹性体的虚位移原理为:在外力作用下处于平衡状态的可弹性体,在虚位移作用下,外力的总虚功等于物体的总虚应变能,即

$$\delta W_P = \delta V_{\varepsilon} \tag{5-12}$$

单元外力虚功的计算式为

$$\delta W_P^{(e)} = \int_{\Omega_e} \delta \boldsymbol{u}^{\mathrm{T}} \boldsymbol{b} \mathrm{d}\Omega + \int_{\Gamma_e} \delta \boldsymbol{u}^{\mathrm{T}} \boldsymbol{s} \mathrm{d}\Gamma \tag{5-13}$$

其中,$\delta \boldsymbol{u}$ 为虚位移列阵。单元虚应变能的计算式为

$$\delta V_{\varepsilon}^{(e)} = \int_{\Omega_e} \delta \boldsymbol{\varepsilon}^{\mathrm{T}} \boldsymbol{\sigma} \mathrm{d}\Omega = \int_{\Omega_e} \delta \boldsymbol{\varepsilon}^{\mathrm{T}} \boldsymbol{D} \boldsymbol{\varepsilon} \mathrm{d}\Omega \tag{5-14}$$

其中,$\delta \boldsymbol{\varepsilon}$ 为虚应变列阵。

单元虚位移列阵可以表示为形函数矩阵与结点虚位移列阵的积,即

$$\delta \boldsymbol{u} = \boldsymbol{N} \delta \boldsymbol{a}_e$$

其中,$\boldsymbol{N}$ 为形函数矩阵,$\delta \boldsymbol{a}_e$ 为单元结点虚位移列阵。将上式代入(5-13)式,得到

$$\delta W_P^{(e)} = (\delta \boldsymbol{a}_e)^{\mathrm{T}} \boldsymbol{p}_e$$

其中,$\boldsymbol{p}_e$ 为(5-6)式描述的单元等效结点载荷。

根据上式,可将有限元离散结构的总外力虚功表示为

$$\delta W_P = \sum_{e=1}^{M} \delta W_P^{(e)} = \sum_{e=1}^{M} (\delta \boldsymbol{a}_e)^{\mathrm{T}} \boldsymbol{p}_e \tag{5-15}$$

其中,M 为有限元离散结构中的单元总数。

单元应变列阵可表示为单元应变矩阵与单元结点位移列阵的积,即

$$\boldsymbol{\varepsilon} = \boldsymbol{B} \boldsymbol{a}_e$$

单元虚应变列阵可表示为单元应变矩阵与单元结点虚位移列阵的积,即

$$\delta \boldsymbol{\varepsilon} = \boldsymbol{B} \delta \boldsymbol{a}_e$$

将以上两式代入(5-14)式,得到

$$\delta V_{\varepsilon}^{(e)} = (\delta \boldsymbol{a}_e)^{\mathrm{T}} \boldsymbol{k}_e \boldsymbol{a}_e$$

其中,$\boldsymbol{k}_e$ 为(5-8)式描述的单元刚度矩阵。

根据上式,可以将整个有限元离散结构的总虚应变能表示为

$$\delta V_{\varepsilon} = \sum_{e=1}^{M} \delta V_{\varepsilon}^{(e)} = \sum_{e=1}^{M} (\delta \boldsymbol{a}_e)^{\mathrm{T}} \boldsymbol{k}_e \boldsymbol{a}_e \tag{5-16}$$

将(5-15)式和(5-16)式代入(5-12)式,得到

$$\sum_{e=1}^{M} (\delta a_e)^{\mathrm{T}} p_e = \sum_{e=1}^{M} (\delta a_e)^{\mathrm{T}} k_e a_e$$

将上式中的单元刚度矩阵和单元等效结点载荷列阵,根据整体刚度矩阵和整体结点载荷列阵扩维后,得到

$$(\delta A)^{\mathrm{T}} \left(\sum_{e=1}^{M} P_e \right) = (\delta A)^{\mathrm{T}} \left(\sum_{e=1}^{M} K_e \right) A$$

其中,K_e 为扩维后的单元刚度矩阵,P_e 为扩维后的单元等效结点载荷列阵,A 为有限元离散结构的整体结点位移列阵,δA 为有限元离散结构的整体结点虚位移列阵。根据上式也可得到(5-11)式描述的有限元离散结构的整体刚度方程。

5.2 弹性空间四面体单元分析

5.2.1 空间4结点四面体单元

图 5-1 所示空间 4 结点四面体单元,以 4 个角点 1、2、3、4 为结点。结点排序原则为:在右手坐标系中,当 1→2→3 为四指转向时,拇指指向结点 4。

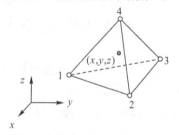

图 5-1 空间 4 结点四面体单元

图 5-1 所示空间 4 结点四面体单元的位移场函数可表示为

$$\left.\begin{aligned}
u(x,y,z) &= \sum_{i=1}^{4} N_i(x,y,z) u_i \\
v(x,y,z) &= \sum_{i=1}^{4} N_i(x,y,z) v_i \\
w(x,y,z) &= \sum_{i=1}^{4} N_i(x,y,z) w_i
\end{aligned}\right\} \tag{5-17}$$

其中,u_i、v_i、w_i 为结点位移分量,N_i 为形函数。利用广义坐标法,可以求得

$$N_i = \frac{1}{6V}(a_i + b_i x + c_i y + d_i z) \quad (i=1,2,3,4) \tag{5-18}$$

其中,

$$V = \frac{1}{6} \begin{vmatrix} 1 & x_1 & y_1 & z_1 \\ 1 & x_2 & y_2 & z_2 \\ 1 & x_3 & y_3 & z_3 \\ 1 & x_4 & y_4 & z_4 \end{vmatrix}$$

为空间 4 结点四面体单元的体积;

$$a_i = \begin{vmatrix} x_j & y_j & z_j \\ x_m & y_m & z_m \\ x_p & y_p & z_p \end{vmatrix} \quad (i,j,m,p \leftrightarrows 1,2,3,4),$$

$$b_i = -\begin{vmatrix} 1 & y_j & z_j \\ 1 & y_m & z_m \\ 1 & y_p & z_p \end{vmatrix} \quad (i,j,m,p \leftrightarrows 1,2,3,4),$$

$$c_i = -\begin{vmatrix} x_j & 1 & z_j \\ x_m & 1 & z_m \\ x_p & 1 & z_p \end{vmatrix} \quad (i,j,m,p \leftrightarrows 1,2,3,4),$$

$$d_i = -\begin{vmatrix} x_j & y_j & 1 \\ x_m & y_m & 1 \\ x_p & y_p & 1 \end{vmatrix} \quad (i,j,m,p \leftrightarrows 1,2,3,4)$$

将位移场函数代入几何方程,整理后得到空间 4 结点四面体单元的应变场表达式

$$\boldsymbol{\varepsilon} = \boldsymbol{B} \boldsymbol{a}_e = \sum_{i=1}^{4} \boldsymbol{B}_i \boldsymbol{u}_i \tag{5-19}$$

其中 $\boldsymbol{B}$ 为单元应变矩阵,$\boldsymbol{B}_i$ 为单元应变矩阵的子矩阵;$\boldsymbol{a}_e$ 为单元结点位移列阵,$\boldsymbol{u}_i$ 为单元结点位移列阵的子列阵;单元应变矩阵的子矩阵的表达式为

$$\boldsymbol{B}_i = \begin{bmatrix} \dfrac{\partial N_i}{\partial x} & 0 & 0 \\ 0 & \dfrac{\partial N_i}{\partial y} & 0 \\ 0 & 0 & \dfrac{\partial N_i}{\partial z} \\ \dfrac{\partial N_i}{\partial y} & \dfrac{\partial N_i}{\partial x} & 0 \\ 0 & \dfrac{\partial N_i}{\partial z} & \dfrac{\partial N_i}{\partial y} \\ \dfrac{\partial N_i}{\partial z} & 0 & \dfrac{\partial N_i}{\partial x} \end{bmatrix} = \dfrac{1}{6V} \begin{bmatrix} b_i & 0 & 0 \\ 0 & c_i & 0 \\ 0 & 0 & d_i \\ c_i & b_i & 0 \\ 0 & d_i & c_i \\ d_i & 0 & b_i \end{bmatrix} \tag{5-20}$$

可见空间 4 结点四面体单元为常应变单元。将单元应变场表达式代入物理方程,得到空间 4 结点四面体单元的应力场表达式

$$\boldsymbol{\sigma} = \boldsymbol{D} \left(\sum_{i=1}^{4} \boldsymbol{B}_i \boldsymbol{u}_i \right) \tag{5-21}$$

根据单元刚度矩阵的普遍公式,得到空间 4 结点四面体单元的单元刚度矩阵表达式

$$\boldsymbol{k}_e = \begin{bmatrix} \boldsymbol{k}_{11} & \boldsymbol{k}_{12} & \boldsymbol{k}_{13} & \boldsymbol{k}_{14} \\ \boldsymbol{k}_{21} & \boldsymbol{k}_{22} & \boldsymbol{k}_{23} & \boldsymbol{k}_{24} \\ \boldsymbol{k}_{31} & \boldsymbol{k}_{32} & \boldsymbol{k}_{33} & \boldsymbol{k}_{34} \\ \boldsymbol{k}_{41} & \boldsymbol{k}_{42} & \boldsymbol{k}_{43} & \boldsymbol{k}_{44} \end{bmatrix}$$

其中的子矩阵的计算式为

$$k_{ij} = B_i^{\mathrm{T}} D B_j V \quad (i,j=1,2,3,4) \tag{5-22}$$

V 为空间 4 结点四面体单元的体积。

5.2.2 空间 4 结点四面体等参元

如图 5-2 所示弹性空间 4 结点四面体等参元,该等参元的坐标变换函数和位移场函数分别表示为

$$\left. \begin{aligned} x &= \sum_{i=1}^{4} N_i(\xi,\eta,\zeta) x_i \\ y &= \sum_{i=1}^{4} N_i(\xi,\eta,\zeta) y_i \\ z &= \sum_{i=1}^{4} N_i(\xi,\eta,\zeta) z_i \end{aligned} \right\}$$

和

$$\left. \begin{aligned} u &= \sum_{i=1}^{4} N_i(\xi,\eta,\zeta) u_i \\ v &= \sum_{i=1}^{4} N_i(\xi,\eta,\zeta) v_i \\ w &= \sum_{i=1}^{4} N_i(\xi,\eta,\zeta) w_i \end{aligned} \right\}$$

其中,x_i、y_i、z_i 为等参元在整体坐标系内的结点坐标,u_i、v_i、w_i 为等参元在整体坐标系内的结点位移;L_1、L_2、L_3、L_4 为等参元的局部体积坐标;形函数可用局部坐标表示为

$$\left. \begin{aligned} N_1(\xi,\eta,\zeta) &= L_1(\xi,\eta,\zeta) = \xi \\ N_2(\xi,\eta,\zeta) &= L_2(\xi,\eta,\zeta) = \eta \\ N_3(\xi,\eta,\zeta) &= L_3(\xi,\eta,\zeta) = 1-\xi-\eta-\zeta \\ N_4(\xi,\eta,\zeta) &= L_4(\xi,\eta,\zeta) = \zeta \end{aligned} \right\}$$

利用弹性空间问题的几何方程,可将图 5-2 所示弹性空间 4 结点四面体等参元的应变场表示为

$$\boldsymbol{\varepsilon} = \boldsymbol{B} \boldsymbol{a}_e = \sum_{i=1}^{4} \boldsymbol{B}_i \boldsymbol{u}_i \tag{5-23}$$

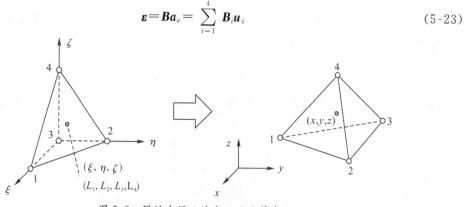

图 5-2 弹性空间 4 结点四面体等参元

其中 $\boldsymbol{B}$ 为单元应变矩阵,a_e 为单元结点位移列阵;

$$\boldsymbol{B}_i = \begin{bmatrix} \dfrac{\partial N_i}{\partial x} & 0 & 0 \\[2mm] 0 & \dfrac{\partial N_i}{\partial y} & 0 \\[2mm] 0 & 0 & \dfrac{\partial N_i}{\partial z} \\[2mm] \dfrac{\partial N_i}{\partial y} & \dfrac{\partial N_i}{\partial x} & 0 \\[2mm] 0 & \dfrac{\partial N_i}{\partial z} & \dfrac{\partial N_i}{\partial y} \\[2mm] \dfrac{\partial N_i}{\partial z} & 0 & \dfrac{\partial N_i}{\partial x} \end{bmatrix} \tag{5-24}$$

为单元应变矩阵的子矩阵;

$$\boldsymbol{u}_i = [u_i, v_i, w_i]^{\mathrm{T}}$$

为单元结点位移列阵的子矩阵。

根据(4-5)式,形函数对整体坐标偏导数和形函数对局部坐标偏导数的关系为

$$\begin{Bmatrix} \dfrac{\partial N_i}{\partial x} \\[2mm] \dfrac{\partial N_i}{\partial y} \\[2mm] \dfrac{\partial N_i}{\partial z} \end{Bmatrix} = \boldsymbol{J}^{-1} \begin{Bmatrix} \dfrac{\partial N_i}{\partial \xi} \\[2mm] \dfrac{\partial N_i}{\partial \eta} \\[2mm] \dfrac{\partial N_i}{\partial \zeta} \end{Bmatrix} \quad (i=1,2,3,4)$$

其中 $\boldsymbol{J}$ 为(4-4)式描述的雅可比(Jacobian)矩阵。根据(4-6)式可知,雅可比(Jacobian)矩阵为形函数偏导数矩阵与单元结点坐标矩阵的积,即

$$\boldsymbol{J} = \boldsymbol{N}_\partial \boldsymbol{X}_e,$$

其中

$$\boldsymbol{N}_\partial = \begin{bmatrix} \dfrac{\partial N_1}{\partial \xi} & \dfrac{\partial N_2}{\partial \xi} & \dfrac{\partial N_3}{\partial \xi} & \dfrac{\partial N_4}{\partial \xi} \\[2mm] \dfrac{\partial N_1}{\partial \eta} & \dfrac{\partial N_2}{\partial \eta} & \dfrac{\partial N_3}{\partial \eta} & \dfrac{\partial N_4}{\partial \eta} \\[2mm] \dfrac{\partial N_1}{\partial \zeta} & \dfrac{\partial N_2}{\partial \zeta} & \dfrac{\partial N_3}{\partial \zeta} & \dfrac{\partial N_4}{\partial \zeta} \end{bmatrix}$$

称为形函数偏导数矩阵;

$$\boldsymbol{X}_e = \begin{bmatrix} x_1 & y_1 & z_1 \\ x_2 & y_2 & z_2 \\ x_3 & y_3 & z_3 \\ x_4 & y_4 & z_4 \end{bmatrix}$$

称为单元结点坐标矩阵。对于图 5-2 所示弹性空间 4 结点四面体等参元,利用上述 3 式可以得到

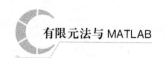

$$J = \begin{bmatrix} (x_1 - x_3) & (y_1 - y_3) & (z_1 - z_3) \\ (x_2 - x_3) & (y_2 - y_3) & (z_2 - z_3) \\ (x_4 - x_3) & (y_4 - y_3) & (z_4 - z_3) \end{bmatrix}$$

图 5-2 所示弹性空间 4 结点等参元的单元刚度矩阵,可根据弹性平面 3 结点三角形单元的刚度矩阵(2-39)式扩维得到,表示为

$$k_e = \begin{bmatrix} k_{11} & k_{12} & k_{13} & k_{14} \\ k_{21} & k_{22} & k_{23} & k_{24} \\ k_{31} & k_{32} & k_{33} & k_{34} \\ k_{41} & k_{42} & k_{43} & k_{44} \end{bmatrix}$$

其中的子函数矩阵表示为

$$k_{ij} = \int_{\Omega_e} (\boldsymbol{B}_i^{\mathrm{T}} \boldsymbol{D} \boldsymbol{B}_j) \mathrm{d}\Omega \quad (i, j = 1, 2, 3, 4)$$

根据 4.1.2 节的介绍,可知整体坐标系下的体积微元和局部坐标系下的体积微元之间的关系为

$$\mathrm{d}\Omega = |\boldsymbol{J}| \mathrm{d}\zeta \mathrm{d}\eta \mathrm{d}\xi$$

由此可将单元刚度矩阵的子矩阵,在图 5-1 所示局部坐标系内表示为

$$k_{ij} = \int_0^1 \int_0^{1-\xi} \int_0^{1-\xi-\eta} (\boldsymbol{B}_i^{\mathrm{T}} \boldsymbol{D} \boldsymbol{B}_j |\boldsymbol{J}|) \mathrm{d}\zeta \mathrm{d}\eta \mathrm{d}\xi \quad (i, j = 1, 2, 3, 4)$$

由于空间 4 结点四面体等参元的应变矩阵为常数矩阵,因此以上积分可利用 Hammer 积分,取一个积分点即可精确计算。查表 4-3 得到权系数为 $\frac{1}{6}$,因此可以得到

$$k_{ij} = \frac{1}{6} |\boldsymbol{J}| \boldsymbol{B}_i^{\mathrm{T}} \boldsymbol{D} \boldsymbol{B}_j \quad (i, j = 1, 2, 3, 4) \tag{5-25}$$

5.2.3 空间 10 结点四面体等参元

根据 4.4.2 节的介绍,可知图 5-3 所示弹性空间 10 结点四面体等参元的坐标变换和位移场函数分别表示为

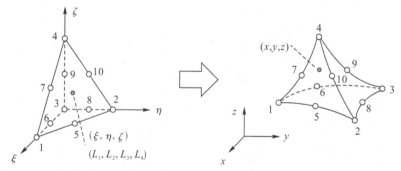

图 5-3 弹性空间 10 结点四面体等参元

$$x = \sum_{i=1}^{10} N_i(\xi, \eta) x_i$$
$$y = \sum_{i=1}^{10} N_i(\xi, \eta) y_i$$
$$z = \sum_{i=1}^{10} N_i(\xi, \eta) z_i$$

和

$$u = \sum_{i=1}^{10} N_i(\xi, \eta) u_i$$
$$v = \sum_{i=1}^{10} N_i(\xi, \eta) v_i$$
$$w = \sum_{i=1}^{10} N_i(\xi, \eta) w_i$$

其中，形函数 N_i 可用局部坐标表示为

$$N_1 = \xi(2\xi - 1)$$
$$N_2 = \eta(2\eta - 1)$$
$$N_3 = (1 - \xi - \eta - \zeta)(1 - 2\xi - 2\eta - 2\zeta)$$
$$N_4 = \zeta(2\zeta - 1)$$
$$N_5 = 4\xi\eta$$
$$N_6 = 4\xi(1 - \xi - \eta - \zeta)$$
$$N_7 = 4\xi\zeta$$
$$N_8 = 4\eta(1 - \xi - \eta - \zeta)$$
$$N_9 = 4\zeta(1 - \xi - \eta - \zeta)$$
$$N_{10} = 4\eta\zeta$$

图 5-3 所示的弹性空间 10 结点四面体等参元的单元应变场，也可根据 2.3.1 节中的弹性平面 3 结点 3 角形单元的应变场(2-23)式扩维得到，表示为

$$\boldsymbol{\varepsilon} = \boldsymbol{B} a_e = \sum_{i=1}^{10} \boldsymbol{B}_i u_i \tag{5-26}$$

其中 $\boldsymbol{B}$ 为单元应变矩阵，其子矩阵 $\boldsymbol{B}_i$ 由(5-24)式描述。

根据 4.1.2 节和 4.4.2 节的介绍，可将上述弹性空间 10 结点四面体等参元的雅可比 (Jacobian)矩阵描述为

$$\boldsymbol{J} = \boldsymbol{N}_\partial \boldsymbol{X}_e$$

其中，单元结点坐标矩阵

$$
\boldsymbol{X}_e = \begin{bmatrix} x_1 & y_1 & z_1 \\ x_2 & y_2 & z_3 \\ x_3 & y_3 & z_3 \\ x_4 & y_4 & z_4 \\ x_5 & y_5 & z_5 \\ x_6 & y_6 & z_6 \\ x_7 & y_7 & z_7 \\ x_8 & y_8 & z_8 \\ x_9 & y_9 & z_9 \\ x_{10} & y_{10} & z_{10} \end{bmatrix}
$$

形函数偏导数矩阵

$$
\boldsymbol{N}_\partial = \begin{bmatrix} 4\xi-1, & 0, & a, & 0, & \eta, & b, & \zeta, & -4\eta, & -4\zeta, & 0 \\ 0, & 4\eta-1, & a, & 0, & 4\xi, & -4\xi, & 0, & c, & -4\zeta, & 4\zeta \\ 0, & 0, & a, & 4\zeta-1, & 0, & -4\xi, & 4\xi, & -4\eta, & d, & 4\eta \end{bmatrix}
$$

替换变量

$$
\left.\begin{array}{l} a=4(\xi+\eta+\zeta)-3, b=4(1-2\xi-\eta-\zeta) \\ c=4(1-\xi-2\eta-\zeta), d=4(1-\xi-\eta-2\zeta) \end{array}\right\}
$$

图 5-3 所示弹性空间 10 结点四面体等参元的单元刚度矩阵,也可根据弹性平面 3 结点三角形单元的刚度矩阵(2-39)式扩维得到,表示为

$$
\boldsymbol{k}_e = \begin{bmatrix} \boldsymbol{k}_{11} & \boldsymbol{k}_{12} & \cdots & \boldsymbol{k}_{110} \\ \boldsymbol{k}_{21} & \boldsymbol{k}_{22} & \cdots & \boldsymbol{k}_{210} \\ \vdots & \vdots & \vdots & \vdots \\ \boldsymbol{k}_{101} & \boldsymbol{k}_{102} & \cdots & \boldsymbol{k}_{1010} \end{bmatrix}
$$

单元刚度矩阵的子矩阵表示为

$$
\boldsymbol{k}_{ij} = \int_0^1 \int_0^{1-\xi} \int_0^{1-\xi-\eta} \boldsymbol{k}_{ij}^{(0)}(\xi,\eta,\zeta)\,\mathrm{d}\zeta\mathrm{d}\eta\mathrm{d}\xi \quad (i,j=1,2,\cdots,10)
$$

其中

$$
\boldsymbol{k}_{ij}^{(0)}(\xi,\eta,\zeta) = \boldsymbol{B}_i^{\mathrm{T}}\boldsymbol{D}\boldsymbol{B}_j|\boldsymbol{J}| \quad (i,j=1,2,\cdots,10)
$$

利用 Hammer 积分,取 4 个积分点,得到

$$
\boldsymbol{k}_{ij} = \frac{1}{24}\left[\boldsymbol{k}_{ij}^{(0)}(a,b,b)+\boldsymbol{k}_{ij}^{(0)}(b,a,b)+\boldsymbol{k}_{ij}^{(0)}(b,b,a)+\boldsymbol{k}_{ij}^{(0)}(b,b,b)\right] \quad (i,j=1,2,\cdots,10) \quad (5\text{-}27)
$$

其中的积分点的局部坐标值 a、b、c 可在表 4-4 中查获。

5.2.4 体验与实践

5.2.4.1 实例 5-1

【例 5-1】 一空间 4 结点四面体单元的结点坐标为 1(0,0,0)、2(2,0,0)、3(1,2,0)、4(1,1,2)。利用广义坐标法计算该单元的形函数和应变矩阵。

【解】 1)编写如下 MATLAB 程序:

```
clear;clc;
syms a b c d
syms N1(x,y,z)
N1(x,y,z)=a+b*x+c*y+d*z
eq1=N1(0,0,0)==1
eq2=N1(2,0,0)==0
eq3=N1(1,2,0)==0
eq4=N1(1,1,2)==0
R=solve(eq1,eq2,eq3,eq4,a,b,c,d)
a=R.a
b=R.b
c=R.c
d=R.d
N1(x,y,z)=eval(N1)
B1=[b,0,0;
    0,c,0;
    0,0,d;
    c,b,0;
    0,d,c;
    d,0,b]
```

代码下载

运行后得到结点 1 对应的形函数 N_1 及单元应变矩阵子矩阵 $\boldsymbol{B}_1$ 如下：

$N1(x,y,z)=1-y/4-z/8-x/2$

$B1=$

$$
\begin{bmatrix}
-1/2, & 0, & 0 \\
0, & -1/4, & 0 \\
0, & 0, & -1/8 \\
-1/4, & -1/2, & 0 \\
0, & -1/8, & -1/4 \\
-1/8, & 0, & -1/2
\end{bmatrix}
$$

2) 编写如下 MATLAB 程序：

```
clear;clc;
syms a b c d
syms N2(x,y,z)
N2(x,y,z)=a+b*x+c*y+d*z
eq1=N2(0,0,0)==0
eq2=N2(2,0,0)==1
eq3=N2(1,2,0)==0
eq4=N2(1,1,2)==0
```

代码下载

```
        R=solve(eq1,eq2,eq3,eq4,a,b,c,d)
        a=R.a
        b=R.b
        c=R.c
        d=R.d
        N2(x,y,z)=eval(N2)
        B2=[b,0,0;
            0,c,0;
            0,0,d;
            c,b,0;
            0,d,c;
            d,0,b]
```

运行后得到结点 2 对应的形函数 N_2 及单元应变矩阵子矩阵 $\boldsymbol{B}_2$ 如下：

N2(x,y,z)=x/2－y/4－z/8

B2＝

$$
\begin{bmatrix}
1/2 & 0 & 0 \\
0 & -1/4 & 0 \\
0 & 0 & -1/8 \\
-1/4 & 1/2 & 0 \\
0 & -1/8 & -1/4 \\
-1/8 & 0 & 1/2
\end{bmatrix}
$$

3)编写如下 MATLAB 程序：

```
clear;clc;
syms a b c d
syms N3(x,y,z)
N3(x,y,z)=a+b*x+c*y+d*z
eq1=N3(0,0,0)==0
eq2=N3(2,0,0)==0
eq3=N3(1,2,0)==1
eq4=N3(1,1,2)==0
R=solve(eq1,eq2,eq3,eq4,a,b,c,d)
a=R.a
b=R.b
c=R.c
d=R.d
N3(x,y,z)=eval(N3)
B3=[b,0,0;
    0,c,0;
```

代码下载

```
        0,0,d;
        c,b,0;
        0,d,c;
        d,0,b]
```

运行后得到结点 3 对应的形函数 N_3 及单元应变矩阵子矩阵 $\boldsymbol{B}_3$ 如下：

N3(x,y,z)＝y/2－z/4

B3＝

$$\begin{bmatrix} 0, & 0, & 0 \\ 0, & 1/2, & 0 \\ 0, & 0, & -1/4 \\ 1/2, & 0, & 0 \\ 0, & -1/4, & 1/2 \\ -1/4, & 0, & 0 \end{bmatrix}$$

4) 编写如下 MATLAB 程序：

```
clear;clc;
syms a b c d
syms N4(x,y,z)
N4(x,y,z)＝a＋b*x＋c*y＋d*z
eq1＝N4(0,0,0)＝＝0
eq2＝N4(2,0,0)＝＝0
eq3＝N4(1,2,0)＝＝0
eq4＝N4(1,1,2)＝＝1
R＝solve(eq1,eq2,eq3,eq4,a,b,c,d)
a＝R.a
b＝R.b
c＝R.c
d＝R.d
N4(x,y,z)＝eval(N4)
B4＝[b,0,0;
    0,c,0;
    0,0,d;
    c,b,0;
    0,d,c;
    d,0,b]
```

代码下载

运行后得到结点 4 对应的形函数 N_4 及单元应变矩阵子矩阵 $\boldsymbol{B}_4$ 如下：

N4(x,y,z)＝z/2

B4＝

$$\begin{bmatrix} 0, & 0, & 0 \end{bmatrix}$$

$$[\quad 0, \quad 0, \quad 0]$$
$$[\quad 0, \quad 0, \quad 1/2]$$
$$[\quad 0, \quad 0, \quad 0]$$
$$[\quad 0, \quad 1/2, \quad 0]$$
$$[\quad 1/2, \quad 0, \quad 0]$$

5.2.4.1 实例 5-2

【例 5-2】 利用 MATLAB 推导弹性空间 4 结点四面体等参元的形函数偏导矩阵和雅可比矩阵。

【解】 编写如下 MATLAB 程序：

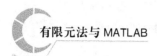
代码下载

```
clear;
clc;
syms N1(r,s,t) N2(r,s,t) N3(r,s,t) N4(r,s,t)
syms x1 y1 z1 x2 y2 z2 x3 y3 z3 x4 y4 z4
N1(r,s,t)=r;
N2(r,s,t)=s;
N3(r,s,t)=1-r-s-t;
N4(r,s,t)=t;
Npd=[diff(N1,r),diff(N2,r),diff(N3,r),diff(N4,r);
     diff(N1,s),diff(N2,s),diff(N3,s),diff(N4,s);
     diff(N1,t),diff(N2,t),diff(N3,t),diff(N4,t)]
X=[x1,y1,z1
   x2,y2,z2
   x3,y3,z3
   x4,y4,z4];
J=Npd*X
```

运行后,得到：

Npd(r,s,t)=

$$[\ 1,0,-1,0]$$
$$[\ 0,1,-1,0]$$
$$[\ 0,0,-1,1]$$

J(r,s,t)=

$$[\ x1-x3,y1-y3,z1-z3]$$
$$[\ x2-x3,y2-y3,z2-z3]$$
$$[\ x4-x3,y4-y3,z4-z3]$$

【另解】 编写如下 MATLAB 程序：

```
clear;
clc;
syms N1(r,s,t) N2(r,s,t) N3(r,s,t) N4(r,s,t)
```

```
syms x1 y1 z1 x2 y2 z2 x3 y3 z3 x4 y4 z4
N1(r,s,t)=r;
N2(r,s,t)=s;
N3(r,s,t)=1-r-s-t;
N4(r,s,t)=t;
x=N1*x1+N2*x2+N3*x3+N4*x4
y=N1*y1+N2*y2+N3*y3+N4*y4
z=N1*z1+N2*z2+N3*z3+N4*z4
J=[diff(x,r),diff(y,r),diff(z,r)
    diff(x,s),diff(y,s),diff(z,s)
    diff(x,t),diff(y,t),diff(z,t)]
```

代码下载

运行后,得到:

$$x(r,s,t)=r*x1+s*x2+t*x4-x3*(r+s+t-1)$$
$$y(r,s,t)=r*y1+s*y2+t*y4-y3*(r+s+t-1)$$
$$z(r,s,t)=r*z1+s*z2+t*z4-z3*(r+s+t-1)$$
$$J(r,s,t)=$$
$$\begin{bmatrix} x1-x3,y1-y3,z1-z3 \\ x2-x3,y2-y3,z2-z3 \\ x4-x3,y4-y3,z4-z3 \end{bmatrix}$$

5.2.4.3　实例 5-3

【例 5-3】　一 4 结点四面体等参元单元在整体坐标系下结点坐标为 1(0,0,0)、2(2,0,0)、3(1,2,0)、4(1,1,2)。利用 MATLAB 计算该等参元的单元应变矩阵。

【解】　编写如下 MATLAB 程序:

```
clear;
clc;
Xe=[0,0,0;
    2,0,0;
    1,2,0;
    1,1,2]
Npd=[1,0,-1,0;
     0,1,-1,0;
     0,0,-1,1]
J=Npd*Xe
Jinv=inv(J)
%———————————————————————————————
N1d=Jinv*Npd(:,1)
B1=[N1d(1),0,0;
    0,N1d(2),0;
```

代码下载

```matlab
    0,0,N1d(3);
    N1d(2),N1d(1),0;
    0,N1d(3),N1d(2);
    N1d(3),0,N1d(1)]
%————————————————————————————
N2d=Jinv*Npd(:,2)
B2=[N2d(1),0,0;
    0,N2d(2),0;
    0,0,N2d(3);
    N2d(2),N2d(1),0;
    0,N2d(3),N2d(2);
    N2d(3),0,N2d(1)]
%————————————————————————————
N3d=Jinv*Npd(:,3)
B3=[N3d(1),0,0;
    0,N3d(2),0;
    0,0,N3d(3);
    N3d(2),N3d(1),0;
    0,N3d(3),N3d(2);
    N3d(3),0,N3d(1)]
%————————————————————————————
N4d=Jinv*Npd(:,4)
B4=[N4d(1),0,0;
    0,N4d(2),0;
    0,0,N4d(3);
    N4d(2),N4d(1),0;
    0,N4d(3),N4d(2);
    N4d(3),0,N4d(1)]
%————————————————————————————
B=[B1,B2,B3,B4]
```

运行后得到：

	1	2	3	4	5	6	7	8	9	10	11	12
1	-0.5000	0	0	0.5000	0	0	0	0	0	0	0	0
2	0	-0.2500	0	0	-0.2500	0	0	0.5000	0	0	0	0
3	0	0	-0.1250	0	0	-0.1250	0	0	-0.2500	0	0	0.5000
4	-0.2500	-0.5000	0	-0.2500	0.5000	0	0.5000	0	0	0	0	0
5	0	-0.1250	-0.2500	0	-0.1250	-0.2500	0	-0.2500	0.5000	0	0.5000	0
6	-0.1250	0	-0.5000	-0.1250	0	0.5000	-0.2500	0	0	0.5000	0	0

【另解】 编写如下程序：

```
clear;
clc;
syms N1(x,y,z) N2(x,y,z) N3(x,y,z) N4(x,y,z)
syms a1 b1 c1 d1
N1(x,y,z)=a1+b1*x+c1*y+d1*z
eq1=N1(0,0,0)==1
eq2=N1(2,0,0)==0
eq3=N1(1,2,0)==0
eq4=N1(1,1,2)==0
[a1,b1,c1,d1]=solve(eq1,eq2,eq3,eq4,a1,b1,c1,d1)
N1=eval(N1)
B1=[diff(N1,x),0,0
    0,diff(N1,y),0
    0,0,diff(N1,z)
    diff(N1,y),diff(N1,x),0
    0,diff(N1,z),diff(N1,y)
    diff(N1,z),0,diff(N1,x)]
B1=eval(B1)
%----------------------------------------
syms a2 b2 c2 d2
N2(x,y,z)=a2+b2*x+c2*y+d2*z
eq1=N2(0,0,0)==0
eq2=N2(2,0,0)==1
eq3=N2(1,2,0)==0
eq4=N2(1,1,2)==0
[a2,b2,c2,d2]=solve(eq1,eq2,eq3,eq4,a2,b2,c2,d2)
N2=eval(N2)
B2=[diff(N2,x),0,0
    0,diff(N2,y),0
    0,0,diff(N2,z)
    diff(N2,y),diff(N2,x),0
    0,diff(N2,z),diff(N2,y)
    diff(N2,z),0,diff(N2,x)]
B2=eval(B2)
%----------------------------------------
syms a3 b3 c3 d3
N3(x,y,z)=a3+b3*x+c3*y+d3*z
```

```
eq1=N3(0,0,0)==0
eq2=N3(2,0,0)==0
eq3=N3(1,2,0)==1
eq4=N3(1,1,2)==0
[a3,b3,c3,d3]=solve(eq1,eq2,eq3,eq4,a3,b3,c3,d3)
N3=eval(N3)
B3=[diff(N3,x),0,0
    0,diff(N3,y),0
    0,0,diff(N3,z)
    diff(N3,y),diff(N3,x),0
    0,diff(N3,z),diff(N3,y)
    diff(N3,z),0,diff(N3,x)]
B3=eval(B3)
%———————————————————————————————————
syms a4 b4 c4 d4
N4(x,y,z)=a4+b4*x+c4*y+d4*z
eq1=N4(0,0,0)==0
eq2=N4(2,0,0)==0
eq3=N4(1,2,0)==0
eq4=N4(1,1,2)==1
[a4,b4,c4,d4]=solve(eq1,eq2,eq3,eq4,a4,b4,c4,d4)
N4=eval(N4)
B4=[diff(N4,x),0,0
    0,diff(N4,y),0
    0,0,diff(N4,z)
    diff(N4,y),diff(N4,x),0
    0,diff(N4,z),diff(N4,y)
    diff(N4,z),0,diff(N4,x)]
B4=eval(B4)
```

运行后,得到:

```
B1=
   -0.5000         0         0
         0   -0.2500         0
         0         0   -0.1250
   -0.2500   -0.5000         0
         0   -0.1250   -0.2500
   -0.1250         0   -0.5000
```

B2＝

0.5000	0	0
0	−0.2500	0
0	0	−0.1250
−0.2500	0.5000	0
0	−0.1250	−0.2500
−0.1250	0	0.5000

B3＝

0	0	0
0	0.5000	0
0	0	−0.2500
0.5000	0	0
0	−0.2500	0.5000
−0.2500	0	0

B4＝

0	0	0
0	0	0
0	0	0.5000
0	0	0
0	0.5000	0
0.5000	0	0

5.2.4.4　实例 5-4

【例 5-4】　利用广义坐标法推导空间 10 结点四面体等参元的形函数及其偏导数的表达式。

【解】　1）编写如下 MATLAB 程序,计算 N_1 及其偏导数:

```
clear;clc;
syms a1 a2 a3 a4 a5 a6 a7 a8 a9 a10
syms N1(r,s,t)
N1(r,s,t)=a1+a2*r+a3*s+a4*t...
        +a5*r^2+a6*s^2+a7*t^2...
        +a8*r*s+a9*s*t+a10*t*r
eq1=N1(1,0,0)==1
eq2=N1(0,1,0)==0
eq3=N1(0,0,0)==0
eq4=N1(0,0,1)==0
eq5=N1(1/2,1/2,0)==0
```

代码下载

```
eq6=N1(1/2,0,0)==0
eq7=N1(1/2,0,1/2)==0
eq8=N1(0,1/2,0)==0
eq9=N1(0,0,1/2)==0
eq10=N1(0,1/2,1/2)==0
R=solve(eq1,eq2,eq3,eq4,eq5,eq6,eq7,eq8,eq9,eq10,...
        a1,a2,a3,a4,a5,a6,a7,a8,a9,a10)
a1=R.a1
a2=R.a2
a3=R.a3
a4=R.a4
a5=R.a5
a6=R.a6
a7=R.a7
a8=R.a8
a9=R.a9
a10=R.a10
N1(r,s,t)=eval(N1)
N1_f=factor(N1)
N1r=diff(N1,r)
N1s=diff(N1,s)
N1t=diff(N1,t)
```

运行后得到:

```
N1(r,s,t)=2*r^2-r
N1_f(r,s,t)=[r,2*r-1]
N1r(r,s,t)=4*r-1
N1s(r,s,t)=0
N1t(r,s,t)=0
```

2)编写如下 MATLAB 程序,计算 N_2 及其偏导数:

```
clear;clc;
syms a1 a2 a3 a4 a5 a6 a7 a8 a9 a10
syms N2(r,s,t)
N2(r,s,t)=a1+a2*r+a3*s+a4*t...
    +a5*r^2+a6*s^2+a7*t^2...
    +a8*r*s+a9*s*t+a10*t*r
eq1=N2(1,0,0)==0
eq2=N2(0,1,0)==1
eq3=N2(0,0,0)==0
```

代码下载

```
eq4＝N2(0,0,1)＝＝0
    eq5＝N2(1/2,1/2,0)＝＝0
    eq6＝N2(1/2,0,0)＝＝0
    eq7＝N2(1/2,0,1/2)＝＝0
    eq8＝N2(0,1/2,0)＝＝0
    eq9＝N2(0,0,1/2)＝＝0
    eq10＝N2(0,1/2,1/2)＝＝0
    R＝solve(eq1,eq2,eq3,eq4,eq5,eq6,eq7,eq8,eq9,eq10,...
            a1,a2,a3,a4,a5,a6,a7,a8,a9,a10)
    a1＝R.a1
    a2＝R.a2
    a3＝R.a3
    a4＝R.a4
    a5＝R.a5
    a6＝R.a6
    a7＝R.a7
    a8＝R.a8
    a9＝R.a9
    a10＝R.a10
    N2(r,s,t)＝eval(N2)
    N2_f＝factor(N2)
    N2r＝diff(N2,r)
    N2s＝diff(N2,s)
    N2t＝diff(N2,t)
```

运行后得到：

```
    N2(r,s,t)＝2*s^2－s
    N2_f(r,s,t)＝[ s,2*s－1]
    N2r(r,s,t)＝0
    N2s(r,s,t)＝4*s－1
    N2t(r,s,t)＝0
```

3）编写如下 MATLAB 程序，计算 N_3 及其偏导数：

```
clear;clc;
syms a1 a2 a3 a4 a5 a6 a7 a8 a9 a10
syms N3(r,s,t)
N3(r,s,t)＝a1＋a2*r＋a3*s＋a4*t...
    ＋a5*r^2＋a6*s^2＋a7*t^2...
    ＋a8*r*s＋a9*s*t＋a10*t*r
eq1＝N3(1,0,0)＝＝0
```

代码下载

```
eq2=N3(0,1,0)==0
eq3=N3(0,0,0)==1
eq4=N3(0,0,1)==0
eq5=N3(1/2,1/2,0)==0
eq6=N3(1/2,0,0)==0
eq7=N3(1/2,0,1/2)==0
eq8=N3(0,1/2,0)==0
eq9=N3(0,0,1/2)==0
eq10=N3(0,1/2,1/2)==0
R=solve(eq1,eq2,eq3,eq4,eq5,eq6,eq7,eq8,eq9,eq10,...
        a1,a2,a3,a4,a5,a6,a7,a8,a9,a10)
a1=R.a1
a2=R.a2
a3=R.a3
a4=R.a4
a5=R.a5
a6=R.a6
a7=R.a7
a8=R.a8
a9=R.a9
a10=R.a10
N3(r,s,t)=eval(N3)
N3_f=factor(N3)
N3r=diff(N3,r)
N3s=diff(N3,s)
N3t=diff(N3,t)
```

运行后得到：

N3(r,s,t)=

$2*r\hat{}2+4*r*s+4*r*t-3*r+2*s\hat{}2+4*s*t-3*s+2*t\hat{}2-3*t+1$

N3_f(r,s,t)=[$2*r+2*s+2*t-1,r+s+t-1$]

N3r(r,s,t)=$4*r+4*s+4*t-3$

N3s(r,s,t)=$4*r+4*s+4*t-3$

N3t(r,s,t)=$4*r+4*s+4*t-3$

4)编写如下 MATLAB 程序，计算 N_4 及其偏导数：

```
clear;clc;
syms a1 a2 a3 a4 a5 a6 a7 a8 a9 a10
syms N4(r,s,t)
N4(r,s,t)=a1+a2*r+a3*s+a4*t...
```

```
    +a5 * r^2+a6 * s^2+a7 * t^2 ...
    +a8 * r * s+a9 * s * t+a10 * t * r
eq1=N4(1,0,0)==0
eq2=N4(0,1,0)==0
eq3=N4(0,0,0)==0
eq4=N4(0,0,1)==1
eq5=N4(1/2,1/2,0)==0
eq6=N4(1/2,0,0)==0
eq7=N4(1/2,0,1/2)==0
eq8=N4(0,1/2,0)==0
eq9=N4(0,0,1/2)==0
eq10=N4(0,1/2,1/2)==0
R=solve(eq1,eq2,eq3,eq4,eq5,eq6,eq7,eq8,eq9,eq10,...
        a1,a2,a3,a4,a5,a6,a7,a8,a9,a10)
a1=R. a1
a2=R. a2
a3=R. a3
a4=R. a4
a5=R. a5
a6=R. a6
a7=R. a7
a8=R. a8
a9=R. a9
a10=R. a10
N4(r,s,t)=eval(N4)
N4_f=factor(N4)
N4r=diff(N4,r)
N4s=diff(N4,s)
N4t=diff(N4,t)
```

运行后得到：

```
N4(r,s,t)=2 * t^2-t
N4_f(r,s,t)=[ t,2 * t-1]
N4r(r,s,t)=0
N4s(r,s,t)=0
N4t(r,s,t)=4 * t -1
```

5)编写如下 MATLAB 程序,计算 N_5 及其偏导数:

```
clear;clc;
syms a1 a2 a3 a4 a5 a6 a7 a8 a9 a10
```

```
syms N5(r,s,t)
N5(r,s,t)=a1+a2*r+a3*s+a4*t...
    +a5*r^2+a6*s^2+a7*t^2...
    +a8*r*s+a9*s*t+a10*t*r
eq1=N5(1,0,0)==0
eq2=N5(0,1,0)==0
eq3=N5(0,0,0)==0
eq4=N5(0,0,1)==0
eq5=N5(1/2,1/2,0)==1
eq6=N5(1/2,0,0)==0
eq7=N5(1/2,0,1/2)==0
eq8=N5(0,1/2,0)==0
eq9=N5(0,0,1/2)==0
eq10=N5(0,1/2,1/2)==0
R=solve(eq1,eq2,eq3,eq4,eq5,eq6,eq7,eq8,eq9,eq10,...
        a1,a2,a3,a4,a5,a6,a7,a8,a9,a10)
a1=R.a1
a2=R.a2
a3=R.a3
a4=R.a4
a5=R.a5
a6=R.a6
a7=R.a7
a8=R.a8
a9=R.a9
a10=R.a10
N5(r,s,t)=eval(N5)
N5_f=factor(N5)
N5r=diff(N5,r)
N5s=diff(N5,s)
N5t=diff(N5,t)
```

运行后得到：

```
N5(r,s,t)=4*r*s
N5_f(r,s,t)=[4,r,s]
N5r(r,s,t)=4*s
N5s(r,s,t)=4*r
N5t(r,s,t)=0
```

6)编写如下 MATLAB 程序,计算 N_6 及其偏导数:

```
clear;clc;
syms a1 a2 a3 a4 a5 a6 a7 a8 a9 a10
syms N6(r,s,t)
N6(r,s,t)=a1+a2*r+a3*s+a4*t...
    +a5*r^2+a6*s^2+a7*t^2...
    +a8*r*s+a9*s*t+a10*t*r
eq1=N6(1,0,0)==0
eq2=N6(0,1,0)==0
eq3=N6(0,0,0)==0
eq4=N6(0,0,1)==0
eq5=N6(1/2,1/2,0)==0
eq6=N6(1/2,0,0)==1
eq7=N6(1/2,0,1/2)==0
eq8=N6(0,1/2,0)==0
eq9=N6(0,0,1/2)==0
eq10=N6(0,1/2,1/2)==0
R=solve(eq1,eq2,eq3,eq4,eq5,eq6,eq7,eq8,eq9,eq10,...
        a1,a2,a3,a4,a5,a6,a7,a8,a9,a10)
a1=R.a1
a2=R.a2
a3=R.a3
a4=R.a4
a5=R.a5
a6=R.a6
a7=R.a7
a8=R.a8
a9=R.a9
a10=R.a10
N6(r,s,t)=eval(N6)
N6_f=factor(N6)
N6r=diff(N6,r)
N6s=diff(N6,s)
N6t=diff(N6,t)
```

运行后得到:

N6(r,s,t)=4*r-4*r*s-4*r*t-4*r^2

N6_f(r,s,t)=[-4,r,r+s+t-1]

N6r(r,s,t)=4-4*s-4*t-8*r

N6s(r,s,t)=−4 * r

N6t(r,s,t)=−4 * r

7)编写如下 MATLAB 程序,计算 N_7 及其偏导数:

代码下载

```
clear;clc;
syms a1 a2 a3 a4 a5 a6 a7 a8 a9 a10
syms N7(r,s,t)
N7(r,s,t)=a1+a2 * r+a3 * s+a4 * t...
    +a5 * r^2+a6 * s^2+a7 * t^2 ...
    +a8 * r * s+a9 * s * t+a10 * t * r
eq1=N7(1,0,0)==0
eq2=N7(0,1,0)==0
eq3=N7(0,0,0)==0
eq4=N7(0,0,1)==0
eq5=N7(1/2,1/2,0)==0
eq6=N7(1/2,0,0)==0
eq7=N7(1/2,0,1/2)==1
eq8=N7(0,1/2,0)==0
eq9=N7(0,0,1/2)==0
eq10=N7(0,1/2,1/2)==0
R=solve(eq1,eq2,eq3,eq4,eq5,eq6,eq7,eq8,eq9,eq10,...
    a1,a2,a3,a4,a5,a6,a7,a8,a9,a10)
a1=R. a1
a2=R. a2
a3=R. a3
a4=R. a4
a5=R. a5
a6=R. a6
a7=R. a7
a8=R. a8
a9=R. a9
a10=R. a10
N7(r,s,t)=eval(N7)
N7_f=factor(N7)
N7r=diff(N7,r)
N7s=diff(N7,s)
N7t=diff(N7,t)
```

运行后得到:

N7(r,s,t)=4 * r * t

170

$N7\_f(r,s,t)=[\ 4,r,t]$

$N7r(r,s,t)=4*t$

$N7s(r,s,t)=0$

$N7t(r,s,t)=4*r$

8)编写如下 MATLAB 程序,计算 N_8 及其偏导数:

```
clear;clc;
syms a1 a2 a3 a4 a5 a6 a7 a8 a9 a10
syms N8(r,s,t)
N8(r,s,t)=a1+a2*r+a3*s+a4*t...
    +a5*r^2+a6*s^2+a7*t^2...
    +a8*r*s+a9*s*t+a10*t*r
eq1=N8(1,0,0)==0
eq2=N8(0,1,0)==0
eq3=N8(0,0,0)==0
eq4=N8(0,0,1)==0
eq5=N8(1/2,1/2,0)==0
eq6=N8(1/2,0,0)==0
eq7=N8(1/2,0,1/2)==0
eq8=N8(0,1/2,0)==1
eq9=N8(0,0,1/2)==0
eq10=N8(0,1/2,1/2)==0
R=solve(eq1,eq2,eq3,eq4,eq5,eq6,eq7,eq8,eq9,eq10,...
        a1,a2,a3,a4,a5,a6,a7,a8,a9,a10)
a1=R.a1
a2=R.a2
a3=R.a3
a4=R.a4
a5=R.a5
a6=R.a6
a7=R.a7
a8=R.a8
a9=R.a9
a10=R.a10
N8(r,s,t)=eval(N8)
N8_f=factor(N8)
N8r=diff(N8,r)
N8s=diff(N8,s)
N8t=diff(N8,t)
```

代码下载

运行后得到：

$N8(r,s,t)=4*s-4*r*s-4*s*t-4*s^2$

$N8\_f(r,s,t)=[-4,s,r+s+t-1]$

$N8r(r,s,t)=-4*s$

$N8s(r,s,t)=4-8*s-4*t-4*r$

$N8t(r,s,t)=-4*s$

9）编写如下 MATLAB 程序，计算 N_9 及其偏导数：

代码下载

```
clear;clc;
syms a1 a2 a3 a4 a5 a6 a7 a8 a9 a10
syms N9(r,s,t)
N9(r,s,t)=a1+a2*r+a3*s+a4*t ...
    +a5*r^2+a6*s^2+a7*t^2 ...
    +a8*r*s+a9*s*t+a10*t*r
eq1=N9(1,0,0)==0
eq2=N9(0,1,0)==0
eq3=N9(0,0,0)==0
eq4=N9(0,0,1)==0
eq5=N9(1/2,1/2,0)==0
eq6=N9(1/2,0,0)==0
eq7=N9(1/2,0,1/2)==0
eq8=N9(0,1/2,0)==0
eq9=N9(0,0,1/2)==1
eq10=N9(0,1/2,1/2)==0
R=solve(eq1,eq2,eq3,eq4,eq5,eq6,eq7,eq8,eq9,eq10,...
        a1,a2,a3,a4,a5,a6,a7,a8,a9,a10)
a1=R.a1
a2=R.a2
a3=R.a3
a4=R.a4
a5=R.a5
a6=R.a6
a7=R.a7
a8=R.a8
a9=R.a9
a10=R.a10
N9(r,s,t)=eval(N9)
N9_f=factor(N9)
N9r=diff(N9,r)
```

```
N9s＝diff(N9,s)
N9t＝diff(N9,t)
```

运行后得到：

$$N9(r,s,t)＝4*t-4*r*t-4*s*t-4*t\char`\^2$$

$$N9\_f(r,s,t)＝[-4,t,r+s+t-1]$$

$$N9r(r,s,t)＝-4*t$$

$$N9s(r,s,t)＝-4*t$$

$$N9t(r,s,t)＝4-4*s-8*t-4*r$$

10) 编写如下 MATLAB 程序，计算 N_{10} 及其偏导数：

代码下载

```
clear;clc;
syms a1 a2 a3 a4 a5 a6 a7 a8 a9 a10
syms N10(r,s,t)
N10(r,s,t)＝a1+a2*r+a3*s+a4*t...
    +a5*r^2+a6*s^2+a7*t^2...
    +a8*r*s+a9*s*t+a10*t*r
eq1＝N10(1,0,0)==0
eq2＝N10(0,1,0)==0
eq3＝N10(0,0,0)==0
eq4＝N10(0,0,1)==0
eq5＝N10(1/2,1/2,0)==0
eq6＝N10(1/2,0,0)==0
eq7＝N10(1/2,0,1/2)==0
eq8＝N10(0,1/2,0)==0
eq9＝N10(0,0,1/2)==0
eq10＝N10(0,1/2,1/2)==1
R＝solve(eq1,eq2,eq3,eq4,eq5,eq6,eq7,eq8,eq9,eq10,...
        a1,a2,a3,a4,a5,a6,a7,a8,a9,a10)
a1＝R.a1
a2＝R.a2
a3＝R.a3
a4＝R.a4
a5＝R.a5
a6＝R.a6
a7＝R.a7
a8＝R.a8
a9＝R.a9
a10＝R.a10
N10(r,s,t)＝eval(N10)
```

```
N10_f=factor(N10)
N10r=diff(N10,r)
N10s=diff(N10,s)
N10t=diff(N10,t)
```

运行后得到：

N10(r,s,t)=4 * s * t

N10_f(r,s,t)=[4,s,t]

N10r(r,s,t)=0

N10s(r,s,t)=4 * t

N10t(r,s,t)=4 * s

5.3 弹性空间六面体单元分析

5.3.1 空间 8 结点六面体等参元

根据 4.5.1 节的介绍,图 5-4 所示弹性空间 8 结点六面体等参元的坐标变换和单元位移场分别表示为

$$
\left. \begin{aligned}
x &= \sum_{i=1}^{8} N_i(\xi,\eta) x_i \\
y &= \sum_{i=1}^{8} N_i(\xi,\eta) y_i \\
z &= \sum_{i=1}^{8} N_i(\xi,\eta) z_i
\end{aligned} \right\}
$$

和

$$
\left. \begin{aligned}
u &= \sum_{i=1}^{8} N_i(\xi,\eta) u_i \\
v &= \sum_{i=1}^{8} N_i(\xi,\eta) v_i \\
w &= \sum_{i=1}^{8} N_i(\xi,\eta) w_i
\end{aligned} \right\}
$$

其中,各结点对应的形函数可统一表示为

$$
N_i(\xi,\eta,\zeta)=\frac{1}{8}(1+\xi_i\xi)(1+\eta_i\eta)(1+\zeta_i\zeta) \quad (i=1,2,\cdots,8)
$$

图 5-4 所示的弹性空间 8 结点六面体等参元的单元应变场,也可根据 2.3.1 节中的弹性平面 3 结点 3 角形单元的应变场(2-23)式扩维得到,表示为

$$
\boldsymbol{\varepsilon}=\boldsymbol{B}a_e=\sum_{i=1}^{8} \boldsymbol{B}_i\boldsymbol{u}_i \tag{5-28}
$$

其中 $\boldsymbol{B}$ 为单元应变矩阵,其子矩阵 $\boldsymbol{B}_i$ 由(5-18)描述。

根据上述形函数表达式,可求出形函数对局部坐标的偏导数,即

$$\left. \begin{aligned} \frac{\partial N_i}{\partial \xi} &= \frac{1}{8}\xi_i(1+\eta_i\eta)(1+\zeta_i\zeta) \\ \frac{\partial N_i}{\partial \eta} &= \frac{1}{8}\eta_i(1+\xi_i\xi)(1+\zeta_i\zeta) \\ \frac{\partial N_i}{\partial \zeta} &= \frac{1}{8}\zeta_i(1+\xi_i\xi)(1+\eta_i\eta) \end{aligned} \right\} \quad (i=1,2,\cdots,8)$$

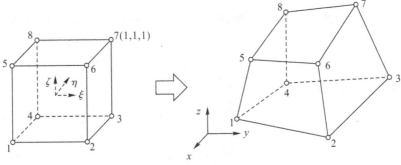

图 5-4　弹性空间 8 结点六面体等参元

根据 4.1.2 节和 4.5.1 节的介绍,可将上述弹性空间 8 结点六面体等参元的雅可比 (Jacobian)矩阵描述为

$$\boldsymbol{J}=\boldsymbol{N}_{\partial}\boldsymbol{X}_e$$

其中,单元结点坐标矩阵为

$$\boldsymbol{X}_e=\begin{bmatrix} x_1 & x_2 & \cdots & x_8 \\ y_1 & y_2 & \cdots & y_8 \\ z_1 & z_2 & \cdots & z_8 \end{bmatrix}^{\mathrm{T}}$$

形函数偏导数矩阵为

$$\boldsymbol{N}_{\partial 1}=\begin{bmatrix} \dfrac{\partial N_1}{\partial \xi} & \dfrac{\partial N_2}{\partial \xi} & \cdots & \dfrac{\partial N_8}{\partial \xi} \\[2mm] \dfrac{\partial N_1}{\partial \eta} & \dfrac{\partial N_2}{\partial \eta} & \cdots & \dfrac{\partial N_8}{\partial \eta} \\[2mm] \dfrac{\partial N_1}{\partial \zeta} & \dfrac{\partial N_2}{\partial \zeta} & \cdots & \dfrac{\partial N_8}{\partial \zeta} \end{bmatrix}$$

图 5-4 所示弹性空间 8 结点六面体等参元的单元刚度矩阵,也可根据弹性平面 3 结点三角形单元的刚度矩阵(2-39)式扩维得到,表示为

$$\boldsymbol{k}_e=\begin{bmatrix} \boldsymbol{k}_{11} & \boldsymbol{k}_{12} & \cdots & \boldsymbol{k}_{18} \\ \boldsymbol{k}_{21} & \boldsymbol{k}_{22} & \cdots & \boldsymbol{k}_{28} \\ \vdots & \vdots & \vdots & \vdots \\ \boldsymbol{k}_{81} & \boldsymbol{k}_{82} & \cdots & \boldsymbol{k}_{88} \end{bmatrix}$$

其中的子矩阵

$$\boldsymbol{k}_{ij}=\int_{-1}^{1}\int_{-1}^{1}\int_{-1}^{1}\boldsymbol{k}_{ij}^{(0)}(\xi,\eta,\zeta)\mathrm{d}\zeta\mathrm{d}\eta\mathrm{d}\xi \quad (i,j=1,2,\cdots,8)$$

被积函数

$$\boldsymbol{k}_{ij}^{(0)}(\xi,\eta,\zeta)=\boldsymbol{B}_i^{\mathrm{T}}\boldsymbol{D}\boldsymbol{B}_j\left|\boldsymbol{J}\right| \quad (i,j=1,2,\cdots,8)$$

利用 Gauss 积分,取 8 个积分点,可以得到

$$\boldsymbol{k}_{ij} = \sum_{r=1}^{2} \sum_{s=1}^{2} \sum_{t=1}^{2} G_r G_s G_t \boldsymbol{k}_{ij}^{(0)}(\xi_r, \eta_s, \zeta_t) \quad (i, j = 1, 2, \cdots, 8) \tag{5-29}$$

其中的权系数和积分点坐标可以在表 4-2 中查获。

5.3.2 空间 20 结点六面体等参元

根据 4.5.2 节的介绍,图 5-5 所示弹性空间 20 结点六面体等参元的坐标变换和单元位移场分别表示为

$$\left. \begin{aligned} x &= \sum_{i=1}^{20} N_i(\xi, \eta) x_i \\ y &= \sum_{i=1}^{20} N_i(\xi, \eta) y_i \\ z &= \sum_{i=1}^{20} N_i(\xi, \eta) z_i \end{aligned} \right\}$$

和

$$\left. \begin{aligned} u &= \sum_{i=1}^{20} N_i(\xi, \eta) u_i \\ v &= \sum_{i=1}^{20} N_i(\xi, \eta) v_i \\ w &= \sum_{i=1}^{20} N_i(\xi, \eta) w_i \end{aligned} \right\}$$

其中,各结点对应的形函数统一表示为

$$\left. \begin{aligned} N_i &= \frac{1}{8} \xi_i^2 \eta_i^2 \zeta_i^2 (1 + \xi_i \xi)(1 + \eta_i \eta)(1 + \zeta_i \zeta)(\xi_i \xi + \eta_i \eta + \zeta_i \zeta - 2) \\ &+ \frac{1}{4} \eta_i^2 \zeta_i^2 (1 - \xi^2)(1 - \xi^2)(1 + \eta_i \eta)(1 + \zeta_i \zeta) \\ &+ \frac{1}{4} \zeta_i^2 \xi_i^2 (1 - \eta_i^2)(1 - \eta^2)(1 + \zeta_i \zeta)(1 + \xi_i \xi) \\ &+ \frac{1}{4} \xi_i^2 \eta_i^2 (1 - \zeta_i^2)(1 - \zeta^2)(1 + \xi_i \xi)(1 + \eta_i \eta) \end{aligned} \right\} (i = 1, 2, \cdots, 20)$$

图 5-5 所示的弹性空间 20 结点六面体等参元的单元应变场,可根据 2.3.1 节中的弹性平面 3 结点 3 角形单元的应变场(2-23)式扩维得到,表示为

$$\boldsymbol{\varepsilon} = \boldsymbol{B} \boldsymbol{a}_e = \sum_{i=1}^{20} \boldsymbol{B}_i \boldsymbol{u}_i \tag{5-30}$$

其中,$\boldsymbol{B}$ 为单元应变矩阵,其子矩阵 $\boldsymbol{B}_i$ 由(5-18)式描述。

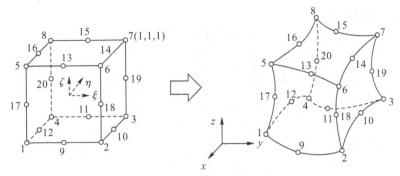

图 5-5　弹性空间 20 结点六面体等参元

根据上述形函数表达式,求得图 5-4 所示弹性空间 20 结点六面体等参元的形函数对局部坐标的偏导数,即

$$\frac{\partial N_i}{\partial \xi} = \frac{1}{8}\xi_i^3\eta_i^2\zeta_i^2(1+\eta_i\eta)(1+\zeta_i\zeta)(2\xi_i\xi+\eta_i\eta+\zeta_i\zeta-1)$$
$$-\frac{1}{2}\eta_i^2\zeta_i^2(1-\xi^2)\xi(1+\eta_i\eta)(1+\zeta_i\zeta)$$
$$+\frac{1}{4}\zeta_i^2\xi_i^3(1-\eta_i^2)(1-\eta^2)(1+\zeta_i\zeta)$$
$$+\frac{1}{4}\xi_i^3\eta_i^2(1-\zeta_i^2)(1-\zeta^2)(1+\eta_i\eta)$$

$(i=1,2,\cdots,20)$

$$\frac{\partial N_i}{\partial \eta} = \frac{1}{8}\xi_i^2\eta_i^3\zeta_i^2(1+\xi_i\xi)(1+\zeta_i\zeta)(\xi_i\xi+2\eta_i\eta+\zeta_i\zeta-1)$$
$$+\frac{1}{4}\eta_i^3\zeta_i^2(1-\xi_i^2)(1-\xi^2)(1+\zeta_i\zeta)$$
$$-\frac{1}{2}\zeta_i^2\xi_i^2(1-\eta_i^2)\eta(1+\zeta_i\zeta)(1+\xi_i\xi)$$
$$+\frac{1}{4}\xi_i^2\eta_i^3(1-\zeta_i^2)(1-\zeta^2)(1+\xi_i\xi)$$

$(i=1,2,\cdots,20)$

和

$$\frac{\partial N_i}{\partial \zeta} = \frac{1}{8}\xi_i^2\eta_i^2\zeta_i^3(1+\xi_i\xi)(1+\eta_i\eta)(\xi_i\xi+\eta_i\eta+2\zeta_i\zeta-1)$$
$$+\frac{1}{4}\eta_i^2\zeta_i^3(1-\xi_i^2)(1-\xi^2)(1+\eta_i\eta)$$
$$+\frac{1}{4}\zeta_i^3\xi_i^2(1-\eta_i^2)(1-\eta^2)(1+\xi_i\xi)$$
$$-\frac{1}{2}\xi_i^2\eta_i^2(1-\zeta_i^2)\zeta(1+\xi_i\xi)(1+\eta_i\eta)$$

$(i=1,2,\cdots,20)$

根据 4.1.2 节和 4.5.2 节的介绍,可将上述弹性空间 20 结点六面体等参元的雅可比(Jacobian)矩阵描述为

$$\boldsymbol{J} = \boldsymbol{N}_\partial \boldsymbol{X}_e$$

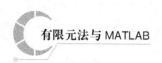

其中,形函数偏导数矩阵为

$$\boldsymbol{N}_a = \begin{bmatrix} \dfrac{\partial N_1}{\partial \xi} & \dfrac{\partial N_2}{\partial \xi} & \cdots & \dfrac{\partial N_{20}}{\partial \xi} \\[2mm] \dfrac{\partial N_1}{\partial \eta} & \dfrac{\partial N_2}{\partial \eta} & \cdots & \dfrac{\partial N_{20}}{\partial \eta} \\[2mm] \dfrac{\partial N_1}{\partial \zeta} & \dfrac{\partial N_2}{\partial \zeta} & \cdots & \dfrac{\partial N_{20}}{\partial \zeta} \end{bmatrix}$$

单元结点坐标矩阵为

$$\boldsymbol{X}_e = \begin{bmatrix} x_1 & x_2 & \cdots & x_{20} \\ y_1 & y_2 & \cdots & y_{20} \\ z_1 & z_2 & \cdots & z_{20} \end{bmatrix}^{\mathrm{T}}$$

图 5-5 所示弹性空间 20 结点六面体等参元的单元刚度矩阵,可根据弹性平面 3 结点三角形单元的刚度矩阵(2-39)式扩维得到,表示为

$$\boldsymbol{k}_e = \begin{bmatrix} \boldsymbol{k}_{11} & \boldsymbol{k}_{12} & \cdots & \boldsymbol{k}_{120} \\ \boldsymbol{k}_{21} & \boldsymbol{k}_{22} & \cdots & \boldsymbol{k}_{220} \\ \vdots & \vdots & \vdots & \vdots \\ \boldsymbol{k}_{201} & \boldsymbol{k}_{202} & \cdots & \boldsymbol{k}_{2020} \end{bmatrix}$$

其中的子矩阵

$$\boldsymbol{k}_{ij} = \int_{-1}^{1} \int_{-1}^{1} \int_{-1}^{1} \boldsymbol{k}_{ij}^{(0)}(\xi, \eta, \zeta) \mathrm{d}\zeta \mathrm{d}\eta \mathrm{d}\xi \quad (i, j = 1, 2, \cdots, 20)$$

被积函数

$$\boldsymbol{k}_{ij}^{(0)}(\xi, \eta, \zeta) = \boldsymbol{B}_i^{\mathrm{T}} \boldsymbol{D} \boldsymbol{B}_j |\boldsymbol{J}| \quad (i, j = 1, 2, \cdots, 20)$$

利用 Gauss 积分,取 27 个积分点,可以得到

$$\boldsymbol{k}_{ij} = \sum_{r=1}^{3} \sum_{s=1}^{3} \sum_{t=1}^{3} G_r G_s G_t \boldsymbol{k}_{ij}^{(0)}(\xi_r, \eta_s, \zeta_t) \quad (i, j = 1, 2, \cdots, 20) \tag{5-31}$$

其中的权系数和积分点坐标可以在表 4-2 中查获。

5.3.3 体验与实践

5.3.3.1 实例 5-5

【例 5-5】 利用广义坐标法推导空间 8 结点六面体等参元的形函数及其偏导数的表达式。

【解】 1)编写如下 MATLAB 程序,推导 N_1 及其偏导数表达式:

```
clear;clc;
syms a1 a2 a3 a4 a5 a6 a7 a8
syms N1(r,s,t)
N1(r,s,t)=a1+a2*r+a3*s+a4*t+a5*r*s...
        +a6*s*t+a7*t*r+a8*r*s*t
eq1=N1(-1,-1,-1)==1
eq2=N1(1,-1,-1)==0
```

代码下载

```
eq3＝N1(1,1,−1)＝＝0
eq4＝N1(−1,1,−1)＝＝0
eq5＝N1(−1,−1,1)＝＝0
eq6＝N1(1,−1,1)＝＝0
eq7＝N1(1,1,1)＝＝0
eq8＝N1(−1,1,1)＝＝0
R＝solve(eq1,eq2,eq3,eq4,eq5,eq6,eq7,eq8,...
                 a1,a2,a3,a4,a5,a6,a7,a8)
a1＝R. a1
a2＝R. a2
a3＝R. a3
a4＝R. a4
a5＝R. a5
a6＝R. a6
a7＝R. a7
a8＝R. a8
N1(r,s,t)＝eval(N1);
N1_f＝factor(N1)
N1r＝diff(N1,r);
N1r_f＝factor(N1r)
N1s＝diff(N1,s);
N1s_f＝factor(N1s)
N1t＝diff(N1,t);
N1t_f＝factor(N1t)
```

运行后得到：

$$N1\_f(r,s,t)＝[−1/8,t−1,s−1,r−1]$$

$$N1r\_f(r,s,t)＝[−1/8,t−1,s−1]$$

$$N1s\_f(r,s,t)＝[−1/8,t−1,r−1]$$

$$N1t\_f(r,s,t)＝[−1/8,s−1,r−1]$$

2)编写如下 MATLAB 程序,推导 N_2 及其偏导数表达式：

```
clear;clc;
syms a1 a2 a3 a4 a5 a6 a7 a8
syms N2(r,s,t)
N2(r,s,t)＝a1＋a2＊r＋a3＊s＋a4＊t＋a5＊r＊s...
          ＋a6＊s＊t＋a7＊t＊r＋a8＊r＊s＊t
eq1＝N2(−1,−1,−1)＝＝0
eq2＝N2(1,−1,−1)＝＝1
eq3＝N2(1,1,−1)＝＝0
```

代码下载

```
eq4=N2(-1,1,-1)==0
eq5=N2(-1,-1,1)==0
eq6=N2(1,-1,1)==0
eq7=N2(1,1,1)==0
eq8=N2(-1,1,1)==0
R=solve(eq1,eq2,eq3,eq4,eq5,eq6,eq7,eq8,...
               a1,a2,a3,a4,a5,a6,a7,a8)
a1=R. a1
a2=R. a2
a3=R. a3
a4=R. a4
a5=R. a5
a6=R. a6
a7=R. a7
a8=R. a8
N2(r,s,t)=eval(N2);
N2_f=factor(N2)
N2r=diff(N2,r);
N2r_f=factor(N2r)
N2s=diff(N2,s);
N2s_f=factor(N2s)
N2t=diff(N2,t);
N2t_f=factor(N2t)
```

运行后得到:

```
N2_f(r,s,t)=[ 1/8,t-1,s-1,r+1]
N2r_f(r,s,t)=[ 1/8,t-1,s-1]
N2s_f(r,s,t)=[ 1/8,t-1,r+1]
N2t_f(r,s,t)=[ 1/8,s-1,r+1]
```

3)编写如下 MATLAB 程序,推导 N_3 及其偏导数表达式:

```
clear;clc;
syms a1 a2 a3 a4 a5 a6 a7 a8
syms N3(r,s,t)
N3(r,s,t)=a1+a2*r+a3*s+a4*t+a5*r*s...
          +a6*s*t+a7*t*r+a8*r*s*t
eq1=N3(-1,-1,-1)==0
eq2=N3(1,-1,-1)==0
eq3=N3(1,1,-1)==1
eq4=N3(-1,1,-1)==0
```

代码下载

eq5＝N3(－1,－1,1)＝＝0

eq6＝N3(1,－1,1)＝＝0

eq7＝N3(1,1,1)＝＝0

eq8＝N3(－1,1,1)＝＝0

R＝solve(eq1,eq2,eq3,eq4,eq5,eq6,eq7,eq8,…

a1,a2,a3,a4,a5,a6,a7,a8)

a1＝R.a1

a2＝R.a2

a3＝R.a3

a4＝R.a4

a5＝R.a5

a6＝R.a6

a7＝R.a7

a8＝R.a8

N3(r,s,t)＝eval(N3);

N3_f＝factor(N3)

N3r＝diff(N3,r);

N3r_f＝factor(N3r)

N3s＝diff(N3,s);

N3s_f＝factor(N3s)

N3t＝diff(N3,t);

N3t_f＝factor(N3t)

运行后得到：

N3_f(r,s,t)＝[－1/8,t－1,s＋1,r＋1]

N3r_f(r,s,t)＝[－1/8,t－1,s＋1]

N3s_f(r,s,t)＝[－1/8,t－1,r＋1]

N3t_f(r,s,t)＝[－1/8,s＋1,r＋1]

4)编写如下 MATLAB 程序,推导 N_4 及其偏导数表达式：

```
clear;clc;
syms a1 a2 a3 a4 a5 a6 a7 a8
syms N4(r,s,t)
N4(r,s,t)＝a1＋a2*r＋a3*s＋a4*t＋a5*r*s…
        ＋a6*s*t＋a7*t*r＋a8*r*s*t
eq1＝N4(－1,－1,－1)＝＝0
eq2＝N4(1,－1,－1)＝＝0
eq3＝N4(1,1,－1)＝＝0
eq4＝N4(－1,1,－1)＝＝1
eq5＝N4(－1,－1,1)＝＝0
```

代码下载

eq6＝N4(1,－1,1)＝＝0

eq7＝N4(1,1,1)＝＝0

eq8＝N4(－1,1,1)＝＝0

R＝solve(eq1,eq2,eq3,eq4,eq5,eq6,eq7,eq8,...

　　　　　　a1,a2,a3,a4,a5,a6,a7,a8)

a1＝R. a1

a2＝R. a2

a3＝R. a3

a4＝R. a4

a5＝R. a5

a6＝R. a6

a7＝R. a7

a8＝R. a8

N4(r,s,t)＝eval(N4);

N4_f＝factor(N4)

N4r＝diff(N4,r);

N4r_f＝factor(N4r)

N4s＝diff(N4,s);

N4s_f＝factor(N4s)

N4t＝diff(N4,t);

N4t_f＝factor(N4t)

运行后得到：

N4_f(r,s,t)＝[1/8,t－1,s+1,r－1]

N4r_f(r,s,t)＝[1/8,t－1,s+1]

N4s_f(r,s,t)＝[1/8,t－1,r－1]

N4t_f(r,s,t)＝[1/8,s+1,r－1]

5)编写如下 MATLAB 程序,推导 N_5 及其偏导数表达式：

clear;clc;

syms a1 a2 a3 a4 a5 a6 a7 a8

syms N5(r,s,t)

N5(r,s,t)＝a1+a2 * r+a3 * s+a4 * t+a5 * r * s...

　　　　　+a6 * s * t+a7 * t * r+a8 * r * s * t

代码下载

eq1＝N5(－1,－1,－1)＝＝0

eq2＝N5(1,－1,－1)＝＝0

eq3＝N5(1,1,－1)＝＝0

eq4＝N5(－1,1,－1)＝＝0

eq5＝N5(－1,－1,1)＝＝1

eq6＝N5(1,－1,1)＝＝0

```
eq7＝N5(1,1,1)＝＝0
eq8＝N5(−1,1,1)＝＝0
R＝solve(eq1,eq2,eq3,eq4,eq5,eq6,eq7,eq8,...
                a1,a2,a3,a4,a5,a6,a7,a8)
a1＝R.a1
a2＝R.a2
a3＝R.a3
a4＝R.a4
a5＝R.a5
a6＝R.a6
a7＝R.a7
a8＝R.a8
N5(r,s,t)＝eval(N5);
N5_f＝factor(N5)
N5r＝diff(N5,r);
N5r_f＝factor(N5r)
N5s＝diff(N5,s);
N5s_f＝factor(N5s)
N5t＝diff(N5,t);
N5t_f＝factor(N5t)
```

运行后得到：

$$N5\_f(r,s,t)＝[\ 1/8,t+1,s-1,r-1]$$
$$N5r\_f(r,s,t)＝[\ 1/8,t+1,s-1]$$
$$N5s\_f(r,s,t)＝[\ 1/8,t+1,r-1]$$
$$N5t\_f(r,s,t)＝[\ 1/8,s-1,r-1]$$

6) 编写如下 MATLAB 程序，推导 N_6 及其偏导数表达式：

```
clear;clc;
syms a1 a2 a3 a4 a5 a6 a7 a8
syms N6(r,s,t)
N6(r,s,t)＝a1+a2*r+a3*s+a4*t+a5*r*s...
             +a6*s*t+a7*t*r+a8*r*s*t
eq1＝N6(−1,−1,−1)＝＝0
eq2＝N6(1,−1,−1)＝＝0
eq3＝N6(1,1,−1)＝＝0
eq4＝N6(−1,1,−1)＝＝0
eq5＝N6(−1,−1,1)＝＝0
eq6＝N6(1,−1,1)＝＝1
eq7＝N6(1,1,1)＝＝0
```

代码下载

```
eq8=N6(-1,1,1)==0
R=solve(eq1,eq2,eq3,eq4,eq5,eq6,eq7,eq8,...
                    a1,a2,a3,a4,a5,a6,a7,a8)
a1=R.a1
a2=R.a2
a3=R.a3
a4=R.a4
a5=R.a5
a6=R.a6
a7=R.a7
a8=R.a8
N6(r,s,t)=eval(N6);
N6_f=factor(N6)
N6r=diff(N6,r);
N6r_f=factor(N6r)
N6s=diff(N6,s);
N6s_f=factor(N6s)
N6t=diff(N6,t);
N6t_f=factor(N6t)
```

运行后得到：

$$N6\_f(r,s,t)=[-1/8,t+1,s-1,r+1]$$
$$N6r\_f(r,s,t)=[-1/8,t+1,s-1]$$
$$N6s\_f(r,s,t)=[-1/8,t+1,r+1]$$
$$N6t\_f(r,s,t)=[-1/8,s-1,r+1]$$

7）编写如下 MATLAB 程序，推导 N_7 及其偏导数表达式：

```
clear;clc;
syms a1 a2 a3 a4 a5 a6 a7 a8
syms N7(r,s,t)
N7(r,s,t)=a1+a2*r+a3*s+a4*t+a5*r*s...
          +a6*s*t+a7*t*r+a8*r*s*t
eq1=N7(-1,-1,-1)==0
eq2=N7(1,-1,-1)==0
eq3=N7(1,1,-1)==0
eq4=N7(-1,1,-1)==0
eq5=N7(-1,-1,1)==0
eq6=N7(1,-1,1)==0
eq7=N7(1,1,1)==1
eq8=N7(-1,1,1)==0
```

代码下载

```
R＝solve(eq1,eq2,eq3,eq4,eq5,eq6,eq7,eq8,...
                a1,a2,a3,a4,a5,a6,a7,a8)
a1＝R. a1
a2＝R. a2
a3＝R. a3
a4＝R. a4
a5＝R. a5
a6＝R. a6
a7＝R. a7
a8＝R. a8
N7(r,s,t)＝eval(N7);
N7_f＝factor(N7)
N7r＝diff(N7,r);
N7r_f＝factor(N7r)
N7s＝diff(N7,s);
N7s_f＝factor(N7s)
N7t＝diff(N7,t);
N7t_f＝factor(N7t)
```

运行后得到：

$$N7\_f(r,s,t)＝[\ 1/8,t+1,s+1,r+1]$$
$$N7r\_f(r,s,t)＝[\ 1/8,t+1,s+1]$$
$$N7s\_f(r,s,t)＝[\ 1/8,t+1,r+1]$$
$$N7t\_f(r,s,t)＝[\ 1/8,s+1,r+1]$$

8)编写如下 MATLAB 程序,推导 N_8 及其偏导数表达式：

```
clear;clc;
syms a1 a2 a3 a4 a5 a6 a7 a8
syms N8(r,s,t)
N8(r,s,t)＝a1+a2 * r+a3 * s+a4 * t+a5 * r * s...
            +a6 * s * t+a7 * t * r+a8 * r * s * t
eq1＝N8(-1,-1,-1)＝＝0
eq2＝N8(1,-1,-1)＝＝0
eq3＝N8(1,1,-1)＝＝0
eq4＝N8(-1,1,-1)＝＝0
eq5＝N8(-1,-1,1)＝＝0
eq6＝N8(1,-1,1)＝＝0
eq7＝N8(1,1,1)＝＝0
eq8＝N8(-1,1,1)＝＝1
R＝solve(eq1,eq2,eq3,eq4,eq5,eq6,eq7,eq8,...
```

代码下载

```
                         a1,a2,a3,a4,a5,a6,a7,a8)
    a1＝R. a1
    a2＝R. a2
    a3＝R. a3
    a4＝R. a4
    a5＝R. a5
    a6＝R. a6
    a7＝R. a7
    a8＝R. a8
    N8(r,s,t)＝eval(N8);
    N8_f＝factor(N8)
    N8r＝diff(N8,r);
    N8r_f＝factor(N8r)
    N8s＝diff(N8,s);
    N8s_f＝factor(N8s)
    N8t＝diff(N8,t);
    N8t_f＝factor(N8t)
```

运行后得到：

N8_f(r,s,t)＝[－1/8,t＋1,s＋1,r－1]

N8r_f(r,s,t)＝[－1/8,t＋1,s＋1]

N8s_f(r,s,t)＝[－1/8,t＋1,r－1]

N8t_f(r,s,t)＝[－1/8,s＋1,r－1]

5.4 弹性轴对称单元分析

当弹性体的几何形状、约束条件、载荷都对称于某一固定轴,则弹性体内的位移、应变、应力也对称此轴,这样的问题称为轴对称问题。在处理轴对称问题时,采用柱坐标(r,θ,z)比较方便,其中z为对称轴。根据轴对称问题的特点可知其应力、应变、位移都与坐标θ无关,只是坐标r和z的函数,任一点的位移只有两个方向的位移分量,即沿r方向的径向位移u和沿z方向的轴向位移w,沿θ方向的位移分量v等于零。

对轴对称体进行有限元离散时,采用的单元是一些小圆环,这些圆环与rz面正交的截面可以有不同的形状,如3结点三角形、6结点三角形、4结点4四边、8结点四边形等,分别称为轴对称3结点三角形单元、轴对称6结点三角形单元、轴对称4结点4四边单元、轴对称8结点四边形单元等。

5.4.1　轴对称 3 结点三角形等参元

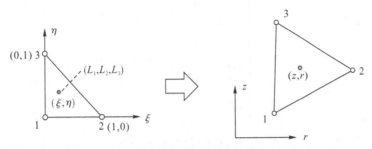

图 5-6　轴对称 3 结点三角形等参元

图 5-6 所示轴对称 3 结点三角形等参元的坐标变换和位移场,分别表示为

$$\left.\begin{aligned} r &= \sum_{i=1}^{3} N_i r_i \\ z &= \sum_{i=1}^{3} N_i z_i \end{aligned}\right\} \tag{a}$$

和

$$\left.\begin{aligned} u &= \sum_{i=1}^{3} N_i u_i \\ w &= \sum_{i=1}^{3} N_i w_i \end{aligned}\right\} \tag{b}$$

其中,形函数可用局部坐标表示为

$$\left.\begin{aligned} N_1 &= L_1 = 1 - \xi - \eta \\ N_2 &= L_2 = \xi \\ N_3 &= L_3 = \eta \end{aligned}\right\} \tag{5-32}$$

上述轴对称 3 结点三角形等参元的位移场,也可用矩阵形式表示为

$$\boldsymbol{u} = \boldsymbol{N}\boldsymbol{a}_e = \begin{bmatrix} \boldsymbol{N}_1, \boldsymbol{N}_2, \boldsymbol{N}_3 \end{bmatrix} \begin{Bmatrix} \boldsymbol{u}_1 \\ \boldsymbol{u}_2 \\ \boldsymbol{u}_3 \end{Bmatrix} \tag{5-33}$$

其中,

$$\boldsymbol{u} = \begin{Bmatrix} u \\ w \end{Bmatrix}, \boldsymbol{N}_i = \begin{bmatrix} N_i & 0 \\ 0 & N_i \end{bmatrix} \quad (i=1,2,3), \boldsymbol{u}_i = \begin{Bmatrix} u_i \\ w_i \end{Bmatrix} \quad (i=1,2,3)$$

利用(5-31b)式,可以将图 5-6 所示轴对称 3 结点三角形单元的应变场表示为

$$\boldsymbol{\varepsilon} = \begin{Bmatrix} \varepsilon_r \\ \varepsilon_z \\ \gamma_{rz} \\ \varepsilon_\theta \end{Bmatrix} = \begin{Bmatrix} \dfrac{\partial u}{\partial r} \\ \dfrac{\partial w}{\partial z} \\ \dfrac{\partial u}{\partial z} + \dfrac{\partial w}{\partial r} \\ \dfrac{u}{r} \end{Bmatrix} = \boldsymbol{B}\boldsymbol{a}_e = \begin{bmatrix} \boldsymbol{B}_1, \boldsymbol{B}_2, \boldsymbol{B}_3 \end{bmatrix} \begin{Bmatrix} \boldsymbol{u}_1 \\ \boldsymbol{u}_2 \\ \boldsymbol{u}_3 \end{Bmatrix} \tag{5-34}$$

其中,

$$\boldsymbol{B}_i = \begin{bmatrix} \dfrac{\partial N_i}{\partial r} & 0 \\[2mm] 0 & \dfrac{\partial N_i}{\partial z} \\[2mm] \dfrac{\partial N_i}{\partial z} & \dfrac{\partial N_i}{\partial r} \\[2mm] \dfrac{N_i}{r} & 0 \end{bmatrix} \quad (i=1,2,3) \tag{5-35}$$

单元应变矩阵子矩阵(5-35)式中用到的形函数对整体坐标的偏导数,可通过下式获得

$$\begin{Bmatrix} \dfrac{\partial N_i}{\partial r} \\[2mm] \dfrac{\partial N_i}{\partial z} \end{Bmatrix} = \boldsymbol{J}^{-1} \begin{Bmatrix} \dfrac{\partial N_i}{\partial \xi} \\[2mm] \dfrac{\partial N_i}{\partial \eta} \end{Bmatrix} \quad (i=1,2,3)$$

其中,$\boldsymbol{J}$ 为雅可比矩阵。利用(5-31a)式和(5-32)式,可以得到

$$\boldsymbol{J} = \begin{bmatrix} \dfrac{\partial r}{\partial \xi} & \dfrac{\partial z}{\partial \xi} \\[2mm] \dfrac{\partial r}{\partial \eta} & \dfrac{\partial z}{\partial \eta} \end{bmatrix} = \begin{bmatrix} r_2-r_1 & z_2-z_1 \\ r_3-r_1 & z_3-z_1 \end{bmatrix} \tag{5-36}$$

图 5-6 所示轴对称 3 结点三角形等参元的应力场可表示为

$$\begin{Bmatrix} \sigma_r \\ \sigma_z \\ \tau_{rz} \\ \sigma_\theta \end{Bmatrix} = \boldsymbol{\sigma} = \boldsymbol{D}\boldsymbol{\varepsilon} = \boldsymbol{D}\boldsymbol{B}a_e = \boldsymbol{D}[\boldsymbol{B}_1, \boldsymbol{B}_2, \boldsymbol{B}_3] \begin{Bmatrix} \boldsymbol{u}_1 \\ \boldsymbol{u}_2 \\ \boldsymbol{u}_3 \end{Bmatrix} \tag{5-37}$$

其中,

$$\boldsymbol{D} = \frac{E(1-\mu)}{(1+\mu)(1-2\mu)} \begin{bmatrix} 1 & \dfrac{\mu}{1-\mu} & 0 & \dfrac{\mu}{1-\mu} \\[3mm] \dfrac{\mu}{1-\mu} & 1 & 0 & \dfrac{\mu}{1-\mu} \\[3mm] 0 & 0 & \dfrac{1-2\mu}{2(1-\mu)} & 0 \\[3mm] \dfrac{\mu}{1-\mu} & \dfrac{\mu}{1-\mu} & 0 & 1 \end{bmatrix}$$

为弹性矩阵。

图 5-6 所示轴对称 3 结点三角形等参元的刚度矩阵可表示为

$$\boldsymbol{k}_e = \int_{\Omega_e} \boldsymbol{B}^{\mathrm{T}} \boldsymbol{D} \boldsymbol{B} \mathrm{d}\Omega = \begin{bmatrix} \boldsymbol{k}_{11} & \boldsymbol{k}_{12} & \boldsymbol{k}_{13} \\ \boldsymbol{k}_{21} & \boldsymbol{k}_{22} & \boldsymbol{k}_{23} \\ \boldsymbol{k}_{31} & \boldsymbol{k}_{32} & \boldsymbol{k}_{33} \end{bmatrix} \tag{5-38}$$

其中,单元刚度矩阵的子矩阵表示为

$$\boldsymbol{k}_{ij} = \int_{\Omega_e} \boldsymbol{B}_i^{\mathrm{T}} \boldsymbol{D} \boldsymbol{B}_j \mathrm{d}\Omega \quad (i,j=1,2,3) \tag{5-39}$$

轴对称单元的形状为圆环,体积微元可表示为

$$\mathrm{d}\Omega=2\pi r\mathrm{d}A$$

其中,$\mathrm{d}A$ 为图 5-5 中整体坐标系下的面积微元。因此单元刚度矩阵的子矩阵,进一步表示为

$$\boldsymbol{k}_{ij}=\int_{A_e}(2\pi r\boldsymbol{B}_i^{\mathrm{T}}\boldsymbol{DB}_j)\mathrm{d}A$$

其中,A_e 为图 5-6 整体坐标系下三角形单元的面积。

整体坐标系下面积微元和局部坐标系下的面积微元的关系为

$$\mathrm{d}A=|\boldsymbol{J}|\mathrm{d}\xi\mathrm{d}\eta$$

引入

$$\boldsymbol{k}_{ij}^{(0)}(\xi,\eta)=2\pi r|\boldsymbol{J}|\boldsymbol{B}_i^{\mathrm{T}}\boldsymbol{DB}_j \tag{5-40}$$

可将单元刚度矩阵的子矩阵,用局部坐标表示为

$$\boldsymbol{k}_{ij}=\int_0^1\int_0^{1-\xi}\boldsymbol{k}_{ij}^{(0)}(\xi,\eta)\mathrm{d}\eta\mathrm{d}\xi \tag{5-41}$$

利用 Hammer 积分,取 3 个积分点,则有

$$\boldsymbol{k}_{ij}=\frac{1}{6}\left[\boldsymbol{k}_{ij}^{(0)}\left(\frac{2}{3},\frac{1}{6}\right)+\boldsymbol{k}_{ij}^{(0)}\left(\frac{1}{6},\frac{2}{3}\right)+\boldsymbol{k}_{ij}^{(0)}\left(\frac{1}{6},\frac{1}{6}\right)\right] \tag{5-42}$$

其中的权系数和积分点坐标,是在查表 4-3 中查得。

5.4.2　轴对称 4 结点四边形等参元

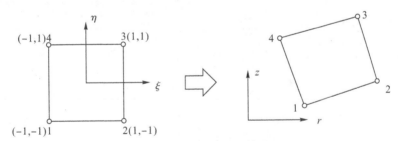

图 5-7　轴对称 4 结点四边形等参元

图 5-7 所示轴对称 4 结点四边形等参元的坐标变换和位移场,分别表示为

$$\left.\begin{array}{l}r=\displaystyle\sum_{i=1}^4 N_ir_i\\[2mm]z=\displaystyle\sum_{i=1}^4 N_iz_i\end{array}\right\} \tag{5-43a}$$

和

$$\left.\begin{array}{l}u=\displaystyle\sum_{i=1}^4 N_iu_i\\[2mm]w=\displaystyle\sum_{i=1}^4 N_iw_i\end{array}\right\} \tag{5-43b}$$

其中,各结点对应的形函数,用局部坐标统一表示为

$$N_i(\xi,\eta)=\frac{1}{4}(1+\xi_i\xi)(1+\eta_i\eta)\quad(i=1,2,3,4) \tag{5-44}$$

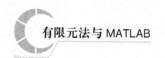

可根据上式,求得各结点对应的形函数对局部坐标的偏导数,统一表示为

$$\left.\begin{array}{l}\dfrac{\partial N_i}{\partial \xi}=\dfrac{1}{4}\xi_i(1+\eta\eta_i)\\[3mm]\dfrac{\partial N_i}{\partial \eta}=\dfrac{1}{4}\eta_i(1+\xi\xi_i)\end{array}\right\}\quad(i=1,2,3,4)$$

上述单元位移场也可用矩阵形式表示为

$$\boldsymbol{u}=\boldsymbol{N}\boldsymbol{a}_e=[\boldsymbol{N}_1,\boldsymbol{N}_2,\boldsymbol{N}_3,\boldsymbol{N}_4]\begin{Bmatrix}\boldsymbol{u}_1\\\boldsymbol{u}_2\\\boldsymbol{u}_3\\\boldsymbol{u}_4\end{Bmatrix} \tag{5-45}$$

其中,

$$\boldsymbol{u}=\begin{Bmatrix}u\\w\end{Bmatrix},\boldsymbol{N}_i=\begin{bmatrix}N_i&0\\0&N_i\end{bmatrix}\quad(i=1,2,3,4),\boldsymbol{u}_i=\begin{Bmatrix}u_i\\w_i\end{Bmatrix}\quad(i=1,2,3,4)$$

图 5-7 所示轴对称 4 结点四边形等参元的应变场,可表示为

$$\boldsymbol{\varepsilon}=\boldsymbol{B}\boldsymbol{a}_e=[\boldsymbol{B}_1,\boldsymbol{B}_2,\boldsymbol{B}_3,\boldsymbol{B}_4]\begin{Bmatrix}\boldsymbol{u}_1\\\boldsymbol{u}_2\\\boldsymbol{u}_3\\\boldsymbol{u}_4\end{Bmatrix} \tag{5-46}$$

其中,

$$\boldsymbol{B}_i=\begin{bmatrix}\dfrac{\partial N_i}{\partial r}&0\\[3mm]0&\dfrac{\partial N_i}{\partial z}\\[3mm]\dfrac{\partial N_i}{\partial z}&\dfrac{\partial N_i}{\partial r}\\[3mm]\dfrac{N_i}{r}&0\end{bmatrix}\quad(i=1,2,3,4) \tag{5-47}$$

形函数 N_i 对整体坐标 r、z 的偏导数,可通过下式获得

$$\begin{Bmatrix}\dfrac{\partial N_i}{\partial r}\\[3mm]\dfrac{\partial N_i}{\partial z}\end{Bmatrix}=\boldsymbol{J}^{-1}\begin{Bmatrix}\dfrac{\partial N_i}{\partial \xi}\\[3mm]\dfrac{\partial N_i}{\partial \eta}\end{Bmatrix}\quad(i=1,2,3,4)$$

其中,$\boldsymbol{J}$ 为雅可比矩阵。根据(5-43a)式和(5-44)式,可以求得

$$\boldsymbol{J}=\begin{bmatrix}\dfrac{\partial r}{\partial \xi}&\dfrac{\partial z}{\partial \xi}\\[3mm]\dfrac{\partial r}{\partial \eta}&\dfrac{\partial z}{\partial \eta}\end{bmatrix}==\dfrac{1}{4}\begin{bmatrix}-(1-\eta)&(1-\eta)&(1+\eta)&-(1+\eta)\\-(1-\xi)&-(1+\xi)&(1+\xi)&(1-\xi)\end{bmatrix}\begin{bmatrix}r_1&z_1\\r_2&z_2\\r_3&z_3\\r_4&z_4\end{bmatrix}$$

图 5-7 所示轴对称 4 结点四边形等参元的应力场可表示为

$$\sigma = D\varepsilon = DBa_e = D\left[B_1, B_2, B_3, B_4\right]\begin{Bmatrix} u_1 \\ u_2 \\ u_3 \\ u_4 \end{Bmatrix} \tag{5-48}$$

其中,

$$D = \frac{E(1-\mu)}{(1+\mu)(1-2\mu)}\begin{bmatrix} 1 & \frac{\mu}{1-\mu} & 0 & \frac{\mu}{1-\mu} \\ \frac{\mu}{1-\mu} & 1 & 0 & \frac{\mu}{1-\mu} \\ 0 & 0 & \frac{1-2\mu}{2(1-\mu)} & 0 \\ \frac{\mu}{1-\mu} & \frac{\mu}{1-\mu} & 0 & 1 \end{bmatrix}$$

为弹性矩阵。

图 5-7 所示轴对称 4 结点四边形等参元的刚度矩阵可表示为

$$k_e = \int_{\Omega_e} B^\mathrm{T}DB\mathrm{d}\Omega = \begin{bmatrix} k_{11} & k_{12} & k_{13} & k_{14} \\ k_{21} & k_{22} & k_{23} & k_{24} \\ k_{31} & k_{32} & k_{33} & k_{34} \\ k_{41} & k_{42} & k_{43} & k_{44} \end{bmatrix} \tag{5-49}$$

其中,单元刚度矩阵的子矩阵表示为

$$k_{ij} = \int_{\Omega_e} B_i^\mathrm{T}DB_j\mathrm{d}\Omega \quad (i,j=1,2,3,4) \tag{5-50}$$

轴对称单元的形状为圆环,体积微元可表示为

$$\mathrm{d}\Omega = 2\pi r\mathrm{d}A$$

其中,$\mathrm{d}A$ 为图 5-7 中整体坐标系下的面积微元。因此单元刚度矩阵的子矩阵,进一步表示为

$$k_{ij} = \int_{A_e} (2\pi r B_i^\mathrm{T}DB_j)\mathrm{d}A$$

其中,A_e 为图 5-7 整体坐标系下四边形单元的面积。

整体坐标系下面积微元和局部坐标系下的面积微元的关系为

$$\mathrm{d}A = |J|\mathrm{d}\xi\mathrm{d}\eta$$

引入

$$k_{ij}^{(0)}(\xi,\eta) = 2\pi r|J|B_i^\mathrm{T}DB_j \tag{5-51}$$

可将单元刚度矩阵的子矩阵,用局部坐标表示为

$$k_{ij} = \int_{-1}^{1}\int_{-1}^{1} k_{ij}^{(0)}(\xi,\eta)\mathrm{d}\eta\mathrm{d}\xi$$

利用 Gauss 积分,取 4 个积分点,则有

$$k_{ij} = \left[G_1G_1k_{ij}^{(0)}(\xi_1,\eta_1)+G_1G_2k_{ij}^{(0)}(\xi_1,\eta_2)+G_2G_1k_{ij}^{(0)}(\xi_2,\eta_1)+G_2G_2k_{ij}^{(0)}(\xi_2,\eta_2)\right] \tag{5-52}$$

其中的权系数和积分点坐标值可在表 4-1 中查获。

5.4.3 体验与实践

5.4.3.1 实例 5-6

【例 5-6】 轴对称 3 结点三角形等参元在整体坐标系下的结点坐标为 1(1,1)、2(3,2)、3(2,4),求其单元应变矩阵。

【解】 编写如下 MATLAB 程序:

```
clear;
clc;
X=[1,1;3,2;2,4];
syms r s rou
N1=1-r-s
N2=r
N3=s
Npd=[diff(N1,r),diff(N2,r),diff(N3,r);
     diff(N1,s),diff(N2,s),diff(N3,s)]
Npd=eval(Npd)
J=Npd*X
N1rz=inv(J)*Npd(:,1);
B1=[N1rz(1),0;0,N1rz(2);N1rz(2),N1rz(1);N1/rou,0]
N2rz=inv(J)*Npd(:,2);
B2=[N2rz(1),0;0,N2rz(2);N2rz(2),N2rz(1);N2/rou,0]
N3rz=inv(J)*Npd(:,3);
B3=[N3rz(1),0;0,N3rz(2);N3rz(2),N3rz(1);N3/rou,0]
B=[B1,B2,B3]
```

代码下载

运行后,得到:

B=

$$
\begin{bmatrix}
-2/5, & 0, & 3/5, & 0, & -1/5, & 0 \\
0, & -1/5, & 0, & -1/5, & 0, & 2/5 \\
1/5, & -2/5, & -1/5, & 3/5, & 2/5, & -1/5 \\
-(r+s-1)/rou, & 0, & r/rou, & 0 & s/rou, & 0
\end{bmatrix}
$$

第 5 章习题

习题 5-1　一空间 4 结点四面体单元的结点坐标为 $1(1,1,0)$、$2(3,2,0)$、$3(2,4,0)$、$4(2,7/3,2)$。利用 MATLAB 计算该单元的体积和应变矩阵。

习题 5-2　利用 MATLAB 推导空间 10 结点四面体等参元的形函数偏导数矩阵的表达式。

习题 5-3　利用 MATLAB 推导轴对称 4 结点四边形等参元的形函数及其偏导数的表达式。

习题 5-4　利用 MATLAB 绘制轴对称 3 结点三角形等参元的形函数云图。

习题 5-5　利用 MATLAB 绘制轴对称 4 结点四边形等参元的形函数云图。

第6章 杆系结构的有限元法

6.1 平面桁架结构

6.1.1 单元分析

图 6-1 局部坐标系下的平面 2 结点杆单元

图 6-1 所示局部坐标系内平面 2 结点杆单元,结点 1、2 的坐标分别为

$$\left.\begin{array}{l} \xi_1 = 0 \\ \xi_2 = l \end{array}\right\}$$

其中,l 为单元长度。结点 1、2 的结点位移分别为

$$\left.\begin{array}{l} u^{\xi}(\xi_1) = u_1^{\xi} \\ u^{\xi}(\xi_2) = u_2^{\xi} \end{array}\right\}$$

或表示为结点位移列阵

$$(\boldsymbol{a}_e^{\xi})_{2\times 1} = [u_1^{\xi}, u_2^{\xi}]^{\mathrm{T}}$$

单元的位移场函数,可表示为

$$u^{\xi}(\xi) = N_1(\xi) u_1^{\xi} + N_2(\xi) u_2^{\xi}$$

其中,形函数可构造为

$$\left.\begin{array}{l} N_1(\xi) = 1 - \dfrac{\xi}{l} \\[2mm] N_2(\xi) = \dfrac{\xi}{l} \end{array}\right\}$$

还可用矩阵形式,将单元位移场表示为

$$\begin{aligned} u^{\xi}(\xi) &= N_{1\times 2}(\boldsymbol{a}_e^{\xi})_{2\times 1} \\ &= \left[N_1(\xi), N_2(\xi)\right] \begin{Bmatrix} u_1^{\xi} \\ u_2^{\xi} \end{Bmatrix} \end{aligned} \right\} \tag{6-1}$$

根据单元位移场表达式,可将单元的应变场表示为

$$\left.\begin{array}{l}\varepsilon^{\xi}(\xi)=\dfrac{\mathrm{d}u^{\xi}}{\mathrm{d}\xi}\\[2mm]\qquad=\boldsymbol{B}_{1\times2}(\xi)(\boldsymbol{a}_e^{\xi})_{2\times1}\end{array}\right\}$$

其中,

$$\boldsymbol{B}_{1\times2}(\xi)=\left[-\frac{1}{l},\frac{1}{l}\right]$$

称为单元应变矩阵。再利用胡克定律,可以将单元的应力场表示为

$$\sigma(\xi)=E\varepsilon(\xi)=E\boldsymbol{B}_{1\times2}(\xi)(\boldsymbol{a}_e^{\xi})_{2\times1}$$

其中,E 为弹性模量。

　　根据单元应力场和应变场,可计算出单元的应变势能,即

$$\left.\begin{array}{l}V^{(e)}=\dfrac{1}{2}\displaystyle\int_{\Omega_e}\sigma(\xi)\varepsilon(\xi)\mathrm{d}\Omega\\[3mm]\qquad=\dfrac{1}{2}\displaystyle\int_l\sigma(\xi)\varepsilon(\xi)A\mathrm{d}\xi\\[3mm]\qquad=\dfrac{1}{2}\left[(\boldsymbol{a}_e^{\xi})^{\mathrm{T}}\right]_{1\times2}(\boldsymbol{k}_e^{\xi})_{2\times2}(\boldsymbol{a}_e^{\xi})_{2\times1}\end{array}\right\}$$

其中,A 为杆单元的横截面面积,

$$(\boldsymbol{k}_e^{\xi})_{2\times2}=\frac{EA}{l}\begin{bmatrix}1&-1\\-1&1\end{bmatrix}\tag{6-2}$$

为**单元刚度矩阵**。

　　单元的外力势能可表示为

$$V_p^{(e)}=-\left[(\boldsymbol{a}_e^{\xi})^{\mathrm{T}}\right]_{1\times2}(\boldsymbol{p}_e^{\xi})_{2\times1}$$

其中,

$$(\boldsymbol{p}_e^{\xi})_{2\times1}=\left[P_{\xi1},P_{\xi2}\right]^{\mathrm{T}}$$

为单元结点载荷列阵。

　　将单元应变势能和外力势能相加,得到单元的总势能,即

$$\left.\begin{array}{l}\Pi^{(e)}=V_\varepsilon^{(e)}+V_p^{(e)}\\[2mm]\qquad=\dfrac{1}{2}\left[(\boldsymbol{a}_e^{\xi})^{\mathrm{T}}\right]_{1\times2}(\boldsymbol{k}_e^{\xi})_{2\times2}(\boldsymbol{a}_e^{\xi})_{2\times1}-\left[(\boldsymbol{a}_e^{\xi})^{\mathrm{T}}\right]_{1\times2}(\boldsymbol{p}_e^{\xi})_{2\times1}\end{array}\right\}\tag{6-3}$$

6.1.2　坐标变换

　　在工程实际中,杆单元一般处于整体坐标系中的任意位置,如图 6-2 所示,需要将局部坐标系内单元表达转换到整体坐标系内,以便于对各个单元进行集成,得到整个离散结构的有限元方程。

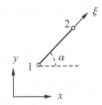

图 6-2　整体坐标系下的平面 2 结点杆单元

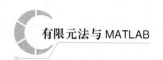

图 6-2 所示平面 2 结点杆单元,局部坐标系下的单元结点位移列阵和结点载荷列阵分别为

$$(\boldsymbol{a}_e^\xi)_{2\times 1}=[u_1^\xi,u_2^\xi]^{\mathrm{T}}\Big\}$$
$$(\boldsymbol{p}_e^\xi)_{2\times 1}=[P_{\xi 1},P_{\xi 2}]^{\mathrm{T}}\Big\}$$

整体坐标系下的单元结点位移列阵和结点载荷列阵分别为

$$(\boldsymbol{a}_e)_{4\times 1}=[u_1,v_1,u_2,v_2]^{\mathrm{T}}\Big\}$$
$$(\boldsymbol{p}_e)_{4\times 1}=[P_{x1},P_{y1},P_{x2},P_{y2}]^{\mathrm{T}}\Big\}$$

局部坐标系内的单元结点位移和整体坐标系内的单元结点位移间的关系为

$$u_{\xi 1}=u_1\cos\alpha+v_1\sin\alpha\Big\}$$
$$u_{\xi 2}=u_2\cos\alpha+v_2\sin\alpha\Big\}$$

或写成矩阵形式

$$(\boldsymbol{a}_e^\xi)_{2\times 1}=\boldsymbol{T}_{4\times 2}(\boldsymbol{a}_e)_{4\times 1} \tag{6-4}$$

其中

$$\boldsymbol{T}_{2\times 4}=\begin{bmatrix}\cos\alpha & \sin\alpha & 0 & 0\\ 0 & 0 & \cos\alpha & \sin\alpha\end{bmatrix} \tag{6-5}$$

为平面 2 结点杆单元的**坐标变换矩阵**。同理也可以得到局部坐标系内的单元结点载荷和整体坐标系内的单元结点载荷间的关系,即

$$(\boldsymbol{p}_e^\xi)_{2\times 1}=\boldsymbol{T}_{4\times 2}(\boldsymbol{p}_e)_{4\times 1} \tag{6-6}$$

容易证明杆单元的坐标变换矩阵具有如下正交性质:

$$\boldsymbol{T}_{2\times 4}(\boldsymbol{T}^{\mathrm{T}})_{4\times 2}=\begin{bmatrix}1 & 0\\ 0 & 1\end{bmatrix} \tag{6-7}$$

将(6-4)式和(6-6)式代入(6-3)式并利用(6-7)式,得到杆单元总势能在整体坐标系内的表达式,即

$$\Pi^{(e)}=\frac{1}{2}(\boldsymbol{a}_e^{\mathrm{T}})_{1\times 4}(\boldsymbol{k}_e)_{4\times 4}(\boldsymbol{a}_e)_{4\times 1}-(\boldsymbol{a}_e^{\mathrm{T}})_{1\times 4}(\boldsymbol{p}_e)_{4\times 1} \tag{6-8}$$

其中,

$$(\boldsymbol{k}_e)_{4\times 4}=(\boldsymbol{T}^{\mathrm{T}})_{4\times 2}(\boldsymbol{k}_e^\xi)_{2\times 2}\boldsymbol{T}_{2\times 4} \tag{6-9}$$

为整体坐标系下平面 2 结点杆单元的**单元刚度矩阵**。

6.1.3 整体刚度方程

根据(6-8)式可知,在整体坐标系内桁架结构的总势能表达式为

$$\Pi=\frac{1}{2}\sum_e(\boldsymbol{a}_e^{\mathrm{T}})_{1\times 4}(\boldsymbol{k}_e)_{4\times 4}(\boldsymbol{a}_e)_{4\times 1}-\sum_e(\boldsymbol{a}_e^{\mathrm{T}})_{1\times 4}(\boldsymbol{p}_e)_{4\times 1}$$

将单元刚度矩阵、单元结点位移列阵和单元结点载荷列阵,按桁架结构的结点总数扩维,得到

$$\Pi=\frac{1}{2}(\boldsymbol{a}^{\mathrm{T}})_{1\times 2n}\Big[\sum_e(\boldsymbol{K}_e)_{2n\times 2n}\Big]\boldsymbol{a}_{2n\times 1}-(\boldsymbol{a}^{\mathrm{T}})_{1\times 2n}\Big[\sum_e(\boldsymbol{P}_e)_{2n\times 1}\Big]$$

其中,$\boldsymbol{K}_e$ 和 $\boldsymbol{P}_e$ 为扩维后的单元刚度矩阵和单元结点载荷列阵,$\boldsymbol{a}$ 为桁架结构的结点位移列阵,n 为桁架结构的结点总数。记

$$\boldsymbol{K}_{2n \times 2n} = \sum_e (\boldsymbol{K}_e)_{2n \times 2n}$$

为**整体刚度矩阵**；

$$\boldsymbol{P}_{2n \times 1} = \sum_e (\boldsymbol{P}_e)_{2n \times 1}$$

为**整体结点载荷列阵**，则有

$$\Pi = \frac{1}{2} (\boldsymbol{a}^{\mathrm{T}})_{1 \times 2n} \boldsymbol{K}_{2n \times 2n} \boldsymbol{a}_{2n \times 1} - (\boldsymbol{a}^{\mathrm{T}})_{1 \times 2n} \boldsymbol{P}_{2n \times 1}$$

根据最小势能原理，欲使平面桁架的总势能 Π 取得极小值，应有

$$\frac{\partial \Pi}{\partial \boldsymbol{a}_{2n \times 1}} = \boldsymbol{0}_{2n \times 1}$$

根据以上两式，可以得到

$$\boldsymbol{K}_{2n \times 2n} \boldsymbol{a}_{2n \times 1} = \boldsymbol{P}_{2n \times 1} \tag{6-10}$$

即平面桁架结构的**整体刚度方程**。

整体刚度矩阵是奇异矩阵，因此平面桁架的整体刚度方程(6-10)无法直接求解，需要引入位移边界条件。引入位移约束条件的主要方法包括化 0 置 1 法和乘大数发等，详见 2.4.3 节中的介绍。

6.1.4　体验与实践

6.1.4.1　实例 6-1

【例 6-1】　利用广义坐标法推导图 6-1 所示局部坐标系下的平面 2 结点杆单元的形函数、应变矩阵、单元刚度矩阵的表达式。

【解】　编写如下 MATLAB 程序：

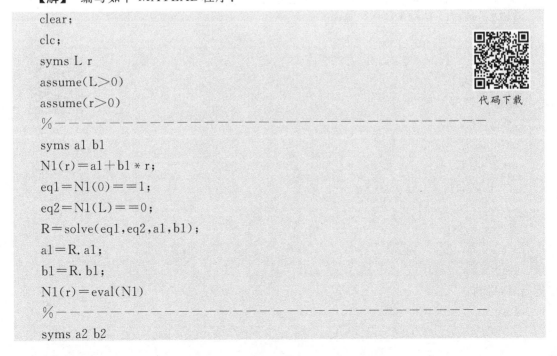

代码下载

```
clear;
clc;
syms L r
assume(L>0)
assume(r>0)
%——————————————————————
syms a1 b1
N1(r)=a1+b1*r;
eq1=N1(0)==1;
eq2=N1(L)==0;
R=solve(eq1,eq2,a1,b1);
a1=R.a1;
b1=R.b1;
N1(r)=eval(N1)
%——————————————————————
syms a2 b2
```

```
N2(r)=a2+b2*r;
eq1=N2(0)==0;
eq2=N2(L)==1;
R=solve(eq1,eq2,a2,b2);
a2=R.a2;
b2=R.b2;
N2(r)=eval(N2)
%————————————————————————————
B=[diff(N1,r),diff(N2,r)]
%————————————————————————————
syms A E
Ke=(B′*E*B)*A*L
```

运行后,得到:

N1(r)=1−r/L

N2(r)=r/L

B(r)=[−1L,1L]

Ke(r)=

[　(A*E)/L,−(A*E)/L]

[−(A*E)/L,　(A*E)/L]

6.1.4.2　实例 6-2

【例 6-2】　图 6-2 所示整体坐标系下的平面 2 结点杆单元,$\alpha=45°$、单元长度为 L、弹性模量为 E。推导整体坐标系下的单元刚度矩阵表达式。

【解】　编写如下 MATLAB 程序:

```
clear;
clc;
syms E A L
assume(E>0)
assume(A>0)
assume(L>0)
c=cosd(45);
s=sind(45);
ke=E*A/L*[1,−1;−1,1]
T=[c,s,0,0;
   0,0,c,s]
Ke=T′*ke*T
```

代码下载

运行后,得到:

Ke=

[　(A*E)/(2*L),　(A*E)/(2*L),−(A*E)/(2*L),−(A*E)/(2*L)]

$$\begin{bmatrix} (A*E)/(2*L), & (A*E)/(2*L), & -(A*E)/(2*L), & -(A*E)/(2*L) \end{bmatrix}$$
$$\begin{bmatrix} -(A*E)/(2*L), & -(A*E)/(2*L), & (A*E)/(2*L), & (A*E)/(2*L) \end{bmatrix}$$
$$\begin{bmatrix} -(A*E)/(2*L), & -(A*E)/(2*L), & (A*E)/(2*L), & (A*E)/(2*L) \end{bmatrix}$$

6.1.4.3 实例 6-3

【例 6-3】 图示结构两杆的弹性模量都为 $E=29.5 \times 10^4 \, \text{N/mm}^3$，横截面面积都为 $A=100 \, \text{mm}^2$。利用有限元法求结点位移和支反力。

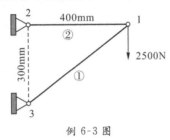

例 6-3 图

【解】 编写如下 MATLAB 程序：

代码下载

```
clear;
clc;
L1=500;  %mm
L2=400;
E=29.5e4;  %N/mm^2
A=100;  %mm
ke1=E*A/L1*[1,-1;-1,1]
c1=4/5;  % e1-3,1
s1=3/5;
T1=[c1,s1,0,0;0,0,c1,s1]
ke1=T1'*ke1*T1
% e2-2,1
ke2=E*A/L2*[1,-1;-1,1]
c2=1;
s2=0;
T2=[c2,s2,0,0;0,0,c2,s2];
ke2=T2'*ke2*T2
K(6,6)=0
sn1=[5,6,1,2]
sn2=[3,4,1,2]
K(sn1,sn1)=K(sn1,sn1)+ke1
K(sn2,sn2)=K(sn2,sn2)+ke2
P=[0,-2500]'
U=K(1:2,1:2)\P
```

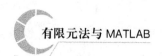

```
u1=U(1)
v1=U(2)
U=[u1;v1;0;0;0;0]
X2=K(3,:)*U
Y2=K(4,:)*U
X3=K(5,:)*U
Y3=K(6,:)*U
```

运行后,得到:

u1=0.0452

v1=-0.1780

X2=-3.3333e+03

Y2=0

X3=3.3333e+03

Y3=2500

6.2 空间桁架结构

6.2.1 坐标变换

如图 6-3 所示空间 2 结点杆单元,整体坐标系下的单元结点位移列阵和单元结点载荷列阵分别为

$$(\boldsymbol{a}_e)_{6\times 1}=[u_1,v_1,w_1,u_2,v_2,w_2]^{\mathrm{T}}$$

和

$$(\boldsymbol{p}_e)_{6\times 1}=[P_{x1},P_{y1},P_{z1},P_{x2},P_{y2},P_{z2}]^{\mathrm{T}}$$

空间 2 结点杆单元在局部坐标系下的单元结点位移列阵和单元结点载荷列阵,与平面 2 结点杆单元在局部坐标系下的单元结点位移列阵和单元结点载荷列阵相同。空间 2 结点杆单元轴线在整体坐标系中的方向余弦为

$$\left.\begin{aligned}\cos(x,\boldsymbol{\xi})&=\frac{x_2-x_1}{l}\\\cos(y,\boldsymbol{\xi})&=\frac{y_2-y_1}{l}\\\cos(z,\boldsymbol{\xi})&=\frac{z_2-z_1}{l}\end{aligned}\right\},$$

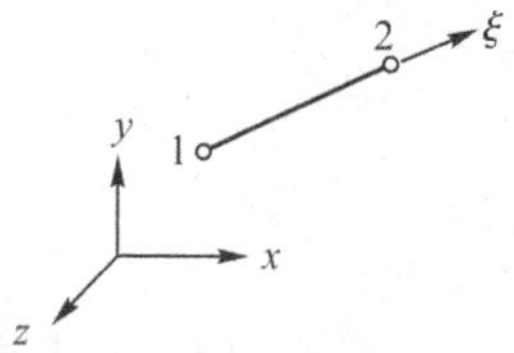

图 6-3 空间 2 结点杆单元

其中，

$$l=\sqrt{(x_2-x_1)^2+(y_2-y_1)^2+(z_2-z_1)^2}$$

为杆长。

经过与平面桁架类似的分析过程可知，空间 2 结点杆单元在局部坐标系下的单元结点位移和整体坐标系下的单元结点位移之间的变换关系为

$$(a_e^\xi)_{2\times1}=\boldsymbol{T}_{2\times6}(\boldsymbol{a}_e)_{6\times1}$$

空间 2 结点杆单元在局部坐标系下的单元结点载荷和整体坐标系下的单元结点载荷之间的变换关系为

$$(a_e^\xi)_{2\times1}=\boldsymbol{T}_{2\times6}(\boldsymbol{a}_e)_{6\times1}$$

其中，坐标变换矩阵为

$$\boldsymbol{T}_{2\times6}=\begin{bmatrix}\cos(x,\xi)&\cos(y,\xi)&\cos(z,\xi)&0&0&0\\0&0&0&\cos(x,\xi)&\cos(y,\xi)&\cos(z,\xi)\end{bmatrix}\quad(6\text{-}11)$$

容易证明坐标变换(6-11)具有如下正交性质：

$$\boldsymbol{T}_{2\times6}(\boldsymbol{T}^{\mathrm{T}})_{6\times2}=\begin{bmatrix}1&0\\0&1\end{bmatrix}$$

6.2.2　整体刚度方程

对于空间 2 结点杆单元，在局部坐标系下的单元刚度矩阵与平面 2 结点杆单元局部坐标系下的单元刚度矩阵(6-2)式完全相同，因此其局部坐标系内总势能表达式也与平面 2 结点杆单元局部坐标系内总势能表达(6-3)式完全相同。

经过与平面桁架结构相似的推导过程，可以得到空间 2 结点杆单元的单元刚度矩阵在整体坐标系内的表达式，即

$$(\boldsymbol{k}_e)_{6\times6}=(\boldsymbol{T}^{\mathrm{T}})_{6\times2}(\boldsymbol{k}_e^\xi)_{2\times2}\boldsymbol{T}_{2\times6}\quad(6\text{-}12)$$

空间桁架结构的整体刚度方程，即

$$\boldsymbol{K}_{3n\times3n}\boldsymbol{a}_{3n\times1}=\boldsymbol{P}_{3n\times1}\quad(6\text{-}13)$$

其中，$\boldsymbol{a}$ 为空间桁架结构的结点位移列阵；n 为空间桁架结构的结点总数；

$$\boldsymbol{K}_{3n\times3n}=\sum_e(\boldsymbol{K}_e)_{3n\times3n}$$

为空间桁架结构的整体刚度矩阵，$\boldsymbol{K}_e$ 为扩维后的单元刚度矩阵；

$$\boldsymbol{P}_{3n\times1}=\sum_e(\boldsymbol{P}_e)_{3n\times1}$$

为空间桁架结构的整体结点载荷列阵，$\boldsymbol{P}_e$ 为扩维后的单元结点载荷列阵。

6.2.3　体验与实践

6.2.3.1　实例 6-4

【例 6-4】　验证图 6-3 所示空间 2 结点杆单元的坐标变换矩阵(6-11)式的正交性质。

【解】　编写如下 MATLAB 程序：

```
clear;
clc;
syms x1 y1 z1 x2 y2 z2
assume(x1,'real')
assume(y1,'real')
assume(z1,'real')
assume(x2,'real')
assume(y2,'real')
assume(z2,'real')
L=(x2-x1)^2+(y2-y1)^2+(z2-z1)^2;
L=L^0.5;
Cxr=(x2-x1)/L;
Cyr=(y2-y1)/L;
Czr=(z2-z1)/L;
i=Cxr^2+Cyr^2+Czr^2
T=[Cxr,Cyr,Czr,0,0,0;
    0,0,0,Cxr,Cyr,Czr];
T1=T'
R=T*T1
R=simplify(R)
```

代码下载

运行后,得到:

R=

[1,0]

[0,1]

6.2.3.2 实例 6-5

【例 6-5】 空间 2 结点桁架单元的结点坐标为 $1(0,0,0)$ 和 $2(1,2,3)$。推导该单元的刚度矩阵在整体坐标系内的表达式。

【解】 编写如下 MATLAB 程序:

```
clear;
clc;
syms E A
x1=0;
y1=0;
z1=0;
x2=1;
y2=1;
z2=1;
L=(x2-x1)^2+(y2-y1)^2+(z2-z1)^2;
```

代码下载

```
L=L^0.5;
Cxr=(x2−x1)/L;
Cyr=(y2−y1)/L;
Czr=(z2−z1)/L;
T=[Cxr,Cyr,Czr,0,0,0;
    0,0,0,Cxr,Cyr,Czr];
T1=T′
ke=[1,−1;−1,1]
ke=EA/L*ke
Ke=T1*ke*T
```

运行后,得到:

Ke=

$\quad$[　$(3\hat{}(1/2)*EA)/9$,　$(3\hat{}(1/2)*EA)/9$,　$(3\hat{}(1/2)*EA)/9$,$−(3\hat{}(1/2)*EA)/$
9,$−(3\hat{}(1/2)*EA)/9$,$−(3\hat{}(1/2)*EA)/9]$

$\quad$[　$(3\hat{}(1/2)*EA)/9$,　$(3\hat{}(1/2)*EA)/9$,　$(3\hat{}(1/2)*EA)/9$,$−(3\hat{}(1/2)*EA)/$
9,$−(3\hat{}(1/2)*EA)/9$,$−(3\hat{}(1/2)*EA)/9]$

$\quad$[　$(3\hat{}(1/2)*EA)/9$,　$(3\hat{}(1/2)*EA)/9$,　$(3\hat{}(1/2)*EA)/9$,$−(3\hat{}(1/2)*EA)/$
9,$−(3\hat{}(1/2)*EA)/9$,$−(3\hat{}(1/2)*EA)/9]$

$\quad$[$−(3\hat{}(1/2)*EA)/9$,$−(3\hat{}(1/2)*EA)/9$,$−(3\hat{}(1/2)*EA)/9$,　$(3\hat{}(1/2)*EA)/$
9,　$(3\hat{}(1/2)*EA)/9$,　$(3\hat{}(1/2)*EA)/9]$

$\quad$[$−(3\hat{}(1/2)*EA)/9$,$−(3\hat{}(1/2)*EA)/9$,$−(3\hat{}(1/2)*EA)/9$,　$(3\hat{}(1/2)*EA)/$
9,　$(3\hat{}(1/2)*EA)/9$,　$(3\hat{}(1/2)*EA)/9]$

$\quad$[$−(3\hat{}(1/2)*EA)/9$,$−(3\hat{}(1/2)*EA)/9$,$−(3\hat{}(1/2)*EA)/9$,　$(3\hat{}(1/2)*EA)/$
9,　$(3\hat{}(1/2)*EA)/9$,　$(3\hat{}(1/2)*EA)/9]$

6.3　平面刚架结构

6.3.1　不考虑轴力的平面梁单元

如图 6-4 所示局部坐标系中不考虑轴向力的平面 2 结点梁单元,结点 1、2 的坐标为

$$\left.\begin{array}{l}\xi_1=0\\\xi_2=l\end{array}\right\}$$

其中,l 为单元长度。单元的结点位移列阵和结点载荷列阵分别为

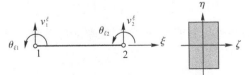

图 6-4　不考虑轴向力的平面 2 结点梁单元

$$\left.\begin{array}{l}(\boldsymbol{a}_e^\xi)_{4\times1}=\left[v_1^\xi,\theta_1,v_2^\xi,\theta_2\right]^\mathrm{T}\\[2mm](\boldsymbol{p}_e^\xi)_{4\times1}=\left[P_{\eta1},M_1,P_{\eta1},M_2\right]^\mathrm{T}\end{array}\right\}$$

梁单元的位移场可表示为

$$\left.\begin{array}{l}v^\xi=\boldsymbol{N}_{1\times4}(\boldsymbol{\xi})\boldsymbol{a}_e^\xi\\[3mm]\theta=\dfrac{\mathrm{d}N_{1\times4}(\boldsymbol{\xi})}{\mathrm{d}\boldsymbol{\xi}}\boldsymbol{a}_e^\xi\end{array}\right\} \tag{6-14}$$

其中,形函数矩阵可根据 3.2.3 节介绍的 Hermite 多项式得到,表示为

$$\boldsymbol{N}_{1\times4}(\boldsymbol{\xi})=\left[\left(1-3\frac{\xi^2}{l^2}+2\frac{\xi^3}{l^3}\right),\left(\xi-\frac{2\xi^2}{l}+\frac{\xi^3}{l^2}\right),\left(3\frac{\xi^2}{l^2}-2\frac{\xi^3}{l^3}\right),\left(\frac{\xi^3}{l^2}-\frac{\xi^2}{l}\right)\right]$$

根据纯弯梁的几何方程,可将梁单元的应变场表示为

$$\varepsilon(\xi,\eta)=-\eta\frac{\mathrm{d}^2v^\xi(\xi)}{\mathrm{d}\xi^2}=\eta\boldsymbol{B}_{1\times4}(\boldsymbol{\xi})(\boldsymbol{a}_e^\xi)_{4\times1}$$

其中,

$$\left.\begin{array}{l}\boldsymbol{B}_{1\times4}(\boldsymbol{\xi})=\left[B_1,B_2,B_3,B_4\right]\\[3mm]\quad=\left[\left(-\dfrac{12\xi}{l^3}+\dfrac{6}{l^2}\right),\left(-\dfrac{6\xi}{l^2}+\dfrac{4}{l}\right),\left(\dfrac{12\xi}{l^3}-\dfrac{6}{l^2}\right),\left(-\dfrac{6\xi}{l^2}+\dfrac{2}{l}\right)\right]\end{array}\right\}$$

根据胡克定律,得到梁单元的应力场

$$\sigma(\xi,\eta)=E\varepsilon(\xi,\eta)=E\eta\boldsymbol{B}_{1\times4}(\boldsymbol{\xi})(\boldsymbol{a}_e^\xi)_{4\times1}$$

其中,E 为弹性模量。

根据单元应力场和应变场表达式,得到梁单元的应变势能

$$V^{(e)}=\frac{1}{2}\int_{\Omega_e}\sigma\varepsilon\,\mathrm{d}\Omega=\frac{1}{2}\left[(\boldsymbol{a}_e^\xi)^\mathrm{T}\right]_{1\times4}(\boldsymbol{k}_e^\xi)_{4\times4}(\boldsymbol{a}_e^\xi)_{4\times1}$$

其中,

$$(\boldsymbol{k}_e^\xi)_{4\times4}=E\int_A\eta^2\,\mathrm{d}A\int_0^l(\boldsymbol{B}^\mathrm{T})_{4\times1}\boldsymbol{B}_{1\times4}\,\mathrm{d}\boldsymbol{\xi}$$

为梁单元的**单元刚度矩阵**。将 $\boldsymbol{B}_{1\times4}$ 的表达式代入上式,得到

$$(\boldsymbol{k}_e^\xi)_{4\times4}=\frac{EI}{l^3}\begin{bmatrix}12&6l&-12&6l\\6l&4l^2&-6l&2l^2\\-12&-6l&12&-6l\\6l&2l^2&-6l&4l^2\end{bmatrix} \tag{6-15}$$

其中,

$$I=\int_A\eta^2\,\mathrm{d}A$$

为梁单元横截面对中性轴的惯性矩。

梁单元的外力势能为

$$V_p^{(e)}=-\left[(\boldsymbol{a}_e^\xi)^\mathrm{T}\right]_{1\times4}(\boldsymbol{p}_e^\xi)_{4\times1}$$

将梁单元的应变势能和外力势能相加,得到梁单元的总势能,即

$$\left.\begin{array}{l}\Pi^{(e)}=V_\varepsilon^{(e)}+V_p^{(e)}\\[3mm]\quad=\dfrac{1}{2}\left[(\boldsymbol{a}_e^\xi)^\mathrm{T}\right]_{1\times4}(\boldsymbol{k}_e^\xi)_{4\times4}(\boldsymbol{a}_e^\xi)_{4\times1}-\left[(\boldsymbol{a}_e^\xi)^\mathrm{T}\right]_{1\times4}(\boldsymbol{p}_e^\xi)_{4\times1}\end{array}\right\} \tag{6-16}$$

6.3.2 等效结点载荷

在刚架有限元计算时,需要将梁单元上的载荷按静力等效原则,向结点简化为等效结点载荷。常见梁单元载荷的等效结点载荷的简化结果列于表 6-1。

表 6-1 梁单元的等效结点载荷

支撑与外载荷情况	等效结点载荷
	$R_A=-P/2$ $R_B=-P/2$ $M_A=-PL/8$ $M_B=-PL/8$
	$R_A=-(Pb^2/L^3)(3a+b)$ $R_B=-(Pa^2/L^3)(a+3b)$ $M_A=-Pab^2/L^2$ $M_B=Pa^2b/L^2$
	$R_A=-p_0L/2$ $R_B=-p_0L/2$ $M_A=-p_0L^2/12$ $M_B=p_0L^2/12$
	$R_A=-3p_0L/20$ $R_B=-7p_0L/20$ $M_A=-p_0L^2/30$ $M_B=p_0L^2/20$
	$R_A=-(p_0a/2L^3)(a^3-2a^2L+2L^3)$ $R_B=-(p_0a^3/2L^3)(2L-a)$ $M_A=-(p_0a^2/12L^2)(3a^2-8aL+6L^2)$ $M_B=(p_0a^3/12L^2)(4L-3a)$
	$R_A=-p_0L/4$ $R_B=-p_0L/4$ $M_A=-5p_0L^2/96$ $M_B=5p_0L^2/96$
	$R_A=-6M_0ab/L^3$ $R_B=6M_0ab/L^3$ $M_A=-(M_0b/L^2)(3a-L)$ $M_B=-(M_0a/L^2)(3b-L)$

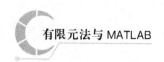

6.3.3 考虑轴力的平面梁单元

对于如图 6-5 所示考虑轴向力的一般平面 2 结点梁单元，单元的结点位移列阵和结点载荷列阵分别为

$$\left.\begin{aligned}(\boldsymbol{a}_e^{\xi})_{6\times1}&=[u_1^{\xi},v_1^{\xi},\theta_1,u_2^{\xi},v_2^{\xi},\theta_2]^{\mathrm{T}}\\(\boldsymbol{p}_e^{\xi})_{6\times1}&=[P_{\xi1},P_{\eta1},M_1,P_{\xi2},P_{\eta2},M_2]^{\mathrm{T}}\end{aligned}\right\}$$

其单元刚度矩阵可由不考虑轴向力的平面梁单元的单元刚度矩阵(6-15)式和杆单元的单元刚度矩阵(6-2)式组合得到，即

$$(k_e^{\xi})_{6\times6}=\begin{bmatrix}\frac{EA}{l}&0&0&-\frac{EA}{l}&0&0\\0&\frac{12EI}{l^3}&\frac{6EI}{l^2}&0&-\frac{12EI}{l^3}&\frac{6EI}{l^2}\\0&\frac{6EI}{l^2}&\frac{4EI}{l}&0&-\frac{6EI}{l^2}&\frac{2EI}{l}\\-\frac{EA}{l}&0&0&\frac{EA}{l}&0&0\\0&-\frac{12EI}{l^3}&-\frac{6EI}{l^2}&0&\frac{12EI}{l^3}&-\frac{6EI}{l^2}\\0&\frac{6EI}{l^2}&\frac{2EI}{l}&0&-\frac{6EI}{l^2}&\frac{4EI}{l}\end{bmatrix}\tag{6-17}$$

一般平面 2 结点梁单元的总势能，可根据(6-16)式扩维得到，即

$$\left.\begin{aligned}\Pi^{(e)}&=V_{\varepsilon}^{(e)}+V_{p}^{(e)}\\&=\frac{1}{2}[(a_e^{\xi})^{\mathrm{T}}]_{1\times6}(k_e^{\xi})_{6\times6}(a_e^{\xi})_{6\times1}-[(a_e^{\xi})^{\mathrm{T}}]_{1\times6}(p_e^{\xi})_{6\times1}\end{aligned}\right\}\tag{6-18}$$

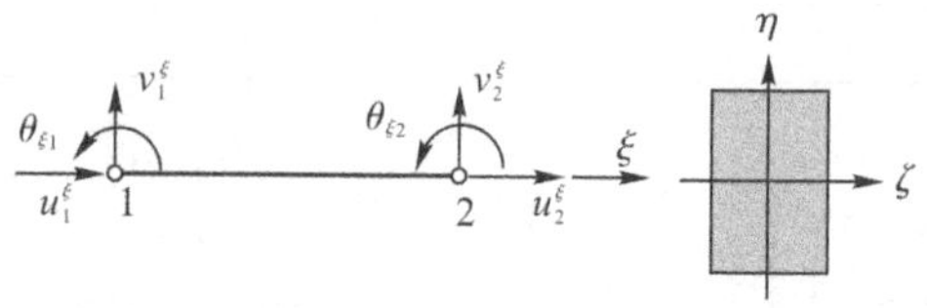

图 6-5 考虑轴向力的一般平面 2 结点梁单元

6.3.4 坐标变换

图 6-6 所示整体坐标系内的平面 2 结点梁单元，其结点位移列阵和结点载荷列阵分别表示为

$$\left.\begin{aligned}(\boldsymbol{a}_e)_{6\times1}&=[u_1,v_1,\theta_1,u_2,v_2,\theta_2]^{\mathrm{T}}\\(\boldsymbol{p}_e)_{6\times1}&=[P_{x1},P_{y1},M_1,P_{x2},P_{y2},M_2]^{\mathrm{T}}\end{aligned}\right\}$$

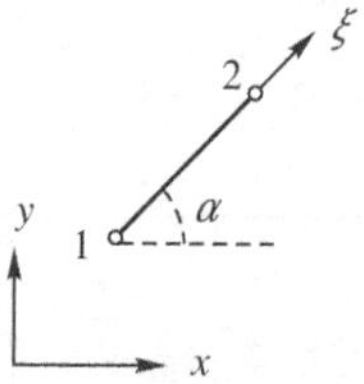

图 6-6 平面 2 结点梁单元的平面坐标变换

它们与局部坐标系下平面 2 结点梁单元的结点位移列阵和结点载荷列阵间的变换关系分别为

$$\left.\begin{array}{l} (\boldsymbol{a}_e^{\xi})_{6\times1}=\boldsymbol{T}_{6\times6}(\boldsymbol{a}_e)_{6\times1} \\ (\boldsymbol{p}_e^{\xi})_{6\times1}=\boldsymbol{T}_{6\times6}(\boldsymbol{p}_e)_{6\times1} \end{array}\right\} \tag{6-19}$$

其中,

$$\boldsymbol{T}_{6\times6}=\begin{bmatrix} \boldsymbol{\lambda}_{3\times3} & \boldsymbol{0}_{3\times3} \\ \boldsymbol{0}_{3\times3} & \boldsymbol{\lambda}_{3\times3} \end{bmatrix}$$

为坐标转换矩阵,其子矩阵

$$\boldsymbol{\lambda}_{3\times3}=\begin{bmatrix} \cos\alpha & \sin\alpha & 0 \\ -\sin\alpha & \cos\alpha & 0 \\ 0 & 0 & 1 \end{bmatrix}$$

将(6-19)式代入(6-18)式,得到整体坐标系下单元总势能表达式,即

$$\Pi^{(e)}=\frac{1}{2}\big[(\boldsymbol{a}_e)^{\mathrm{T}}\big]_{1\times6}(\boldsymbol{k}_e)_{6\times6}(\boldsymbol{a}_e)_{6\times1}-\big[(\boldsymbol{a}_e)^{\mathrm{T}}\big]_{1\times6}(\boldsymbol{p}_e)_{6\times1} \tag{6-20}$$

其中,

$$(\boldsymbol{k}_e)_{6\times6}=(\boldsymbol{T}^{\mathrm{T}})_{6\times6}(\boldsymbol{k}_e^{\xi})_{6\times6}\boldsymbol{T}_{6\times6} \tag{6-21}$$

为整体坐标系下的平面 2 结点梁单元的单元刚度矩阵。

6.3.5 整体刚度方程

将由(6-20)式计算得到各个梁单元总势能相加,得到平面刚架结构的总势能

$$\Pi=\frac{1}{2}\sum_e\big[(\boldsymbol{a}_e)^{\mathrm{T}}\big]_{1\times6}(\boldsymbol{k}_e)_{6\times6}(\boldsymbol{a}_e)_{6\times1}-\sum_e\big[(\boldsymbol{a}_e)^{\mathrm{T}}\big]_{1\times6}(\boldsymbol{p}_e)_{6\times1}$$

将上式中的单元刚度矩阵、单元结点载荷列阵,按平面刚架结构结点总数进行扩维,得到

$$\Pi=\frac{1}{2}(\boldsymbol{a}^{\mathrm{T}})_{1\times3n}\Big[\sum_e(\boldsymbol{K}_e)_{3n\times3n}\Big]\boldsymbol{a}_{3n\times1}-(\boldsymbol{a}^{\mathrm{T}})_{1\times3n}\Big[\sum_e(\boldsymbol{P}_e)_{3n\times1}\Big]$$

其中,n 为平面刚架的结点总数;$\boldsymbol{a}$ 为平面刚架的整体结点位移列阵;$\boldsymbol{K}_e$ 为扩维后的单元刚度矩阵;$\boldsymbol{P}_e$ 为扩维后的单元结点载荷列阵。记

$$\boldsymbol{K}_{3n\times3n}=\sum_e(\boldsymbol{K}_e)_{3n\times3n}$$

为平面刚架的整体刚度矩阵;

$$\boldsymbol{P}_{3n\times1}=\sum_e(\boldsymbol{P}_e)_{3n\times1}$$

为平面刚架的整体结点载荷列阵,则有

$$\Pi=\frac{1}{2}(\boldsymbol{a}^{\mathrm{T}})_{1\times3n}\boldsymbol{K}_{3n\times3n}\boldsymbol{a}_{3n\times1}-(\boldsymbol{a}^{\mathrm{T}})_{1\times3n}\boldsymbol{P}_{3n\times1} \tag{6-22}$$

根据最小势能原理,若要(6-22)式表达的平面刚架总势能取得极小值,应有

$$\frac{\partial\Pi}{\partial\boldsymbol{a}_{6\times1}}=0_{6\times1}$$

将(6-22)式代入上式,得到

$$\boldsymbol{K}_{3n\times3n}\boldsymbol{a}_{3n\times1}=\boldsymbol{P}_{3n\times1} \tag{6-23}$$

即平面刚架结构的**整体刚度方程**。

6.3.6 体验与实践

6.3.6.1 实例 6-6

【例 6-6】 利用广义坐标法推导图 6-4 所示不考虑轴向力的平面 2 结点梁单元的形函数。

【解】 1)编写如下 MATLAB 程序：

```
clear;clc;
syms r L
syms a b c d
N1(r)=a+b*r+c*r^2+d*r^3;
N1r(r)=diff(N1,r);
eq1=N1(0)==1
eq2=N1r(0)==0
eq3=N1(L)==0
eq4=N1r(L)==0
R=solve(eq1,eq2,eq3,eq4,a,b,c,d)
a=R.a;
b=R.b;
c=R.c;
d=R.d;
N1(r)=eval(N1)
```

代码下载

运行后,得到：

N1(r)=(2*r^3)/L^3−(3*r^2)/L^2+1

2)编写如下 MATLAB 程序：

```
clear;clc;
syms r L
syms a b c d
N2(r)=a+b*r+c*r^2+d*r^3;
N1r(r)=diff(N2,r);
eq1=N2(0)==0
eq2=N1r(0)==1
eq3=N2(L)==0
eq4=N1r(L)==0
R=solve(eq1,eq2,eq3,eq4,a,b,c,d)
a=R.a;
b=R.b;
c=R.c;
```

代码下载

```
d=R.d;
N2(r)=eval(N2)
```

运行后,得到:

$$N2(r)=r-(2*r^2)/L+r^3/L^2$$

3)编写如下 MATLAB 程序:

```
clear;clc;
syms r L
syms a b c d
N3(r)=a+b*r+c*r^2+d*r^3;
N1r(r)=diff(N3,r);
eq1=N3(0)==0
eq2=N1r(0)==0
eq3=N3(L)==1
eq4=N1r(L)==0
R=solve(eq1,eq2,eq3,eq4,a,b,c,d)
a=R.a;
b=R.b;
c=R.c;
d=R.d;
N3(r)=eval(N3)
```

代码下载

运行后,得到:

$$N3(r)=(3*r^2)/L^2-(2*r^3)/L^3$$

4)编写如下 MATLAB 程序:

```
clear;clc;
syms r L
syms a b c d
N4(r)=a+b*r+c*r^2+d*r^3;
N1r(r)=diff(N4,r);
eq1=N4(0)==0
eq2=N1r(0)==0
eq3=N4(L)==0
eq4=N1r(L)==1
R=solve(eq1,eq2,eq3,eq4,a,b,c,d)
a=R.a;
b=R.b;
c=R.c;
d=R.d;
N4(r)=eval(N4)
```

代码下载

运行后,得到:

N4(r)=r^3/L^2−r^2/L

6.3.6.2 实例 6-7

【例 6-7】 推导图 6-4 所示不考虑轴向力的平面 2 结点梁单元的应变矩阵表达式。

【解】 编写如下 MATLAB 程序:

```
clear;
clc;
syms r L
N1(r)=(2 * r^3)/L^3−(3 * r^2)/L^2+1
N2(r)=r−(2 * r^2)/L+r^3/L^2
N3(r)=(3 * r^2)/L^2−(2 * r^3)/L^3
N4(r)=r^3/L^2−r^2/L
B1=−diff(N1,r,2)
B2=−diff(N2,r,2)
B3=−diff(N3,r,2)
B4=−diff(N4,r,2)
B=[B1,B2,B3,B4]
```

代码下载

运行后,得到:

B(r)=

[6/L^2−(12 * r)/L^3,4/L−(6 * r)/L^2,(12 * r)/L^3−6/L^2,2/L−(6 * r)/L^2]

6.3.6.3 实例 6-8

【例 6-8】 计算表 6-1 中均布载荷作用下梁单元的等效结点载荷。

【解】 编写如下 MATLAB 程序:

```
clear;
clc;
syms RB MB L x p0
M(x)=RB * x+MB−1/2 * p0 * x^2
M01(x)=x
M02(x)=x^0
eq1=int(M * M01,x,0,L)==0
eq2=int(M * M02,x,0,L)==0
R=solve(eq1,eq2,RB,MB)
RB=R. RB
MB=R. MB
RB=−RB
MB=−MB
RA=RB
MA=−MB
```

代码下载

运行后,得到:

RB=−(L＊p0)/2

MB=(L^2＊p0)/12

RA=−(L＊p0)/2

MA=−(L^2＊p0)/12

6.3.6.4　实例6-9

【例6-9】 图示结构两单元的弯曲刚度都为 $EI=200\times10^8\mathrm{N\cdot mm^2}$,不计轴向位移。利用有限元法计算结点位移和支反力。

例6-9图

【解】 编写如下MATLAB程序:

代码下载

```
clear;
clc;
L1=300; %mm
L2=400;
EI=200e8; %N＊mm^2
ke1=[12,6＊L1,−12,6＊L1;
    6＊L1,4＊L1^2,−6＊L1,2＊L1^2;
    −12,−6＊L1,12,−6＊L1;
    6＊L1,2＊L1^2,−6＊L1,4＊L1^2]
ke1=EI/L1^3＊ke1
ke2=[12,6＊L2,−12,6＊L2;
    6＊L2,4＊L2^2,−6＊L2,2＊L2^2;
    −12,−6＊L2,12,−6＊L2;
    6＊L2,2＊L2^2,−6＊L2,4＊L2^2]
ke2=EI/L2^3＊ke2
K(6,6)=0
sn1=[1,2,3,4]
sn2=[3,4,5,6]
K(sn1,sn1)=K(sn1,sn1)+ke1;
K(sn2,sn2)=K(sn2,sn2)+ke2
P=[−500,0,−1000,0]′
U=K(3:6,3:6)\P
v2=U(1)
xt2=U(2)
v3=U(3)
```

```
xt3＝U(4)
U＝[0;0;U]
Y1＝K(1,:)＊U
M1＝K(2,:)＊U
```

运行后,得到：

v2＝－1.5750

xt2＝－0.0094

v3＝－6.3917

xt3＝－0.0134

Y1＝1.5000e＋03

M1＝8.5000e＋05

6.4 空间刚架结构

6.4.1 单元分析

如图 6-7 所示局部坐标系内空间 2 结点梁单元,其结点位移列阵和结点载荷列阵分别表示为

$$(a_e^\xi)_{12\times1}=[u_1^\xi,v_1^\xi,w_1^\xi,\theta_{\xi1},\theta_{\eta1},\theta_{\zeta1},u_2^\xi,v_2^\xi,w_2^\xi,\theta_{\xi2},\theta_{\eta2},\theta_{\zeta2}]^T \biggr\}$$
$$(p_e^\xi)_{12\times1}=[P_{\xi1},P_{\eta1},P_{\zeta1},M_{\xi1},M_{\eta1},M_{\zeta1},P_{\xi2},P_{\eta2},P_{\zeta2},M_{\xi2},M_{\eta2},M_{\zeta2}]^T$$

可分别基于平面杆单元和平面梁单元的刚度矩阵写出对应于不同自由度(结点位移)的刚度矩阵,然后组合成完整的空间 2 结点梁单元的刚度矩阵。

图 6-7 局部坐标系内空间 2 结点梁单元

对应于 1、7 自由度的拉伸刚度矩阵可表示为

$$(k_e^\xi)_{2\times2}^{1,7}=\frac{EA}{l}\begin{bmatrix}1 & -1 \\ -1 & 1\end{bmatrix}$$

对应于 4、10 自由度的扭转刚度矩阵可表示为

$$(k_e^\xi)_{2\times2}^{4,10}=\frac{GJ}{l}\begin{bmatrix}1 & -1 \\ -1 & 1\end{bmatrix}$$

对应于 1、6、8、12 自由度的平面弯曲刚度矩阵可表示为

$$(k_e^\xi)_{4\times4}^{2,6,8,12}=\frac{EI_\zeta}{l^3}\begin{bmatrix}12 & 6l & -12 & 6l \\ 6l & 4l^2 & -6l & 2l^2 \\ -12 & -6l & 12 & -6l \\ 6l & 2l^2 & -6l & 4l^2\end{bmatrix}$$

对应于 3、5、9、11 自由度的平面弯曲刚度矩阵可表示为

$$(\boldsymbol{k}_e^{\xi})_{4\times4}^{3,5,9,11}=\frac{EI_{\eta}}{l^3}\begin{bmatrix}12 & 6l & -12 & 6l \\ 6l & 4l^2 & -6l & 2l^2 \\ -12 & -6l & 12 & -6l \\ 6l & 2l^2 & -6l & 4l^2\end{bmatrix}$$

将以上各类刚度矩阵,按空间 2 结点梁单元结点位移列阵中位移分量总数扩维后相加,得到局部坐标系内空间 2 结点梁单元的完整刚度矩阵,即

$$(\boldsymbol{k}_e^{\xi})_{12\times12}=(\boldsymbol{k}_e^{\xi})_{12\times12}^{1,7}+(\boldsymbol{k}_e^{\xi})_{12\times12}^{4,10}+(\boldsymbol{k}_e^{\xi})_{12\times12}^{2,6,8,12}+(\boldsymbol{k}_e^{\xi})_{12\times12}^{3,5,9,11}$$

6.4.2 整体刚度方程

图 6-8 所示整体坐标系内空间 2 结点梁单元的结点位移列阵和结点载荷列阵分别表示为

$$\left.\begin{aligned}(\boldsymbol{a}_e)_{12\times1}&=[u_1,v_1,w_1,\theta_{x1},\theta_{y1},\theta_{z1},u_2,v_2,w_2,\theta_{x2},\theta_{y2},\theta_{z2}]^{\mathrm{T}}\\(\boldsymbol{p}_e)_{12\times1}&=[P_{x1},P_{y1},P_{z1},M_{x1},M_{y1},M_{z1},P_{x2},P_{y2},P_{z2},M_{x2},M_{y2},M_{z2}]^{\mathrm{T}}\end{aligned}\right\}$$

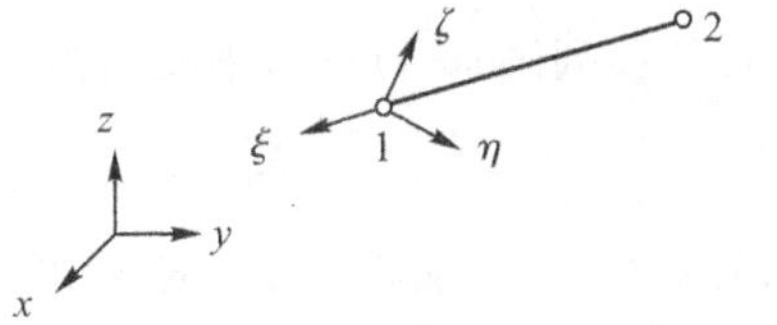

图 6-8　整体坐标系内空间 2 结点梁单元

局部坐标系和整体坐标系内结点位移分量间的变换关系为

$$\begin{Bmatrix}u_1^{\xi}\\v_1^{\xi}\\w_1^{\xi}\end{Bmatrix}=\boldsymbol{\lambda}_{3\times3}\begin{Bmatrix}u_1\\v_1\\w_1\end{Bmatrix},\begin{Bmatrix}\theta_{\xi1}\\\theta_{\eta1}\\\theta_{\zeta1}\end{Bmatrix}=\boldsymbol{\lambda}_{3\times3}\begin{Bmatrix}\theta_{x1}\\\theta_{y1}\\\theta_{z1}\end{Bmatrix}$$

$$\begin{Bmatrix}u_2^{\xi}\\v_2^{\xi}\\w_2^{\xi}\end{Bmatrix}=\boldsymbol{\lambda}_{3\times3}\begin{Bmatrix}u_2\\v_2\\w_2\end{Bmatrix},\begin{Bmatrix}\theta_{\xi2}\\\theta_{\eta2}\\\theta_{\zeta2}\end{Bmatrix}=\boldsymbol{\lambda}_{3\times3}\begin{Bmatrix}\theta_{x2}\\\theta_{y2}\\\theta_{z2}\end{Bmatrix}$$

其中,

$$\boldsymbol{\lambda}_{3\times3}=\begin{bmatrix}\cos(\xi,x) & \cos(\xi,y) & \cos(\xi,z)\\\cos(\eta,x) & \cos(\eta,y) & \cos(\eta,z)\\\cos(\zeta,x) & \cos(\zeta,y) & \cos(\zeta,z)\end{bmatrix}$$

将以上 4 个变换关系统一描述为

$$(\boldsymbol{a}_e^{\xi})_{12\times1}=\boldsymbol{T}_{12\times12}(\boldsymbol{a}_e)_{12\times1}$$

其中,

$$\boldsymbol{T}_{12\times12}=\begin{bmatrix}\boldsymbol{\lambda}_{3\times3} & \boldsymbol{0}_{3\times3} & \boldsymbol{0}_{3\times3} & \boldsymbol{0}_{3\times3}\\\boldsymbol{0}_{3\times3} & \boldsymbol{\lambda}_{3\times3} & \boldsymbol{0}_{3\times3} & \boldsymbol{0}_{3\times3}\\\boldsymbol{0}_{3\times3} & \boldsymbol{0}_{3\times3} & \boldsymbol{\lambda}_{3\times3} & \boldsymbol{0}_{3\times3}\\\boldsymbol{0}_{3\times3} & \boldsymbol{0}_{3\times3} & \boldsymbol{0}_{3\times3} & \boldsymbol{\lambda}_{3\times3}\end{bmatrix}$$

为空间 2 结点梁单元的**坐标变换矩阵**。容易证明上述坐标转换矩阵具有如下性质

$$(\boldsymbol{T}^{\mathrm{T}})_{12\times12}\boldsymbol{T}_{12\times12}=\begin{bmatrix}\boldsymbol{\delta}_{3\times3} & \boldsymbol{0}_{3\times3} & \boldsymbol{0}_{3\times3} & \boldsymbol{0}_{3\times3}\\ \boldsymbol{0}_{3\times3} & \boldsymbol{\delta}_{3\times3} & \boldsymbol{0}_{3\times3} & \boldsymbol{0}_{3\times3}\\ \boldsymbol{0}_{3\times3} & \boldsymbol{0}_{3\times3} & \boldsymbol{\delta}_{3\times3} & \boldsymbol{0}_{3\times3}\\ \boldsymbol{0}_{3\times3} & \boldsymbol{0}_{3\times3} & \boldsymbol{0}_{3\times3} & \boldsymbol{\delta}_{3\times3}\end{bmatrix}$$

其中，

$$\boldsymbol{\delta}_{3\times3}=\begin{bmatrix}1 & 0 & 0\\ 0 & 1 & 0\\ 0 & 0 & 1\end{bmatrix}$$

局部坐标系和整体坐标系内结点载荷列阵的变换关系可表示为

$$(\boldsymbol{p}_e^{\xi})_{12\times1}=\boldsymbol{T}_{12\times12}(\boldsymbol{p}_e)_{12\times1}$$

整体坐标系和局部坐标系单元刚度矩阵的转换关系为

$$(\boldsymbol{k}_e)_{12\times12}=(\boldsymbol{T}^{\mathrm{T}})_{12\times12}(\boldsymbol{k}_e^{\xi})_{12\times12}\boldsymbol{T}_{12\times12}$$

经过与平面刚架整体刚度方程相似的推导过程，得到空间刚架整体刚度方程，即

$$\boldsymbol{K}_{6n\times6n}\boldsymbol{a}_{6n\times1}=\boldsymbol{P}_{6n\times1} \tag{6-24}$$

其中，a 为空间刚架结构的结点位移列阵；n 为空间刚架结构的结点总数；

$$\boldsymbol{K}_{6n\times6n}=\sum_e(\boldsymbol{K}_e)_{6n\times6n}$$

为空间刚架结构的整体刚度矩阵，$\boldsymbol{K}_e$ 为扩维后的单元刚度矩阵；

$$\boldsymbol{P}_{6n\times1}=\sum_e(\boldsymbol{P}_e)_{6n\times1}$$

为空间刚架结构的整体结点载荷列阵，$\boldsymbol{P}_e$ 为扩维后的单元结点载荷列阵。

6.4.3 体验与实践

6.4.3.1 实例 6-10

【例 6-10】 验证转换矩阵

$$\boldsymbol{\lambda}_{3\times3}=\begin{bmatrix}\cos(\xi,x) & \cos(\xi,y) & \cos(\xi,z)\\ \cos(\eta,x) & \cos(\eta,y) & \cos(\eta,z)\\ \cos(\zeta,x) & \cos(\zeta,y) & \cos(\zeta,z)\end{bmatrix}$$

的正交性。

【解】 将转换矩阵简记为

$$\boldsymbol{\lambda}=\begin{bmatrix}\xi_x & \xi_y & \xi_z\\ \eta_x & \eta_y & \eta_z\\ \zeta_x & \zeta_y & \zeta_z\end{bmatrix}$$

编写如下 MATLAB 程序：

```
clear;
clc;
syms rx ry rz
syms sx sy sz
```

```
syms tx ty tz
assume(rx,'real')
assume(ry,'real')
assume(rz,'real')
assume(sx,'real')
assume(sy,'real')
assume(sz,'real')
assume(tx,'real')
assume(ty,'real')
assume(tz,'real')
LD=[rx,ry,rz;sx,sy,sz;tx,ty,tz]
LDT=LD'
E=LD*LDT
E11=E(1,1)
E12=E(1,2)
E13=E(1,3)
E21=E(2,1)
E22=E(2,2)
E23=E(2,3)
E31=E(3,1)
E32=E(3,2)
E33=E(3,3)
```

代码下载

运行后,得到:

$E11 = rx^2 + ry^2 + rz^2$

$E12 = rx * sx + ry * sy + rz * sz$

$E13 = rx * tx + ry * ty + rz * tz$

$E21 = rx * sx + ry * sy + rz * sz$

$E22 = sx^2 + sy^2 + sz^2$

$E23 = sx * tx + sy * ty + sz * tz$

$E31 = rx * tx + ry * ty + rz * tz$

$E32 = sx * tx + sy * ty + sz * tz$

$E33 = tx^2 + ty^2 + tz^2$

设局部坐标轴方向的单位矢量为

$$\xi = \xi_x i + \xi_y j + \xi_z k ,$$
$$\eta = \eta_x i + \eta_y j + \eta_z k ,$$
$$\zeta = \zeta_x i + \zeta_y j + \zeta_z k 。$$

根据

$$\xi \cdot \xi = 1, \eta \cdot \eta = 1, \zeta \cdot \zeta = 1$$

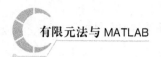

和

$$\xi \cdot \eta = 0, \eta \cdot \zeta = 0, \zeta \cdot \xi = 0$$

可知

$$E11 = E22 = E33 = 1;$$
$$E12 = E13 = 0;$$
$$E21 = E23 = 0;$$
$$E31 = E32 = 0。$$

因此,转换矩阵 $\lambda_{3 \times 3}$ 为正交矩阵。

第 6 章习题

习题 6-1 利用虚位移原理建立不考虑轴力的平面 2 结点梁单元的单元刚度矩阵。

习题 6-2 利用 MATLAB 推导 3 结点杆单元的形函数表达式。

习题 6-3 利用 MATLAB 推导不考虑轴力的平面 3 结点梁单元的形函数表达式。

习题 6-4 图示结构中的 $E = 200\text{GPa}, I = 4 \times 10^{-6}\text{m}^4$。利用有限元法和 MATLAB,求:
1)结点位移和支反力;2)单元①和单元②的中点位移。

习题 6-4 图

第7章 平板弯曲问题的有限元法

平板构件在几何上的显著特征为:一个方向的尺寸远小于另两个方向的尺寸。通常将平板分为薄板和厚板。若板厚 t 与另两个方向的最小尺寸 l 之比小于 $1/15$,可视为薄板;否则属于厚板。

在弹性力学中对弹性弯曲平板引入了某些附加假设,将问题转化为二维问题。这使得求解平板位移归结为求解中面位移,中面以外任一点位移都可以通过中面位移表示。引入附加假设后,薄板的应变表现为位移的二阶导数。

7.1 弹性薄板理论简介

7.1.1 应变分析

如图 7-1 所示弹性薄板,取薄板中面为 xy 面, z 轴垂直于中面。在理论分析时,对弹性薄板引入如下基本假设:

1)板厚方向的挤压变形可以忽略不计,即 $\varepsilon_z=0$;

2)在弯曲变形中,中面的法线保持为直线且仍为变形后中面的法线,通常称为 **kirchhoff 直法线假设**;

3)薄板中面只发生弯曲变形,没有面内伸缩变形,即 $u(x,y,0)=v(x,y,0)=0$ 。

利用上述 3 条假设,薄板内的全部位移、应力和应变分量都可以用板的挠度 w 表示。

根据基本假设 1),可知

$$\varepsilon_z=\frac{\partial w}{\partial z}=0$$

因此有

$$w=w(x,y) \tag{7-1a}$$

图 7-1 直角坐标系内的弹性薄板

根据基本假设 2),薄板弯曲后,板的法线与弹性曲面在 x 方向和 y 方向的切线,在板变

形前后都保持互相垂直,因而没有剪应变,即

$$\left. \begin{array}{l} \gamma_{zx} = \dfrac{\partial w}{\partial x} + \dfrac{\partial u}{\partial z} = 0 \\[3mm] \gamma_{yz} = \dfrac{\partial v}{\partial z} + \dfrac{\partial w}{\partial y} = 0 \end{array} \right\}$$

由此可进一步得到

$$\left. \begin{array}{l} \dfrac{\partial u}{\partial z} = -\dfrac{\partial w}{\partial x} \\[3mm] \dfrac{\partial v}{\partial z} = -\dfrac{\partial w}{\partial y} \end{array} \right\}$$

对 z 积分,得到

$$\left. \begin{array}{l} u = -z\,\dfrac{\partial w}{\partial x} + f_1(x,y) \\[3mm] v = -z\,\dfrac{\partial w}{\partial y} + f_2(x,y) \end{array} \right\}$$

根据基本假设 3),结合上式,可以进一步得到

$$f_1(x,y) = f_2(x,y) = 0$$

因此有

$$\left. \begin{array}{l} u = -z\,\dfrac{\partial w}{\partial x} \\[3mm] v = -z\,\dfrac{\partial w}{\partial y} \end{array} \right\} \tag{7-1b}$$

根据(7-1)式可将弹性薄板中的非零应变分量描述为

$$\left. \begin{array}{l} \varepsilon_x = \dfrac{\partial u}{\partial x} = -z\,\dfrac{\partial^2 w}{\partial x^2} \\[3mm] \varepsilon_y = \dfrac{\partial v}{\partial y} = -z\,\dfrac{\partial^2 w}{\partial y^2} \\[3mm] \gamma_{xy} = \dfrac{\partial u}{\partial y} + \dfrac{\partial v}{\partial x} = -2z\,\dfrac{\partial^2 w}{\partial x\,\partial y} \end{array} \right\}$$

上式可用矩阵形式改写为

$$\boldsymbol{\varepsilon} = z\boldsymbol{\kappa} \tag{7-2}$$

其中,

$$\boldsymbol{\varepsilon} = \left\{ \begin{array}{c} \varepsilon_x \\ \varepsilon_y \\ \gamma_{xy} \end{array} \right\}$$

为弹性薄板的**应变列阵**;

$$\boldsymbol{\kappa} = \left\{ \begin{array}{c} \kappa_x \\ \kappa_y \\ \kappa_{xy} \end{array} \right\} = \left\{ \begin{array}{c} -\dfrac{\partial^2 w}{\partial x^2} \\[3mm] -\dfrac{\partial^2 w}{\partial y^2} \\[3mm] -2\,\dfrac{\partial^2 w}{\partial x\,\partial y} \end{array} \right\}$$

称为弹性薄板的**广义应变列阵**。(7-2)式反映了弹性薄板内应变分量和位移分量间的微分关系,称为弹性薄板的**几何方程**。

7.1.2　内力分析

根据基本假设 1)和基本假设 2),可知 $\varepsilon_z = \gamma_{zx} = \gamma_{zy} = 0$,若忽略次要应力 σ_z,则薄板弯曲的本构方程与平面应力问题的本构方程完全相同,即

$$\begin{Bmatrix} \sigma_x \\ \sigma_y \\ \tau_{xy} \end{Bmatrix} = \frac{E}{1-\mu^2} \begin{bmatrix} 1 & \mu & 0 \\ \mu & 1 & 0 \\ 0 & 0 & (1-\mu)/2 \end{bmatrix} \begin{Bmatrix} \varepsilon_x \\ \varepsilon_y \\ \gamma_{xy} \end{Bmatrix}$$

用矩阵形式表示为

$$\boldsymbol{\sigma} = \boldsymbol{D\varepsilon} \tag{7-3}$$

将(7-2)式代入(7-3)式,得到

$$\boldsymbol{\sigma} = z\boldsymbol{D\kappa} \tag{7-4}$$

在法线方向为 x 的截面上,单位宽度板上正应力 σ_x 合成的弯矩、剪应力 τ_{xy} 合成的扭矩,分别表示为

$$\left. \begin{aligned} M_x &= \int_{-t/2}^{t/2} \sigma_x z \, \mathrm{d}z \\ M_{xy} &= \int_{-t/2}^{t/2} \tau_{xy} z \, \mathrm{d}z \end{aligned} \right\}$$

在法线方向为 y 的截面上,单位宽度板上正应力 σ_y 合成的弯矩、剪应力 τ_{yx} 合成的扭矩,分别表示为

$$\left. \begin{aligned} M_y &= \int_{-t/2}^{t/2} \sigma_y z \, \mathrm{d}z \\ M_{yx} &= \int_{-t/2}^{t/2} \tau_{yx} z \, \mathrm{d}z \end{aligned} \right\}$$

根据剪应力互等定理可知:$M_{xy} = M_{yx}$。将以上两式用矩阵形式表示为

$$\boldsymbol{M} = \begin{Bmatrix} M_x \\ M_y \\ M_{xy} \end{Bmatrix} = \int_{-t/2}^{t/2} z \begin{Bmatrix} \sigma_x \\ \sigma_y \\ \tau_{xy} \end{Bmatrix} \mathrm{d}z = \int_{-t/2}^{t/2} z\boldsymbol{\sigma} \mathrm{d}z \tag{7-5}$$

将(7-4)式代入上式,得到

$$\boldsymbol{M} = \overline{\boldsymbol{D}}\boldsymbol{\kappa} \tag{7-6}$$

其中

$$\overline{\boldsymbol{D}} = D \begin{bmatrix} 1 & \mu & 0 \\ \mu & 1 & 0 \\ 0 & 0 & (1-\mu)/2 \end{bmatrix}$$

而

$$D = \frac{Et^3}{12(1-\mu^2)}$$

称为**板的弯曲刚度**。根据(7-5)还可以进一步得到

$$\boldsymbol{\sigma} = \frac{12z}{t^3} \boldsymbol{M} \tag{7-7}$$

弹性薄板的平衡微分方程为

$$\frac{\partial^2 M_x}{\partial x^2} + 2\frac{\partial^2 M_{xy}}{\partial x \partial y} + \frac{\partial^2 M_y}{\partial y^2} + q(x,y) = 0 \tag{7-8a}$$

其中 $q(x,y)$ 是作用在板面的 z 方向的分布载荷。将(7-6)式代入(7-8a)式,得到用中面挠度表示的平衡微分方程,即

$$D\left(\frac{\partial^4 w}{\partial x^4} + 2\frac{\partial^4 w}{\partial x^2 \partial y^2} + \frac{\partial^4 w}{\partial y^4} \right) = q(x,y) \tag{7-8b}$$

7.1.3 边界条件

弹性薄板弯曲问题的边界条件包括三种:几何边界条件、混合边界条件和静力边界条件。

1)几何边界条件

在边界上给定挠度和截面转角,即

$$\left. \begin{array}{l} w|_{\Gamma_1} = \overline{w} \\[2mm] \dfrac{\partial w}{\partial n}\Big|_{\Gamma_1} = \overline{\theta} \end{array} \right\} \tag{7-9}$$

其中 n 为边界的法线方向。固支边是几何边界条件的特例,此时 $\overline{w}=0, \overline{\theta}_n=0$

2)混合边界条件

在边界给定挠度和力矩,即

$$\left. \begin{array}{l} w|_{\Gamma_2} = \overline{w} \\[2mm] M_n|_{\Gamma_2} = \overline{M}_n \end{array} \right\} \tag{7-10}$$

其中

$$M_n = -D\left(\frac{\partial^2 w}{\partial n^2} + \mu \frac{\partial^2 w}{\partial s^2} \right)$$

n 和 s 分别为边界的法向方向和切向方向。简支边是混合边界条件的特例,此时 $\overline{w}=0, \overline{M}_n = 0$。

3)静力边界条件

在边界上给定力矩和横向载荷,即

$$\left. \begin{array}{l} M_{ns}|_{\Gamma_3} = \overline{M}_{ns} \\[2mm] \left(Q_n + \dfrac{\partial M_{ns}}{\partial s} \right)\Big|_{\Gamma_3} = \overline{V}_n \end{array} \right\} \tag{7-11}$$

其中 M_{ns} 和 Q_n 分别是边界截面上单位长度的扭矩和横向力,可表达为

$$\left. \begin{array}{l} M_{ns} = -D(1-\mu)\dfrac{\partial^2 w}{\partial n \partial s} \\[3mm] Q_n = \dfrac{\partial M_n}{\partial n} + \dfrac{\partial M_{ns}}{\partial s} = -D\dfrac{\partial}{\partial n}\left(\dfrac{\partial^2 w}{\partial n^2} + \dfrac{\partial^2 w}{\partial s^2} \right) \\[3mm] Q_n + \dfrac{\partial M_n}{\partial n} = -D\dfrac{\partial}{\partial n}\left[\dfrac{\partial^2 w}{\partial n^2} + (2-\mu)\dfrac{\partial^2 w}{\partial s^2} \right] \end{array} \right\} \tag{7-12}$$

当边界自由时，$\overline{M}_{ns}=0,\overline{V}_n=0$。

7.2 弹性薄板有限元法

7.2.1 薄板单元分析

7.2.1.1 矩形薄板单元

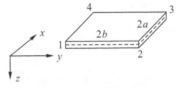

图 7-2　矩形薄板单元

考虑图 7-2 所示 4 结点矩形板单元，沿 x 和 y 方向的长度分别为 $2a$ 和 $2b$，其结点位移列阵为

$$\boldsymbol{a}_e=\begin{Bmatrix}\boldsymbol{u}_1\\\boldsymbol{u}_2\\\boldsymbol{u}_3\\\boldsymbol{u}_4\end{Bmatrix}$$

其中，

$$\boldsymbol{u}_i=\begin{Bmatrix}w_i\\\theta_{xi}\\\theta_{yi}\end{Bmatrix},\theta_{xi}=\left(\frac{\partial w}{\partial y}\right)_i,\theta_{yi}=-\left(\frac{\partial w}{\partial x}\right)_i\qquad(i=1,2,3,4)$$

引入如下局部坐标

$$\begin{aligned}\xi&=\frac{x-x_c}{a}\\\eta&=\frac{y-y_c}{b}\end{aligned}$$

其中，(x_c,y_c) 为矩形板单元中心的整体坐标。根据以上两式，可以得到

$$\begin{aligned}\theta_x&=\frac{\partial w}{\partial y}=\frac{1}{b}\frac{\partial w}{\partial \eta}\\\theta_y&=-\frac{\partial w}{\partial x}=\frac{1}{a}\frac{\partial w}{\partial \xi}\end{aligned}$$

矩形板单元的挠度函数表示为形函数矩阵和单元结点位移列阵的乘积，即

$$w=\boldsymbol{N}\boldsymbol{a}_e=\begin{bmatrix}\boldsymbol{N}_1,\boldsymbol{N}_2,\boldsymbol{N}_3,\boldsymbol{N}_4\end{bmatrix}\begin{Bmatrix}\boldsymbol{u}_1\\\boldsymbol{u}_2\\\boldsymbol{u}_3\\\boldsymbol{u}_4\end{Bmatrix}\qquad(7\text{-}13)$$

其中，

$$N_i = [N_{i1}, N_{i2}, N_{i3}, N_{i4}] \quad (i = 1,2,3,4)$$

$$
\left.\begin{aligned}
N_{i1} &= \frac{1}{8}(\xi_0+1)(\eta_0+1)(2+\xi_0+\eta_0-\xi^2-\eta^2) \\[4pt]
N_{i2} &= \frac{1}{8}(\xi_0+1)(\eta_0+1)(\eta^2-1)b\eta_i \\[4pt]
N_{i3} &= -\frac{1}{8}(\xi_0+1)(\eta_0+1)(\xi^2-1)a\xi_i
\end{aligned}\right\} \quad (i=1,2,3,4)
$$

$$
\left.\begin{aligned}
\xi_0 &= \xi_i\xi \\
\eta_0 &= \eta_i\eta
\end{aligned}\right\} \quad (i=1,2,3,4)
$$

将挠度函数(7-13)代入几何方程(7-2)，得到

$$\boldsymbol{\varepsilon} = \boldsymbol{B}\boldsymbol{a}_e = [\boldsymbol{B}_1, \boldsymbol{B}_2, \boldsymbol{B}_3, \boldsymbol{B}_4]\begin{Bmatrix} \boldsymbol{u}_1 \\ \boldsymbol{u}_2 \\ \boldsymbol{u}_3 \\ \boldsymbol{u}_4 \end{Bmatrix} \tag{7-14}$$

其中，

$$\boldsymbol{B}_i = -z\begin{bmatrix} \dfrac{\partial^2 N_i}{\partial x^2} \\[6pt] \dfrac{\partial^2 N_i}{\partial y^2} \\[6pt] \dfrac{\partial^2 N_i}{\partial x\,\partial y} \end{bmatrix} = -z\begin{bmatrix} \dfrac{1}{a^2}\dfrac{\partial^2 N_i}{\partial \xi^2} \\[6pt] \dfrac{1}{b^2}\dfrac{\partial^2 N_i}{\partial \eta^2} \\[6pt] \dfrac{2}{ab}\dfrac{\partial^2 N_i}{\partial \xi\,\partial \eta} \end{bmatrix} \quad (i=1,2,3,4) \tag{7-15}$$

矩形板单元的弹性应变势能可表示为

$$V_\varepsilon^{(e)} = \frac{1}{2}\int_{\Omega_e} \boldsymbol{\varepsilon}^{\mathrm{T}}\sigma \,\mathrm{d}\Omega \tag{7-16}$$

将(7-14)式和(7-3)式代入(7-16)式，得到

$$V_\varepsilon^{(e)} = \frac{1}{2}\boldsymbol{a}_e^{\mathrm{T}}\boldsymbol{k}_e\boldsymbol{a}_e,$$

其中，

$$\boldsymbol{k}_e = \begin{bmatrix} \boldsymbol{k}_{11} & \boldsymbol{k}_{12} & \boldsymbol{k}_{13} & \boldsymbol{k}_{14} \\ \boldsymbol{k}_{21} & \boldsymbol{k}_{22} & \boldsymbol{k}_{23} & \boldsymbol{k}_{24} \\ \boldsymbol{k}_{31} & \boldsymbol{k}_{32} & \boldsymbol{k}_{33} & \boldsymbol{k}_{34} \\ \boldsymbol{k}_{41} & \boldsymbol{k}_{42} & \boldsymbol{k}_{43} & \boldsymbol{k}_{44} \end{bmatrix} \tag{7-17}$$

为单元刚度矩阵，其子矩阵

$$k_{ij} = \int_{\Omega_e} \boldsymbol{B}_i^{\mathrm{T}}\boldsymbol{D}\boldsymbol{B}_j \,\mathrm{d}\Omega = \int_{-t/2}^{t/2}\int_{-1}^{1}\int_{-1}^{1} \boldsymbol{B}_i^{\mathrm{T}}\boldsymbol{D}\boldsymbol{B}_j ab \,\mathrm{d}\xi\mathrm{d}\eta\mathrm{d}z \tag{7-18}$$

$\boldsymbol{D}$ 为平面应力问题的弹性矩阵。

7.2.1.1 三角形薄板单元

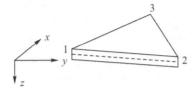

图 7-3 三角形薄板单元

考虑图 7-3 所示 3 结点三角形薄板单元，其结点位移列阵为

$$\boldsymbol{a}_e = \left\{ \begin{array}{c} \boldsymbol{u}_1 \\ \boldsymbol{u}_2 \\ \boldsymbol{u}_3 \end{array} \right\}$$

其中，

$$\boldsymbol{u}_i = \left\{ \begin{array}{c} w_i \\ \theta_{xi} \\ \theta_{yi} \end{array} \right\}, \theta_{xi} = \left(\frac{\partial w}{\partial y} \right)_i, \theta_{yi} = -\left(\frac{\partial w}{\partial x} \right)_i \quad (i = 1, 2, 3, 4)$$

三角形薄板单元挠度函数可描表示为形函数矩阵和单元结点位移列阵的乘积，即

$$w = \boldsymbol{N} \boldsymbol{a}_e = \left[\boldsymbol{N}_1, \boldsymbol{N}_2, \boldsymbol{N}_3 \right] \left\{ \begin{array}{c} \boldsymbol{u}_1 \\ \boldsymbol{u}_2 \\ \boldsymbol{u}_3 \end{array} \right\} \tag{7-19}$$

其中，结点 1 对应的

$$\boldsymbol{N}_1 = \left[N_{11}, N_{12}, N_{13} \right]$$

$$\left. \begin{array}{l} N_{11} = L_1 + L_1^2 L_2 + L_1^2 L_3 - L_1 L_2^2 - L_1 L_3^2 \\ N_{12} = b_2 L_1^2 L_3 - b_3 L_1^2 L_2 + \frac{1}{2}(b_2 - b_3) L_1 L_2 L_3 \\ N_{13} = c_2 L_1^2 L_3 - c_3 L_1^2 L_2 + \frac{1}{2}(c_2 - c_3) L_1 L_2 L_3 \end{array} \right\}$$

L_1、L_2、L_3 为面积坐标，

$$a_1 = \left| \begin{array}{cc} x_2 & y_2 \\ x_3 & y_3 \end{array} \right|, b_1 = -\left| \begin{array}{cc} 1 & y_2 \\ 1 & y_3 \end{array} \right|, c_1 = \left| \begin{array}{cc} 1 & x_2 \\ 1 & x_3 \end{array} \right|$$

通过对下标 1、2、3 轮换，可以得到 a_2、b_2、c_2 和 a_3、b_3、c_3 的表达式。通过对下标 1、2、3 轮换，可以得到结点 2 和结点 3 对应的 N_2 和 N_3 的表达式。

将挠度函数(7-19)代入几何方程(7-2)，得到

$$\boldsymbol{\varepsilon} = \boldsymbol{B} \boldsymbol{a}_e = \left[\boldsymbol{B}_1, \boldsymbol{B}_2, \boldsymbol{B}_3 \right] \left\{ \begin{array}{c} \boldsymbol{u}_1 \\ \boldsymbol{u}_2 \\ \boldsymbol{u}_3 \end{array} \right\} \tag{7-20}$$

其中，

$$\boldsymbol{B}_i = -z \begin{bmatrix} \dfrac{\partial^2 N_i}{\partial x^2} & \dfrac{\partial^2 N_i}{\partial x^2} & \dfrac{\partial^2 N_i}{\partial x^2} \\[2mm] \dfrac{\partial^2 N_i}{\partial y^2} & \dfrac{\partial^2 N_i}{\partial y^2} & \dfrac{\partial^2 N_i}{\partial y^2} \\[2mm] 2\dfrac{\partial^2 N_i}{\partial x\,\partial y} & 2\dfrac{\partial^2 N_i}{\partial x\,\partial y} & 2\dfrac{\partial^2 N_i}{\partial x\,\partial y} \end{bmatrix} \quad (i=1,2,3)$$

三角形薄板单元刚度矩阵表示为

$$\boldsymbol{k}_e = \begin{bmatrix} \boldsymbol{k}_{11} & \boldsymbol{k}_{12} & \boldsymbol{k}_{13} \\ \boldsymbol{k}_{21} & \boldsymbol{k}_{22} & \boldsymbol{k}_{23} \\ \boldsymbol{k}_{31} & \boldsymbol{k}_{32} & \boldsymbol{k}_{33} \end{bmatrix}$$

其中，

$$\boldsymbol{k}_{ij} = \int_{\Omega_e} \boldsymbol{B}_i^{\mathrm{T}} \boldsymbol{D} \boldsymbol{B}_j \, \mathrm{d}\Omega \quad (i,j=1,2,3)$$

7.2.2 等效结点载荷

设薄板表面上作用有横向分布载荷 q，在边界 Γ_3 上的横向剪力为 $\overline{V}_n$，在边界 Γ_3 和 Γ_2 上的弯矩为 $\overline{M}_n$，并考虑到 M_n 与 $\dfrac{\partial w}{\partial n}$ 符号相反，则外力虚功为

$$\delta W = \int_A q \, \delta w \, \mathrm{d}A + \int_{\Gamma_3} \overline{V}_n \delta w \, \mathrm{d}\Gamma - \int_{\Gamma_3 + \Gamma_2} \overline{M}_n \frac{\partial(\delta w)}{\partial n} \mathrm{d}\Gamma$$

对于任一单元 e，将(7-13)代入上式，得到

$$\delta W^{(e)} = \delta a_e^{\mathrm{T}} \left(\int_{A^e} q N^{\mathrm{T}} \mathrm{d}A + \int_{\Gamma_3^e} \overline{V}_n N^{\mathrm{T}} \mathrm{d}\Gamma - \int_{\Gamma_3^e + \Gamma_2^e} \overline{M}_n \frac{\partial N^{\mathrm{T}}}{\partial n} \mathrm{d}\Gamma \right)$$

根据虚功等效原则，单元等效结点载荷虚功应等于单元外力虚功，即

$$\delta W^{(e)} = \delta \boldsymbol{a}_e^{\mathrm{T}} \boldsymbol{p}_e$$

其中，$\boldsymbol{p}_e$ 为单元等效结点载荷列阵。比较以上两式可知

$$\boldsymbol{p}_e = \int_{A_e} q N^{\mathrm{T}} \mathrm{d}A + \int_{\Gamma_{e3}} \overline{V}_n N^{\mathrm{T}} \mathrm{d}\Gamma - \int_{\Gamma_{e3} + \Gamma_{e2}} \overline{M}_n \frac{\partial N^{\mathrm{T}}}{\partial n} \mathrm{d}\Gamma \qquad (7\text{-}21)$$

7.2.3 薄板整体分析

弹性薄板的应变势能的计算式为

$$V_{\varepsilon} = \frac{1}{2} \int_{\Omega} \boldsymbol{\varepsilon}^{\mathrm{T}} \boldsymbol{\sigma} \mathrm{d}\Omega$$

弹性薄板的外力势能计算式为

$$V_P = -\int_A q w \, \mathrm{d}A - \int_{S_3} \overline{V}_n w \, \mathrm{d}S + \int_{S_2 + S_3} \overline{M}_n \frac{\partial w}{\partial n} \mathrm{d}S$$

需要说明的是，因为 $\overline{M}_n$ 和 $\dfrac{\partial w}{\partial n}$ 符号相反，所以上式等号右端第 3 项的符号与前两项的符号不同。弹性薄板的总势能为

$$\Pi = V_\varepsilon + V_P$$

$$= \frac{1}{2}\int_\Omega \varepsilon^{\mathrm T}\sigma \mathrm d\Omega - \int_A qw\mathrm dA - \int_{S_3}\overline V_n w\mathrm dS + \int_{S_2+S_3}\overline M_n \frac{\partial w}{\partial n}\mathrm dS \Bigg\}$$

在平板弯曲问题的有限元分析中,首先将结构离散为单元,然后将单元的挠度 w 表示为

$$w = N a_e$$

其中,N 为形函数行阵,a_e 为结点位移列阵。进一步利用最小势能原理,得到弹性薄板的整体刚度方程

$$Ka = P \tag{7-22}$$

其中,a 为弹性薄板离散系统的结点位移列阵;K 为离散系统的整体刚度矩阵;P 为离散系统的整体结点载荷列阵。

整体刚度矩阵可通过单元刚度矩阵集成得到,即

$$K = \sum_e K_e$$

其中,K_e 为按整体刚度矩阵扩维后的单元刚度矩阵。整体结点载荷列阵可通过单元结点载荷列阵集成得到,即

$$P = \sum_e P_e$$

其中,P_e 为按整体结点载荷列阵扩维后的单元结点载荷列阵。

7.2.4 体验与实践

7.2.4.1 实例 7-1

【例 7-1】 利用广义坐标法推导图 7-2 所示 4 结点矩形板单元的形函数表达式。

【解】 1)编写如下 MATLAB 程序,推导 N_{11} 的表达式:

```
clear;
clc;
syms a1 a2 a3 a4 a5 a6
syms a7 a8 a9 a10 a11 a12
syms N12(r,s)
N11(r,s)=a1+a2*r+a3*s+a4*r*s+a5*r^2+a6*s^2 ...
        +a7*r^2*s+a8*r*s^2+a9*r^3+a10*s^3 ...
        +a11*r^3*s+a12*r*s^3
Ns(r,s)=diff(N11,s)
Nr(r,s)=diff(N11,r)
%——————————————————
eq1=N11(-1,-1)==1
eq2=Ns(-1,-1)==0
eq3=-Nr(-1,-1)==0
%——————————————————
eq4=N11(1,-1)==0
```

```
eq5=Ns(1,-1)==0
eq6=-Nr(1,-1)==0
%--------------------------------
eq7=N11(1,1)==0
eq8=Ns(1,1)==0
eq9=-Nr(1,1)==0
%--------------------------------
eq10=N11(-1,1)==0
eq11=Ns(-1,1)==0
eq12=-Nr(-1,1)==0
%--------------------------------
R=solve(eq1,eq2,eq3,eq4,eq5,eq6,...
    eq7,eq8,eq9,eq10,eq11,eq12,...
    a1,a2,a3,a4,a5,a6,...
    a7,a8,a9,a10,a11,a12)
a1=R.a1
a2=R.a2
a3=R.a3
a4=R.a4
a5=R.a5
a6=R.a6
a7=R.a7
a8=R.a8
a9=R.a9
a10=R.a10
a11=R.a11
a12=R.a12
N11(r,s)=eval(N11)
N11_f=factor(N11)
```

运行后,得到:

$$N11\_f(r,s)=[-1/8,s-1,r-1,r^2+r+s^2+s-2]$$

2)编写如下 MATLAB 程序,推导 N_{12} 的表达式:

```
clear;
clc;
syms a1 a2 a3 a4 a5 a6
syms a7 a8 a9 a10 a11 a12
syms N12(r,s)
N12(r,s)=a1+a2*r+a3*s+a4*r*s+a5*r^2+a6*s^2...
```

```
        +a7 * r^2 * s+a8 * r * s^2+a9 * r^3+a10 * s^3...
      +a11 * r^3 * s+a12 * r * s^3
Ns(r,s)=diff(N12,s)
Nr(r,s)=diff(N12,r)
%———————————————————————————
eq1=N12(-1,-1)===0
eq2=Ns(-1,-1)===1
eq3=-Nr(-1,-1)===0
%————————————————————————
eq4=N12(1,-1)===0
eq5=Ns(1,-1)===0
eq6=-Nr(1,-1)===0
%————————————————————————
eq7=N12(1,1)===0
eq8=Ns(1,1)===0
eq9=-Nr(1,1)===0
%————————————————————————
eq10=N12(-1,1)===0
eq11=Ns(-1,1)===0
eq12=-Nr(-1,1)===0
%————————————————————————
R=solve(eq1,eq2,eq3,eq4,eq5,eq6,...
    eq7,eq8,eq9,eq10,eq11,eq12,...
    a1,a2,a3,a4,a5,a6,...
    a7,a8,a9,a10,a11,a12)
a1=R. a1
a2=R. a2
a3=R. a3
a4=R. a4
a5=R. a5
a6=R. a6
a7=R. a7
a8=R. a8
a9=R. a9
a10=R. a10
a11=R. a11
a12=R. a12
N12(r,s)=eval(N12)
```

```
    syms b
    N12_f=factor(b * N12)
```

运行后,得到:

$$N12\_f(r,s)=[-b/8,s+1,s-1,s-1,r-1]$$

3)编写如下 MATLAB 程序,推导 N_{13} 的表达式:

代码下载

```
clear;
clc;
syms a1 a2 a3 a4 a5 a6
syms a7 a8 a9 a10 a11 a12
syms N12(r,s)
N13(r,s)=a1+a2 * r+a3 * s+a4 * r * s+a5 * r^2+a6 * s^2 ...
        +a7 * r^2 * s+a8 * r * s^2+a9 * r^3+a10 * s^3 ...
        +a11 * r^3 * s+a12 * r * s^3
Ns(r,s)=diff(N13,s)
Nr(r,s)=diff(N13,r)
%--------------------------------
eq1=N13(-1,-1)==0
eq2=Ns(-1,-1)==0
eq3=-Nr(-1,-1)==1
%--------------------------------
eq4=N13(1,-1)==0
eq5=Ns(1,-1)==0
eq6=-Nr(1,-1)==0
%--------------------------------
eq7=N13(1,1)==0
eq8=Ns(1,1)==0
eq9=-Nr(1,1)==0
%--------------------------------
eq10=N13(-1,1)==0
eq11=Ns(-1,1)==0
eq12=-Nr(-1,1)==0
%--------------------------------
R=solve(eq1,eq2,eq3,eq4,eq5,eq6,...
    eq7,eq8,eq9,eq10,eq11,eq12,...
    a1,a2,a3,a4,a5,a6,...
    a7,a8,a9,a10,a11,a12)
a1=R. a1
a2=R. a2
```

```
a3=R. a3
a4=R. a4
a5=R. a5
a6=R. a6
a7=R. a7
a8=R. a8
a9=R. a9
a10=R. a10
a11=R. a11
a12=R. a12
N13(r,s)=eval(N13)
syms a
N13_f=-factor(a * N13)
```

运行后,得到:

$$N13\_f(r,s)=[-a/8,-r-1,1-r,1-r,1-s]$$

4) 编写如下 MATLAB 程序,推导 N_{21} 的表达式:

代码下载

```
clear;
clc;
syms a1 a2 a3 a4 a5 a6
syms a7 a8 a9 a10 a11 a12
syms N21(r,s)
N21(r,s)=a1+a2 * r+a3 * s+a4 * r * s+a5 * r^2+a6 * s^2 ...
        +a7 * r^2 * s+a8 * r * s^2+a9 * r^3+a10 * s^3 ...
        +a11 * r^3 * s+a12 * r * s^3
Ns(r,s)=diff(N21,s)
Nr(r,s)=diff(N21,r)
%—————————————————————————
eq1=N21(-1,-1)==0
eq2=Ns(-1,-1)==0
eq3=-Nr(-1,-1)==0
%—————————————————————————
eq4=N21(1,-1)==1
eq5=Ns(1,-1)==0
eq6=-Nr(1,-1)==0
%—————————————————————————
eq7=N21(1,1)==0
eq8=Ns(1,1)==0
eq9=-Nr(1,1)==0
```

```
%—————————————————
eq10＝N21(-1,1)＝＝0
eq11＝Ns(-1,1)＝＝0
eq12＝-Nr(-1,1)＝＝0
%—————————————————
R＝solve(eq1,eq2,eq3,eq4,eq5,eq6,...
    eq7,eq8,eq9,eq10,eq11,eq12,...
    a1,a2,a3,a4,a5,a6,...
    a7,a8,a9,a10,a11,a12)
a1＝R. a1
a2＝R. a2
a3＝R. a3
a4＝R. a4
a5＝R. a5
a6＝R. a6
a7＝R. a7
a8＝R. a8
a9＝R. a9
a10＝R. a10
a11＝R. a11
a12＝R. a12
N21(r,s)＝eval(N21)
N21_f＝factor(N21)
```

运行后,得到:

$$N21\_f(r,s)=[\ 1/8,s-1,r+1,r\hat{}2-r+s\hat{}2+s-2]$$

5)编写如下 MATLAB 程序,推导 N_{22} 的表达式:

代码下载

```
clear;
clc;
syms a1 a2 a3 a4 a5 a6
syms a7 a8 a9 a10 a11 a12
syms N22(r,s)
N22(r,s)＝a1+a2*r+a3*s+a4*r*s+a5*r^2+a6*s^2...
        +a7*r^2*s+a8*r*s^2+a9*r^3+a10*s^3...
        +a11*r^3*s+a12*r*s^3
Ns(r,s)＝diff(N22,s)
Nr(r,s)＝diff(N22,r)
%—————————————————
eq1＝N22(-1,-1)＝＝0
```

```
eq2＝Ns(-1,-1)==0
eq3＝-Nr(-1,-1)==0
%--------------------------
eq4＝N22(1,-1)==0
eq5＝Ns(1,-1)==1
eq6＝-Nr(1,-1)==0
%--------------------------
eq7＝N22(1,1)==0
eq8＝Ns(1,1)==0
eq9＝-Nr(1,1)==0
%--------------------------
eq10＝N22(-1,1)==0
eq11＝Ns(-1,1)==0
eq12＝-Nr(-1,1)==0
%--------------------------
R＝solve(eq1,eq2,eq3,eq4,eq5,eq6,...
    eq7,eq8,eq9,eq10,eq11,eq12,...
    a1,a2,a3,a4,a5,a6,...
    a7,a8,a9,a10,a11,a12)
a1＝R.a1
a2＝R.a2
a3＝R.a3
a4＝R.a4
a5＝R.a5
a6＝R.a6
a7＝R.a7
a8＝R.a8
a9＝R.a9
a10＝R.a10
a11＝R.a11
a12＝R.a12
N22(r,s)＝eval(N22)
syms b
N22_f＝factor(b * N22)
```

运行后,得到:

N22_f(r,s)＝[b/8,s+1,s-1,s-1,r+1]

6)编写如下 MATLAB 程序,推导 N_{23} 的表达式:

代码下载

```
clear;
clc;
syms a1 a2 a3 a4 a5 a6
syms a7 a8 a9 a10 a11 a12
syms N23(r,s)
N23(r,s)=a1+a2*r+a3*s+a4*r*s+a5*r^2+a6*s^2 ...
        +a7*r^2*s+a8*r*s^2+a9*r^3+a10*s^3 ...
        +a11*r^3*s+a12*r*s^3
Ns(r,s)=diff(N23,s)
Nr(r,s)=diff(N23,r)
%-------------------------------------
eq1=N23(-1,-1)==0
eq2=Ns(-1,-1)==0
eq3=-Nr(-1,-1)==0
%-------------------------------------
eq4=N23(1,-1)==0
eq5=Ns(1,-1)==0
eq6=-Nr(1,-1)==1
%-------------------------------------
eq7=N23(1,1)==0
eq8=Ns(1,1)==0
eq9=-Nr(1,1)==0
%-------------------------------------
eq10=N23(-1,1)==0
eq11=Ns(-1,1)==0
eq12=-Nr(-1,1)==0
%-------------------------------------
R=solve(eq1,eq2,eq3,eq4,eq5,eq6,...
    eq7,eq8,eq9,eq10,eq11,eq12,...
    a1,a2,a3,a4,a5,a6,...
    a7,a8,a9,a10,a11,a12)
a1=R.a1
a2=R.a2
a3=R.a3
a4=R.a4
a5=R.a5
a6=R.a6
```

```
a7＝R. a7
a8＝R. a8
a9＝R. a9
a10＝R. a10
a11＝R. a11
a12＝R. a12
N23(r,s)＝eval(N23)
syms a
N23_f＝－factor(a * N23)
```

运行后,得到:

$$N23\_f(r,s)＝[-a/8,1-r,-r-1,-r-1,1-s]$$

7)编写如下 MATLAB 程序,推导 N_{31} 的表达式:

代码下载

```
clear;
clc;
syms a1 a2 a3 a4 a5 a6
syms a7 a8 a9 a10 a11 a12
syms N31(r,s)
N31(r,s)＝a1＋a2 * r＋a3 * s＋a4 * r * s＋a5 * r^2＋a6 * s^2 ...
        ＋a7 * r^2 * s＋a8 * r * s^2＋a9 * r^3＋a10 * s^3 ...
        ＋a11 * r^3 * s＋a12 * r * s^3
Ns(r,s)＝diff(N31,s)
Nr(r,s)＝diff(N31,r)
%－－－－－－－－－－－－－－－－－－－－－－－－－－－
eq1＝N31(-1,-1)＝＝0
eq2＝Ns(-1,-1)＝＝0
eq3＝-Nr(-1,-1)＝＝0
%－－－－－－－－－－－－－－－－－－－－－－－－－－－
eq4＝N31(1,-1)＝＝0
eq5＝Ns(1,-1)＝＝0
eq6＝-Nr(1,-1)＝＝0
%－－－－－－－－－－－－－－－－－－－－－－－－－－－
eq7＝N31(1,1)＝＝1
eq8＝Ns(1,1)＝＝0
eq9＝-Nr(1,1)＝＝0
%－－－－－－－－－－－－－－－－－－－－－－－－－－－
eq10＝N31(-1,1)＝＝0
eq11＝Ns(-1,1)＝＝0
eq12＝-Nr(-1,1)＝＝0
```

```
%------------------------------
R=solve(eq1,eq2,eq3,eq4,eq5,eq6,...
    eq7,eq8,eq9,eq10,eq11,eq12,...
    a1,a2,a3,a4,a5,a6,...
    a7,a8,a9,a10,a11,a12)
a1=R.a1
a2=R.a2
a3=R.a3
a4=R.a4
a5=R.a5
a6=R.a6
a7=R.a7
a8=R.a8
a9=R.a9
a10=R.a10
a11=R.a11
a12=R.a12
N31(r,s)=eval(N31)
N31_f=factor(N31)
```

运行后,得到:

$$N31\_f(r,s)=[-1/8,s+1,r+1,r^2-r+s^2-s-2]$$

8)编写如下 MATLAB 程序,推导 N_{32} 的表达式:

```
clear;
clc;
syms a1 a2 a3 a4 a5 a6
syms a7 a8 a9 a10 a11 a12
syms N32(r,s)
N32(r,s)=a1+a2*r+a3*s+a4*r*s+a5*r^2+a6*s^2...
    +a7*r^2*s+a8*r*s^2+a9*r^3+a10*s^3...
    +a11*r^3*s+a12*r*s^3
Ns(r,s)=diff(N32,s)
Nr(r,s)=diff(N32,r)
%------------------------------
eq1=N32(-1,-1)==0
eq2=Ns(-1,-1)==0
eq3=-Nr(-1,-1)==0
%------------------------------
eq4=N32(1,-1)==0
```

代码下载

```
eq5=Ns(1,-1)==0
eq6=-Nr(1,-1)==0
%----------------------------
eq7=N32(1,1)==0
eq8=Ns(1,1)==1
eq9=-Nr(1,1)==0
%----------------------------
eq10=N32(-1,1)==0
eq11=Ns(-1,1)==0
eq12=-Nr(-1,1)==0
%----------------------------
R=solve(eq1,eq2,eq3,eq4,eq5,eq6,...
    eq7,eq8,eq9,eq10,eq11,eq12,...
    a1,a2,a3,a4,a5,a6,...
    a7,a8,a9,a10,a11,a12)
a1=R.a1
a2=R.a2
a3=R.a3
a4=R.a4
a5=R.a5
a6=R.a6
a7=R.a7
a8=R.a8
a9=R.a9
a10=R.a10
a11=R.a11
a12=R.a12
N32(r,s)=eval(N32)
syms b
N32_f=factor(b*N32)
```

运行后,得到:

$$N32\_f(r,s)=[\ b/8,s-1,s+1,s+1,r+1]$$

9)编写如下 MATLAB 程序,推导 N_{33} 的表达式:

```
clear;
clc;
syms a1 a2 a3 a4 a5 a6
syms a7 a8 a9 a10 a11 a12
syms N33(r,s)
```

代码下载

```
N33(r,s)=a1+a2*r+a3*s+a4*r*s+a5*r^2+a6*s^2...
         +a7*r^2*s+a8*r*s^2+a9*r^3+a10*s^3...
         +a11*r^3*s+a12*r*s^3
Ns(r,s)=diff(N33,s)
Nr(r,s)=diff(N33,r)
%——————————————————————
eq1=N33(-1,-1)==0
eq2=Ns(-1,-1)==0
eq3=-Nr(-1,-1)==0
%——————————————————————
eq4=N33(1,-1)==0
eq5=Ns(1,-1)==0
eq6=-Nr(1,-1)==0
%——————————————————————
eq7=N33(1,1)==0
eq8=Ns(1,1)==0
eq9=-Nr(1,1)==1
%——————————————————————
eq10=N33(-1,1)==0
eq11=Ns(-1,1)==0
eq12=-Nr(-1,1)==0
%——————————————————————
R=solve(eq1,eq2,eq3,eq4,eq5,eq6,...
    eq7,eq8,eq9,eq10,eq11,eq12,...
    a1,a2,a3,a4,a5,a6,...
    a7,a8,a9,a10,a11,a12)
a1=R.a1
a2=R.a2
a3=R.a3
a4=R.a4
a5=R.a5
a6=R.a6
a7=R.a7
a8=R.a8
a9=R.a9
a10=R.a10
a11=R.a11
a12=R.a12
N33(r,s)=eval(N33)
syms a
N33_f=-factor(a*N33)
```

运行后,得到:

N33_f(r,s)＝[a/8,1－r,－r－1,－r－1,－s－1]

10)编写如下 MATLAB 程序,推导 N_{41} 的表达式:

```
clear;
clc;
syms a1 a2 a3 a4 a5 a6
syms a7 a8 a9 a10 a11 a12
syms N41(r,s)
N41(r,s)＝a1＋a2＊r＋a3＊s＋a4＊r＊s＋a5＊r^2＋a6＊s^2 ...
        ＋a7＊r^2＊s＋a8＊r＊s^2＋a9＊r^3＋a10＊s^3 ...
        ＋a11＊r^3＊s＋a12＊r＊s^3
Ns(r,s)＝diff(N41,s)
Nr(r,s)＝diff(N41,r)
%－－－－－－－－－－－－－－－－－－－－－－－－－－－
eq1＝N41(－1,－1)＝＝0
eq2＝Ns(－1,－1)＝＝0
eq3＝－Nr(－1,－1)＝＝0
%－－－－－－－－－－－－－－－－－－－－－－－－－
eq4＝N41(1,－1)＝＝0
eq5＝Ns(1,－1)＝＝0
eq6＝－Nr(1,－1)＝＝0
%－－－－－－－－－－－－－－－－－－－－－－－－－
eq7＝N41(1,1)＝＝0
eq8＝Ns(1,1)＝＝0
eq9＝－Nr(1,1)＝＝0
%－－－－－－－－－－－－－－－－－－－－－－－－－
eq10＝N41(－1,1)＝＝1
eq11＝Ns(－1,1)＝＝0
eq12＝－Nr(－1,1)＝＝0
%－－－－－－－－－－－－－－－－－－－－－－－－－
R＝solve(eq1,eq2,eq3,eq4,eq5,eq6,...
    eq7,eq8,eq9,eq10,eq11,eq12,...
    a1,a2,a3,a4,a5,a6,...
    a7,a8,a9,a10,a11,a12)
a1＝R. a1
a2＝R. a2
a3＝R. a3
a4＝R. a4
```

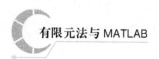

```
a5＝R.a5
a6＝R.a6
a7＝R.a7
a8＝R.a8
a9＝R.a9
a10＝R.a10
a11＝R.a11
a12＝R.a12
N41(r,s)＝eval(N41)
N41_f＝factor(N41)
```

运行后,得到:

$$N41\_f(r,s)=[\ 1/8,s+1,r-1,r^2+r+s^2-s-2]$$

11)编写如下 MATLAB 程序,推导 N_{42} 的表达式:

```
clear;
clc;
syms a1 a2 a3 a4 a5 a6
syms a7 a8 a9 a10 a11 a12
syms N42(r,s)
N42(r,s)＝a1＋a2*r＋a3*s＋a4*r*s＋a5*r^2＋a6*s^2 …
          ＋a7*r^2*s＋a8*r*s^2＋a9*r^3＋a10*s^3 …
          ＋a11*r^3*s＋a12*r*s^3
Ns(r,s)＝diff(N42,s)
Nr(r,s)＝diff(N42,r)
%——————————————————————————————
eq1＝N42(-1,-1)==0
eq2＝Ns(-1,-1)==0
eq3＝-Nr(-1,-1)==0
%——————————————————————————————
eq4＝N42(1,-1)==0
eq5＝Ns(1,-1)==0
eq6＝-Nr(1,-1)==0
%——————————————————————————————
eq7＝N42(1,1)==0
eq8＝Ns(1,1)==0
eq9＝-Nr(1,1)==0
%——————————————————————————————
eq10＝N42(-1,1)==0
eq11＝Ns(-1,1)==1
```

```
eq12＝－Nr(－1,1)＝＝0
%－－－－－－－－－－－－－－－－－－－－
R＝solve(eq1,eq2,eq3,eq4,eq5,eq6,…
        eq7,eq8,eq9,eq10,eq11,eq12,…
        a1,a2,a3,a4,a5,a6,…
        a7,a8,a9,a10,a11,a12)
a1＝R.a1
a2＝R.a2
a3＝R.a3
a4＝R.a4
a5＝R.a5
a6＝R.a6
a7＝R.a7
a8＝R.a8
a9＝R.a9
a10＝R.a10
a11＝R.a11
a12＝R.a12
N42(r,s)＝eval(N42)
syms b
N42_f＝factor(b * N42)
```

运行后,得到:

$$N42\_f(r,s)＝[-b/8,s-1,s+1,s+1,r-1]$$

12)编写如下 MATLAB 程序,推导 N_{43} 的表达式

```
clear;
clc;
syms a1 a2 a3 a4 a5 a6
syms a7 a8 a9 a10 a11 a12
syms N43(r,s)
N43(r,s)＝a1+a2 * r+a3 * s+a4 * r * s+a5 * r^2+a6 * s^2…
        +a7 * r^2 * s+a8 * r * s^2+a9 * r^3+a10 * s^3…
        +a11 * r^3 * s+a12 * r * s^3
Ns(r,s)＝diff(N43,s)
Nr(r,s)＝diff(N43,r)
%－－－－－－－－－－－－－－－－－－－－－
eq1＝N43(－1,－1)＝＝0
eq2＝Ns(－1,－1)＝＝0
eq3＝－Nr(－1,－1)＝＝0
```

代码下载

```
%—————————————————————————
eq4＝N43(1,−1)＝＝0
eq5＝Ns(1,−1)＝＝0
eq6＝−Nr(1,−1)＝＝0
%—————————————————————————
eq7＝N43(1,1)＝＝0
eq8＝Ns(1,1)＝＝0
eq9＝−Nr(1,1)＝＝0
%—————————————————————————
eq10＝N43(−1,1)＝＝0
eq11＝Ns(−1,1)＝＝0
eq12＝−Nr(−1,1)＝＝1
%—————————————————————————
R＝solve(eq1,eq2,eq3,eq4,eq5,eq6,…
    eq7,eq8,eq9,eq10,eq11,eq12,…
    a1,a2,a3,a4,a5,a6,…
    a7,a8,a9,a10,a11,a12)
a1＝R. a1
a2＝R. a2
a3＝R. a3
a4＝R. a4
a5＝R. a5
a6＝R. a6
a7＝R. a7
a8＝R. a8
a9＝R. a9
a10＝R. a10
a11＝R. a11
a12＝R. a12
N43(r,s)＝eval(N43)
syms a
N43_f＝−factor(a ∗ N43)
```

运行后,得到:

$$N43\_f(r,s)＝[\ a/8,−r−1,1−r,1−r,−s−1]$$

7.2.4.2　实例 7-2

【例 7-2】　某 3 结点三角形薄板单元的结点坐标分别为 1(0,0)、2(1,0)、3(0,1),利用 MATLAB 推导该单元形函数 N_{11}、N_{12}、N_{13} 的表达式,并验证形函数的性质。

【解】　编写如下 MATLAB 程序:

```
clear;
clc;
syms x y
x1=0;y1=0;    %1(0,0)
x2=1;y2=0;    %2(1,0)
x3=0;y3=1;    %3(0,1)
A=[1,x1,y1;1,x2,y2;1,x3,y3]
A=0.5*det(A)
A1=[1,x,y;1,x2,y2;1,x3,y3]
A1=0.5*det(A1)
A2=[1,x1,y1;1,x,y;1,x3,y3]
A2=0.5*det(A2)
A3=[1,x1,y1;1,x2,y2;1,x,y]
A3=0.5*det(A3)
L1=A1/A;
L2=A2/A;
L3=A3/A;
b2=-[1,y3;1,y1];
b2=det(b2);
b3=-[1,y1;1,y2];
b3=det(b3);
c2=[1,x3;1,x1];
c2=det(c2);
c3=[1,x1;1,x2];
c3=det(c3);
N11=L1+L1^2*L2+L1^2*L3-L1*L2^2-L1*L3^2;
N11=collect(N11,x);
N11(x,y)=simplify(N11)
N12=b2*L1^2*L3-b3*L1^2*L2+(b2-b3)*L1*L2*L3/2;
N12=collect(N12,x);
N12(x,y)=-simplify(N12)
N13=c2*L1^2*L3-c3*L1^2*L2+(c2-c3)*L1*L2*L3/2;
N13=collect(N13,x);
N13(x,y)=-simplify(N13)
%------------------------------
N11_1=N11(0,0)
N11_2=N11(1,0)
N11_3=N11(0,1)
```

```
%————————————————————————————————
N12y(x,y)=diff(N12,y)
N12y_1=N12y(0,0)
N12y_2=N12y(1,0)
N12y_3=N12y(0,1)
%————————————————————————————————
N13x(x,y)=diff(N13,x)
N13x_1=N13x(0,0)
N13x_2=N13x(1,0)
N13x_3=N13x(0,1)
```

运行后,得到:

$$N11=2*x\hat{}3+4*x\hat{}2*y-3*x\hat{}2+4*x*y\hat{}2-4*x*y+2*y\hat{}3-3*y\hat{}2+1$$

$$N12=-(y*(x\hat{}2+3*x*y-3*x+2*y\hat{}2-4*y+2))/2$$

$$N13=-x\hat{}3+(2-(3*y)/2)*x\hat{}2+((y*(y-1))/2-(y-1)\hat{}2)*x$$

$$N11\_1=1$$

$$N11\_2=0$$

$$N11\_3=0$$

$$N12y(x,y)=(3*x*y)/2-2*y-(3*x)/2+x\hat{}2/2+y\hat{}2+(y*(3*x+4*y-4))/2+1$$

$$N12y\_1=1$$

$$N12y\_2=0$$

$$N12y\_3=0$$

$$N13x(x,y)=2*x*((3*y)/2-2)+(y-1)\hat{}2-(y*(y-1))/2+3*x\hat{}2$$

$$N13x\_1=1$$

$$N13x\_2=0$$

$$N13x\_3=0$$

7.3　弹性厚板理论简介

7.3.1　应变分析

对于中厚板,直法线假设不再成立,可基于 Mindlin-Reissner 中厚板理论构造单元,这样的板单元称为 Mindlin 板单元。中厚板理论认为板的中面法线变形后仍基本保持为直线,但因横向变形的影响,该直线不再垂直于变形后的中面。在这种情况下转角不再是挠度的导数,而是独立变量。与薄板类似,对于中厚板弯曲问题,中面内的线位移和板厚度方向的挤压变形也可以忽略不计。中厚板内的位移分量可表示为

$$\left.\begin{array}{l} u=-z\theta_x \\ v=-z\theta_y \\ w=w(x,y) \end{array}\right\} \tag{7-23}$$

将上式代入几何方程,可以得到非零应变分量,即

$$
\left.
\begin{aligned}
\varepsilon_x &= -z\,\frac{\partial \theta_x}{\partial x} \\[2mm]
\varepsilon_y &= -z\,\frac{\partial \theta_y}{\partial y} \\[2mm]
\gamma_{xy} &= -z\left(\frac{\partial \theta_x}{\partial y}+\frac{\partial \theta_y}{\partial x}\right) \\[2mm]
\gamma_{yz} &= \frac{\partial w}{\partial y}-\theta_y \\[2mm]
\gamma_{xz} &= \frac{\partial w}{\partial x}-\theta_x
\end{aligned}
\right\}
$$

上式可简记为

$$
\boldsymbol{\varepsilon}=\left\{\begin{array}{c} z\boldsymbol{\kappa} \\ \boldsymbol{\gamma} \end{array}\right\} \tag{7-24a}
$$

其中

$$
\boldsymbol{\kappa}=\left\{\begin{array}{c} \kappa_x \\ \kappa_y \\ \kappa_{xy} \end{array}\right\}=\left\{\begin{array}{c} -\dfrac{\partial \theta_x}{\partial x} \\[2mm] -\dfrac{\partial \theta_y}{\partial y} \\[2mm] -\dfrac{\partial \theta_x}{\partial y}-\dfrac{\partial \theta_y}{\partial x} \end{array}\right\} \tag{7-24b}
$$

称为广义应变列阵;

$$
\boldsymbol{\gamma}=\left\{\begin{array}{c} \gamma_{yz} \\ \gamma_{zx} \end{array}\right\}=\left\{\begin{array}{c} \dfrac{\partial w}{\partial y}-\theta_y \\[2mm] \dfrac{\partial w}{\partial x}-\theta_x \end{array}\right\} \tag{7-24c}
$$

称为横向切应变列阵。

7.3.2　应力分量

根据广义胡克定律,可得到弹性厚板的应力应变关系,即

$$
\boldsymbol{\sigma}=\boldsymbol{D}\boldsymbol{\varepsilon} \tag{7-25a}
$$

其中

$$
\boldsymbol{\sigma}=[\sigma_x,\sigma_y,\tau_{xy},\tau_{yz},\tau_{zx}]^{\mathrm{T}} \tag{7-25b}
$$

为应力列阵;

$$
\boldsymbol{\varepsilon}=[\varepsilon_x,\varepsilon_y,\gamma_{xy},\gamma_{yz},\gamma_{zx}]^{\mathrm{T}} \tag{7-25c}
$$

为应变列阵;

$$
\boldsymbol{D}=\left[\begin{array}{cc} \boldsymbol{D}_1 & \boldsymbol{0} \\ \boldsymbol{0} & \boldsymbol{D}_2 \end{array}\right] \tag{7-25d}
$$

为**厚板的弹性矩阵**,其子矩阵

$$D_1 = \frac{E}{1-\mu^2}\begin{bmatrix} 1 & \mu & 0 \\ \mu & 1 & 0 \\ 0 & 0 & 1-\mu \end{bmatrix} \tag{7-25e}$$

$$D_2 = \frac{E}{2(1+\mu)k}\begin{bmatrix} 1 & 0 \\ 0 & 1 \end{bmatrix} \tag{7-25f}$$

而 k 为剪应力影响系数，一般取 $k=1.20$。

7.3.3 边界条件

弹性中厚板弯曲问题的边界条件也包括三种：几何边界条件、混合边界条件和静力边界条件。

1）位移边界条件

在边界上给定挠度和截面转角，即

$$\left.\begin{array}{l} w|_{\Gamma_1} = \overline{w} \\ \theta_n|_{\Gamma_1} = \overline{\theta}_n \\ \theta_s|_{\Gamma_1} = \overline{\theta}_s \end{array}\right\} \tag{7-26}$$

其中 n 为边界的法线方向。

2）混合边界条件

在边界给定挠度和力矩，即

$$\left.\begin{array}{l} w|_{\Gamma_2} = \overline{w} \\ M_n|_{\Gamma_2} = \overline{M}_n \\ M_s|_{\Gamma_2} = \overline{M}_s \end{array}\right\} \tag{7-27}$$

其中 n 和 s 为边界的法线和切线方向。

3）静力边界条件

在边界给定横向力和力矩，即

$$\left.\begin{array}{l} Q_n|_{\Gamma_3} = \overline{Q}_n \\ M_n|_{\Gamma_3} = \overline{M}_n \\ M_s|_{\Gamma_3} = \overline{M}_s \end{array}\right\} \tag{7-28}$$

7.3.4 势能泛函

弹性中厚板的应变势能为

$$V_\varepsilon = \frac{1}{2}\int_\Omega \boldsymbol{\varepsilon}^{\mathrm{T}}\boldsymbol{\sigma}\mathrm{d}\Omega = \frac{1}{2}\int_\Omega \boldsymbol{\varepsilon}^{\mathrm{T}}\boldsymbol{D}\boldsymbol{\varepsilon}\mathrm{d}\Omega$$

将(7-24a)式和(7-25d)式代入上式，得到

$$V_\varepsilon = \frac{1}{2}\int_A \boldsymbol{\kappa}^{\mathrm{T}}\boldsymbol{D}_b\boldsymbol{\kappa}\mathrm{d}A + \frac{1}{2}\int_A \boldsymbol{\gamma}^{\mathrm{T}}\boldsymbol{D}_s\boldsymbol{\gamma}\mathrm{d}A \tag{7-29}$$

其中 A 为板中面的面积；

$$D_b = \frac{t^3}{12} D_1 = \frac{Et^3}{12(1-\mu^2)} \begin{bmatrix} 1 & \mu & 0 \\ \mu & 1 & 0 \\ 0 & 0 & 1-\mu \end{bmatrix} \tag{7-30a}$$

和

$$D_s = tD_2 = \frac{Gt}{k} \begin{bmatrix} 1 & 0 \\ 0 & 1 \end{bmatrix} \tag{7-30b}$$

分别称为板的**弯曲弹性矩阵**和**剪切弹性矩阵**。

外力势能为

$$V_P = -\int_A qw\,\mathrm{d}A - \int_{\Gamma_3} \overline{Q}_n w\,\mathrm{d}\Gamma - \int_{\Gamma_2+\Gamma_3} (\overline{M}_n\theta_n + \overline{M}_s\theta_s)\,\mathrm{d}\Gamma$$
$$= -\int_A qw\,\mathrm{d}A - \int_{\Gamma_\sigma} (\overline{Q}_n w + \overline{M}_n\theta_n + \overline{M}_s\theta_s)\,\mathrm{d}\Gamma$$

将应变势能与外力势能相加,得到弹性厚板的总势能,即

$$\Pi = \frac{1}{2}\int_A \boldsymbol{\kappa}^{\mathrm{T}} \boldsymbol{D}_b \boldsymbol{\kappa}\,\mathrm{d}A + \frac{1}{2}\int_A \boldsymbol{\gamma}^{\mathrm{T}} \boldsymbol{D}_s \boldsymbol{\gamma}\,\mathrm{d}A - \int_A qw\,\mathrm{d}A - \int_{\Gamma_\sigma} (\overline{Q}_n w + \overline{M}_n\theta_n + \overline{M}_s\theta_s)\,\mathrm{d}\Gamma \tag{7-31}$$

7.4　弹性厚板有限元法

7.4.1　形函数和坐标变换

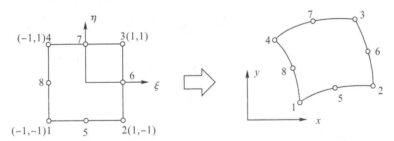

图 7-4　厚板 8 结点等参元

图 7-4 所示厚板 8 结点等参元的中面($z=0$)。ξ 和 η 是单元中面内的局部坐标,ζ 是板厚方向的局部坐标,$\zeta=1$ 和 $\zeta=-1$ 代表单元的上下表面。描述单元坐标变换和位移场的形函数为

$$\left.\begin{aligned} N_i &= \frac{1}{4}(1+\xi_i\xi)(1+\eta_i\eta)(\xi_i\xi+\eta_i\eta-1) && (i=1,2,3,4) \\ N_i &= \frac{1}{2}(1-\xi^2)(1+\eta_i\eta) && (i=5,7) \\ N_i &= \frac{1}{2}(1-\eta^2)(1+\xi_i\xi) && (i=6,8) \end{aligned}\right\} \tag{7-32}$$

单元内任一点整体坐标和局部坐标间的变换关系为

$$
\left.
\begin{aligned}
x &= \sum_{i=1}^{8} N_i(\xi,\eta) x_i \\
y &= \sum_{i=1}^{8} N_i(\xi,\eta) y_i \\
z &= \frac{1}{2} t \zeta
\end{aligned}
\right\}
\tag{7-33}
$$

7.4.2 位移函数

厚板 8 结点等参元中三个位移分量 w、θ_x、θ_y 是相互独立的,单元内任一点独立位移分量和结点位移间的关系为

$$
\left.
\begin{aligned}
w &= \sum_{i=1}^{8} N_i w_i \\
\theta_x &= \sum_{i=1}^{8} N_i \theta_{xi} \\
\theta_y &= \sum_{i=1}^{8} N_i \theta_{yi}
\end{aligned}
\right\}
\tag{7-34}
$$

7.4.3 单元刚度矩阵

将(7-34)式代入(7-24b)式,得到

$$
\boldsymbol{\kappa} = \boldsymbol{B}_b \boldsymbol{a}_e = \sum_{i=1}^{8} \boldsymbol{B}_{bi} \boldsymbol{a}_i
\tag{7-35a}
$$

其中

$$
\boldsymbol{B}_b = [\boldsymbol{B}_{b1}, \boldsymbol{B}_{b2}, \cdots, \boldsymbol{B}_{b8}]
\tag{7-35b}
$$

$$
\boldsymbol{B}_{bi} = \begin{bmatrix}
0 & -\dfrac{\partial N_i}{\partial x} & 0 \\[2mm]
0 & 0 & -\dfrac{\partial N_i}{\partial y} \\[2mm]
0 & -\dfrac{\partial N_i}{\partial y} & -\dfrac{\partial N_i}{\partial x}
\end{bmatrix}
\quad (i=1,2,\cdots,8)
\tag{7-35c}
$$

$$
\boldsymbol{a}_e = \begin{Bmatrix}
\boldsymbol{a}_1 \\ \boldsymbol{a}_2 \\ \boldsymbol{a}_3 \\ \boldsymbol{a}_4 \\ \boldsymbol{a}_5 \\ \boldsymbol{a}_6 \\ \boldsymbol{a}_7 \\ \boldsymbol{a}_8
\end{Bmatrix},
\boldsymbol{a}_i = \begin{Bmatrix}
w_i \\ \theta_{xi} \\ \theta_{yi}
\end{Bmatrix}
\quad (i=1,2,\cdots,8)
\tag{7-35d}
$$

将(7-34)式代入(7-24c)式,得到

$$\boldsymbol{\gamma} = \boldsymbol{B}_s \boldsymbol{a}_e \qquad (7\text{-}36a)$$

其中

$$\boldsymbol{B}_s = [\boldsymbol{B}_{s1}, \boldsymbol{B}_{s2}, \cdots, \boldsymbol{B}_{s8}] \qquad (7\text{-}36b)$$

$$\boldsymbol{B}_{si} = \begin{bmatrix} \dfrac{\partial N_i}{\partial x} & -N_i & 0 \\[2mm] \dfrac{\partial N_i}{\partial y} & 0 & -N_i \end{bmatrix} \quad (i=1,2,\cdots,8) \qquad (7\text{-}36c)$$

将(7-35a)式和(7-36a)式代入(7-29)式，得到

$$\left. \begin{aligned} V_\varepsilon &= \frac{1}{2} \boldsymbol{a}_e^T \left(\int_A \boldsymbol{B}_b^T \boldsymbol{D}_b \boldsymbol{B}_b \,\mathrm{d}A \right) a_e + \frac{1}{2} \boldsymbol{a}_e^T \left(\int_A \boldsymbol{B}_s^T \boldsymbol{D}_s \boldsymbol{B}_s \,\mathrm{d}A \right) a_e \\ &= \frac{1}{2} a_e^T \left(\int_A \boldsymbol{B}_b^T \boldsymbol{D}_b \boldsymbol{B}_b \,\mathrm{d}A + \int_A \boldsymbol{B}_s^T \boldsymbol{D}_s \boldsymbol{B}_s \,\mathrm{d}A \right) a_e \end{aligned} \right\}$$

据此可知厚板等参元的**单元刚度矩阵**，即

$$\boldsymbol{k}_e = \int_A \boldsymbol{B}_b^T \boldsymbol{D}_b \boldsymbol{B}_b \,\mathrm{d}A + \int_A \boldsymbol{B}_s^T \boldsymbol{D}_s \boldsymbol{B}_s \,\mathrm{d}A \qquad (7\text{-}37)$$

记

$$\boldsymbol{k}_e^b = \int_A \boldsymbol{B}_b^T \boldsymbol{D}_b \boldsymbol{B}_b \,\mathrm{d}A$$

和

$$\boldsymbol{k}_e^s = \int_A \boldsymbol{B}_s^T \boldsymbol{D}_s \boldsymbol{B}_s \,\mathrm{d}A$$

分别称为厚板单元的**弯曲刚度矩阵**和**剪切刚度矩阵**。

7.4.4 体验与实践

7.4.4.1 实例 7-3

【例 7-3】 证明等参元厚板的单元刚度矩阵

$$\boldsymbol{k}_e = \int_A \boldsymbol{B}_b^T \boldsymbol{D}_b \boldsymbol{B}_b \,\mathrm{d}A + \int_A \boldsymbol{B}_s^T \boldsymbol{D}_s \boldsymbol{B}_s \,\mathrm{d}A \qquad (\text{a})$$

是对称矩阵。

【解】 根据(a)可知

$$(\boldsymbol{k}_e)^T = \int_A \boldsymbol{B}_b^T (\boldsymbol{D}_b)^T \boldsymbol{B}_b \,\mathrm{d}A + \int_A \boldsymbol{B}_s^T (\boldsymbol{D}_s)^T \boldsymbol{B}_s \,\mathrm{d}A \qquad (\text{b})$$

根据

$$\boldsymbol{D}_b = \frac{Et^3}{12(1-\mu^2)} \begin{bmatrix} 1 & \mu & 0 \\ \mu & 1 & 0 \\ 0 & 0 & 1-\mu \end{bmatrix}$$

可知

$$(\boldsymbol{D}_b)^T = \boldsymbol{D}_b \qquad (\text{c})$$

根据

$$\boldsymbol{D}_s = t\boldsymbol{D}_2 = \frac{Gt}{k} \begin{bmatrix} 1 & 0 \\ 0 & 1 \end{bmatrix}$$

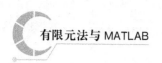

可知

$$(\boldsymbol{D}_s)^{\mathrm{T}} = \boldsymbol{D}_s \tag{d}$$

将(c)和(d)代入(b),得到

$$
\begin{aligned}
(\boldsymbol{k}_e)^{\mathrm{T}} &= \int_A \boldsymbol{B}_b^{\mathrm{T}} (\boldsymbol{D}_b)^{\mathrm{T}} \boldsymbol{B}_b \, \mathrm{d}A + \int_A \boldsymbol{B}_s^{\mathrm{T}} (\boldsymbol{D}_s)^{\mathrm{T}} \boldsymbol{B}_s \, \mathrm{d}A \\
&= \int_A \boldsymbol{B}_b^{\mathrm{T}} \boldsymbol{D}_b \boldsymbol{B}_b \, \mathrm{d}A + \int_A \boldsymbol{B}_s^{\mathrm{T}} \boldsymbol{D}_s \boldsymbol{B}_s \, \mathrm{d}A \\
&= \boldsymbol{k}_e
\end{aligned}
$$

即单元刚度矩阵为对称矩阵。

7.4.4.2 实例 7-4

【例 7-4】 推导弹性厚板 8 结点等参元的雅可比矩阵 $\boldsymbol{J}$。

【解】 雅可比矩阵的定义为

$$
\boldsymbol{J} = \frac{\partial(x, y, z)}{\partial(\xi, \eta, \zeta)} =
\begin{bmatrix}
\dfrac{\partial x}{\partial \xi} & \dfrac{\partial y}{\partial \xi} & \dfrac{\partial z}{\partial \xi} \\[2mm]
\dfrac{\partial x}{\partial \eta} & \dfrac{\partial y}{\partial \eta} & \dfrac{\partial z}{\partial \eta} \\[2mm]
\dfrac{\partial x}{\partial \zeta} & \dfrac{\partial y}{\partial \zeta} & \dfrac{\partial z}{\partial \zeta}
\end{bmatrix}
$$

弹性厚板 8 结点等参元的坐标变换和形函数分别为

$$
\begin{aligned}
x &= \sum_{i=1}^{8} N_i(\xi, \eta) x_i \\
y &= \sum_{i=1}^{8} N_i(\xi, \eta) y_i \\
z &= \frac{1}{2} t \zeta
\end{aligned}
$$

和

$$
\begin{aligned}
N_i &= \frac{1}{4}(1 + \xi_i \xi)(1 + \eta_i \eta)(\xi_i \xi + \eta_i \eta - 1) & (i = 1, 2, 3, 4) \\
N_i &= \frac{1}{2}(1 - \xi^2)(1 + \eta_i \eta) & (i = 5, 7) \\
N_i &= \frac{1}{2}(1 - \eta^2)(1 + \xi_i \xi) & (i = 6, 8)
\end{aligned}
$$

根据上述公式,得到

$$
\begin{aligned}
\frac{\partial x}{\partial \xi} &= \sum_{i=1}^{8} \frac{\partial N_i(\xi, \eta)}{\partial \xi} x_i, & \frac{\partial y}{\partial \xi} &= \sum_{i=1}^{8} \frac{\partial N_i(\xi, \eta)}{\partial \xi} y_i, & \frac{\partial z}{\partial \xi} &= 0 \\
\frac{\partial x}{\partial \eta} &= \sum_{i=1}^{8} \frac{\partial N_i(\xi, \eta)}{\partial \eta} x_i, & \frac{\partial y}{\partial \eta} &= \sum_{i=1}^{8} \frac{\partial N_i(\xi, \eta)}{\partial \eta} y_i, & \frac{\partial z}{\partial \eta} &= 0 \\
\frac{\partial x}{\partial \zeta} &= 0, & \frac{\partial y}{\partial \zeta} &= 0, & \frac{\partial z}{\partial \zeta} &= \frac{1}{2} t
\end{aligned}
$$

编写如下 MATLAB 程序计算形函数对局部坐标的偏导数

```
clear;clc;
syms r s ri si
Ni14=1/4*(1+ri*r)*(1+si*s)*(ri*r+si*s−1);
Ni14r=diff(Ni14,r,1);
Ni14s=diff(Ni14,s,1);
Ni14r_f=factor(Ni14r)
Ni14s_f=factor(Ni14s)
Ni57=1/2*(1−r^2)*(1+si*s);
Ni57r=diff(Ni57,r,1);
Ni57s=diff(Ni57,s,1);
Ni57r_f=factor(Ni57r)
Ni57s_f=factor(Ni57s)
Ni68=1/2*(1−s^2)*(1+ri*r);
Ni68r=diff(Ni68,r,1);
Ni68s=diff(Ni68,s,1);
Ni68r_f=factor(Ni68r)
Ni68s_f=factor(Ni68s)
```

代码下载

运行后,得到:

Ni14r_f=[1/4,ri,s*si+1,2*r*ri+s*si]
Ni14s_f=[1/4,si,r*ri+1,r*ri+2*s*si]
Ni57r_f=[−1,r,s*si+1]
Ni57s_f=[−1/2,si,r−1,r+1]
Ni68r_f=[−1/2,ri,s−1,s+1]
Ni68s_f=[−1,s,r*ri+1]

第7章习题

习题 7-1 利用 MATLAB 推导 4 结点矩形薄板单元的单元应变矩阵的子矩阵 B_1、B_2、B_3、B_4 的表达式。

习题 7-2 利用 MATLAB 推导 4 结点矩形薄板单元在均布压力 p 作用下的等效结点载荷表达式。

习题 7-3 利用 MATLAB 推导 8 结点厚板等参元的单元应变矩阵 B_b 和 B_s。

习题 7-4 利用 MATLAB 推导 8 结点厚板等参单元在均布压力 p 作用下的等效结点载荷表达式。

第二篇

实践部分

根据党的二十大精神,必须坚持守正创新,以科学的态度对待科学、以真理的精神追求真理,不断拓展认识的广度和深度。依托专业课程培养大学生的综合实践能力,是加深认识深度与实践广度的重要途径之一。培养有限元法的程序设计能力,是拓展有限元法实践深度与广度的重要前提。本篇主要以弹性力学问题为例,结合 MATLAB 相关功能,介绍有限元法的程序设计,具体内容如下。

第 8 章　平面三角形单元的程序设计

以弹性平面问题的平面三角形单元为例,结合科学计算语言 MATLAB,介绍有限元网格离散技术、单元刚度矩阵计算、结构刚度矩阵计算、结构刚度方程求解、应力应变计算、计算结果可视化等方面内容。

第 9 章　平面 4 结点四边形等参元的程序设计

以弹性平面问题的平面 4 结点四边形等参元为例,结合科学计算语言 MATLAB,介绍有限元网格离散技术、单元刚度矩阵计算、结构刚度矩阵计算、结构刚度方程求解、应力应变计算、计算结果可视化等方面内容。

第 10 章　平面 8 结点四边形等参元的程序设计

以弹性平面问题的平面 8 结点四边形等参元为例,结合科学计算语言 MATLAB,介绍有限元网格离散技术、单元刚度矩阵计算、结构刚度矩阵计算、结构刚度方程求解、应力应变计算、计算结果可视化等方面内容。

第 11 章　杆单元和梁单元的程序设计

以平面桁架和平面刚架为例,结合科学计算语言 MATLAB,介绍杆系结构的有限元网格离散技术、单元刚度矩阵计算、结构刚度矩阵计算、结构刚度方程求解、应力应变计算、计算结果可视化等方面内容。

本篇内容,可用作 32 学时本科生"有限元法程序设计"课程教材,也可作为 24 学时研究生"有限元法综合训练"课程教材,还可以根据各校实际学时情况,选择本篇部分内容作为本科生或研究生的相关课程教材。

本章程序下载

第8章　平面三角形单元的程序设计

8.1　前处理

8.1.1　矩形区域的三角形网格离散

结构的离散化是有限元计算分析的重要过程之一,结构的离散化质量直接影响有限元计算效率与质量。有限元法网络离散主要包括:在求解区域设置结点和连接结点成单元。利用 MATLAB 编程对平面区域进行三角形网格离散,主要过程包括:①利用 meshgrid 指令,生成二维网格坐标;②利用 delaunay 指令,生成各单元所包含的结点编号;③利用 triplot 指令,绘制离散后的三角形网格;④输出离散后的结点坐标和单元结点编号,用于后续的有限元计算与分析。

为了对矩形区域进行三角形网格离散,编写 MATLAB 函数

$$[Nxy,Enod]=mesh2d3n(x12,y12,m,n) \tag{8-1}$$

其输入、输出变量说明,在表 8-1 中给出。

表 8-1　函数 mesh2d3n 的输入输出变量

输入变量	x12	1 行 2 列矩阵,存放矩形区域左右边界的横坐标
	y12	1 行 2 列矩阵,存放矩形区域上下边界的纵坐标
	m	整数,横向设置的结点数目
	n	整数,纵向设置的结点数目
输出变量	Nxy	N(结点总数)行 3 列矩阵,1、2、3 列分别为结点编号、结点横坐标、结点纵坐标
	Enod	M(单元总数)行 4 列矩阵,1 列为单元编号,2、3、4 列为单元三个结点的结点编号

253

【例 8-1】 对边长为 3 的正方形平面区域,进行三角形网络划分,输出离散后的结点坐标矩阵和单元结点编号矩阵。

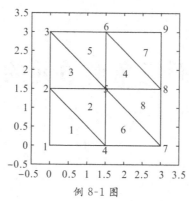

例 8-1 图

【解】 编写如下 MATLAB 程序:

```
clear;clc
x12=[0,3];
y12=[0,3];
[Nxy,Enod]=mesh2d3n(x12,y12,3,3)%在横、纵向都设置 3 个结点
axis([-0.5,3.5,-0.5,3.5])
```

代码下载

运行上述 MATLAB 程序,得到离散图形如图 8-1 所示,散后的结点坐标矩阵为:

Nxy ✕

9x3 double

	1	2	3
1	1	0	0
2	2	0	1.5000
3	3	0	3
4	4	1.5000	0
5	5	1.5000	1.5000
6	6	1.5000	3
7	7	3	0
8	8	3	1.5000
9	9	3	3

离散结构的单元结点编号矩阵为:

Enod ✕

8x4 double

	1	2	3	4
1	1	1	4	2
2	2	4	5	2
3	3	2	5	3
4	4	5	8	6
5	5	3	5	6
6	6	4	7	5
7	7	6	8	9
8	8	5	7	8

8.1.2　函数 mesh2d3n 源码

平面 3 结点三角形单元的平面矩形区网格离散函数 mesh2d3n,主要功能是对矩形平面域进行平面 3 结点三角形单元网格离散,具体内容如下。

```
function [Nxy,Enod]=mesh2d3n(x12,y12,m,n)
% function to mesh 2-D plane to 3-node elements
% x12--[xmin,xmax]
% y12--[ymin,ymax]
% m--node number in direction x
% n--node number in direction y
% Nxy--node coordinates [i,xi,yi]
% Enod--element node number [ei,i1,i2,i3]
x=linspace(x12(1),x12(2),m);
y=linspace(y12(1),y12(2),n);
[X,Y]=meshgrid(x,y);
Enod=delaunay(X,Y);%生成3结点单元结点信息矩阵
h1=triplot(Enod,X,Y);%绘制三角形单元的离散网格
set(h1,'color','k')
axis equal
[en,ny]=size(Enod)
for i=1:en
    x_sum=0;
    y_sum=0;
    xy_sum=0;
    for j=1:ny
        ID=Enod(i,j);
        x_sum=x_sum+X(ID);
        y_sum=y_sum+Y(ID);
    end
    xc=x_sum/ny;      %计算三角形单元形心横坐标
    yc=y_sum/ny;      %计算三角形单元形心纵坐标
    h2=text(xc,yc,num2str(i));      %标注单元编号
    set(h2,'color','b')
    set(h2,'fontsize',10)
end
for k=1:m*n
    Nxy(k,1:3)=[k,X(k),Y(k)];
    h3=text(X(k),Y(k),num2str(k));      %标注结点编号
```

```
        set(h3,'color','r')
        set(h3,'fontsize',10)
    end
    Enod=[(1:en)',Enod];
end
```

8.1.3 不规则区域的三角形网格离散

为了对不规则区域进行三角形网格划分,编写 MATLAB 函数

$$\text{function } [Nxy,Enod]=mesh2d3n\_x(X,Y) \qquad (8-2)$$

其输入、输出变量说明,在表 8-2 中给出。

表 8-2 函数 **mesh2d3n_x** 的输入输出变量

输入变量	X	1 行 N(结点总数)列矩阵,存放结点的横坐标
	Y	1 行 N(结点总数)列矩阵,存放结点的纵坐标
输出变量	Nxy	N(结点总数)行 3 列矩阵,1、2、3 列分别为结点编号、结点横坐标、结点纵坐标
	Enod	M(单元总数)行 4 列矩阵,1 列为单元编号,2、3、4 列为单元三个结点的结点编号

【例 8-2】 将直角边长分别为 5 和 10 的三角形区域,进行三角形网格划分。

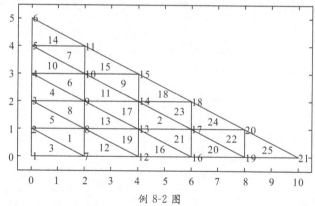

例 8-2 图

【解】 编写如下 MATLAB 程序:

```
clear;clc;
xy=[0,0; 0,5; 10,0];
x13=linspace(xy(1,1),xy(3,1),6)
y13=linspace(xy(1,2),xy(3,2),6)
x23=linspace(xy(2,1),xy(3,1),6)
y23=linspace(xy(2,2),xy(3,2),6)
x1=linspace(x13(1),x23(1),6)%第 1 列横坐标
y1=linspace(y13(1),y23(1),6)%第 1 列纵坐标
```

```
x2=linspace(x13(2),x23(2),5)%第 2 列横坐标
y2=linspace(y13(2),y23(2),5)%第 2 列纵坐标
x3=linspace(x13(3),x23(3),4)%第 3 列横坐标
y3=linspace(y13(3),y23(3),4)%第 3 列纵坐标
x4=linspace(x13(4),x23(4),3)%第 4 列横坐标
y4=linspace(y13(4),y23(4),3)%第 4 列纵坐标
x5=linspace(x13(5),x23(5),2) %第 5 列横坐标
y5=linspace(y13(5),y23(5),2)%第 5 列纵坐标
x6=x13(6)%第 6 列横坐标
y6=y13(6)%第 6 列纵坐标
X=[x1,x2,x3,x4,x5,x6]
Y=[y1,y2,y3,y4,y5,y6]
[Nxy,Enod]=mesh2d3n_x(X,Y)
axis([-0.5,10.5,-0.5,5.5])
```

运行上述 MATLAB 程序后，得到如图 8-2 所示的离散图形，单元结点坐标编号矩阵为：

Enod

25x4 double

	1	2	3	4
1	1	8	2	7
2	2	14	13	17
3	3	7	2	1
4	4	4	3	9
5	5	8	3	2
6	6	10	4	9
7	7	11	5	10
8	8	8	9	3
9	9	14	15	10
10	10	4	10	5
11	11	9	14	10
12	12	12	8	7
13	13	13	9	8
14	14	5	11	6
15	15	10	15	11
16	16	16	13	12
17	17	14	9	13
18	18	14	18	15
19	19	13	8	12
20	20	17	16	19
21	21	17	13	16
22	22	20	17	19
23	23	18	14	17
24	24	17	20	18
25	25	19	21	20

得到的结点坐标矩阵为：

	1	2	3
1	1	0	0
2	2	0	1
3	3	0	2
4	4	0	3
5	5	0	4
6	6	0	5
7	7	2	0
8	8	2	1
9	9	2	2
10	10	2	3
11	11	2	4
12	12	4	0
13	13	4	1
14	14	4	2
15	15	4	3
16	16	6	0
17	17	6	1
18	18	6	2
19	19	8	0
20	20	8	1
21	21	10	0

8.1.4　函数 mesh2d3n_x 源码

平面 3 结点三角形单元的不规则平面域网格离散函数 mesh2d3n_x，主要功能是对不规则平面域进行平面 3 结点三角形单元网格离散，具体内容如下。

```
function [Nxy,Enod]=mesh2d3n_x(X,Y)
% function to mesh 2-D plane to 3-node elements
% X--Abscissa array
% Y--Ordinate array
% Nxy--node coordinates [i,xi,yi]
% Enod--element node number [ei,i1,i2,i3]
Enod=delaunay(X,Y);
h1=triplot(Enod,X,Y);
set(h1,'color','k')
axis equal
[en,ny]=size(Enod)
for i=1:en
    x_sum=0;
    y_sum=0;
    xy_sum=0;
```

代码下载

```
for j=1:ny
    ID=Enod(i,j);
    x_sum=x_sum+X(ID);
    y_sum=y_sum+Y(ID);
end
xc=x_sum/ny;
yc=y_sum/ny;
h2=text(xc,yc,num2str(i));
set(h2,'color','b')
set(h2,'fontsize',13)
end
[m,n]=size(X);
for k=1:m*n
    Nxy(k,1:3)=[k,X(k),Y(k)];
    h3=text(X(k),Y(k),num2str(k));
    set(h3,'color','r')
    set(h3,'fontsize',10)
end
Enod=[(1:en)',Enod];
end
```

8.2 单元刚度矩阵计算

8.2.1 单元应变矩阵函数

在有限元法中,单元刚度矩阵可统一表示为

$$k_e = \int_{\Omega_e} \boldsymbol{B}^{\mathrm{T}} \boldsymbol{D} \boldsymbol{B} \mathrm{d}\Omega$$

其中,$\boldsymbol{B}$ 为单元应变矩阵,$\boldsymbol{D}$ 为弹性矩阵。对于 3 结点三角形单元,刚度矩阵计算式为

$$k_e = At\boldsymbol{B}^{\mathrm{T}} \boldsymbol{D} \boldsymbol{B}$$

其中,t 为单元厚度,A 为三角形面积,计算式为

$$A = \frac{1}{2} \begin{vmatrix} 1 & x_i & y_i \\ 1 & x_j & y_j \\ 1 & x_m & y_m \end{vmatrix}$$

对于 3 结点三角形单元,单元应变矩阵表示为

$$\boldsymbol{B} = [\boldsymbol{B}_i, \boldsymbol{B}_j, \boldsymbol{B}_m]$$

其中,

259

$$\boldsymbol{B}_k = \frac{1}{2A} \begin{bmatrix} b_k & 0 \\ 0 & c_k \\ c_k & b_k \end{bmatrix} \quad (k=i,j,m)$$

$$\left. \begin{array}{l} b_i = y_j - y_m, c_i = -x_j + x_m \\ b_j = y_m - y_i, c_j = -x_m + x_i \\ b_m = y_i - y_j, \quad c_m = -x_i + x_j \end{array} \right\}$$

对于平面应力问题,弹性矩阵为

$$\boldsymbol{D} = \frac{E}{1-\mu^2} \begin{bmatrix} 1 & \mu & 0 \\ \mu & 1 & 0 \\ 0 & 0 & \dfrac{1-\mu}{2} \end{bmatrix}$$

为计算平面 3 结点三角形单元的应变矩阵,编写 MATLAB 函数

$$B = EstrainM2d3n(xy) \tag{8-3}$$

其输入、输出变量说明,在表 8-3 中给出。

表 8-3　函数 EstrainM2d3n 的输入输出变量

输入变量	xy	3 行 2 列矩阵,第 1、2 列是单元结点的横、纵坐标值
输出变量	B	3 行 6 列的单元应变矩阵

【例 8-3】 利用函数 B=EstrainM2d3n(xy),计算图 8-1 所示有限元离散结构中单元 1 和单元 2 的单元应变矩阵。

【解】 编写如下 MATLAB 程序:

```
clear;clc;
    xy1=[0,0; 1.5,0; 0,1.5];   % 结点 1、4、2 的坐标
    B1=EstrainM2d3n(xy1)
    xy2=[0,1.5; 1.5,0; 1.5,1.5];   % 结点 2、4、5 的坐标
    B2=EstrainM2d3n(xy2)
```

代码下载

运行上述 MATLAB 程序,得到单元 1 的应变矩阵 B1 为:

B1 ✕
3x6 double

	1	2	3	4	5	6
1	-0.6667	0	0.6667	0	0	0
2	0	-0.6667	0	0	0	0.6667
3	-0.6667	-0.6667	0	0.6667	0.6667	0

得到单元 2 的应变矩阵 B2 为:

B2 ✕
3x6 double

	1	2	3	4	5	6
1	-0.6667	0	0	0	0.6667	0
2	0	0	0	-0.6667	0	0.6667
3	0	-0.6667	-0.6667	0	0.6667	0.6667

8.2.2 函数 EstrainM2d3n

平面 3 结点三角形单元的单元应变矩阵函数 EstrainM2d3n，主要功能是计算平面 3 结点三角形单元的单元应变矩阵，具体内容如下。

```
function B＝EstrainM2d3n(xy)
% element strain matrix function for triangular element with 3 node
% xy(3,2)＝[x1,y1;x2,y2;x3,y3]—element nodal coordinates
% B(3,6)——element strain matrix
x1＝xy(1,1);
x2＝xy(2,1);
x3＝xy(3,1);
y1＝xy(1,2);
y2＝xy(2,2);
y3＝xy(3,2);
b1＝y2－y3;
b2＝y3－y1;
b3＝y1－y2;
c1＝－(x2－x3);
c2＝－(x3－x1);
c3＝－(x1－x2);
A＝[1,x1,y1; 1,x2,y2; 1,x3,y3];
A＝0.5 * det(A);
B1＝0.5/A * [b1,0; 0,c1; c1,b1];
B2＝0.5/A * [b2,0; 0,c2; c2,b2];
B3＝0.5/A * [b3,0; 0,c3; c3,b3];
B＝[B1,B2,B3];
end
```

8.2.3 单元刚度矩阵函数

为计算平面 3 结点三角形单元的单元刚度矩阵，编写 MATLAB 函数

$$KE＝EstiffM2d3n(xy,mat) \tag{8-4}$$

其输入、输出变量的说明，在表 8-4 中给出。

表 8-4 函数 EstiffM2d3n 的输入输出变量

输入变量	xy	3 行 2 列矩阵，1、2 列分别为横、纵坐标
	mat	1 行 3 列矩阵，1、2、3 列分别为弹性模量、泊松比、单元厚度
输出变量	KE	6 行 6 列矩阵，3 结点三角形单元的单元刚度矩阵

【**例 8-4**】 设图 8-1 所示有限元离散结构的弹性模量 $E=100\text{Gpa}$、单元厚度为 $t=1\text{cm}$、泊松比为 $\mu=0.25$。利用函数 $\text{KE}=\text{EstiffM2d3n}(\text{xy,mat})$，计算图 8-1 中单元 1 和单元 2 的单元刚度矩阵。

【**解**】 编写如下 MATLAB 程序：

```
clear;clc;
E=100e9；% 单位 Pa
mu=0.25；
t=1e-2；% 单位 m
mat=[E,mu,t];
xy1=[0,0; 1.5,0; 0,1.5]；  % 结点 1、4、2 的坐标
KE1=EstiffM2d3n(xy1,mat)
xy2=[0,1.5; 1.5,0; 1.5,1.5]；  % 结点 2、4、5 的坐标
KE2=EstiffM2d3n(xy2,mat)
```

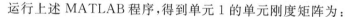

代码下载

运行上述 MATLAB 程序，得到单元 1 的单元刚度矩阵为：

KE1 ×

6x6 double

	1	2	3	4	5	6
1	7.3333e+08	3.3333e+08	-5.3333e+08	-200000000	-200000000	-1.3333e+08
2	3.3333e+08	7.3333e+08	-1.3333e+08	-200000000	-200000000	-5.3333e+08
3	-5.3333e+08	-1.3333e+08	5.3333e+08	0	0	1.3333e+08
4	-200000000	-200000000	0	200000000	200000000	0
5	-200000000	-200000000	0	200000000	200000000	0
6	-1.3333e+08	-5.3333e+08	1.3333e+08	0	0	5.3333e+08

得到单元 2 的单元刚度矩阵为：

KE2 ×

6x6 double

	1	2	3	4	5	6
1	5.3333e+08	0	0	1.3333e+08	-5.3333e+08	-1.3333e+08
2	0	200000000	200000000	0	-200000000	-200000000
3	0	200000000	200000000	0	-200000000	-200000000
4	1.3333e+08	0	0	5.3333e+08	-1.3333e+08	-5.3333e+08
5	-5.3333e+08	-200000000	-200000000	-1.3333e+08	7.3333e+08	3.3333e+08
6	-1.3333e+08	-200000000	-200000000	-5.3333e+08	3.3333e+08	7.3333e+08

8.2.4 函数 EstiffM2d3n 源码

平面 3 结点三角形单元的单元刚度矩阵函数 EstiffM2d3n，主要功能是计算平面 3 结点三角形单元的单元刚度矩阵，具体内容如下。

```
function KE=EstiffM2d3n(xy,mat)
% element stiffness matrix function for triangular element with 3 nodes
% mat(3)=[E,mu,t]——element material constants;
```

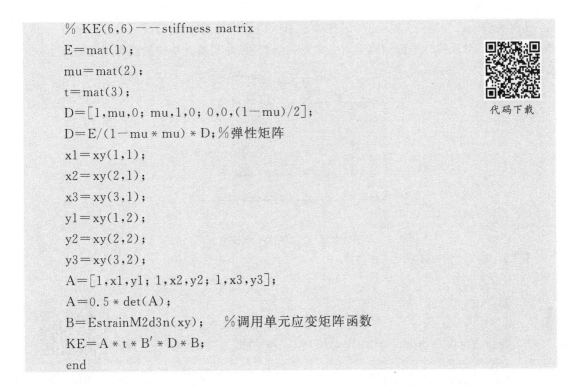

```
% KE(6,6)――stiffness matrix
E=mat(1);
mu=mat(2);
t=mat(3);
D=[1,mu,0; mu,1,0; 0,0,(1-mu)/2];
D=E/(1-mu*mu)*D;%弹性矩阵
x1=xy(1,1);
x2=xy(2,1);
x3=xy(3,1);
y1=xy(1,2);
y2=xy(2,2);
y3=xy(3,2);
A=[1,x1,y1; 1,x2,y2; 1,x3,y3];
A=0.5*det(A);
B=EstrainM2d3n(xy);     %调用单元应变矩阵函数
KE=A*t*B'*D*B;
end
```

代码下载

8.3 结构刚度矩阵计算

8.3.1 结构刚度矩阵函数

在有限元法中,离散结构的整体刚度矩阵可通过单元刚度矩阵集成而来,即

$$\boldsymbol{K}=\sum_e \boldsymbol{K}_e \tag{a}$$

其中,$\boldsymbol{K}_e$ 为根据整体刚度矩阵 $\boldsymbol{K}$ 扩维后的单元刚度矩阵。在程序设计中,在得到单元刚度矩阵无需经过扩维,可直接根据单元结点自由度编号,直接将单元刚度矩阵的元素加到整体刚度矩阵的相应位移即可,这种集成整体刚度矩阵的方法称为"对号入座"法。

为计算平面 3 结点三角形网格离散结构的结构刚度矩阵,可编写 MATLAB 函数

$$KS=SstiffM2d3n(Nxy,Enod,Emat) \tag{8-5}$$

其输入、输出变量的说明,在表 8-5 中给出。

表 8-5 函数 **SstiffM2d3n** 的输入输出变量

输入变量	Nxy	N(结点总数)行 3 列矩阵,第 1 列为结点编号,第 2、3 列为横、纵坐标
	Enod	M(单元总数)行 4 列矩阵,第 1 列为单元标号,第 2、3、4 列为结点编号
	Emat	M(单元总数)行 4 列矩阵,第 1 列为单元标号,第 2、3、4 列为弹性模量、泊松比、单元厚度
输出变量	KS	2N 行 2N 列矩阵,3 结点三角形网格离散结构的结构刚度矩阵

【**例 8-5**】 已知例 8-5 图（a）所示弹性平面结构的弹性模量为 180Gpa、泊松比为 0.35、板厚为 5cm。对该弹性平面结构进行三角形网络离散，并求离散结构的结构刚度矩阵。

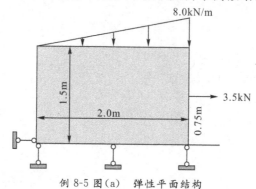

例 8-5 图（a） 弹性平面结构

【**解**】 编写如下 MATLAB 程序：

```
clear;clc;
x12=[0,2];
y12=[0,1.5];
[Nxy,Enod]=mesh2d3n(x12,y12,3,3);%结构的三角形网络离散
axis([-0.2,2.2,-0.2,1.7])
[M,N]=size(Enod)
Emat(1,1:4)=[1,180e9,  0.35,  5e-2];
for i=2:M
      Emat(i,1:4)=Emat(1,1:4);
end
KS=SstiffM2d3n(Nxy,Enod,Emat)%生成结构刚度矩阵
```

代码下载

运行上述程序后，得到图 8-4 所示的三角形离散网络。

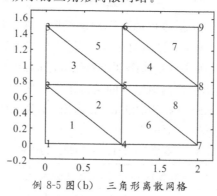

例 8-5 图（b） 三角形离散网格

得到的离散结构的结点坐标矩阵为：

Nxy

9x3 double

	1	2	3
1	1	0	0
2	2	0	0.7500
3	3	0	1.5000
4	4	1	0
5	5	1	0.7500
6	6	1	1.5000
7	7	2	0
8	8	2	0.7500
9	9	2	1.5000

其中，第 1 列为结点编号，第 2、3 列分别为结点横、纵坐标；得到的离散结构的单元结点坐标矩阵为：

Enod

8x4 double

	1	2	3	4
1	1	1	4	2
2	2	4	5	2
3	3	2	5	3
4	4	5	8	6
5	5	3	5	6
6	6	4	7	5
7	7	6	8	9
8	8	5	7	8

其中，第 1 列为单元编号，第 2、3、4 列为单元包含结点的编号；得到离散结构的结构刚度矩阵为：

KS

18x18 double

	1	2	3	4	5	6	7	8	9
1	6.0684e+09	3.4615e+09	-2.2222e+09	-1.7949e+09	0	0	-3.8462e+09	-1.6667e+09	0
2	3.4615e+09	8.0876e+09	-1.6667e+09	-6.8376e+09	0	0	-1.7949e+09	-1.2500e+09	0
3	-2.2222e+09	-1.6667e+09	1.2137e+10	3.4615e+09	-2.2222e+09	-1.7949e+09	0	3.4615e+09	-7.6923e+09
4	-1.7949e+09	-6.8376e+09	3.4615e+09	1.6175e+10	-1.6667e+09	-6.8376e+09	3.4615e+09	0	-3.4615e+09
5	0	0	-2.2222e+09	-1.6667e+09	6.0684e+09	0	0	0	0
6	0	0	-1.7949e+09	-6.8376e+09	0	8.0876e+09	0	0	3.4615e+09
7	-3.8462e+09	-1.7949e+09	0	3.4615e+09	0	0	1.2137e+10	3.4615e+09	-4.4444e+09
8	-1.6667e+09	-1.2500e+09	3.4615e+09	0	0	0	3.4615e+09	1.6175e+10	-3.4615e+09
9	0	0	-7.6923e+09	-3.4615e+09	0	3.4615e+09	-4.4444e+09	-3.4615e+09	2.4274e+10
10	0	0	-3.4615e+09	-2.5000e+09	3.4615e+09	0	-3.4615e+09	-1.3675e+10	6.9231e+09
11	0	0	0	0	-3.8462e+09	-1.6667e+09	0	0	-4.4444e+09
12	0	0	0	0	-1.7949e+09	-1.2500e+09	0	0	-3.4615e+09
13	0	0	0	0	0	0	-3.8462e+09	-1.7949e+09	0
14	0	0	0	0	0	0	-1.6667e+09	-1.2500e+09	3.4615e+09
15	0	0	0	0	0	0	0	0	-7.6923e+09
16	0	0	0	0	0	0	0	0	-3.4615e+09
17	0	0	0	0	0	0	0	0	0
18	0	0	0	0	0	0	0	0	0

	10	11	12	13	14	15	16	17	18
1	0	0	0	0	0	0	0	0	0
2	0	0	0	0	0	0	0	0	0
3	-3.4615e+09	0	0	0	0	0	0	0	0
4	-2.5000e+09	0	0	0	0	0	0	0	0
5	3.4615e+09	-3.8462e+09	-1.7949e+09	0	0	0	0	0	0
6	0	-1.6667e+09	-1.2500e+09	0	0	0	0	0	0
7	-3.4615e+09	0	0	-3.8462e+09	-1.6667e+09	0	0	0	0
8	-1.3675e+10	0	0	-1.7949e+09	-1.2500e+09	0	0	0	0
9	6.9231e+09	-4.4444e+09	-3.4615e+09	0	3.4615e+09	-7.6923e+09	-3.4615e+09	0	0
10	3.2350e+10	-3.4615e+09	-1.3675e+10	3.4615e+09	0	-3.4615e+09	-2.5000e+09	0	0
11	-3.4615e+09	1.2137e+10	3.4615e+09	0	0	0	3.4615e+09	-3.8462e+09	-1.7949e+09
12	-1.3675e+10	3.4615e+09	1.6175e+10	0	0	3.4615e+09	0	-1.6667e+09	-1.2500e+09
13	3.4615e+09	0	0	6.0684e+09	0	-2.2222e+09	-1.6667e+09	0	0
14	0	0	0	0	8.0876e+09	-1.7949e+09	-6.8376e+09	0	0
15	-3.4615e+09	0	3.4615e+09	-2.2222e+09	-1.7949e+09	1.2137e+10	3.4615e+09	-2.2222e+09	-1.6667e+09
16	-2.5000e+09	3.4615e+09	0	-1.6667e+09	-6.8376e+09	3.4615e+09	1.6175e+10	-1.7949e+09	-6.8376e+09
17	0	-3.8462e+09	-1.6667e+09	0	0	-2.2222e+09	-1.7949e+09	6.0684e+09	3.4615e+09
18	0	-1.7949e+09	-1.2500e+09	0	0	-1.6667e+09	-6.8376e+09	3.4615e+09	8.0876e+09

8.3.2 函数 SstiffM2d3n 源码

平面 3 结点三角单元的整体刚度矩阵函数 SstiffM2d3n，主要功能是生成平面 3 结点三角单元离散结构的整体刚度矩阵，具体内容如下。

```
function KS=SstiffM2d3n(Nxy,Enod,Emat)
% structural stiffness equation function for triangular element with 3 nodes
% nxy(i,1:3)=[i,x,y],   i=1,2,...,N ;
% N--number of node
```

```
% Enod(j,1:4)=[j,ii,jj,mm],  j=1,2,…,M;
% M——number of element
% Emat(j,1:4)=[j,E,mu,t],  j=1,2,…,M;
% K(2N,2N)——structural stiffness matrix
M=size(Enod,1);
N=size(Nxy,1);
KS=zeros(2*N,2*N);
for j=1:M
    ii=Enod(j,2);
    jj=Enod(j,3);
    mm=Enod(j,4);
    sn=[ii,jj,mm];
    xy=Nxy(sn,2:3);
    mat=Emat(j,2:4);
    KE=EstiffM2d3n(xy,mat);      %调用 EstiffM2d3n 生成单元刚度矩阵
    sn=[2*ii-1,2*ii,2*jj-1,2*jj,2*mm-1,2*mm];%对号入座数组
    KS(sn,sn)=KS(sn,sn)+KE;%将单元刚度矩阵累加到结构刚度矩阵
end
end
```

8.4 结构刚度方程求解

8.4.1 结构等效结点载荷函数

为了计算平面 3 结点三角形网格离散结构的等效结点载荷,编写 MATLAB 函数

$$SP=SloadA2d3n(EP,N) \tag{8-6}$$

其输入输出变量的说明,在表 8-6 中给出。

表 8-6　函数 SloadA2d3n 的输入输出变量

输入变量	EP	Fn(单元结点力总数)行 4 列,第 1、2 列分别为单元号、结点号,第 3 列表示单元结点力方向(1 为 x 向 2 为 y 向),第 4 列为单元结点力的值
	N	整数,结点总数
输出变量	SP	2N 行 1 列矩阵,散结构的等效结点载荷列阵

【例 8-6】　利用函数 SP=SloadA2d3n(EP,N),计算例 8-5 图(a)弹性平面结构对应的离散结构例 8-5 图(b)的等效结点载荷列阵。

【解】　编写如下 MATLAB 程序:

```
clear;clc;
N=9;
EP=[7,8,1,3.5e3
     7,6,2,−(2+2/3)*1e3
     7,9,2,−(2+4/3)*1e3
     5,3,2,−2/3*1e3
     5,6,2,−4/3*1e3]
SP=SloadA2d3n(EP,N)
```

运行以上程序,得到离散结构图 8-2 的等效结点载荷列阵为:

SP ×	
18x1 double	
	1
1	0
2	0
3	0
4	0
5	0
6	-666.6667
7	0
8	0
9	0
10	0
11	0
12	-4000
13	0
14	0
15	3500
16	0
17	0
18	-3.3333e+03

8.4.2 函数 SloadA2d3n 源码

平面 3 结点三角形单元的整体等效结点载荷列阵函数 SloadA2d3n 的主要功能,是根据单元等效结点载荷集成离散结构的整体结点载荷,具体内容如下。

```
function SP=SloadA2d3n(EP,N)
% structure node load array function for triangle element with 3 nodes
% EP=[ele−i,nod−i,1(x) or 2(y),value ]——element  node load
% SP(2N,1)——structure node load array;
% N——node number of structure
[n,m]=size(EP);
SP(1:2*N,1)=0;
for i=1:n
    sn=2*EP(i,2)+EP(i,3)−2;
    SP(sn)=SP(sn)+EP(i,4);
end
```

8.4.3　方程求解函数

为了求解结点位移和结点约束反力,编写 MATLAB 函数

$$[Ndsp, Rfoc] = SloveS2d3n(KS, SP, cons) \tag{8-7}$$

其输入、输出变量说明,在表 8-7 中给出。

表 8-7　函数 SloveS2d3n 的输入输出变量

输入变量	KS	2N 行 2N 列矩阵,离散结构的整体刚度矩阵
	SP	2N 行 1 列矩阵,离散结构的等效结点载荷列阵
	cons	RN 行(位移约束总数)3 列,第 1 列为结点号,第 2 列代表位移方向(1 为 x 向,2 为 y 向),第 3 列为位移值
输出变量	Ndsp	N(结点总数)行 3 列矩阵,第 1 列为结点号,第 2、3 列分别为 x、y 方向位移分量值
	Rfoc	RN 行(位移约束总数)3 列,第 1 列为结点号,第 2 列代约束反力方向(1 为 x 向,2 为 y 向),第 3 列为约束反力值

【例 8-7】　计算图 8-3 弹性平面结构对应的离散结构 8-4 的结点位移和约束反力。

【解】　编写如下 MATLAB 计算程序:

代码下载

```
clear;clc;
x12=[0,2];
y12=[0,1.5];
[Nxy,Enod]=mesh2d3n(x12,y12,3,3);
axis([-0.2,2.2,-0.2,1.7])
[M,N]=size(Enod)
Emat(1,1:4)=[1,180e9,  0.35,  5e-2];
for i=2:M
    Emat(i,1:4)=Emat(1,1:4);
end
KS=SstiffM2d3n(Nxy,Enod,Emat)
EP=[7,8,1,3.5e3
    7,6,2,-(2+2/3)*1e3
    7,9,2,-(2+4/3)*1e3
    5,3,2,-2/3*1e3
    5,6,2,-4/3*1e3];
[N,M]=size(Nxy)
SP=SloadA2d3n(EP,N)
cons=[1,1,0;
    1,2,0;
    4,2,0;
```

```
        7,2,0]
    [Ndsp,Rfoc]=SloveS2d3n(KS,SP,cons)
```
运行上述程序,得到离散结构的结点位移为:

	1	2	3
	Ndsp		
	9x3 double		
1	1	0	0
2	2	6.7820e-07	-1.7801e-07
3	3	9.8727e-07	-3.5933e-07
4	4	6.0122e-07	0
5	5	9.6471e-07	-3.9140e-07
6	6	1.2709e-06	-8.1465e-07
7	7	9.7446e-07	0
8	8	1.5265e-06	-6.8766e-07
9	9	1.6347e-06	-1.2225e-06

其中,第 1 列为结点编号,第 2、3 列分别为横向、竖向位移分量;得到离散结构的约束反力为:

	1	2	3
	Rfoc		
	4x3 double		
1	1	1	-3.5000e+03
2	1	2	-992.2663
3	4	2	4.6929e+03
4	7	2	4.2994e+03

其中,第 1 列为结点编号,第 2 列代表支反力方向(1 为 x 方向,2 为 y 方向),第 3 列代表支反力的值。

8.4.4　函数 SloveS2d3n 源码

平面 3 结点三角形单元的整体方程求解函数 SloveS2d3n 的主要功能是计算离散结构的结点位移和约束反力,具体内容如下。

```
function [Ndsp,Rfoc]=SloveS2d3n(KS,SP,cons)
% structural stiffness equation solution function
% SK(2N,2N)——structural stiffness matrix
% SP(2N,1)——nodal load vector
% cons(nc,3)——node constraint matrix
% cons(i,3)——[node,1(x) or 2(y),value]
KS1=KS;
SP1=SP;
nc=size(cons,1);
for i=1:nc
    ii=cons(i,1);
    dr=cons(i,2);
```

代码下载

```
        vu=cons(i,3);
        if dr==1
            dof=2*ii-1;
        else
            dof=2*ii;
        end
        if vu==0
            KS1(dof,:)=0;
            KS1(:,dof)=0;
            KS1(dof,dof)=1;
            SP1(dof,1)=0;
        else
            KS1(dof,dof)=1.0e9*KS1(dof,dof);
            SP1(dof,1)=KS1(dof,dof)*vu;
        end
    end
end
NDSP1=KS1\SP1;
for i=1:nc
    ii=cons(i,1);
    dr=cons(i,2);
    Rfoc(i,1)=ii;
    Rfoc(i,2)=dr;
    if dr==1
        dof=2*ii-1;
    else
        dof=2*ii;
    end
    Rfoc(i,3)=KS(dof,:)*NDSP1
end
nn=0.5*size(NDSP1,1);
for i=1:nn
    Ndsp(i,1)=i;
    Ndsp(i,2)=NDSP1(2*i-1,1);
    Ndsp(i,3)=NDSP1(2*i,1);
end
end
```

8.5 应变和应力计算

8.5.1 单元应力应变函数

平面3结点三角形单元为常应力、常应变单元,为计算单元的应变和应力,编写MATLAB函数

$$[Estrain,Estress]=EstssM2d3n(Nxy,Enod,Emat,Ndsp) \qquad (8-8)$$

其输入、输出变量说明,在表8-8中给出。

表 8-8 函数 EstssM2d3n 的输入输出变量

输入变量	Nxy	N(结点总数)行3列矩阵,第1、2、3列分别为结点编号、横坐标、纵坐标
	Enod	M(单元总数)行4列矩阵,第1列为单元编号,第2、3、4列为单元结点编号
	Emat	M(单元总数)行4列矩阵,第1列为单元编号,第2、3、4列分别为弹性模量、泊松比、单元厚度
	Ndsp	N(结点总数)行3列矩阵,第1、2、3列分别为结点编号、x向位移分量、y向位移分量
输出变量	Estrain	M(单元总数)行4列矩阵,第1列为单元编号,第2、3、4列为应变分量
	Estress	M(单元总数)行4列矩阵,第1列为单元编号,第2、3、4列为应力分量

【例 8-8】 计算图例8-5图(a)弹性平面结构对应的离散结构例8-5图(b)的各单元应变和应力分量。

【解】 编写如下 MATLAB 程序:

```
clear;clc;
x12=[0,2];
y12=[0,1.5];
[Nxy,Enod]=mesh2d3n(x12,y12,3,3);
axis([-0.2,2.2,-0.2,1.7])
[M,N]=size(Enod)
Emat(1,1:4)=[1,180e9,  0.35,  5e-2];
for i=2:M
    Emat(i,1:4)=Emat(1,1:4);
end
KS=SstiffM2d3n(Nxy,Enod,Emat)
EP=[7,8,1,3.5e3
    7,6,2,-(2+2/3)*1e3
    7,9,2,-(2+4/3)*1e3
    5,3,2,-2/3*1e3
```

代码下载

```
            5,6,2,-4/3*1e3];
      [N,M]=size(Nxy)
      SP=SloadA2d3n(EP,N)
      cons=[1,1,0;
            1,2,0;
            4,2,0;
            7,2,0]
      [Ndsp,Rfoc]=SloveS2d3n(KS,SP,cons)
      [Estrain,Estress]=EstssM2d3n(Nxy,Enod,Emat,Ndsp)
```

运行上述 MATLAB 程序,得到单元应变矩阵为:

	1	2	3	4
1	1	6.0122e-07	-2.3735e-07	9.0427e-07
2	2	2.8651e-07	-5.2187e-07	2.7126e-07
3	3	2.8651e-07	-2.4176e-07	1.9870e-07
4	4	5.6181e-07	-5.6434e-07	1.1198e-07
5	5	2.8362e-07	-5.6434e-07	-4.7087e-08
6	6	3.7324e-07	-5.2187e-07	4.8465e-07
7	7	3.6380e-07	-7.1308e-07	-2.6359e-07
8	8	5.6181e-07	-9.1688e-07	4.3982e-07

Estrain　8x4 double

其中,第 1 列为单元编号,第 2、3、4 列分别为应力分量 σ_x、σ_y、τ_{xy};得到单元应力矩阵为:

	1	2	3	4
1	1	1.0629e+05	-5.5229e+03	6.0285e+04
2	2	2.1303e+04	-8.6480e+04	1.8084e+04
3	3	4.1414e+04	-2.9021e+04	1.3247e+04
4	4	7.4726e+04	-7.5426e+04	7.4652e+03
5	5	1.7662e+04	-9.5399e+04	-3.1391e+03
6	6	3.9095e+04	-8.0253e+04	3.2310e+04
7	7	2.3430e+04	-1.2015e+05	-1.7573e+04
8	8	4.9415e+04	-1.4774e+05	2.9321e+04

Estress　8x4 double

其中,第 1 列为单元编号,第 2、3、4 列分别为应变分量 ε_x、ε_y、γ_{xy}。

8.5.2　函数 EstssM2d3n 源码

```
function [Estrain,Estress]=EstssM2d3n(Nxy,Enod,Emat,Ndsp)
% element strain stress function
% Nxy——node coordinates
% Enod——elelment node
% Emat——element material
```

```
% Ndsp——node displacement
[M,N]=size(Enod);
for i=1:M
    i1=Enod(i,2)
    i2=Enod(i,3)
    i3=Enod(i,4)
    xy=[Nxy(i1,2:3);Nxy(i2,2:3);Nxy(i3,2:3)];
    B=EstrainM2d3n(xy);
    DSP=[Ndsp(i1,2:3),Ndsp(i2,2:3),Ndsp(i3,2:3)]';
    Est=B*DSP;
    Estrain(i,1:4)=[i,Est'];%第 i 个单元应变分量
    E=Emat(i,2);
    mu=Emat(i,3);
    D=[1,mu,0; mu,1,0; 0,0,(1-mu)/2];
    D=E/(1-mu*mu)*D;
    Ess=D*Est;
    Estress(i,1:4)=[i,Ess'];%第 i 个单元应力分量
end
end
```

8.5.3 结点应力应变函数

为计算平面 3 结点三角形单元离散结构中各结点的应变分量和应力分量,编写 MATLAB 函数:

$$[Nstrain,Nstress]=NstssM2d3n(Nxy,Enod,Estrain,Estress) \qquad (8-9)$$

其输入输出变量说明,在表 8-9 中给出。

表 8-9　函数 NstssM2d3n 的输入输出变量

输入变量	Nxy	N(结点总数)行 3 列矩阵,第 1 列为结点编号,第 2、3 列分别为结点的横、纵坐标值
	Enod	M(单元总数)行 4 列矩阵,第 1 列为单元编号,第 2、3、4 列为单元包含结点的编号
	Estrain	M(单元总数)行 4 列矩阵,第 1 列为单元编号,第 2、3、4 列为单元的三个应变分量
	Estress	M(单元总数)行 4 列矩阵,第 1 列为单元编号,第 2、3、4 列为单元的三个应力分量
输出变量	Nstrain	N(结点总数)行 4 列矩阵,第 1 列为结点编号,第 2、3、4 列为结点的三个应变分量
	Nstress	N(结点总数)行 4 列矩阵,第 1 列为结点编号,第 2、3、4 列为结点的三个应力分量

【例 8-9】 计算例 8-5 图(a)弹性平面结构对应的离散结构例 8-5 图(b)的各结点的应变和应力分量。

【解】 编写如下 MATLAB 程序：

代码下载

```
clear;clc;
    x12=[0,2];
    y12=[0,1.5];
    [Nxy,Enod]=mesh2d3n(x12,y12,3,3);
    axis([-0.2,2.2,-0.2,1.7])
    [M,N]=size(Enod)
    Emat(1,1:4)=[1,180e9,  0.35,  5e-2];
    for i=2:M
        Emat(i,1:4)=Emat(1,1:4);
    end
    KS=SstiffM2d3n(Nxy,Enod,Emat)
    EP=[7,8,1,3.5e3
        7,6,2,-(2+2/3)*1e3
        7,9,2,-(2+4/3)*1e3
        5,3,2,-2/3*1e3
        5,6,2,-4/3*1e3];
    [N,M]=size(Nxy)
    SP=SloadA2d3n(EP,N)
    cons=[1,1,0;
        1,2,0;
        4,2,0;
        7,2,0];
    [Ndsp,Rfoc]=SloveS2d3n(KS,SP,cons)
    [Estrain,Estress]=EstssM2d3n(Nxy,Enod,Emat,Ndsp)
    [Nstrain,Nstress]=NstssM2d3n(Nxy,Enod,Estrain,Estress)
```

运行上述 MATLAB 程序，得到结点应变矩阵为：

Estrain

8x4 double

	1	2	3	4
1	1	6.0122e-07	-2.3735e-07	9.0427e-07
2	2	2.8651e-07	-5.2187e-07	2.7126e-07
3	3	2.8651e-07	-2.4176e-07	1.9870e-07
4	4	5.6181e-07	-5.6434e-07	1.1198e-07
5	5	2.8362e-07	-5.6434e-07	-4.7087e-08
6	6	3.7324e-07	-5.2187e-07	4.8465e-07
7	7	3.6380e-07	-7.1308e-07	-2.6359e-07
8	8	5.6181e-07	-9.1688e-07	4.3982e-07

得到结点应力矩阵为：

	1	2	3	4
Estress ×				
8x4 double				
1	1	1.0629e+05	-5.5229e+03	6.0285e+04
2	2	2.1303e+04	-8.6480e+04	1.8084e+04
3	3	4.1414e+04	-2.9021e+04	1.3247e+04
4	4	7.4726e+04	-7.5426e+04	7.4652e+03
5	5	1.7662e+04	-9.5399e+04	-3.1391e+03
6	6	3.9095e+04	-8.0253e+04	3.2310e+04
7	7	2.3430e+04	-1.2015e+05	-1.7573e+04
8	8	4.9415e+04	-1.4774e+05	2.9321e+04

8.5.4 函数 NstssM2d3n 源码

平面 3 结点三角形单元的结点应变应力函数 NstssM2d3n，主要功能是计算各结点的 3 个应力分量和 3 个应力分量，其具体内容如下。

```
function [Nstrain,Nstress]=NstssM2d3n(Nxy,Enod,Estrain,Estress)
% function to calculate the strain and stress of nodes
m=size(Enod,1);
n=size(Nxy,1);
Nstrain(1:n,1)=1:n;
Nstrain(1:n,2:5)=0;
Nstress(1:n,1)=1:n;
Nstress(1:n,2:5)=0;
for i=1:m
    k=Enod(i,2:4);
    Nstrain(k,2:4)=Nstrain(k,2:4)+Estrain(i,2:4);
    Nstress(k,2:4)=Nstress(k,2:4)+Estress(i,2:4);
    Nstrain(k,5)=Nstrain(k,5)+1;
    Nstress(k,5)=Nstress(k,5)+1;
end
Nstrain(:,2:4)= Nstrain(:,2:4)./ Nstrain(:,5);
Nstress(:,2:4)= Nstress(:,2:4)./ Nstress(:,5);
Nstrain(:,5)=[];
Nstress(:,5)=[];
```

代码下载

8.6 后处理

8.6.1 变形图函数

为绘制平面 3 结点三角形单元离散结构的变形图,编写 MATLAB 函数

$$\text{pltdfm2d3n(Enod,Nxy,Ndsp,enlarge)} \tag{8-10}$$

其输入变量说明,在表 8-10 中给出。

表 8-10   函数 pltdfm2d3n 的输入变量

输入变量	Enod	M(单元总数)4 列矩阵,第 1 列为单元编号,第 2、3、4 列为单元包含结点的结点编号
	Nxy	N(结点总数)3 列矩阵,第 2、3 列分别为结点的横、纵坐标的值
	Ndsp	N(结点总数)3 列矩阵,第 2、3 列分别为结点的水平、数值位移分量的值
	enlarge	实数,变形放大因子

【例 8-10】 绘制例 8-5 图(a)所示弹性平面结构对应的离散结构例 8-5 图(b)的变形图。

【解】 编写如下 MATLAB 程序:

代码下载

```
clear;clc;
x12=[0,2];
y12=[0,1.5];
[Nxy,Enod]=mesh2d3n(x12,y12,3,3);
axis([-0.2,2.2,-0.2,1.7])
[M,N]=size(Enod)
Emat(1,1:4)=[1,180e9,  0.35,  5e-2];
for i=2:M
    Emat(i,1:4)=Emat(1,1:4);
end
KS=SstiffM2d3n(Nxy,Enod,Emat)
EP=[7,8,1,3.5e3
    7,6,2,-(2+2/3)*1e3
    7,9,2,-(2+4/3)*1e3
    5,3,2,-2/3*1e3
    5,6,2,-4/3*1e3];
[N,M]=size(Nxy)
SP=SloadA2d3n(EP,N)
cons=[1,1,0;
    1,2,0;
    4,2,0;
```

```
          7,2,0]
     [Ndsp,Rfoc]=SloveS2d3n(KS,SP,cons)
     Nvar(:,1:2)=Ndsp(:,1:2)
     enlarge=1e5;
     pltdfm2d3n(Enod,Nxy,Ndsp,enlarge)
```

运行上述 MATLAB 程序,得到例 8-10 图所示的离散结构的变形图。

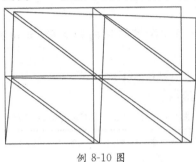

例 8-10 图

8.6.2 函数 pltdfm2d3n 源码

平面 3 结点三角形单元的离散结构变形图函数 pltdfm2d3n,主要功能是绘制平面 3 结点三角形单元离散结构的变形图,具体内容如下。

```
function pltdfm2d3n(Enod,Nxy,Ndsp,enlarge)
    % function to plot displacement contour figure
    % Nxy(N,3)——; Enod(M,5)——; Evar(M,2); Nvar(N,2)
    figure
    hold on
    axis equal
    axis off
    m=size(Enod,1)
    for i=1:m
        k=Enod(i,2:4)
        x=Nxy(k,2)
        y=Nxy(k,3)
        x=[x;x(1)];
        y=[y;y(1)];
        plot(x,y,'k')
    end
    for i=1:m
        k=Enod(i,2:4)
        x=Nxy(k,2)+enlarge * Ndsp(k,2);
        y=Nxy(k,3)+enlarge * Ndsp(k,3);
```

代码下载

```
            x=[x;x(1)];
            y=[y;y(1)];
            plot(x,y,'r')
        end
    end
```

8.6.3 场变量云图函数

为绘制平面 3 结点三角形单元离散结构的场变量（如位移、应变、应力等）云图，编写 MATLAB 函数

$$\text{pltvc2d3n}(\text{Enod},\text{Nxy},\text{Nvar}) \tag{8-11}$$

其输入变量说明，在表 8-11 中给出。

表 8-11　函数 pltvc2d3n 的输入变量

输入变量	Enod	M（单元总数）行 4 列矩阵，第 1 列为单元编号，第 2、3、4 列为单元包含结点的结点编号
	Nxy	N（结点总数）行 3 列矩阵，第 1 列为结点编号，第 2、3 列为结点的横、纵坐标
	Nvar	N（结点总数）行 2 列矩阵，第 1 列为结点编号，第 2 列为场变量在结点的值

【例 8-11】　绘制例 8-5 图（a）所示弹性平面结构对应的离散结构例 8-5 图（b）的结点水平位移云图。

【解】　编写如下 MATLAB 程序：

代码下载

```
clear;clc;
    x12=[0,2];
    y12=[0,1.5];
    [Nxy,Enod]=mesh2d3n(x12,y12,3,3);
    axis([-0.2,2.2,-0.2,1.7])
    [M,N]=size(Enod)
    Emat(1,1:4)=[1,180e9,  0.35,  5e-2];
    for i=2:M
        Emat(i,1:4)=Emat(1,1:4);
    end
    KS=SstiffM2d3n(Nxy,Enod,Emat)
    EP=[7,8,1,3.5e3
        7,6,2,-(2+2/3)*1e3
        7,9,2,-(2+4/3)*1e3
        5,3,2,-2/3*1e3
        5,6,2,-4/3*1e3];
```

```
[N,M]=size(Nxy)
SP=SloadA2d3n(EP,N)
cons=[1,1,0;
      1,2,0;
      4,2,0;
      7,2,0]
[Ndsp,Rfoc]=SloveS2d3n(KS,SP,cons)
Nvar(:,1:2)=Ndsp(:,1:2)
pltvc2d3n(Enod,Nxy,Nvar)
```

运行上述 MATLAB 程序,得到例 8-11 图所示水平位移云图。

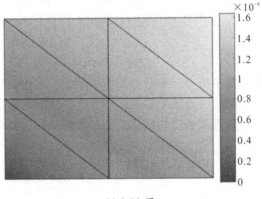

例 8-11 图

8.6.4 函数 pltdc2d3n 源码

平面 3 结点三角形单元的离散结构的场变量云图函数 pltvc2d3n,主要功能是绘制平面 3 结点三角形单元离散结构的位移、应变、应力等场变量云图,具体内容如下。

代码下载

```
function pltvc2d3n(Enod,Nxy,Nvar)
% function to plot field variable contour figure for element with 3 nodes
figure
hold on
axis equal
axis off
m=size(Enod,1)
for i=1:m
    k=Enod(i,2:4)
    x=Nxy(k,2)
    y=Nxy(k,3)
    c=Nvar(k,2)    %
    fill(x,y,c)
end
```

```
colorbar('location','eastoutside')
end
```

第 8 章习题

习题 8-1　利用三角形单元有限元法计算习题 8-1 图所示简支梁的位移场和应力场,并讨论网格密度对计算结果的影响。

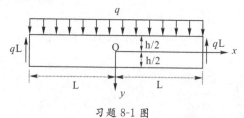

习题 8-1 图

习题 8-2　编写计算平面 6 结点三角形单元的形函数矩阵的通用 MATLAB 函数。

习题 8-3　编写计算平面 6 结点三角形单元的应变矩阵的通用 MATLAB 函数。

习题 8-4　编写计算平面 6 结点三角形单元的刚度矩阵的通用 MATLAB 函数。

第9章 平面4结点四边形等参元的程序设计

9.1 前处理

9.1.1 四边形网格离散

为了对平面区域进行四边形网格划分,编制 MATLAB 函数

$$\text{function } [Nxy, Enod] = \text{mesh2d4n}(P4, xen, yen) \tag{9-1}$$

其输入输出变量说明,在表 9-1 中给出。

表 9-1 函数 mesh2d4n 的输入输出变量

输入变量	P4	4 行 2 列矩阵,平面区域的 4 个角点坐标值
	xen	整数,横向单元数目
	yen	整数,纵向单元数目
输出变量	Nxy	N(结点总数)行 3 列矩阵,第 1 列为结点编号,第 2、3 为结点的横、纵坐标
	Enod	M(单元总数)行 5 列矩阵,第 1 列为单元编号,第 2、3、4、5 为单元 4 个结点的结点编号

【例 9-1】 例 9-1 图(a)所示平面四边形区域的 4 个角点坐标为 1(0,0)、2(11,0)、3(10,11)、4(1,10)。试利用函数 mesh2d4n 对该区域进行四边形网格划分。

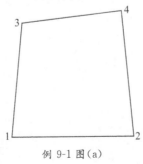

例 9-1 图(a)

【解】 编写如下 MATLAB 程序:

```
clear;clc;
P4=[0,0; 11,0; 10,11; 1,10]
xen=6
yen=6
[Nxy,Enod]=mesh2d4n(P4,xen,yen)
```

运行上述 MATLAB 程序,得到例 9-1 图(b)所示的平面区域的四边形网格离散图。

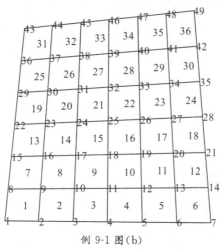

例 9-1 图(b)

9.1.2 函数 mesh2d4n 源码

平面 4 结点四边形等参元网格离散函数 mesh2d4n 的源代码如下。

```
function [Nxy,Enod]=mesh2d4n(P4,xen,yen)
% function to mesh 2-D plane to 4-node elements
% P4(4,2)——coordinate matrix of corner points
% xen——element number in direction x
% yen——element number in direxction y
xn=xen+1;
yn=yen+1;
XI=linspace(-1,1,xn);
ETA=linspace(-1,1,yn);
[X,Y]=meshgrid(XI,ETA);
%-----coordinate of node-----
for i=1:yn
    for j=1:xn
        k=(i-1)*xn+j;
        NXE(k,1)=X(i,j);
        NXE(k,2)=Y(i,j);
    end
```

```
end
n＝xn * yn;
Nxy(:,1)＝1:n;
for i＝1:n
    xi＝NXE(i,1);
    eta＝NXE(i,2);
    n1＝(1－xi) * (1－eta)/4.0;
    n2＝(1＋xi) * (1－eta)/4.0;
    n3＝(1＋xi) * (1＋eta)/4.0;
    n4＝(1－xi) * (1＋eta)/4.0;
    Nxy(i,2)＝n1 * P4(1,1)＋n2 * P4(2,1)＋n3 * P4(3,1)＋n4 * P4(4,1);
    Nxy(i,3)＝n1 * P4(1,2)＋n2 * P4(2,2)＋n3 * P4(3,2)＋n4 * P4(4,2);
end
%－－－－－nodes in element－－－－－
for i＝1:yn－1
    for j＝1:xn－1
        k＝(i－1) * (xn－1)＋j;
        Enod(k,:)＝[k,(i－1) * xn＋j,(i－1) * xn＋j＋1,i * xn＋j＋1,i * xn＋j];
    end
end
%－－－－plot mesh and label node and element－－－－
figure
axis equal
axis off
hold on
k＝size(Enod,1);
for i＝1:k
    II＝Enod(i,2:5);
    fill(Nxy(II,2),Nxy(II,3),'w')%绘制单元
    hold on
    xc＝mean(Nxy(II,2));
    yc＝mean(Nxy(II,3));
    h＝text(xc,yc,num2str(i));%标注单元编号
    set(h,'color','b');
    set(h,'fontsize',12)
end
k＝size(Nxy,1);
for i＝1:k
```

```
        h＝text(Nxy(i,2),Nxy(i,3),num2str(i));％标注结点号
        set(h,'color','r')
        set(h,'fontsize',12)
    end
end
```

9.2 单元应变矩阵的计算

9.2.1 形函数计算函数

$$\left.\begin{array}{l} x=N_1 x_1 + N_2 x_2 + N_3 x_3 + N_4 x_4 \\ y=N_1 y_1 + N_2 y_2 + N_3 y_3 + N_4 y_4 \end{array}\right\}$$

$$\mathbf{J}=\frac{\partial(x,y)}{\partial(\xi,\eta)}=\begin{bmatrix} \dfrac{\partial x}{\partial \xi} & \dfrac{\partial y}{\partial \xi} \\ \dfrac{\partial x}{\partial \eta} & \dfrac{\partial y}{\partial \eta} \end{bmatrix}=\begin{bmatrix} \dfrac{\partial N_1}{\partial \xi} & \dfrac{\partial N_2}{\partial \xi} & \dfrac{\partial N_3}{\partial \xi} & \dfrac{\partial N_4}{\partial \xi} \\ \dfrac{\partial N_1}{\partial \eta} & \dfrac{\partial N_2}{\partial \eta} & \dfrac{\partial N_3}{\partial \eta} & \dfrac{\partial N_4}{\partial \eta} \end{bmatrix}\begin{bmatrix} x_1 & y_1 \\ x_2 & y_2 \\ x_3 & y_3 \\ x_4 & y_4 \end{bmatrix}$$

在等参元的有限元分析计算中，经常用到形函数及形函数的偏导数，因此有必要编写一个计算形函数及形函数偏导数的功能函数。

为计算平面4结点四边形等参元的形函数及其偏导数，编写MATLAB函数

$$\text{function }[\text{SHP},\text{DSHP}]=\text{shape\_2d4n}(\text{xi},\text{eta}) \tag{9-2}$$

其输入输出变量说明，在表9-2中给出。

表 9-2 函数 shape_2d4n 的输入输出变量

输入变量	xi	实数，局部坐标 ξ
	eta	实数，局部坐标 η
输出坐标	SHP	1行4列矩阵，形函数 N_1、N_2、N_3、N_4 的值
	DSHP	2行4列矩阵，(a)中的形函数偏导数矩阵

【例9-2】 计算平面4结点四边形等参元，局部坐标(0.2,0.2)对应的形函数和形函数偏导数矩阵。

【解】 编写如下MATLAB程序：

```
clear;
clc;
xi＝0.2;
eta＝0.2;
[SHP,DSHP]＝shape_2d4n(xi,eta)
```

运行上述MATLAB程序，得到局部坐标(0.2,0.2)对应的4个形函数的值为：

SHP			
1x4 double			
	1	2	3	4
1	0.1600	0.2400	0.3600	0.2400

得到局部坐标(0.2,0.2)对应的形函数偏导数矩阵为：

DSHP			
2x4 double			
	1	2	3	4
1	-0.2000	0.2000	0.3000	-0.3000
2	-0.2000	-0.3000	0.3000	0.2000

9.2.2　函数 shape_2d4n 源码

平面 4 结点等参元形函数导数矩阵函数 shape_2d4n 如下：

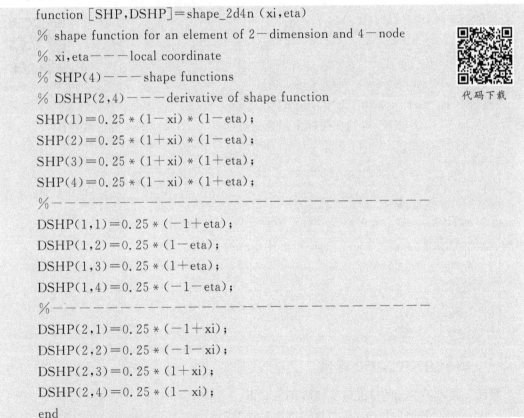

```
function [SHP,DSHP]=shape_2d4n (xi,eta)
% shape function for an element of 2-dimension and 4-node
% xi,eta---local coordinate
% SHP(4)---shape functions
% DSHP(2,4)---derivative of shape function
SHP(1)=0.25*(1-xi)*(1-eta);
SHP(2)=0.25*(1+xi)*(1-eta);
SHP(3)=0.25*(1+xi)*(1+eta);
SHP(4)=0.25*(1-xi)*(1+eta);
%-------------------------------------------------
DSHP(1,1)=0.25*(-1+eta);
DSHP(1,2)=0.25*(1-eta);
DSHP(1,3)=0.25*(1+eta);
DSHP(1,4)=0.25*(-1-eta);
%-------------------------------------------------
DSHP(2,1)=0.25*(-1+xi);
DSHP(2,2)=0.25*(-1-xi);
DSHP(2,3)=0.25*(1+xi);
DSHP(2,4)=0.25*(1-xi);
end
```

代码下载

9.2.3　单元应变矩阵函数

为计算平面 4 结点等参元的单元应变矩阵函数

$$\text{function [B,JCB]=geom\_2d4n(ENC,DSHP,xi,eta)} \tag{9-3}$$

其输入、输出变量说明,在表 9-3 中给出。

表 9-3　函数 geom_2d4n 的输入输出变量

	变量	说明
输入变量	ENC	4 行 2 列矩阵,第 1、2 列分别为单元结点的横、纵坐标
	DSHP	2 行 4 列矩阵,形函数偏导数矩阵
	xi	实数,局部坐标系内点的横坐标
	eta	实数,局部坐标系内点的纵坐标
输出变量	B	3 行 8 列矩阵,4 结点四边形等参元的单元应变矩阵在点(xi,eta)的值
	JCB	2 行 2 列矩阵,4 结点四边形等参元的雅可比矩阵在点(xi,eta)的值

【例 9-3】　某平面 4 结点等参元在整体坐标系内的结点坐标为 $(0,0)$、$(11,0)$、$(10,11)$ 和 $(1,10)$。求该单元在局部坐标系内点 $(0.2,0.2)$ 对应的单元应变矩阵和雅可比矩阵。

【解】　编写如下 MATLAB 程序:

```
clear;clc;
ENC=[0,0; 11,0; 10,11; 1,10]
xi=0.2;
eta=0.2;
[SHP,DSHP]=shape_2d4n(xi,eta)
[B,JCB]=geom_2d4n(ENC,DSHP,xi,eta)
```

代码下载

运行上述 MATLAB 程序,得到在局部坐标系内点 $(0.2,0.2)$ 对应的单元应变矩阵为:

B	3x8 double							
	1	2	3	4	5	6	7	8
1	-0.0385	0	0.0442	0	0.0577	0	-0.0635	0
2	0	-0.0385	0	-0.0558	0	0.0577	0	0.0365
3	-0.0385	-0.0385	-0.0558	0.0442	0.0577	0.0577	0.0365	-0.0635

得到在局部坐标系内点 $(0.2,0.2)$ 对应雅可比矩阵为:

JCB	2x2 double	
	1	2
1	4.9000	0.3000
2	-0.1000	5.3000

9.2.4　函数 geom_2d4n 源码

平面 4 结点等参元的单元应变矩阵函数如下:

```
function [B,JCB]=geom_2d4n(ENC,DSHP,xi,eta)
% geometric matrix for an element of 2-dimension and 4-node
% ENC(4,2)---element node coordinate
% DSHP(2,4)---derivative matrix of shape function
% xi,eta---local coordinate
% B---element geometric matrix
% JCB(2,2)---Jacobian matrix
```

代码下载

```
[SHP,DSHP]=shape_2d4n(xi,eta)
JCB=DSHP * ENC;
IJCB=inv(JCB);
DSHPG=IJCB * DSHP;
B1=[DSHPG(1,1),0;0,DSHPG(2,1);DSHPG(2,1),DSHPG(1,1)];
B2=[DSHPG(1,2),0;0,DSHPG(2,2);DSHPG(2,2),DSHPG(1,2)];
B3=[DSHPG(1,3),0;0,DSHPG(2,3);DSHPG(2,3),DSHPG(1,3)];
B4=[DSHPG(1,4),0;0,DSHPG(2,4);DSHPG(2,4),DSHPG(1,4)];
B=[B1,B2,B3,B4];
end
```

9.3　单元刚度矩阵的计算

9.3.1　高斯积分参数

在计算单元刚度矩阵时要用到高斯积分,为便于引用高斯积分的积分点坐标和权系数等参数,编制一个确定高斯积分参数的 MATLAB 函数

$$\text{function } [\,P,W\,]=\text{gauspw}(\,n\,) \tag{9-4}$$

其输入、输出变量的说明,在表 9-4 中给出。

表 9-4　函数 gauspw 的输入输出变量

输入变量	n	整数,积分点个数
输出变量	P	实数,积分点坐标
	W	实数,权系数

【例 9-4】　给出取 2、3、4 个积分点时的积分点坐标和对应的权系数。

【解】　编写如下 MATLAB 程序:

```
clear;
clc;
[P2,W2]=gauspw(2)
[P3,W3]=gauspw(3)
[P4,W4]=gauspw(4)
```

代码下载

运行上述 MATLAB 程序,得到取 2 个积分点时的积分点坐标和权系数分别为:

	1	2
1	-0.5774	0.5774

P2　1x2 double

和

	1	2
1	1	1

W2 ✕
1x2 double

得到取 3 个积分点时的积分点坐标和权系数分别为：

P3 ✕
1x3 double

	1	2	3
1	-0.7746	0	0.7746

和

W3 ✕
1x3 double

	1	2	3
1	0.5556	0.8889	0.5556

得到取 3 个积分点时的积分点坐标和权系数分别为：

P4 ✕
1x4 double

	1	2	3	4
1	-0.8611	-0.3400	0.3400	0.8611

和

W4 ✕
1x4 double

	1	2	3	4
1	0.3479	0.6521	0.6521	0.3479

9.3.2 函数 gauspw 源码

确定高斯积分的积分点坐标和权系数函数 gauspw 的具体内容如下。

```
function [ P,W ]=gauspw( n )
% function to set up gauss integration point and its weight coefficient
% n————number of gauss integration point
% P(n)————coordinate of gauss integration point
% W(n)————weight coefficient
switch n
    case 2
        P(1)=-0.577350269189626;
        P(2)=0.577350269189626;
        W(1)=1.0;
        W(2)=1.0;
    case 3
        P(1)=-0.774596669241483;
```

代码下载

```
        P(2)=0;
        P(3)=0.774596669241483;
        %———————————————————————————
        W(1)=0.555555555555556;
        W(2)=0.888888888888889;
        W(3)=W(1);
case 4
        P(1)=-0.861136311594053;
        P(2)=-0.339981043584856;
        P(3)=-P(2);
        P(4)=-P(1);
        %———————————————————————————
        W(1)=0.347854845137454;
        W(2)=0.652145154862546;
        W(3)=W(2);
        W(4)=W(1);
case 5
        P(1)=-0.906179845938664;
        P(2)=-0.538469310105683;
        P(3)=0.0;
        P(4)=-P(2);
        P(5)=-P(1);
        %———————————————————————————
        W(1)=0.236926885056189;
        W(2)=0.478628670499366;
        W(3)=0.568888888888889;
        W(4)=W(2);
        W(5)=W(1);
case 6
        P(1)=-0.932469514203151;
        P(2)=-0.661209386466265;
        P(3)=-0.238619186083197;
        P(4)=-P(3);
        P(5)=-P(2);
        P(6)=-P(1);
        %———————————————————————————
        W(1)=0.171324492379170;
        W(2)=0.360761573048139;
```

```
        W(3)=0.467913934572691;
        W(4)=W(3);
        W(5)=W(2);
        W(6)=W(1);
    case 7
        P(1)=-0.949107912342759;
        P(2)=-0.741531185599394;
        P(3)=-0.450845151377397;
        P(4)=0.0;
        P(5)=-P(3);
        P(6)=-P(2);
        P(7)=-P(1);
        %----------------------------------------
        W(1)=0.129484966168870;
        W(2)=0.279705391489277;
        W(3)=0.381830050505119;
        W(4)=0.417959183673469;
        W(5)=W(3);
        W(6)=W(2);
        W(7)=W(1);
    case 8
        P(1)=-0.9602898564975363;
        P(2)=-0.7966664774136268;
        P(3)=-0.525532409916329;
        P(4)=-0.1834346424956498;
        P(5)= 0.1834346424956498;
        P(6)= 0.525532409916329;
        P(7)= 0.7966664774136268;
        P(8)= 0.9602898564975363;
        %----------------------------------------
        W(1)= 0.1012285362903768;
        W(2)= 0.2223810344533745;
        W(3)= 0.3137066458778874;
        W(4)= 0.362683783378362;
        W(5)= 0.362683783378362;
        W(6)= 0.3137066458778874;
        W(7)= 0.2223810344533745;
        W(8)= 0.1012285362903768;
```

```
case 16
        P(1)=-0.9894009349916499;
        P(2)=-0.9445750230732326;
        P(3)=-0.8656312023878318;
        P(4)=-0.755404408355003;
        P(5)=-0.6178762444026438;
        P(6)=-0.4580167776572274;
        P(7)=-0.2816035507792589;
        P(8)=-0.09501250983763744;
        P(9)= 0.09501250983763744;
        P(10)=0.2816035507792589;
        P(11)=0.4580167776572274;
        P(12)=0.6178762444026438;
        P(13)=0.755404408355003;
        P(14)=0.8656312023878318;
        P(15)=0.9445750230732326;
        P(16)=0.9894009349916499;
        %———————————————————————————————
        W(1)=0.02715245941175406;
        W(2)=0.06225352393864778;
        W(3)=0.0951585116824929;
        W(4)=0.1246289712555339;
        W(5)=0.1495959888165768;
        W(6)=0.1691565193950026;
        W(7)=0.1826034150449236;
        W(8)=0.1894506104550685;
        W(9)=0.1894506104550685;
        W(10)=0.1826034150449236;
        W(11)=0.1691565193950026;
        W(12)=0.1495959888165768;
        W(13)=0.1246289712555339;
        W(14)=0.0951585116824929;
        W(15)=0.06225352393864778;
        W(16)=0.02715245941175406;
    end
end
```

9.3.3 单元刚度矩阵函数

为计算平面 4 结点等参元的单元刚度矩阵，编写 MATLAB 函数

EK=estiffm_2d4n(ENC,D,t,ngs) (9-5)

其输入、输出变量说明，在表 9-5 中给出。

表 9-5 函数 estiffm_2d4n 的输入输出变量

输入变量	ENC	4 行 2 列矩阵，第 1、2 分别为单元结点的横、纵坐标的值
	D	3 行 3 列矩阵，弹性矩阵
	t	实数，单元厚度
	ngs	整数，横向(纵向)积分点个数
输出变量	EK	8 行 8 列矩阵，单元刚度矩阵

【例 9-5】 已某四边形等参元的结点坐标分别为[0,0; 11,0; 10,11; 1,10]，弹性模量为 100Gpa、泊松比为 0.25、单元厚度为 2cm。求该单元的单元刚度矩阵。

【解】 编写如下 MATLAB 程序：

```
clear;clc;
E=100e9;    % 单位 Pa
mu=0.25;
t=1e-2;     % 单位 m
D=[1,mu,0; mu,1,0; 0,0,(1-mu)/2];
D=E/(1-mu * mu) * D;    %弹性矩阵
ngs=2;
ENC=[0,0; 11,0; 10,11; 1,10]
EK=estiffm_2d4n( ENC,D,t,ngs )
```

代码下载

运行上述 MATLAB 程序，得到单元刚度矩阵为：

EK

8x8 double

	1	2	3	4	5	6	7	8
1	4.6336e+08	1.5614e+08	-2.8573e+08	-3.8967e+07	-2.2363e+08	-1.6158e+08	4.5997e+07	4.4400e+07
2	1.5614e+08	4.5829e+08	2.7700e+07	5.2126e+07	-1.6158e+08	-2.2922e+08	-2.2266e+07	-2.8119e+08
3	-2.8573e+08	2.7700e+07	4.9296e+08	-1.7665e+08	7.2367e+07	-2.2864e+07	-2.7960e+08	1.7182e+08
4	-3.8967e+07	5.2126e+07	-1.7665e+08	4.5561e+08	4.3803e+07	-2.5599e+08	1.7182e+08	-2.5174e+08
5	-2.2363e+08	-1.6158e+08	7.2367e+07	4.3803e+07	4.8734e+08	1.5560e+08	-3.3607e+08	-3.7826e+07
6	-1.6158e+08	-2.2922e+08	-2.2864e+07	-2.5599e+08	1.5560e+08	4.8119e+08	2.8841e+07	4.0224e+06
7	4.5997e+07	-2.2266e+07	-2.7960e+08	1.7182e+08	-3.3607e+08	2.8841e+07	5.6968e+08	-1.7839e+08
8	4.4400e+07	-2.8119e+08	1.7182e+08	-2.5174e+08	-3.7826e+07	4.0224e+06	-1.7839e+08	5.2891e+08

9.3.4 函数 estiffm_2d4n 源码

平面 4 结点四边形等参元的单元刚度矩阵函数 estiffm_2d4n 的具体内容如下。

```
function EK=estiffm_2d4n( ENC,D,t,ngs )
% element stiffness matrix of 2-dimension and 4-node
% ENC(4,2)———element node coordinate
% t—————thickness of element
% D————elastic matrix for 2-dimension
% ngs———number of gausss intigrate point
% EK(2*4,2*4)———element stiffness matrix
EK=zeros(2*4,2*4);
[ GSP,GSW ]=gauspw( ngs );
for i=1:ngs
    for j=1:ngs
        xi=GSP(i);
        eta=GSP(j);
        wi=GSW(i);
        wj=GSW(j);
        [SHP,DSHP]=shape_2d4n (xi,eta);
        [B,JCB]=geom_2d4n( ENC,DSHP,xi,eta );
        EK=EK+B'*D*B*det(JCB)*wi*wj;
    end
end
EK=t*EK;
end
```

9.4　离散结构刚度矩阵

9.4.1 整体刚度矩阵函数

为计算平面 4 结点四边形等参元离散结构的整体刚度矩阵,编写 MATLAB 函数

$$GK=gstiffm\_2d4n(Nxy,Enod,Emat)\tag{9-6}$$

其输入、输出变量说明,在表 9-6 中给出。

表 9-6　函数 **gstiffm_2d4n** 的输入输出变量

输入变量	Nxy	N(结点总数)行、3 列矩阵,第 1 列为结点编号,第 2、3 列分别为结点横、纵坐标的值
	Enod	M(单元总数)行、5 列矩阵,第 1 列为单元编号,第 2、3、4、5 为单元包含结点的结点编号
	Emat	M(单元总数)行、4 列矩阵,第 1 列为单元编号,第 2、3、4 分别为单元的弹性模量、泊松比和厚度
输出变量	GK	2N 行 2N 列矩阵,离散结构的整体刚度矩阵

【例 9-6】 例 9-6 图(a)所示弹性平面结构的板厚为 1mm,弹性模量为 100Gpa,泊松比为 0.25。对该结构进行四边形网格离散,并计算整体刚度矩阵。

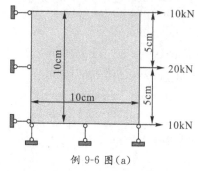

例 9-6 图(a)

【解】 编写如下 MATLAB 程序:

代码下载

```
clear;clc;
P4=1e-2*[0,0;10,0;10,10;0,10];
[Nxy,Enod]=mesh2d4n(P4,2,2)
E=100e9;      % 单位 Pa
mu=0.25;
t=1e-3;       % 单位 m
n=size(Enod,1);
for i=1:n
    Emat(i,1:4)=[i,E,mu,t]
end
GK=gstiffm_2d4n(Nxy,Enod,Emat)
```

运行上述 MATLAB 程序,得到四边形有限元离散结构如例图 9-6(b)所示:

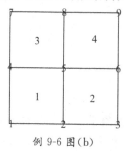

例 9-6 图(b)

得到离散结构的整体刚度矩阵为:

9.4.2　函数 gstiffm_2d4n 源码

平面 4 结点四边形等参元离散结构的整体刚度矩阵函数 gstiffm_2d4n 的具体内容如下。

```
function GK=gstiffm_2d4n(NXY,ELEM,EMAT)
% function to assemble global stiffness matrix
% NXY———node coordinate matrix
% ELEM———element node number matrix
% EMAT———elemnt material matrix
% GK———global stiffness matrix
n=size(NXY,1);
GK=zeros(2*n,2*n);
n=size(ELEM,1);
for i=1:n
    E=EMAT(i,2);
    v=EMAT(i,3);
    t=EMAT(i,4);
    D=[1,v,0;v,1,0;0,0,(1-v)/2];
    D=E/(1-v*v)*D;
    NN=ELEM(i,2:end);
    ENC=[NXY(NN,2),NXY(NN,3)];
    EK=estiffm_2d4n( ENC,D,t,2 )   % 2——ngs
    for j=1:4    % 4—number of node in an element
        for k=1:4    % 4—number of node in an element
            jj=NN(j);
            kk=NN(k);
            GK(2*jj-1,2*kk-1)=GK(2*jj-1,2*kk-1)+EK(2*j-1,2*k-1);
            GK(2*jj-1,2*kk)=GK(2*jj-1,2*kk)+EK(2*j-1,2*k);
            GK(2*jj,2*kk-1)=GK(2*jj,2*kk-1)+EK(2*j,2*k-1);
            GK(2*jj,2*kk)=GK(2*jj,2*kk)+EK(2*j,2*k);
        end
    end
end
end
```

代码下载

9.5 结点位移和约束反力的求解

9.5.1 结构结点载荷列阵函数

为了计算平面 4 结点四边形等参元离散结构的整体结点载荷列阵,编写 MATLAB 函数

$$SP = SloadA2d4n(EP, N) \tag{9-7}$$

其输入、输出变量说明,在表 9-7 中给出。

表 9-7 函数 SloadA2d4n 的输入输出变量

输入变量	EP	en(单元载荷总数)行 4 列矩阵,第 1 列为单元编号、第 2 列为结点编号、第 3 列为结点力方向(1 代表 x 向;2 代表 y 向)、第 4 列为结点力大小
	N	整数,离散结构的结点总数
输出变量	SP	2N 行 1 列矩阵,离散结构的整体等效结点载荷列阵

【例 9-7】 计算例 9-6 图(a)所示弹性平面结构的离散结构,即例 9-6 图(b)所示离散结构的等效结点载荷列阵。

【解】 编写如下 MATLAB 程序:

代码下载

```
clear;clc;
P4=1e-2*[0,0;10,0;10,10;0,10];% 单位 m
[Nxy,Enod]=mesh2d4n(P4,2,2)
E=100e9;    % 单位 Pa
mu=0.25;
t=1e-3;    % 单位 m
n=size(Enod,1)
for i=1:n
    Emat(i,1:4)=[i,E,mu,t]
end
GK=gstiffm_2d4n(Nxy,Enod,Emat)
N=size(Nxy,1)
EP=[4,6,1,10e3;
    4,9,1,10e3;
    2,3,1,10e3;
    2,6,1,10e3];
SP=SloadA2d4n(EP,N)
```

得到离散结构的等效结点载荷列阵为:

	SP ×
	18x1 double
	1
1	0
2	0
3	0
4	0
5	10000
6	0
7	0
8	0
9	0
10	0
11	20000
12	0
13	0
14	0
15	0
16	0
17	10000
18	0

9.5.2　函数 SloadA2d4n 源码

生成平面 4 结点四边形等参元离散结构的整体结点载荷列阵函数的具体内容如下。

代码下载

```
function SP＝SloadA2d4n(EP,N)
% structure node load array function for element with 4 nodes
% EP＝[ele－i,nod－i,1(x) or 2(y),value ]——element node load
% SP(2N,1)——structure node load array;
% N——node number of structure
[n,m]＝size(EP);
SP(1:2＊N,1)＝0;
for i＝1:n
    sn＝2＊EP(i,2)＋EP(i,3)－2;
    SP(sn)＝SP(sn)＋EP(i,4);
end
```

9.5.3　结构方程求解函数

为了求解平面 4 结点四边形等参元离散结构中的结点位移和约束反力,编写 MATLAB
函数

$$[Ndsp,Rfoc]＝SloveS2d4n(KS,SP,cons) \tag{9-8}$$

其输入输出变量的说明,在表 9-8 中给出。

表 9-8　函数 SloveS2d4n 的输入输出变量

输入变量	KS	2N 行 2N 列矩阵,离散结构的整体刚度矩阵,N 为结点总数
	SP	2N 行 1 列矩阵,离散结构的整体结点载荷列阵,N 为结点总数
	cons	dn(位移约束个数)行 3 列矩阵,第 1 列为结点编号,第 2 列为结点编号,第 3 列为约束位移方向(x 向为 1,y 向为 2),第 4 列为约束位移的值
输出变量	Ndsp	N(结点总数)行 3 列矩阵,第 1 列为结点编号,第 2、3 列分别为基点的水平位移、数值位移分量的值
	Rfoc	dn(位移约束个数)行 3 列矩阵,第 1 列为结点编号,第 2 列为结点编号,第 3 列为约束反力方向(x 向为 1,y 向为 2),第 4 列为约束反力的值

【例 9-8】　计算例 9-6 图(a)所示弹性平面结构,即例 9-6 图(b)所示离散结构的结点位移和约束反力。

【解】　编写如下 MATLAB 程序:

```
clear;
clc;
P4=1e-2 * [0,0;10,0;10,10;0,10];
[Nxy,Enod]=mesh2d4n(P4,2,2)
E=100e9;      % 单位 Pa
mu=0.25;
t=1e-3;       % 单位 m
n=size(Enod,1)
for i=1:n
     Emat(i,1:4)=[i,E,mu,t]
end
GK=gstiffm_2d4n(Nxy,Enod,Emat)
N=size(Nxy,1)
EP=[4,6,1,10e3;
    4,9,1,10e3;
    2,3,1,10e3;
    2,6,1,10e3];
SP=SloadA2d4n(EP,N)
cons=[1,2,0;
    2,2,0;
    3,2,0;
    1,1,0;
    4,1,0;
    7,1,0];
[Ndsp,Rfoc]=SloveS2d4n(GK,SP,cons)
```

运行上述 MATLAB 程序,得到结点位移矩阵为:

Ndsp ×		
9x3 double		
	1	2	3
1	1	0	0
2	2	2.0000e-04	0
3	3	4.0000e-04	0
4	4	0	-5.0000e-05
5	5	2.0000e-04	-5.0000e-05
6	6	4.0000e-04	-5.0000e-05
7	7	0	-1.0000e-04
8	8	2.0000e-04	-1.0000e-04
9	9	4.0000e-04	-1.0000e-04

其中,第 1 列为结点编号,第 2、3 列分别为水平位移和竖直位移的值;得到约束反力矩阵为:

Rfoc ×		
6x3 double		
	1	2	3
1	1	2	-4.5475e-13
2	2	2	-9.0949e-13
3	3	2	0
4	1	1	-10000
5	4	1	-20000
6	7	1	-10000

其中,第 1 列为结点编号,第 2 列为约束反力方向,第 3 列为约束反力的值。

9.5.4 函数 SloveS2d4n 源码

平面 4 结点四边形等参元的结构求解函数 SloveS2d4n 的具体内容如下。

```
function [Ndsp,Rfoc]=SloveS2d4n(KS,SP,cons)
% structural stiffness equation solution function
% SK(2N,2N)——structural stiffness matrix
% SP(2N,1)——nodal load vector
% cons(nc,3)——node constraint matrix
% cons(i,3)——[node,1(x) or 2(y),value]
KS1=KS;
SP1=SP;
nc=size(cons,1);
for i=1:nc
    ii=cons(i,1);
    dr=cons(i,2);
    vu=cons(i,3);
    if dr==1
        dof=2*ii-1;
    else
```

代码下载

```
                    dof=2*ii;
            end
        if vu==0
            KS1(dof,:)=0;
            KS1(:,dof)=0;
            KS1(dof,dof)=1;
            SP1(dof,1)=0;
        else
            KS1(dof,dof)=1.0e9*KS1(dof,dof);
            SP1(dof,1)=KS1(dof,dof)*vu;
        end
    end
    NDSP1=KS1\SP1;
    for i=1:nc
        ii=cons(i,1);
        dr=cons(i,2);
        Rfoc(i,1)=ii;
        Rfoc(i,2)=dr;
        if dr==1
            dof=2*ii-1;
        else
            dof=2*ii;
        end
        Rfoc(i,3)=KS(dof,:)*NDSP1
    end
    nn=0.5*size(NDSP1,1);
    for i=1:nn
        Ndsp(i,1)=i;
        Ndsp(i,2)=NDSP1(2*i-1,1);
        Ndsp(i,3)=NDSP1(2*i,1);
    end
end
```

9.5.5 结点应力应变函数

为了求解平面 4 结点四边形等参元离散结构中的各结点的应力,编写 MATLAB 函数

$$[Nstrain, Nstress] = NstssM2d4n(Nxy, Enod, Emat, Ndsp) \tag{9-9}$$

其输入输出变量的说明,在表 9-9 中给出。

表 9-9　函数 NstssM2d4n 的输入输出变量

输入变量	Nxy	N(结点总数)行、3 列矩阵,第 1 列为结点编号,第 2、3 列分别为结点横、纵坐标的值
	Enod	M(单元总数)行、5 列矩阵,第 1 列为单元编号,第 2、3、4、5 为单元包含结点的结点编号
	Emat	M(单元总数)行、4 列矩阵,第 1 列为单元编号,第 2、3、4 分别为单元的弹性模量、泊松比和厚度
	Ndsp	N(结点总数)行 3 列矩阵,第 1 列为结点编号,第 2、3 列分别为基点的水平位移、数值位移分量的值
输出变量	Nstrain	N(结点总数)行 4 列矩阵,第 1 列为结点编号,第 2、3、4 列为结点应变分量
	Nstress	N(结点总数)行 4 列矩阵,第 1 列为结点编号,第 2、3、4 列为结点应力分量

【例 9-9】　计算例 9-2 图有限元离散结构的结点应力和结点应变。

【解】　编写如下 MATLAB 程序：

```
clear;clc;
P4=1e-2*[0,0;10,0;10,10;0,10];
[Nxy,Enod]=mesh2d4n(P4,2,2)
E=100e9;    % 单位 Pa
mu=0.25;
t=1e-3;     % 单位 m
n=size(Enod,1)
for i=1:n
    Emat(i,1:4)=[i,E,mu,t]
end
GK=gstiffm_2d4n(Nxy,Enod,Emat)
N=size(Nxy,1)
EP=[4,6,1,10e3;
    4,9,1,10e3;
    2,3,1,10e3;
    2,6,1,10e3];
SP=SloadA2d4n(EP,N)
cons=[1,2,0;
    2,2,0;
    3,2,0;
    1,1,0;
    4,1,0;
```

代码下载

```
        7,1,0];
    [Ndsp,Rfoc]=SloveS2d4n(GK,SP,cons)
    [Nstrain,Nstress]=NstssM2d4n(Nxy,Enod,Emat,Ndsp)
```

运行后,得到:

	Nstrain			
9x4 double				
	1	2	3	4
1	1	0.0040	-1.0000e-03	0
2	2	0.0040	-1.0000e-03	2.1684e-19
3	3	0.0040	-1.0000e-03	-2.1684e-19
4	4	0.0040	-1.0000e-03	-1.7618e-19
5	5	0.0040	-1.0000e-03	8.4703e-19
6	6	0.0040	-1.0000e-03	1.7618e-19
7	7	0.0040	-1.0000e-03	6.5052e-19
8	8	0.0040	-1.0000e-03	2.1955e-18
9	9	0.0040	-1.0000e-03	7.0473e-19

9.5.6　函数 NstssM2d4n 源码

计算平面 4 结点等参元结构中各结点的应力和应变的功能函数 NstssM2d4n 的具体内容如下:

```
function [Nstrain,Nstress]=NstssM2d4n(Nxy,Enod,Emat,Ndsp)
% function to calculate the strain and stress of nodes
m=size(Enod,1);
n=size(Nxy,1);
Nstrain(1:n,1)=1:n;
Nstrain(1:n,2:5)=0;
Nstress(1:n,1)=1:n;
Nstress(1:n,2:5)=0;
for i=1:m
    E=Emat(i,2);
    mu=Emat(i,3);
    D=[1,mu,0; mu,1,0; 0,0,(1-mu)/2];
    D=E/(1-mu*mu)*D;     %弹性矩阵
    k1=Enod(i,2);
    k2=Enod(i,3);
    k3=Enod(i,4);
    k4=Enod(i,5);
    ENC=[Nxy(k1,2),Nxy(k1,3);
        Nxy(k2,2),Nxy(k2,3);
        Nxy(k3,2),Nxy(k3,3);
        Nxy(k4,2),Nxy(k4,3)];
```

```
U=[Ndsp(k1,2);Ndsp(k1,3);
   Ndsp(k2,2);Ndsp(k2,3);
   Ndsp(k3,2);Ndsp(k3,3);
   Ndsp(k4,2);Ndsp(k4,3)];
xi=-1;      %—————node 1—————————
eta=-1;     %—————node 1—————————
[SHP,DSHP]=shape_2d4n (xi,eta)
[B,JCB]=geom_2d4n( ENC,DSHP,xi,eta )
strain=B*U
Nstrain(k1,2:4)= Nstrain(k1,2:4)+strain';
Nstrain(k1,5)=Nstrain(k1,5)+1;
stress=D*(B*U)
Nstress(k1,2:4)= Nstress(k1,2:4)+stress';
Nstress(k1,5)= Nstress(k1,5)+1;
xi=1;       %—————node 2—————————
eta=-1;     %—————node 2—————————
[SHP,DSHP]=shape_2d4n (xi,eta)
[B,JCB]=geom_2d4n( ENC,DSHP,xi,eta )
strain=B*U
Nstrain(k2,2:4)= Nstrain(k2,2:4)+strain';
Nstrain(k2,5)=Nstrain(k2,5)+1;
stress=D*(B*U)
Nstress(k2,2:4)= Nstress(k2,2:4)+stress';
Nstress(k2,5)= Nstress(k2,5)+1;
xi=1;       %—————node 3—————————
eta=1;      %—————node 3—————————
[SHP,DSHP]=shape_2d4n (xi,eta)
[B,JCB]=geom_2d4n( ENC,DSHP,xi,eta )
strain=B*U
Nstrain(k3,2:4)= Nstrain(k3,2:4)+strain';
Nstrain(k3,5)=Nstrain(k3,5)+1;
stress=D*(B*U)
Nstress(k3,2:4)= Nstress(k3,2:4)+stress';
Nstress(k3,5)= Nstress(k3,5)+1;
xi=-1;      %—————node 4—————————
eta=1;      %—————node 4—————————
[SHP,DSHP]=shape_2d4n (xi,eta)
[B,JCB]=geom_2d4n( ENC,DSHP,xi,eta )
```

```
            strain=B*U
            Nstrain(k4,2:4)=Nstrain(k4,2:4)+strain';
            Nstrain(k4,5)=Nstrain(k4,5)+1;
            stress=D*(B*U)
            Nstress(k4,2:4)=Nstress(k4,2:4)+stress';
            Nstress(k4,5)=Nstress(k4,5)+1;
        end
    Nstrain(:,2:4)=Nstrain(:,2:4)./Nstrain(:,5);
    Nstress(:,2:4)=Nstress(:,2:4)./Nstress(:,5);
    Nstrain(:,5)=[];
    Nstress(:,5)=[];
end
```

9.6 后处理

9.6.1 变形图函数

为了求解平面 4 结点四边形等参元离散结构中的各结点的应力,编写 MATLAB 功能函数

$$\text{pltdfm2d4n(Enod,Nxy,Ndsp,enlarge)} \qquad (9\text{-}10)$$

其输入变量的说明,在表 9-10 中给出。

表 9-10　函数 **pltdfm2d4n** 的输入变量

输入变量		
	Nxy	N(结点总数)行、3 列矩阵,第 1 列为结点编号,第 2、3 列分别为结点横、纵坐标的值
	Enod	M(单元总数)行、5 列矩阵,第 1 列为单元编号,第 2、3、4、5 为单元包含结点的结点编号
	Ndsp	N(结点总数)行 3 列矩阵,第 1 列为结点编号,第 2、3 列分别为基点的水平位移、数值位移分量的值
	enlarge	等于零的实数,变形放大因子

【例 9-10】　绘制例 9-6 图(b)有限元离散结构的变形图。

【解】　编写如下 MATLAB 程序:

```
clear;
clc;
P4=1e-2*[0,0;10,0;10,10;0,10];
[Nxy,Enod]=mesh2d4n(P4,2,2);
E=100e9;    % 单位 Pa
mu=0.25;
```

代码下载

```
t=1e-3;      % 单位 m
n=size(Enod,1)
for i=1:n
    Emat(i,1:4)=[i,E,mu,t]
end
GK=gstiffm_2d4n(Nxy,Enod,Emat)
N=size(Nxy,1)
EP=[4,6,1,10e3;
    4,9,1,10e3;
    2,3,1,10e3;
    2,6,1,10e3];
SP=SloadA2d4n(EP,N)
cons=[1,2,0;
    2,2,0;
    3,2,0;
    1,1,0;
    4,1,0;
    7,1,0];
[Ndsp,Rfoc]=SloveS2d4n(GK,SP,cons)
enlarge=30
pltdfm2d4n(Enod,Nxy,Ndsp,enlarge)
```

运行后,得到:

例 9-10 图

9.6.2　函数 pltdfm2d4n 源码

绘制平面 4 结点等参元离散结构变形图的功能函数 pltdfm2d4n 具体内容如下:

```
function pltdfm2d4n(Enod,Nxy,Ndsp,enlarge)
% function to plot displacement contour figure
% Nxy(N,3)——; Enod(M,5)——; Evar(M,2); Nvar(N,2)
figure
hold on
axis equal
```

代码下载

```
axis off
m＝size(Enod,1)
for i＝1:m
    k＝Enod(i,2:5)
    x＝Nxy(k,2)
    y＝Nxy(k,3)
    x＝[x;x(1)];
    y＝[y;y(1)];
    plot(x,y,'k')
end
for i＝1:m
    k＝Enod(i,2:5)
    x＝Nxy(k,2)＋enlarge * Ndsp(k,2);
    y＝Nxy(k,3)＋enlarge * Ndsp(k,3);
    x＝[x;x(1)];
    y＝[y;y(1)];
    plot(x,y,'r')
end
end
```

9.6.3 场变量云图函数

为了绘制平面 4 结点四边形等参元离散结构的场变量云图,,编写 MATLAB 功能函数

$$pltvc2d4n(Enod,Nxy,Nvar)$$

其输入变量的说明,在表 9-11 中给出。

表 9-11　函数 **pltvc2d4n** 的输入变量

输入变量	Nxy	N(结点总数)行、3 列矩阵,第 1 列为结点编号,第 2、3 列分别为结点横、纵坐标的值
	Enod	M(单元总数)行、5 列矩阵,第 1 列为单元编号,第 2、3、4、5 为单元包含结点的结点编号
	Nvar	N(结点总数)行 2 列矩阵,第 1 列为结点编号,第 2 为场变量的值

【例 9-11】　绘制图例 9-6 图(b)所示有限元离散结构的应变场云图。

【解】　编写如下 MATLAB 程序:

```
clear;
clc;
P4=1e-2 * [0,0;10,0;10,10;0,10];
[Nxy,Enod]=mesh2d4n(P4,2,2)
E=100e9;    % 单位 Pa
```

```
mu=0.25;
t=1e-3;      % 单位 m
n=size(Enod,1)
for i=1:n
    Emat(i,1:4)=[i,E,mu,t]
end
GK=gstiffm_2d4n(Nxy,Enod,Emat)
N=size(Nxy,1)
EP=[4,6,1,10e3;
    4,9,1,10e3;
    2,3,1,10e3;
    2,6,1,10e3];
SP=SloadA2d4n(EP,N)
cons=[1,2,0;
    2,2,0;
    3,2,0;
    1,1,0;
    4,1,0;
    7,1,0];
[Ndsp,Rfoc]=SloveS2d4n(GK,SP,cons)
[Nstrain,Nstress]=NstssM2d4n(Nxy,Enod,Emat,Ndsp)
pltvc2d4n(Enod,Nxy,Nstrain(:,1:2))
```

运行后,得到:

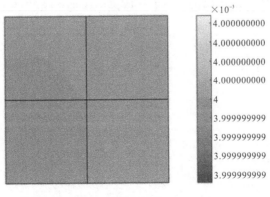

例 9-11 图

9.6.4　函数 pltvc2d4n 源码

绘制平面 4 结点四边形等参元离散结构场变量云图的功能函数 pltvc2d4n 的具体内容
如下:

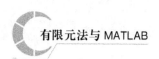

```
function pltvc2d4n(Enod,Nxy,Nvar)
% function to plot field variable contour figure for element with 4 nodes
figure
hold on
axis equal
axis off
m=size(Enod,1)
for i=1:m
    k=Enod(i,2:5)
    x=Nxy(k,2)
    y=Nxy(k,3)
    c=Nvar(k,2)    %
    fill(x,y,c)
end
colorbar('location','eastoutside')
end
```

第 9 章习题

习题 9-1　编写计算 8 结点四边形等参元形函数矩阵的 MATLAB 函数。
习题 9-2　编写计算 8 结点四边形等参元应变矩阵的 MATLAB 函数。
习题 9-3　编写计算 8 结点四边形等参元应力矩阵的 MATLAB 函数。
习题 9-4　编写计算 8 结点四边形等参元刚度矩阵的 MATLAB 函数。

第10章　平面8结点四边形等参元的程序设计

10.1　前处理

10.1.1　平面8结点四边形等参元网格离散函数

为了对平面区域进行8结点四边形等参元的网格离散,编写 MATLAB 函数

$$[\mathrm{Nxy},\mathrm{Enod}]=\mathrm{mesh2d8n}(\mathrm{P4},\mathrm{xen},\mathrm{yen}) \tag{10-1}$$

其输入输出参数说明,在表 10-1 中给出。

表 10-1　函数 **mesh2d8n** 的输入输出变量

	P4	4 行 2 列矩阵,平面区域的 4 个角点坐标
输入变量	xen	整数,横向单元数
	yen	整数,纵向单元数
输出变量	Nxy	N(结点总数)3 列矩阵,第 1 列为结点编号,第 2、3 列为结点的横、纵坐标的值
	Enod	M(单元总数)9 列矩阵,第 1 列为单元编号,第 2 至 9 列为单元包含结点的结点编号

【例 10-1】　例 10-1 图(a)所示平面区域 4 个角点坐标分别为(0,0)、(11,0)、(10,12)和(1,9)。对该区域进行 8 结点四边形等参元网格离散。

例 10-1 图(a)

【解】　编写如下 MATLAB 程序:

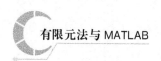

```
clear;
    clc;
    P4=[0,0; 11,0; 10,12; 1,9]
    xen=2;
    yen=2;
    [Nxy,Enod]=mesh2d8n(P4,xen,yen)
```

代码下载

运行上述 MATLAB 程序,得到图 10-1(b)所示的 8 结点四边形等参元网格离散图。

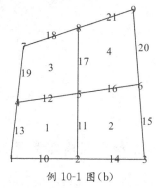

例 10-1 图(b)

得到的离散结构结点坐标矩阵为:

	1	2	3
1	1	0	0
2	2	5.5000	0
3	3	11	0
4	4	0.5000	4.5000
5	5	5.5000	5.2500
6	6	10.5000	6
7	7	1	9
8	8	5.5000	10.5000
9	9	10	12
10	10	2.7500	0
11	11	5.5000	2.6250
12	12	3	4.8750
13	13	0.2500	2.2500
14	14	8.2500	0
15	15	10.7500	3
16	16	8	5.6250
17	17	5.5000	7.8750
18	18	3.2500	9.7500
19	19	0.7500	6.7500
20	20	10.2500	9
21	21	7.7500	11.2500

Nxy 21x3 double

得到的离散结构的单元结点坐标矩阵为:

Enod 4x9 double

	1	2	3	4	5	6	7	8	9
1	1	1	2	5	4	10	11	12	13
2	2	2	3	6	5	14	15	16	11
3	3	4	5	8	7	12	17	18	19
4	4	5	6	9	8	16	20	21	17

10.1.2 函数 mesh2d8n 源码

```
function [Nxy,Enod]=mesh2d8n(P4,xen,yen)
% function to mesh 2-D plane to 4-node elements
% P4(4,2)——coordinate matrix of corner points
% xen——element number in direction x
% yen——element number in direxction y
xn=xen+1;
yn=yen+1;
XI=linspace(-1,1,xn);
ETA=linspace(-1,1,yn);
[X,Y]=meshgrid(XI,ETA);
%————coordinate of node————
for i=1:yn
    for j=1:xn
        k=(i-1)*xn+j;
        NXE(k,1)=X(i,j);
        NXE(k,2)=Y(i,j);
    end
end
n=xn*yn;
Nxy(:,1)=1:n;
for i=1:n
    xi=NXE(i,1);
    eta=NXE(i,2);
    n1=(1-xi)*(1-eta)/4.0;
    n2=(1+xi)*(1-eta)/4.0;
    n3=(1+xi)*(1+eta)/4.0;
    n4=(1-xi)*(1+eta)/4.0;
    Nxy(i,2)=n1*P4(1,1)+n2*P4(2,1)+n3*P4(3,1)+n4*P4(4,1);
    Nxy(i,3)=n1*P4(1,2)+n2*P4(2,2)+n3*P4(3,2)+n4*P4(4,2);
end
%————nodes in element————
for i=1:yn-1
    for j=1:xn-1
        k=(i-1)*(xn-1)+j;
        Enod(k,:)=[k,(i-1)*xn+j,(i-1)*xn+j+1,i*xn+j+1,i*xn+j];
    end
end
```

代码下载

```
end
en=xen*yen;
nn=xn*yn
Nxy(nn+1,1)=nn+1;
Nxy(nn+1,2)=(Nxy(Enod(1,2),2)+Nxy(Enod(1,3),2))/2.0;
Nxy(nn+1,3)=(Nxy(Enod(1,2),3)+Nxy(Enod(1,3),3))/2.0;
Enod(1,6)=nn+1;%中结点编号
%
Nxy(nn+2,1)=nn+2;
Nxy(nn+2,2)=(Nxy(Enod(1,3),2)+Nxy(Enod(1,4),2))/2.0;
Nxy(nn+2,3)=(Nxy(Enod(1,3),3)+Nxy(Enod(1,4),3))/2.0;
Enod(1,7)=nn+2;%中结点编号
%
Nxy(nn+3,1)=nn+3;
Nxy(nn+3,2)=(Nxy(Enod(1,4),2)+Nxy(Enod(1,5),2))/2.0;
Nxy(nn+3,3)=(Nxy(Enod(1,4),3)+Nxy(Enod(1,5),3))/2.0;
Enod(1,8)=nn+3;%中结点编号
%
Nxy(nn+4,1)=nn+4;
Nxy(nn+4,2)=(Nxy(Enod(1,5),2)+Nxy(Enod(1,2),2))/2.0;
Nxy(nn+4,3)=(Nxy(Enod(1,5),3)+Nxy(Enod(1,2),3))/2.0;
Enod(1,9)=nn+4;%中结点编号
%
sum=nn+4;
for i=2:en
    %------------------------------------------------
    i1=Enod(i,2);
    i2=Enod(i,3);
    i3=Enod(i,4);
    i4=Enod(i,5);
    XY5=0.5*Nxy(i1,2:3)+0.5*Nxy(i2,2:3);
    XY6=0.5*Nxy(i2,2:3)+0.5*Nxy(i3,2:3);
    XY7=0.5*Nxy(i3,2:3)+0.5*Nxy(i4,2:3);
    XY8=0.5*Nxy(i4,2:3)+0.5*Nxy(i1,2:3);
    %------------------------------------------------
    for j=nn+1:Nxy(end,1)
        if norm(XY5-Nxy(j,2:3))==0
            Enod(i,6)=Nxy(j,1);
```

```
            break;
        end
    end
    if  Enod(i,6)==0.0
        sum=sum+1
        Enod(i,6)=sum;
        Nxy(sum,1:3)=[sum,XY5];
    end
    %----------------------------------------
    for j=nn+1:Nxy(end,1)
        if norm(XY6-Nxy(j,2:3))==0
            Enod(i,7)=Nxy(j,1);
            break;
        end
    end
    if Enod(i,7)==0.0
        sum=sum+1;
        Enod(i,7)=sum;
        Nxy(sum,1:3)=[sum,XY6];
    end
    %----------------------------------------
    for j=nn+1:Nxy(end,1)
        if norm(XY7-Nxy(j,2:3))==0
            Enod(i,8)=Nxy(j,1);
            break;
        end
    end
    if Enod(i,8)==0
        sum=sum+1;
        Enod(i,8)=sum;
        Nxy(sum,1:3)=[sum,XY7];
    end
    %----------------------------------------
    for j=nn+1:Nxy(end,1)
        if norm(XY8-Nxy(j,2:3))==0
            Enod(i,9)=Nxy(j,1);
            break;
        end
```

```matlab
            end
        if Enod(i,9)==0.0
            sum=sum+1;
            Enod(i,9)=sum;
            Nxy(sum,1:3)=[sum,XY8];
        end
        %------------------------------------------------
    end
figure
axis equal
axis off
% axis tight
hold on
k=size(Enod,1);
for i=1:k
    i1=Enod(i,2);
    i2=Enod(i,6);
    i3=Enod(i,3);
    i4=Enod(i,7);
    i5=Enod(i,4);
    i6=Enod(i,8);
    i7=Enod(i,5);
    i8=Enod(i,9);
    II=[i1,i2,i3,i4,i5,i6,i7,i8];
    fill(Nxy(II,2),Nxy(II,3),'w')
    hold on
    xc=mean(Nxy(II,2));
    yc=mean(Nxy(II,3));
    h=text(xc,yc,num2str(i));
    set(h,'color','b');
end
k=size(Nxy,1);
for i=1:k
    h=text(Nxy(i,2),Nxy(i,3),num2str(i));
    set(h,'color','r')
end
end
```

10.2　单元几何矩阵的计算

10.2.1　形函数计算函数

为了计算平面 8 结点四边形等参元的形函数及其偏导数,编写 MATLAB 函数

$$[SHP,DSHP]=shape\_2d8n(xi,eta)\tag{10-2}$$

其输入输出变量说明,在表 10-2 中给出。

表 10-2　函数 shape_2d8n 的输入输出变量

输入变量	xi	实数,局部坐标 ξ
	eta	实数,局部坐标 η
输出变量	SHP	1 行 8 列矩阵,8 个形函数在点(xi,eta)的值
	DSHP	2 行 8 列矩阵,形函数偏导数矩阵在点(xi,eta)的值

【例 10-2】　计算平面 8 结点四边形等参元在局部坐标系内点(0.2,0.2)的形函数及偏导数。

【解】　编写如下 MATLAB 程序:

```
clear;
clc;
xi=0.2;
eta=0.2;
[SHP,DSHP]=shape_2d8n(xi,eta)
```

代码下载

运行上述 MATLAB 程序,得到:

SHP ×

1x8 double

	1	2	3	4	5	6	7	8
1	-0.2240	-0.2400	-0.2160	-0.2400	0.3840	0.5760	0.5760	0.3840

和

DSHP ×

2x8 double

	1	2	3	4	5	6	7	8
1	0.1200	0.0400	0.1800	0.0600	-0.1600	0.4800	-0.2400	-0.4800
2	0.1200	0.0600	0.1800	0.0400	-0.4800	-0.2400	0.4800	-0.1600

10.2.2　函数 shape_2d8n 源码

平面 8 结点四边形等参元的形函数偏导数矩阵函数 shape_2d8n,主要功能是计算 8 结点四边形等参元的形函数及其偏导数,具体内容如下。

代码下载

```
function [SHP,DSHP]=shape_2d8n (xi,eta)
% shape function for an element of 2-dimension and 8-node
% xi,eta——local coordinate
% SHP(8)———shape functions
% DSHP(2,8)———derivative of shape function
SHP(1)=-0.25*(1-xi)*(1-eta)*(1+xi+eta);
SHP(2)=-0.25*(1+xi)*(1-eta)*(1-xi+eta);
SHP(3)=-0.25*(1+xi)*(1+eta)*(1-xi-eta);
SHP(4)=-0.25*(1-xi)*(1+eta)*(1+xi-eta);
%--------------------------------------------------
SHP(5)=0.5*(1-xi*xi)*(1-eta);
SHP(6)=0.5*(1+xi)*(1-eta*eta);
SHP(7)=0.5*(1-xi*xi)*(1+eta);
SHP(8)=0.5*(1-xi)*(1-eta*eta);
%--------------------------------------------------
DSHP(1,1)=-0.5*eta*xi-0.25*eta*eta+0.25*eta+0.5*xi;
DSHP(1,2)=-0.25*eta-0.5*eta*xi+0.5*xi+0.25*eta*eta;
DSHP(1,3)=0.25*eta+0.5*xi+0.25*eta*eta+0.5*eta*xi;
DSHP(1,4)=0.5*xi-0.25*eta*eta+0.5*eta*xi-0.25*eta;
%--------------------------------------------------
DSHP(1,5)=xi*(-1+eta);
DSHP(1,6)=-0.5*eta*eta+0.5;
DSHP(1,7)=-xi*(1+eta);
DSHP(1,8)=0.5*eta*eta-0.5;
%--------------------------------------------------
DSHP(2,1)=-0.25*xi*xi+0.25*xi+0.5*eta-0.5*eta*xi;
DSHP(2,2)=-0.25*xi*xi+0.5*eta+0.5*eta*xi-0.25*xi;
DSHP(2,3)=0.25*xi*xi+0.5*eta+0.5*eta*xi+0.25*xi;
DSHP(2,4)=0.25*xi*xi+0.5*eta-0.25*xi-0.5*eta*xi;
%--------------------------------------------------
DSHP(2,5)=-0.5+0.5*xi*xi;
DSHP(2,6)=-(1+xi)*eta;
DSHP(2,7)=0.5-0.5*xi*xi;
DSHP(2,8)=(-1+xi)*eta;
end
```

10.2.3 单元应变矩阵函数

为计算平面 8 结点四边形等参元的单元应变矩阵和雅可比矩阵，编写 MATLAB 函数

$$\text{function } [\text{B},\text{JCB}] = \text{geom\_2d8n}(\text{ENC},\text{DSHP},\text{xi},\text{eta}) \tag{10-3}$$

其输入输出变量说明,在表 10-3 中给出。

表 10-3　函数 geom_2d8n 的输入输出变量

输入变量	ENC	8 行 2 列矩阵,第 1、2 列分别为单元结点的横、纵坐标值
	DSHP	2 行 8 列矩阵,形函数偏导数矩阵
	xi	实数,局部坐标 ξ
	eta	实数,局部坐标 η
输出变量	B	3 行 16 列矩阵,平面 8 结点四边形等参元的单元应变矩阵
	JCB	2 行 2 列矩阵,平面 8 结点四边形等参元的雅可比矩阵

【例 10-3】　计算例 10-1 图(b)所示离散结构中单元 1,在局部坐标系中点 $(0.2,0.2)$ 对应的单元应变矩阵和雅可比矩阵。

【解】　编写如下 MATLAB 程序:

```
clear;clc;
xi=0.2;
eta=0.2;
ENC=[0,0;
    5.5,0;
    5.5,5.25;
    0.5,4.5;
    2.75,0;
    5.5,2.625;
    3,4.875;
    0.25,2.25];
[SHP,DSHP]=shape_2d8n(xi,eta)
[B,JCB]=geom_2d8n(ENC,DSHP,xi,eta)
```

运行上述 MATLAB 程序,得到:

B 3×16 double

	1	2	3	4	5	6	7	8	9	10	11	12	13	14	15	16
1	0.0421	0	0.0133	0	0.0632	0	0.0218	0	-0.0449	0	0.1937	0	-0.1095	0	-0.1796	0
2	0	0.0468	0	0.0237	0	0.0702	0	0.0153	0	-0.1921	0	-0.1048	0	0.1984	0	-0.0574
3	0.0468	0.0421	0.0237	0.0133	0.0702	0.0632	0.0153	0.0218	-0.1921	-0.0449	-0.1048	0.1937	0.1984	-0.1095	-0.0574	-0.1796

和

JCB 2×2 double

	1	2
1	2.6000	0.2250
2	0.1000	2.4750

10.2.4　函数 geom_2d8n 源码

平面 8 结点四边形等参元的几何矩阵函数 geom_2d8n,主要功能是计算平面 8 结点四边形等参元的单元应变矩阵和雅可比矩阵,具体内容如下。

```
function [B,JCB]=geom_2d8n( ENC,DSHP,xi,eta )
% geometric matrix for an element of 2-dimension and 4-node
% ENC(8,2)----element node coordinate
% DSHP(2,8)----derivative matrix of shape function
% xi,eta----local coordinate
% B----element geometric matrix
% JCB(2,2)----Jacobian matrix
[SHP,DSHP]=shape_2d8n (xi,eta)
JCB=DSHP*ENC;
IJCB=inv(JCB);
DSHPG=IJCB*DSHP;
B1=[DSHPG(1,1),0;0,DSHPG(2,1); DSHPG(2,1),DSHPG(1,1)];
B2=[DSHPG(1,2),0;0,DSHPG(2,2); DSHPG(2,2),DSHPG(1,2)];
B3=[DSHPG(1,3),0;0,DSHPG(2,3); DSHPG(2,3),DSHPG(1,3)];
B4=[DSHPG(1,4),0;0,DSHPG(2,4); DSHPG(2,4),DSHPG(1,4)];
B5=[DSHPG(1,5),0;0,DSHPG(2,5); DSHPG(2,5),DSHPG(1,5)];
B6=[DSHPG(1,6),0;0,DSHPG(2,6); DSHPG(2,6),DSHPG(1,6)];
B7=[DSHPG(1,7),0;0,DSHPG(2,7); DSHPG(2,7),DSHPG(1,7)];
B8=[DSHPG(1,8),0;0,DSHPG(2,8); DSHPG(2,8),DSHPG(1,8)];
B=[B1,B2,B3,B4,B5,B6,B7,B8];
end
```

代码下载

10.3　单元刚度矩阵的计算

10.3.1　单元刚度矩阵函数

为计算平面 8 结点四边形等参元的单元刚度矩阵,编写 MATLAB 函数

$$EK=estiffm\_2d8n(ENC,D,t,ngs) \tag{10-4}$$

其输入输出变量说明,在表 10-4 中给出。

表 10-4 函数 estiffm_2d8n 的输入输出变量

输入变量	ENC	8 行 2 列矩阵，第 1、2 列分别为单元结点的横、纵坐标值
	D	3 行 3 列矩阵，弹性矩阵
	t	实数，单元厚度
	ngs	整数，沿横向(纵向)的高斯积分点个数
输出变量	EK	16 行 16 列矩阵，平面 8 结点四边形等参元的单元刚度矩阵

【例 10-4】 计算图例 10-1 图(b)所示离散结构中单元 1 的单元刚度矩阵。

【解】 编写如下 MATLAB 程序：

```
clear;clc;
E=100e9;    %单位 Pa
mu=0.25;
t=1e-2;     %单位 m
D=[1,mu,0; mu,1,0; 0,0,(1-mu)/2];
D=E/(1-mu * mu) * D;    %弹性矩阵
ngs=2;
ENC=[0,0;
    5.5,0;
    5.5,5.25;
    0.5,4.5;
    2.75,0;
    5.5,2.625;
    3,4.875;
    0.25,2.25];
EK=estiffm_2d8n( ENC,D,t,ngs )
```

代码下载

运行上述 MATLAB 程序后，得到单元刚度矩阵：

EK

16x16 double

	1	2	3	4	5	6	7	8
1	7.1567e+08	2.7444e+08	3.9348e+08	-7.8789e+06	3.6088e+08	1.0730e+08	3.3271e+08	-3.5273e+07
2	2.7444e+08	7.8342e+08	-3.0101e+07	3.0562e+08	1.0730e+08	3.9316e+08	-1.3051e+07	4.6978e+08
3	3.9348e+08	-3.0101e+07	8.3413e+08	-3.4263e+08	2.9393e+08	-1.0746e+07	4.3820e+08	-1.5488e+08
4	-7.8789e+06	3.0562e+08	-3.4263e+08	8.7284e+08	-3.2969e+07	4.2838e+08	-1.5488e+08	4.6006e+08
5	3.6088e+08	1.0730e+08	2.9393e+08	-3.2969e+07	6.9476e+08	2.6702e+08	4.1816e+08	-9.3452e+06
6	1.0730e+08	3.9316e+08	-1.0746e+07	4.2838e+08	2.6702e+08	7.6057e+08	-3.1567e+07	3.3196e+08
7	3.3271e+08	-1.3051e+07	4.3820e+08	-1.5488e+08	4.1816e+08	-3.1567e+07	9.5158e+08	-3.8855e+08
8	-3.5273e+07	4.6978e+08	-1.5488e+08	4.6006e+08	-9.3452e+06	3.3196e+08	-3.8855e+08	9.9587e+08
9	-7.6427e+08	-6.3922e+07	-8.5567e+08	1.3118e+08	-4.4910e+08	-4.3694e+07	-5.3716e+08	1.0864e+08
10	-1.5281e+08	-1.3437e+08	2.2006e+08	-2.2742e+08	-4.3694e+07	-2.5647e+08	1.0864e+08	-3.2918e+08
11	-2.6750e+08	-4.1247e+07	-2.8761e+08	2.3015e+08	-1.9500e+08	-1.3451e+08	-3.3330e+08	1.1054e+08
12	-4.1247e+07	-5.2094e+08	1.4126e+08	-9.7548e+08	-4.5624e+07	-9.0090e+08	1.1054e+08	-5.9009e+08
13	-4.9078e+08	-6.5190e+07	-4.9130e+08	8.2891e+07	-8.2127e+08	-9.9307e+07	-9.0589e+08	1.2473e+08
14	-6.5190e+07	-2.9792e+08	8.2891e+07	-3.0187e+08	-1.8820e+08	-2.0210e+08	2.1362e+08	-2.6136e+08
15	-2.8020e+08	-1.6822e+08	-3.2517e+08	9.4137e+07	-3.0237e+08	-5.4492e+07	-3.6430e+08	2.4414e+08
16	-7.9333e+07	-9.9873e+08	9.4137e+07	-5.6211e+08	-5.4492e+07	-5.5460e+08	1.5525e+08	-1.0771e+09

	9	10	11	12	13	14	15	16
1	-7.6427e+08	-1.5281e+08	-2.6750e+08	-4.1247e+07	-4.9078e+08	-6.5190e+07	-2.8020e+08	-7.9333e+07
2	-6.3922e+07	-1.3437e+08	-4.1247e+07	-5.2094e+08	-6.5190e+07	-2.9792e+08	-1.6822e+08	-9.9873e+08
3	-8.5567e+08	2.2006e+08	-2.8761e+08	1.4126e+08	-4.9130e+08	8.2891e+07	-3.2517e+08	9.4137e+07
4	1.3118e+08	-2.2742e+08	2.3015e+08	-9.7548e+08	8.2891e+07	-3.0187e+08	9.4137e+07	-5.6211e+08
5	-4.4910e+08	-4.3694e+07	-1.9500e+08	-4.5624e+07	-8.2127e+08	-1.8820e+08	-3.0237e+08	-5.4492e+07
6	-4.3694e+07	-2.5647e+08	-1.3451e+08	-9.0090e+08	-9.9307e+07	-2.0210e+08	-5.4492e+07	-5.5460e+08
7	-5.3716e+08	1.0864e+08	-3.3330e+08	1.1054e+08	-9.0589e+08	2.1362e+08	-3.6430e+08	1.5525e+08
8	1.0864e+08	-3.2918e+08	1.1054e+08	-5.9009e+08	1.2473e+08	-2.6136e+08	2.4414e+08	-1.0771e+09
9	1.9418e+09	-7.9809e+07	7.9748e+06	-3.3378e+08	6.8974e+08	-6.2621e+06	-3.3365e+07	2.8765e+08
10	-7.9809e+07	1.2202e+09	-3.3378e+08	6.2659e+06	-6.2621e+06	-1.7977e+08	2.8765e+08	-9.9296e+07
11	7.9748e+06	-3.3378e+08	1.2671e+09	-1.0378e+08	-1.4146e+08	3.0518e+08	-5.0255e+07	-3.2554e+07
12	-3.3378e+08	6.2659e+06	-1.0378e+08	2.1706e+09	3.0518e+08	-5.1972e+07	-3.2554e+07	8.6254e+08
13	6.8974e+08	-6.2621e+06	-1.4146e+08	3.0518e+08	1.9926e+09	-7.8004e+07	1.6832e+08	-2.6404e+08
14	-6.2621e+06	-1.7977e+08	3.0518e+08	-5.1972e+07	-7.8004e+07	1.1487e+09	-2.6404e+08	1.4627e+08
15	-3.3365e+07	2.8765e+08	-5.0255e+07	-3.2554e+07	1.6832e+08	-2.6404e+08	1.1873e+09	-1.0662e+08
16	2.8765e+08	-9.9296e+07	-3.2554e+07	8.6254e+08	-2.6404e+08	1.4627e+08	-1.0662e+08	2.2830e+09

10.3.2 函数 estiffm_2d8n 源码

平面 8 结点四边形的单元刚度矩阵函数 estiffm_2d8n，主要功能是计算平面 8 结点四边形的单元刚度矩阵，具体内容如下。

代码下载

```
function EK=estiffm_2d8n( ENC,D,t,ngs )
% element stiffness matrix of 2—dimension and 4—node
% ENC(8,2)———element node coordinate
% t—————thickness of element
% D—————elastic matrix for 2—dimension
% ngs———number of gausss intigrate point
% EK(2*8,2*8)———element stiffness matrix
EK=zeros(2*8,2*8);
[ GSP,GSW ]=gauspw( ngs );%调用 9.3.2 节中函数 gauspw
for i=1:ngs
    for j=1:ngs
        xi=GSP(i);
        eta=GSP(j);
        wi=GSW(i);
        wj=GSW(j);
        [SHP,DSHP]=shape_2d8n (xi,eta);
        [B,JCB]=geom_2d8n( ENC,DSHP,xi,eta );
        EK=EK+B'*D*B*det(JCB)*wi*wj;
    end
end
EK=t*EK;
end
```

10.4 整体刚度矩阵的计算

10.4.1 整体刚度矩阵函数

为计算平面 4 结点四边形等参元离散结构的整体刚度矩阵,编写 MATLAB 函数

$$GK=gstiffm\_2d8n(Nxy,Enod,Emat) \tag{10-5}$$

其输入输出变量说明,在表 10-5 中给出。

表 10-5 函数 **gstiffm_2d8n** 的输入输出变量

输入变量	Nxy	N(结点总数)3 列行矩阵,第 1 列为结点编号,第 2、3 列分别为结点的横、纵坐标
	Enod	M(单元总数)9 列行矩阵,第 1 列为单元编号,第 2 至 9 列为单元 8 个结点的结点编号
	Emat	M 行 4 列矩阵,第 1 列为单元编号,第 2 列为弹性模量,第 3 列为泊松比,第 4 列为板厚
输出变量	GK	2N 行 2N 列矩阵,整体刚度矩阵

【例 10-5】 一弹性矩形平面结构,长为 10cm 宽为 5cm 厚为 1mm,弹性模量为 100Gpa、泊松比为 0.25。将其划分为 2 个 8 结点四边形等参元,并求其整体刚度矩阵。

【解】 编写如下 MATLAB 程序:

代码下载

```
clear;clc;
P4=1e−2*[0,0;10,0;10,5;0,5];
[Nxy,Enod]=mesh2d8n(P4,2,1)
E=100e9;      % 单位 Pa
mu=0.25;
t=1e−3;       % 单位 m
n=size(Enod,1);
for i=1:n
    Emat(i,1:4)=[i,E,mu,t]
end
GK=gstiffm_2d8n(Nxy,Enod,Emat)
```

运行上述 MATLAB 程序,得到如下所示平面 8 结点四边形等参元离散结构。

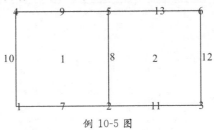

例 10-5 图

得到离散结构的结点坐标矩阵为:

	1	2	3
1	1	0	0
2	2	0.0500	0
3	3	0.1000	0
4	4	0	0.0500
5	5	0.0500	0.0500
6	6	0.1000	0.0500
7	7	0.0250	0
8	8	0.0500	0.0250
9	9	0.0250	0.0500
10	10	0	0.0250
11	11	0.0750	0
12	12	0.1000	0.0250
13	13	0.0750	0.0500

Nxy ✕
13x3 double

得到离散结构的单元结点信息矩阵为:

Enod ✕
2x9 double

	1	2	3	4	5	6	7	8	9
1	1	1	2	5	4	7	8	9	10
2	2	2	3	6	5	11	12	13	8

离散结构的整体刚度矩阵为：

GK
26x26 double

	1	2	3	4	5	6	7	8	9	10	11	12	13
1	8.1481e+07	3.1481e+07	4.2222e+07	1.1111e+06	0	0	3.1111e+07	-1.1111e+06	4.0741e+07	1.2963e+07	0	0	-9.0370e+07
2	3.1481e+07	8.1481e+07	-1.1111e+06	3.1111e+07	0	0	1.1111e+06	4.2222e+07	1.2963e+07	4.0741e+07	0	0	-1.0370e+07
3	4.2222e+07	-1.1111e+06	1.6296e+08	1.4901e-08	4.2222e+07	1.1111e+06	4.0741e+07	-1.2963e+07	6.2222e+07	2.7940e-09	4.0741e+07	1.2963e+07	-9.0370e+07
4	1.1111e+06	3.1111e+07	1.4901e-08	1.6296e+08	-1.1111e+06	3.1111e+07	-1.2963e+07	4.0741e+07	5.3551e-09	8.4444e+07	1.2963e+07	4.0741e+07	1.0370e+07
5	0	0	4.2222e+07	-1.1111e+06	8.1481e+07	-3.1481e+07	0	0	4.0741e+07	-1.2963e+07	3.1111e+07	1.1111e+06	0
6	0	0	1.1111e+06	3.1111e+07	-3.1481e+07	8.1481e+07	0	0	-1.2963e+07	4.0741e+07	-1.1111e+06	4.2222e+07	0
7	3.1111e+07	1.1111e+06	4.0741e+07	-1.2963e+07	0	0	8.1481e+07	-3.1481e+07	4.2222e+07	1.1111e+06	0	0	-5.1852e+07
8	-1.1111e+06	4.2222e+07	-1.2963e+07	4.0741e+07	0	0	-3.1481e+07	8.1481e+07	1.1111e+06	3.1111e+07	0	0	7.4074e+06
9	4.0741e+07	1.2963e+07	6.2222e+07	5.8208e-09	4.0741e+07	-1.2963e+07	4.2222e+07	1.1111e+06	1.6296e+08	3.7253e-09	4.2222e+07	-1.1111e+06	-5.1852e+07
10	1.2963e+07	4.0741e+07	3.7253e-09	8.4444e+07	-1.2963e+07	4.0741e+07	-1.1111e+06	3.1111e+07	3.7253e-09	1.6296e+08	-1.1111e+06	3.1111e+07	-7.4074e+06
11	0	0	4.0741e+07	1.2963e+07	3.1111e+07	-1.1111e+06	0	0	4.2222e+07	-1.1111e+06	8.1481e+07	3.1481e+07	0
12	0	0	1.2963e+07	4.0741e+07	1.1111e+06	4.2222e+07	0	0	-1.1111e+06	3.1111e+07	3.1481e+07	8.1481e+07	0
13	-9.0370e+07	-1.0370e+07	-9.0370e+07	1.0370e+07	0	0	-5.1852e+07	7.4074e+06	-5.1852e+07	-7.4074e+06	0	0	2.0741e+08
14	-1.9259e+07	-2.3704e+07	1.9259e+07	-2.3704e+07	0	0	7.4074e+06	-2.9630e+07	-7.4074e+06	-2.9630e+07	0	0	1.9073e-09
15	-2.9630e+07	-7.4074e+06	-4.7407e+07	1.1176e-08	-2.9630e+07	7.4074e+06	-2.9630e+07	7.4074e+06	-4.7407e+07	-1.4901e-08	-2.9630e+07	-7.4074e+06	1.0490e-08
16	-7.4074e+06	-5.1852e+07	3.7253e-09	-1.8074e+08	7.4074e+06	-5.1852e+07	7.4074e+06	-5.1852e+07	-5.4506e-09	-1.8074e+08	-7.4074e+06	-5.1852e+07	-2.9630e+07
17	-5.1852e+07	-7.4074e+06	-5.1852e+07	7.4074e+06	0	0	-9.0370e+07	1.0370e+07	-9.0370e+07	-1.0370e+07	0	0	7.7037e+07
18	-7.4074e+06	-2.9630e+07	7.4074e+06	-2.9630e+07	0	0	1.9259e+07	-2.3704e+07	-1.9259e+07	-2.3704e+07	0	0	1.9073e-09
19	-2.3704e+07	-1.9259e+07	-2.9630e+07	7.4074e+06	0	0	-2.3704e+07	1.9259e+07	-2.9630e+07	-7.4074e+06	0	0	1.9073e-08
20	-1.0370e+07	-9.0370e+07	7.4074e+06	-5.1852e+07	0	0	1.0370e+07	-9.0370e+07	-7.4074e+06	-5.1852e+07	0	0	2.9630e+07
21	0	0	-9.0370e+07	-1.0370e+07	-9.0370e+07	1.0370e+07	0	0	-5.1852e+07	7.4074e+06	-5.1852e+07	-7.4074e+06	0
22	0	0	-1.9259e+07	-2.3704e+07	-2.3704e+07	-2.3704e+07	0	0	7.4074e+06	-2.9630e+07	-2.9630e+07	-2.9630e+07	0
23	0	0	-2.9630e+07	7.4074e+06	-2.3704e+07	1.9259e+07	0	0	-2.9630e+07	7.4074e+06	-2.3704e+07	1.9259e+07	0
24	0	0	-7.4074e+06	-5.1852e+07	1.0370e+07	-9.0370e+07	0	0	7.4074e+06	-5.1852e+07	-1.0370e+07	-9.0370e+07	0
25	0	0	-5.1852e+07	-7.4074e+06	-5.1852e+07	7.4074e+06	0	0	-9.0370e+07	1.0370e+07	9.0370e+07	-1.0370e+07	0
26	0	0	-7.4074e+06	-2.9630e+07	7.4074e+06	-2.9630e+07	0	0	1.9259e+07	-2.3704e+07	-1.9259e+07	-2.3704e+07	0

14	15	16	17	18	19	20	21	22	23	24	25	26
-1.9259e+07	-2.9630e+07	-7.4074e+06	-5.1852e+07	-7.4074e+06	-2.3704e+07	-1.0370e+07	0	0	0	0	0	0
-2.3704e+07	-7.4074e+06	-5.1852e+07	-7.4074e+06	-2.9630e+07	-1.9259e+07	-9.0370e+07	0	0	0	0	0	0
1.9259e+07	-4.7407e+07	1.8626e-09	-5.1852e+07	7.4074e+06	-2.9630e+07	7.4074e+06	-9.0370e+07	-1.9259e+07	-2.9630e+07	-5.1852e+07	-5.1852e+07	-7.4074e+06
-2.3704e+07	3.7253e-09	-1.8074e+08	7.4074e+06	-2.9630e+07	7.4074e+06	-5.1852e+07	-1.0370e+07	-2.3704e+07	-7.4074e+06	-5.1852e+07	-7.4074e+06	-2.9630e+07
0	-2.9630e+07	7.4074e+06	0	0	0	0	-9.0370e+07	1.9259e+07	-2.3704e+07	1.0370e+07	-5.1852e+07	7.4074e+06
0	7.4074e+06	-5.1852e+07	0	0	0	0	1.0370e+07	-2.3704e+07	1.9259e+07	-9.0370e+07	7.4074e+06	-2.9630e+07
7.4074e+06	-2.9630e+07	7.4074e+06	-9.0370e+07	1.9259e+07	-2.3704e+07	1.0370e+07	0	0	0	0	0	0
-2.9630e+07	7.4074e+06	-5.1852e+07	1.0370e+07	-2.3704e+07	1.9259e+07	-9.0370e+07	0	0	0	0	0	0
-7.4074e+06	-4.7407e+07	-7.4506e-09	-9.0370e+07	-1.9259e+07	-2.9630e+07	-7.4074e+06	-5.1852e+07	7.4074e+06	-2.9630e+07	7.4074e+06	-9.0370e+07	1.9259e+07
-2.9630e+07	-1.1176e-08	-1.8074e+08	-1.0370e+07	-2.3704e+07	-7.4074e+06	-5.1852e+07	7.4074e+06	-2.9630e+07	7.4074e+06	-5.1852e+07	1.0370e+07	-2.3704e+07
0	-7.4074e+06	-5.1852e+07	0	0	0	0	-5.1852e+07	7.4074e+06	-5.1852e+07	-7.4074e+06	-9.0370e+07	-1.0370e+07
0	-5.1852e+07	-7.4074e+06	0	0	0	0	7.4074e+06	-5.1852e+07	-1.0370e+07	-9.0370e+07	1.0370e+07	-2.3704e+07
1.9073e-09	5.2749e-08	-2.9630e+07	7.7037e+07	1.9073e-09	1.1444e-08	2.9630e+07	0	0	0	0	0	0
1.1852e+08	-2.9630e+07	1.5259e-08	3.8147e-09	-1.1852e+07	2.9630e+07	2.2888e-08	0	0	0	0	0	0
-2.9630e+07	2.3704e+07	-9.5367e-10	-7.6294e-09	2.9630e+07	-1.1852e+07	1.9073e-09	8.7738e-08	2.9630e+07	-1.1852e+07		8.0109e-08	-2.9630e+07
1.5259e-08	1.9073e-09	4.1481e+08	2.9630e+07	-7.6294e-09	9.5367e-10	7.7037e+07	2.9630e+07	1.0681e-07	-1.9073e-09	7.7037e+07	-2.9630e+07	2.2888e-08
3.8147e-09	0	2.9630e+07	2.0741e+08	-7.6294e-09	2.2888e-08	-2.9630e+07	0	0	0	0	0	0
-1.1852e+08	2.9630e+07	0	0	1.1852e+08	-2.9630e+07	1.2875e-08	0	0	0	0	0	0
2.9630e+07	-1.1852e+07	9.5367e-10	2.2888e-08	-2.9630e+07	1.1852e+08	0	0	0	0	0	0	0
2.2888e-08	1.9073e-09	7.7037e+07	-2.9630e+07	1.2875e-08	0	2.0741e+08	0	0	0	0	0	0
0	8.7738e-08	2.9630e+07	0	0	0	0	2.0741e+08	7.6294e-09	-1.0014e-08	-2.9630e+07	7.7037e+07	5.7220e+07
0	2.9630e+07	1.0681e-07	0	0	0	0	3.8147e-09	1.1852e+08	-2.9630e+07	5.3406e-08	9.5367e-09	-1.1852e+07
0	-1.1852e+07	9.5367e-10	0	0	0	0	-9.5367e-09	-2.9630e+07	1.1852e+08	2.0741e-08	2.9630e+07	3.0518e-08
0	-3.8147e-09	7.7037e+07	0	0	0	0	-2.9630e+07	6.1035e-08	2.0741e-08	2.9630e+07	2.0741e+08	2.2888e-08
0	6.4850e-08	-2.9630e+07	0	0	0	0	7.7037e+07	1.0490e-08	-3.8147e-09	2.9630e+07	2.0741e+08	2.2888e-08
0	-2.9630e+07	1.4782e-08	0	0	0	0	7.6294e-09	-1.1852e+07	2.9630e+07	2.2888e-08	2.6703e-08	1.1852e+08

10.4.2 函数 gstiffm_2d8n 源码

平面 8 结点四边形等参元的整体刚度矩阵函数 gstiffm_2d8n，主要功能是计算平面 8 结点四边形等参元离散结构的整体刚度矩阵，具体内容如下。

```
function GK=gstiffm_2d8n(Nxy,Enod,Emat)
% function to assemble global stiffness matrix
% Nxy———node coordinate matrix
% Enod———element node number matrix
% Emat———elemnt material matrix
```

代码下载

```
% GK－－－global stiffness matrix
n=size(Nxy,1);
GK=zeros(2*n,2*n);
n=size(Enod,1);
for i=1:n
    E=Emat(i,2);
    v=Emat(i,3);
    t=Emat(i,4);
    D=[1,v,0;v,1,0;0,0,(1-v)/2];
    D=E/(1-v*v)*D;
    NN=Enod(i,2:end);
    ENC=[Nxy(NN,2),Nxy(NN,3)];
    EK=estiffm_2d8n( ENC,D,t,2 )   % 2－－ngs
    for j=1:8     % 8-number of node in an element
        for k=1:8      % 8-number of node in an element
            jj=NN(j);
            kk=NN(k);
            GK(2*jj-1,2*kk-1)=GK(2*jj-1,2*kk-1)+EK(2*j-1,2*k-1);
            GK(2*jj-1,2*kk)=GK(2*jj-1,2*kk)+EK(2*j-1,2*k);
            GK(2*jj,2*kk-1)=GK(2*jj,2*kk-1)+EK(2*j,2*k-1);
            GK(2*jj,2*kk)=GK(2*jj,2*kk)+EK(2*j,2*k);
        end
    end
end
end
```

10.5　结点位移和约束反力求解

10.5.1　结构结点载荷列阵函数

为了计算平面 8 结点四边形等参元离散结构的整体结点载荷列阵，编写 MATLAB 函数

$$SP=SloadA2d8n(EP,N) \tag{10-6}$$

其输入、输出变量说明，在表 10-6 中给出。

表 10-6　函数 SloadA2d8n 的输入输出变量

输入变量	EP	en(单元载荷总数)行 4 列矩阵,第 1 列为单元编号、第 2 列为结点编号、第 3 列为结点力方向(1 代表 x 向;2 代表 y 向)、第 4 列为结点力大小
	N	整数,离散结构的结点总数
输出变量	SP	2N 行 1 列矩阵,离散结构的整体等效结点载荷列阵

【例 10-6】　例 10-6 图所示弹性平面 8 结点等参元离散结构,板厚为 1mm、弹性模量为 100Gpa、泊松比为 0.25。计算该离散结构的整体结点载荷列阵。

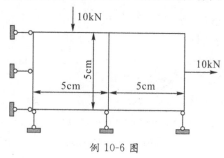

例 10-6 图

【解】　编写如下 MATLAB 程序:

```
clear;
clc;
P4=1e−2 * [0,0;10,0;10,5;0,5];
[Nxy,Enod]=mesh2d8n(P4,2,1)
EP=[1,9,2,−10e3;
    1,12,1,10e3]
N=size(Nxy,1)
SP=SloadA2d8n(EP,N)
```

代码下载

运行上述 MATLAB 程序,得到离散结构的整体载荷列阵为:

SP ×

26x1 double

	1			1
1	0	14		0
2	0	15		0
3	0	16		0
4	0	17		0
5	0	18		-10000
6	0	19		0
7	0	20		0
8	0	21		0
9	0	22		0
10	0	23		10000
11	0	24		0
12	0	25		0
13	0	26		0

10.5.2　函数 SloadA2d8n 源码

生成平面 8 结点四边形等参元离散结构的整体结点载荷列阵函数的具体内容如下。

```
function SP=SloadA2d8n(EP,N)
% structure node load array function for element with 4 nodes
% EP=[ele-i,nod-i,1(x) or 2(y),value]——element node load
% SP(2N,1)——structure node load array;
% N——node number of structure
[n,m]=size(EP);
SP(1:2*N,1)=0;
for i=1:n
    sn=2*EP(i,2)+EP(i,3)-2;
    SP(sn)=SP(sn)+EP(i,4);
end
```

代码下载

10.5.3　结构方程求解函数

为了求解平面 8 结点四边形等参元离散结构中的结点位移和约束反力，编写 MATLAB 函数

$$[Ndsp,Rfoc]=SloveS2d8n(KS,SP,cons) \tag{10-7}$$

其输入输出变量的说明，在表 10-7 中给出。

表 10-7　函数 SloveS2d8n 的输入输出变量

输入变量	KS	2N 行 2N 列矩阵，离散结构的整体刚度矩阵，N 为结点总数
	SP	2N 行 1 列矩阵，离散结构的整体结点载荷列阵，N 为结点总数
	cons	dn(位移约束个数)行 3 列矩阵，第 1 列为结点编号，第 2 列为结点编号，第 3 列为约束位移方向(x 向为 1，y 向为 2)，第 4 列为约束位移的值
输出变量	Ndsp	N(结点总数)行 3 列矩阵，第 1 列为结点编号，第 2、3 列分别为基点的水平位移、数值位移分量的值
	Rfoc	dn(位移约束个数)行 3 列矩阵，第 1 列为结点编号，第 2 列为结点编号，第 3 列为约束反力方向(x 向为 1，y 向为 2)，第 4 列为约束反力的值

【例 10-7】　计算例 10-6 图所示弹性平面 8 结点等参元离散结构的结点位移和受约束结点的约束反力。

【解】　编写如下 MATLAB 程序：

```
clear;
clc;
P4=1e-2*[0,0;10,0;10,5;0,5];
[Nxy,Enod]=mesh2d8n(P4,2,1)
E=100e9;    % 单位 Pa
mu=0.25;
```

代码下载

```
t=1e-3;        % 单位 m
n=size(Enod,1)
for i=1:n
    Emat(i,1:4)=[i,E,mu,t]
end
GK=gstiffm_2d8n(Nxy,Enod,Emat)%生成整体刚度矩阵
EP=[1,9,2,-10e3;
    1,12,1,10e3]
N=size(Nxy,1)
SP=SloadA2d8n(EP,N)%生成整体结点载荷列阵
cons=[1,2,0;
    7,2,0;
    2,2,0;
    11,2,0;
    3,2,0;
    1,1,0;
    10,1,0;
    4,1,0];%结构约束矩阵
[Ndsp,Rfoc]=SloveS2d8n(GK,SP,cons)%求解结构方程
```

运行上述 MATLAB 程序,得到结点位移矩阵为:

Ndsp

13x3 double

	1	2	3
1	1	0	0
2	2	1.4783e-04	0
3	3	2.0904e-04	0
4	4	0	-9.5321e-05
5	5	1.0051e-04	-6.8085e-05
6	6	1.4760e-04	3.2691e-05
7	7	7.3197e-05	0
8	8	1.2399e-04	-3.4577e-05
9	9	5.2675e-05	-1.4096e-04
10	10	0	-5.0333e-05
11	11	1.8087e-04	0
12	12	2.4834e-04	1.6247e-05
13	13	1.2792e-04	-3.4340e-05

得到的约束反力矩阵为:

Rfoc

8x3 double

	1	2	3
1	1	2	2.7905e+03
2	7	2	4.9410e+03
3	2	2	3.0776e+03
4	11	2	-1.3985e+03
5	3	2	589.4928
6	1	1	-1.6379e+03
7	10	1	-5.9826e+03
8	4	1	-2.3795e+03

10.5.4 函数 SloveS2d8n 源码

```
function [Ndsp,Rfoc]=SloveS2d8n(KS,SP,cons)
% structural stiffness equation solution function
% SK(2N,2N)——structural stiffness matrix
% SP(2N,1)——nodal load vector
% cons(nc,3)——node constraint matrix
% cons(i,3)——[node,1(x) or 2(y),value]
KS1=KS;
SP1=SP;
nc=size(cons,1);
for i=1:nc
    ii=cons(i,1);
    dr=cons(i,2);
    vu=cons(i,3);
    if dr==1
        dof=2 * ii-1;
    else
        dof=2 * ii;
    end
    if vu==0
        KS1(dof,:)=0;
        KS1(:,dof)=0;
        KS1(dof,dof)=1;
        SP1(dof,1)=0;
    else
        KS1(dof,dof)=1.0e9 * KS1(dof,dof);
        SP1(dof,1)=KS1(dof,dof) * vu;
    end
end
NDSP1=KS1\SP1;
for i=1:nc
    ii=cons(i,1);
    dr=cons(i,2);
    Rfoc(i,1)=ii;
    Rfoc(i,2)=dr;
    if dr==1
        dof=2 * ii-1;
```

```
    else
        dof=2 * ii;
    end
    Rfoc(i,3)=KS(dof,:) * NDSP1
end
nn=0.5 * size(NDSP1,1);
for i=1:nn
    Ndsp(i,1)=i;
    Ndsp(i,2)=NDSP1(2 * i−1,1);
    Ndsp(i,3)=NDSP1(2 * i,1);
end
end
```

第 10 章习题

习题 10-1　习题 10-1 图所示 8 结点奇异四边形单元,其中结点 5 为结点 1、2 的 1/4 分结点;结点 8 为结点 1、4 的 1/4 分点;结点 6 为结点 2、3 的等分点;结点 7 为结点 3、4 的等分点。编写该单元形函数矩阵的 MATLAB 函数。

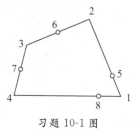

习题 10-1 图

习题 10-2　编写计算习题 10-1 图所示 8 结点奇异四边形单元应变矩阵的 MATLAB 函数。

习题 10-3　编写计算习题 10-1 图所示 8 结点奇异四边形单元应力矩阵的 MATLAB 函数。

习题 10-4　编写计算习题 10-1 图所示 8 结点奇异四边形单元刚度矩阵的 MATLAB 函数。

本章程序下载

第 11 章　杆单元和梁单元的程序设计

11.1　杆单元的 MATLAB 计算

11.1.1　单元刚度矩阵计算

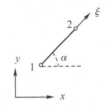

图 11-1　平面 2 结点杆单元

根据(6-2)式,图 11-1 所示平面 2 结点杆单元,在局部坐标系下的刚度矩阵为

$$(\boldsymbol{k}_e^\xi)_{2\times2}=\frac{EA}{l}\begin{bmatrix}1&-1\\-1&1\end{bmatrix}$$

其中,E 为弹性模量、A 为杆单元的横截面面积、l 为杆单元的长度。局部坐标系下结点位移和整体坐标系下结点位移间的关系为

$$(\boldsymbol{a}_e^\xi)_{2\times1}=\boldsymbol{T}_{4\times2}(\boldsymbol{a}_e)_{4\times1}$$

其中,

$$\boldsymbol{T}_{2\times4}=\begin{bmatrix}\cos\alpha&\sin\alpha&0&0\\0&0&\cos\alpha&\sin\alpha\end{bmatrix}$$

为坐标转换矩阵;

$$(\boldsymbol{a}_e^\xi)_{2\times1}=[u_1^\xi,u_2^\xi]^{\mathrm{T}}$$

为局部坐标系下的结点位移列阵;

$$(\boldsymbol{a}_e)_{4\times1}=[u_1,v_1,u_2,v_2]^{\mathrm{T}}$$

为整体坐标系下的结点位移列阵。

为计算平面 2 结点杆单元在局部坐标系下的单元刚度矩阵及坐标转换矩阵,编写 MATLAB 函数

$$[\mathrm{ke},\mathrm{T}]=\mathrm{Estiff\_2dtruss}(\mathrm{xy},\mathrm{emat}) \tag{11-1}$$

329

其输入变量说明,在表 11-1 中给出。

表 11-1　函数 Estiff_2dtruss 的输入输出变量

输入变量	xy	2 行 2 列矩阵,第 1 列为单元结点横坐标,第 2 列为单元结点纵坐标
	emat	1 行 2 列矩阵,第 1 列为弹性模量 E,第 2 列为横截面面积 A
输出变量	ke	2 行 2 列矩阵,局部坐标系下的单元刚度矩阵
	T	2 行 4 列矩阵,坐标变换矩阵

【例 11-1】　图示桁架中的水平杆和竖直杆长度均为 100mm,单元 2 的局部坐标正方向为 2→1、坐标原点与结点 2 重合,弹性模量为 200GPa、横截面面积为 $1.5 \times 10^{-4} \mathrm{m}^2$。计算单元 2 在局部坐标系下的刚度矩阵和坐标转换矩阵。

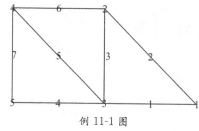

例 11-1 图

【解】　编写如下 MATLAB 程序:

```
clear;clc;
xy=1e-3*[200,0;
        100,100]
emat=[200e9,150e-6]
[ke,T]=Estiff_2dtruss(xy,emat)
```

运行后得到:

	1	2
1	2.1213e+08	-2.1213e+08
2	-2.1213e+08	2.1213e+08

ke　2x2 double

和

	1	2	3	4
1	-0.7071	0.7071	0	0
2	0	0	-0.7071	0.7071

T　2x4 double

11.1.2　函数 Estiff_2dtruss 源码

桁架单元刚度矩阵函数 Estiff_2dtruss 的主要功能是计算局部坐标系下平面 2 结点杆单元的单元刚度矩阵及坐标转换矩阵,具体内容如下。

```
function [ke,T]=Estiff_2dtruss(xy,emat)
% xy—[x1,y1; x2,y2]
% emat—[E,A]
x1=xy(1,1);
y1=xy(1,2);
x2=xy(2,1);
y2=xy(2,2);
L=(x2-x1)^2+(y2-y1)^2;
L=sqrt(L);
c=(x2-x1)/L;
s=(y2-y1)/L;
E=emat(1);
A=emat(2);
ke=E*A/L*[1,-1;-1,1]
T=[c,s,0,0;0,0,c,s]
end
```

代码下载

11.1.3 单元内力计算

为计算平面 2 结点杆单元的轴力和应力,编写 MATLAB 函数

$$\text{function } [S11,N]=\text{Estress\_2dtruss}(xy,emat,u) \tag{11-2}$$

其输入变量说明,在表 11-2 中给出。

表 11-2 函数 Estress_2dtruss 的输入输出变量

输入变量	xy	2 行 2 列矩阵,第 1 列为单元结点横坐标,第 2 列为单元结点纵坐标
	emat	1 行 2 列矩阵,第 1 列为弹性模量 E,第 2 列为横截面面积 A
	u	1 行 2 列矩阵,局部坐标系下的结点位移值
输出变量	S11	实数,杆单元的正应力
	N	实数,杆单元的轴力

【例 11-2】 图示桁架中的水平杆和竖直杆长度均为 100mm,单元 2 的局部坐标正方向为 2→1、坐标原点与结点 2 重合,已算出在局部坐标系内结点 1 的位移为 $2\times10^{-5}\text{m}$、结点 2 的位移为 $1\times10^{-5}\text{m}$,弹性模量为 200GPa、横截面面积为 $1.5\times10^{-4}\text{m}^2$。计算单元 2 的轴力和正应力。

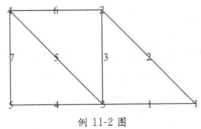

例 11-2 图

331

【解】 编写如下 MATLAB 程序：

```
clear;
clc;
xy=1e-3*[200,0;
        100,100]
emat=[200e9,150e-6]
u=[1e-5,2e-5]
[S11,N]=Estress_2dtruss(xy,emat,u)
```

运行后得到：

S11=1.4142e+07

N=2.1213e+03

11.1.4 函数 Estress_2dtruss 源码

杆单元的内力计算函数 Estress_2dtruss 的主要功能，是计算平面 2 结点杆单元的轴力和正应力，具体内容如下。

```
function [S11,N]=Estress_2dtruss(xy,emat,u)
% xy—[x1,y1; x2,y2]
% emat—[E,A]
% u—[u1,u2]
x1=xy(1,1);
y1=xy(1,2);
x2=xy(2,1);
y2=xy(2,2);
L=(x2-x1)^2+(y2-y1)^2;
L=sqrt(L);
E=emat(1);
A=emat(2);
S11=E*(u2-u1)/L;
N=S11*A;
```

11.2 平面桁架的 MATLAB 计算

11.2.1 数据录入与检查

为检查平面桁架有限元离散结构的数据录入工作，编写 MATLAB 函数

$$check2dtruss(Nxy,Einfor) \tag{11-3}$$

其输入变量说明，在表 11-3 中给出。

表 11-3 函数 check2dtruss 的输入变量

输入变量	Nxy	n 行 3 列矩阵,存放桁架的结点坐标,第 1 列为结点编号,第 2、3 列为结点的横、纵坐标,n 为结点总数
	Einfor	m 行 4 列矩阵,存放单元结点和类型信息,第 1 列为单元编号,第 2、3 列为单元包含结点的编号,第 4 列为单元类型编号

【例 11-3】 图示桁架结构的水平杆和竖直杆长度都为 100mm,对该结构进行有限元离散,并检查结点和单元等相关录入数据。

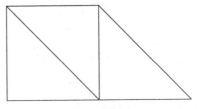

例 11-3 图(a)

【解】 编写如下 MATLAB 程序:

```
clear;clc;
Nxy=[1,200,0;
    2,100,100;
    3,100,0;
    4,0,100;
    5,0,0]
Einfor=[ 1,3,1,1;
        2,1,2,1;
        3,3,2,1;
        4,5,3,1;
        5,3,4,1;
        6,4,2,1;
        7,5,4,1]
check2dtruss(Nxy,Einfor)
```

代码下载

运行后得到例图 11-3(b)所示的桁架离散结构图。

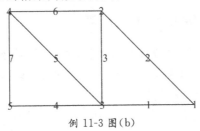

例 11-3 图(b)

11.2.2 函数 check2dtruss 源码

平面桁架数据检查函数 check2dtruss 的主要功能是绘制平面桁架的有限元离散结构

图,以对结点坐标和单元信息等录入数据进行检查,具体内容如下。

```
function mesh2dtruss(Nxy,Einfor)
% Nxy—[nod_id,x,y]
% Einfor—[ele_id,nod_id1,nod_id2,ele_type]
n=size(Einfor,1)
figure
hold on
axis equal
axis off
for i=1:n
    nod_id1=Einfor(i,2);
    nod_id2=Einfor(i,3)
    x=[Nxy(nod_id1,2),Nxy(nod_id2,2)]
    y=[Nxy(nod_id1,3),Nxy(nod_id2,3)]
    xc=mean(x)
    yc=mean(y)
    h1=line(x,y)
    set(h1,'color','k')
    h2=text(xc,yc,num2str(i));
    set(h2,'color','r')
    set(h2,'fontsize',14)
end
m=size(Nxy,1)
for i=1:m
    h3=text(Nxy(i,2),Nxy(i,3),num2str(i))
    set(h3,'color','b')
    set(h3,'fontsize',14)
end
end
```

代码下载

11.2.3 桁架的结点位移和支反力计算

为计算桁架结构的结点位移和支座反力,编写 MATLAB 函数

$$[U,R]=sol\_2dtruss(Nxy,Einfor,EEA,Lord,BC) \tag{11-4}$$

其输入输出变量说明,在表 11-4 中给出。

表 11-4　函数 sol_2dtruss 的输入输出变量

输入变量	Nxy	n 行 3 列的结点坐标矩阵,第 1 列为结点编号,第 2、3 列为结点横、纵坐标,n 为结点总数
	Einfor	m 行 4 列的单元信息矩阵,第 1 列为单元编号,第 2、3 列为单元包含结点的编号,第 4 列为单元类型编号,m 为单元总数
	EEA	k 行 3 列的单元常数矩阵,第 1 列为单元类型编号,第 2 列为弹性模量,第 3 列为横截面面积,k 为单元类型总数
	Lord	s 行 3 列的外载荷矩阵,第 1 列为结点号,第 2 列代表载荷方向(1 为 x 向;2 为 y 向),第 3 列代表载荷值,s 为外载荷总数
	BC	p 行 3 列的位移约束矩阵,第 1 列为结点号,第 2 列代表已知位移方向(1 为 x 向;2 为 y 向),第 3 列代表已知位移的值,p 为已知位移总数
输出变量	U	n 行 3 列 d 的结点位移矩阵,第 1 列为结点编号,第 2、3 列为水平、竖直位移分量,n 为结点总数
	R	q 行 3 列的约束反力矩阵,第 1 列为结点号,第 2 列代表约束反力方向(1 为 x 向;2 为 y 向),第 3 列为约束反力的值,p 为约束反力总数

【例 11-4】　图示桁架结构中水平杆和竖直杆的长度均为 0.5m,各杆的弹性模量都为 200GPa、横截面面积都为 $1.5 \times 10^{-4} \text{m}^2$。求该桁架结点位移和支反力。

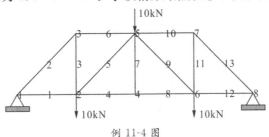

例 11-4 图

【解】　编写如下 MATLAB 程序:

代码下载

```
clear;
clc;
EEA=[1,200e9,150e−6]
Nxy=[1,−1,0;
    2,−0.5,0;
    3,−0.5,0.5;
    4,0,0;
    5,0,0.5;
    6,0.5,0;
    7,0.5,0.5
    8,1.0,0]
Einfor=[ 1,1,2,1;
        2,1,3,1;
```

```
            3,2,3,1;
            4,2,4,1;
            5,2,5,1;
            6,3,5,1;
            7,4,5,1;
            8,4,6,1;
            9,5,6,1;
            10,5,7,1
            11,6,7,1;
            12,6,8,1;
            13,7,8,1]
    check2dtruss(Nxy,Einfor)
    Lord=[2,2,−10e3;
            5,2,−10e3;
            6,2,−10e3];
    BC=[1,1,0;1,2,0;8,1,0;8,2,0]
    [U,R]=sol_2dtruss(Nxy,Einfor,EEA,Lord,BC)
```

运行后得到:

U 8x3 double

	1	2	3
1	1	0	0
2	2	-4.1667e-05	-0.0012
3	3	2.5000e-04	-9.5711e-04
4	4	2.1359e-20	-0.0015
5	5	9.8365e-20	-0.0015
6	6	4.1667e-05	-0.0012
7	7	-2.5000e-04	-9.5711e-04
8	8	0	0

和

R 4x3 double

	1	2	3
1	1	1	1.7500e+04
2	1	2	1.5000e+04
3	8	1	-1.7500e+04
4	8	2	1.5000e+04

11.2.4 函数 sol_2dtruss 源码

函数 sol_2dtruss 的主要功能,是计算桁架结点位移和支反力,具体内容如下。

```
function [U,R]=sol_2dtruss(Nxy,Einfor,EEA,Lord,BC)
% Nxy-[id_node,x,y]
% Einfor-[id_ele,id_node1,id_node2,type_ele]
% EEA-[type_ele,E,A]
% Lord-[id_node,1(x) o r2(y),Px or Py]
% BC-[id_node,1(x) o r2(y),u or v]
m=size(Einfor,1);
n=size(Nxy);
KS(2*n,2*n)=0;
P(2*n,1)=0;
for i=1:m
    ii=Einfor(i,2)
    jj=Einfor(i,3)
    xy=[Nxy(ii,2),Nxy(ii,3);Nxy(jj,2),Nxy(jj,3)]
    type_ele=Einfor(i,4)
    emat=[EEA(type_ele,2),EEA(type_ele,3)]
    [ke,T]=Estiff_2dtruss(xy,emat)
    Ke=T'*ke*T
    sn=[2*ii-1,2*ii,2*jj-1,2*jj]
    KS(sn,sn)=KS(sn,sn)+Ke
end
%----------------------------------------
k=size(Lord,1)
for i=1:k
    sn=2*Lord(i,1)-2+Lord(i,2)
    P(sn,1)=P(sn,1)+Lord(i,3)
end
%----------------------------------------
KS1=KS
C=max(abs(KS))
C=max(C)
C=1e9*C
s=size(BC,1)
for i=1:s
    sn=BC(i,1)
    sn=2*sn-2+BC(i,2)
    if BC(i,3)==0
        KS1(:,sn)=0
        KS1(sn,:)=0
```

```
            KS1(sn,sn)=1
            P(sn,1)=0
        else
            KS1(sn,sn)=C*KK(sn,sn)
            P(sn)=C*KK(sn,sn)*BC(i,3)
        end
    end
end
U1=KS1\P
P1=KS*U1
%————————————————————————————————————————————
for i=1:n
    ii=2*i-1
    jj=2*i
    U(i,1:3)=[i,U1(ii),U1(jj)]
end
%————————————————————————————————————————————
R(s,3)=0
for i=1:s
    ii=BC(i,1)
    sn=ii*2-2+BC(i,2)
    R(i,1:3)=[ii,BC(i,2),P1(sn)]
end
end
```

11.2.5 桁架轴力和应力计算

为计算桁架中各单元的轴力和应力,编写 MATLAB 函数

$$SSN=stress\_2dtruss(Nxy,Einfor,EEA,U) \tag{11-5}$$

其输入输出变量说明,在表 11-5 中给出。

表 11-5 函数 stress_2dtruss 的输入输出变量

输入变量	Nxy	n 行 3 列的结点坐标矩阵,第 1 列为结点编号,第 2、3 列为结点横、纵坐标,n 为结点总数
	Einfor	m 行 4 列的单元信息矩阵,第 1 列为单元编号,第 2、3 列为单元包含结点的编号,第 4 列为单元类型编号,m 为单元总数
	EEA	k 行 3 列的单元常数矩阵,第 1 列为单元类型编号,第 2 列为弹性模量,第 3 列为横截面面积,k 为单元类型总数
	U	n 行 3 列 d 的结点位移矩阵,第 1 列为结点编号,第 2、3 列为水平、竖直位移分量,n 为结点总数
输出变量	SSN	m 行 3 列的单元内力矩阵,第 1 列为单元编号,第 2 和 3 列分别为杆单元的应力和轴力,m 为单元总数

338

【例 11-5】 图示桁架结构中水平杆和竖直杆的长度均为 0.5m，各杆的弹性模量都为 200GPa、横截面面积都为 $1.5 \times 10^{-4} \mathrm{m}^2$。求该桁架各单元的应力和轴力。

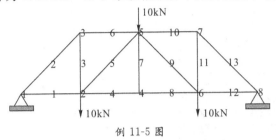

例 11-5 图

【解】 编写如下 MATLAB 程序：

代码下载

```
clear;clc;
EEA=[1,200e9,150e-6]
Nxy=[1,-1,0;
     2,-0.5,0;
     3,-0.5,0.5;
     4,0,0;
     5,0,0.5;
     6,0.5,0;
     7,0.5,0.5;
     8,1.0,0]
Einfor=[ 1,1,2,1;
         2,1,3,1;
         3,2,3,1;
         4,2,4,1;
         5,2,5,1;
         6,3,5,1;
         7,4,5,1;
         8,4,6,1;
         9,5,6,1;
         10,5,7,1
         11,6,7,1;
         12,6,8,1;
         13,7,8,1]
check2dtruss(Nxy,Einfor)
Lord=[2,2,-10e3;
      5,2,-10e3;
      6,2,-10e3];
BC=[1,1,0;1,2,0;8,1,0;8,2,0]
```

```
[U,R]=sol_2dtruss(Nxy,Einfor,EEA,Lord,BC)
SSN=stress_2dtruss(Nxy,Einfor,EEA,U)
```

运行后得到：

	1	2	3
1	1	-1.6667e+07	-2.5000e+03
2	2	-1.4142e+08	-2.1213e+04
3	3	1.0000e+08	1.5000e+04
4	4	1.6667e+07	2.5000e+03
5	5	-4.7140e+07	-7.0711e+03
6	6	-1.0000e+08	-1.5000e+04
7	7	0	0
8	8	1.6667e+07	2.5000e+03
9	9	-4.7140e+07	-7.0711e+03
10	10	-1.0000e+08	-1.5000e+04
11	11	1.0000e+08	1.5000e+04
12	12	-1.6667e+07	-2.5000e+03
13	13	-1.4142e+08	-2.1213e+04

（SSN × 13x3 double）

11.2.6 函数 stress_2dtruss 源码

函数 stress_2dtruss 的主要功能,是计算桁架各单元杆的应力和轴力,具体内容如下。

```
function SSN=stress_2dtruss(Nxy,Einfor,EEA,U)
% Nxy-[id_node,x,y]
% Einfor-[id_ele,id_node1,id_node2,type_ele]
% EEA-[type_ele,E,A]
% U-[id_node,u,v]
% SSN-[id_ele,S11,N]
m=size(Einfor,1)
SSN(m,3)=0
for i=1:m
    ii=Einfor(i,2);
    jj=Einfor(i,3);
    ele_type=Einfor(i,4)
    xy=[Nxy(ii,2:3);Nxy(jj,2:3)];
    emat=EEA(ele_type,2:3);
    u1=[U(ii,2),U(ii,3),U(jj,2),U(jj,3)]'
    [ke,T]=Estiff_2dtruss(xy,emat)
    u=T*u1;
    [S11,N]=Estress_2dtruss(xy,emat,u)
    SSN(i,1:3)=[i,S11,N]
end
end
```

代码下载

11.3　梁单元的 MATLAB 计算

11.3.1　梁单元刚度矩阵计算

为计算梁单元局部坐标系下的刚度矩阵和坐标转换矩阵,编写 MATLAB 函数
$$[ke,T] = Estiff\_2dframe(xy,emat) \tag{11-6}$$
其输入输出变量说明,在表 11-6 中给出。

表 11-6　函数 Estiff_2dframe 的输入输出变量

输入变量	xy	2 行 2 列的单元结点坐标矩阵,第 1、2 列分别为横坐标和纵坐标
	emat	1 行 3 列的单元材料特征矩阵,存放 E、A、I
输出变量	ke	6 行 6 列的局部坐标系下的 2 结点梁单元的刚度矩阵
	T	6 行 6 列的局部坐标系下的 2 结点梁单元的坐标转换矩阵

【例 11-6】　某 2 结点梁单元的结点坐标分别为(200,0)和(100,100),单位为 mm;$E=200\mathrm{GPa}$、$A=150\times10^{-6}\mathrm{m}^2$、$I=100\times10^{-7}\mathrm{m}^4$。计算该单元局部坐标系下的刚度矩阵及坐标转换矩阵。

【解】　编写如下 MATLAB 程序:

```
clear;clc;
xy=1e-3 * [200,0;
        100,100]
emat=[200e9,150e-6,100e-7]
[ke,T]=Estiff_2dframe(xy,emat)
```

代码下载

运行后得到:

ke

6x6 double

	1	2	3	4	5	6
1	2.1213e+08	0	0	-2.1213e+08	0	0
2	0	8.4853e+09	6.0000e+08	0	-8.4853e+09	6.0000e+08
3	0	6.0000e+08	5.6569e+07	0	-6.0000e+08	2.8284e+07
4	-2.1213e+08	0	0	2.1213e+08	0	0
5	0	-8.4853e+09	-6.0000e+08	0	8.4853e+09	-6.0000e+08
6	0	6.0000e+08	2.8284e+07	0	-6.0000e+08	5.6569e+07

和

T

6x6 double

	1	2	3	4	5	6
1	-0.7071	0.7071	0	0	0	0
2	-0.7071	-0.7071	0	0	0	0
3	0	0	1	0	0	0
4	0	0	0	-0.7071	0.7071	0
5	0	0	0	-0.7071	-0.7071	0
6	0	0	0	0	0	1

11.3.2 函数 Estiff_2dframe 源码

函数 Estiff_2dframe 的主要功能是,计算 2 结点梁单元在局部坐标系下的刚度矩阵及坐标转换矩阵,具体内容如下。

```
function [ke,T]=Estiff_2dframe(xy,emat)
% xy-[x1,y1; x2,y2]
% emat-[E,A,I]
x1=xy(1,1);
y1=xy(1,2);
x2=xy(2,1);
y2=xy(2,2);
L=(x2-x1)^2+(y2-y1)^2;
L=sqrt(L);
c=(x2-x1)/L;
s=(y2-y1)/L;
E=emat(1);
A=emat(2);
I=emat(3);
Lmd=[c,s,0;-s,c,0;0,0,1]
T=[Lmd,zeros(3,3);zeros(3,3),Lmd]
ke1=E*A/L*[1,-1;-1,1]
ke2=E*I/L^3*[12,6*L,-12,6*L;
            6*L,4*L^2,-6*L,2*L^2;
            -12,-6*L,12,-6*L;
            6*L,2*L^2,-6*L,4*L^2]
sn1=[1,4]
sn2=[2,3,5,6]
ke(sn1,sn1)=ke1
ke(sn2,sn2)=ke2
end
```

代码下载

11.3.3 梁单元等效结点载荷计算

在程序设计计算时,可将梁单元上的外载荷分为表 11-7 中的 4 类,其他类型的载荷都可以归结为这 4 中类型。

表 11-7 常用梁单元等效结点载荷

类型	支撑与外载荷情况	等效结点载荷
1		$R_A = -6M_0ab/L^3$ $R_B = 6M_0ab/L^3$ $M_A = -(M_0b/L^2)(3a-L)$ $M_B = -(M_0a/L^2)(3b-L)$
2		$R_A = -(Pb^2/L^3)(3a+b)$ $R_B = -(Pa^2/L^3)(a+3b)$ $M_A = -Pab^2/L^2$ $M_B = Pa^2b/L^2$
3		$R_A = -(p_0a/2L^3)(a^3-2a^2L+2L^3)$ $R_B = -(p_0a^3/2L^3)(2L-a)$ $M_A = -(p_0a^2/12L^2)(3a^2-8aL+6L^2)$ $M_B = (p_0a^3/12L^2)(4L-3a)$
4		$R_A = -3p_0L/20$ $R_B = -7p_0L/20$ $M_A = -p_0L^2/30$ $M_B = p_0L^2/20$

为计算梁单元的等效结点载荷,编写如下 MATLAB 函数

$$\text{function } [T,Pe] = \text{Enload}(load,xy) \tag{11-7}$$

其中的输入输出变量说明,在表 11-8 中给出。

表 11-8 函数 Enload 的输入输出变量

输入变量	load	1 行 3 列矩阵,第 1 列为载荷类型、第 2 列为载荷值、第 3 列为表 11-7 中尺寸标注 a
	xy	2 行 2 列的单元结点坐标矩阵,第 1、2 列分别为横坐标和纵坐标
输出变量	T	6 行 6 列的局部坐标系下的 2 结点梁单元的坐标转换矩阵
	Pe	6 行 1 列的局部坐标系下的单元等效结点载荷列阵

【例 11-7】 某 2 结梁单元的结点坐标分别为 $(0,0)$ 和 $(1,1)$,其上有一集中力偶 $M = 1000\text{N} \cdot \text{m}, a = 0.5\text{m}$。求该单元在局部坐标系下的等效结点载荷列阵和坐标转换矩阵。

【解】 编写如下 MATLAB 程序:

```
clear;
clc;
eload=[1,1000,0.5]
xy=[0,0;1,1]
[T,Pe]=Enload(eload,xy)
```

代码下载

运行后得到：

	1	2	3	4	5	6
1	0.7071	0.7071	0	0	0	0
2	-0.7071	0.7071	0	0	0	0
3	0	0	1	0	0	0
4	0	0	0	0.7071	0.7071	0
5	0	0	0	-0.7071	0.7071	0
6	0	0	0	0	0	1

T — 6x6 double

和

	1
1	0
2	969.6699
3	39.2136
4	0
5	-969.6699
6	332.1068

Pe — 6x1 double

11.3.4 函数 Enload 源码

函数 Enload 主要功能是，计算 2 结点平面梁单元在局部坐标系下的等效结点载荷列阵和坐标变换矩阵，具体内容如下。

```
function [T,Pe]=Enload(eload,xy)
% eload—[type,P/M0/p0/,a]
% xy—[x1,y1;x2,y2]
% Pe—[0；RA；MA；0；RB；MB]
x1=xy(1,1);
y1=xy(1,2);
x2=xy(2,1);
y2=xy(2,2);
L=(x2-x1)^2+(y2-y1)^2;
L=sqrt(L);
c=(x2-x1)/L;
s=(y2-y1)/L;
Lmd=[c,s,0;-s,c,0;0,0,1]
T=[Lmd,zeros(3,3);zeros(3,3),Lmd]
a=eload(3);
```

代码下载

```
    b=L-a;
    type=eload(1);
    switch type
        case 1
            M0=eload(2)
            RA=-6 * M0 * a * b/L^3
            RB=6 * M0 * a * b/L^3
            MA=-(M0 * b/L^2) * (3 * a-L)
            MB=-(M0 * a/L^2) * (3 * b-L)
        case 2
            P=eload(2)
            RA=-(P * b^2/L^3) * (3 * a+b)
            RB=-(P * a^2/L^3) * (a+3 * b)
            MA=-P * a * b^2/L^2
            MB=P * a^2 * b/L^2
        case 3
            p0=eload(2)
            RA=-(p0 * a/2/L^3) * (a^3-2 * a^2 * L+2 * L^3)
            RB=-(p0 * a^3/2/L^3) * (2 * L-a)
            MA=-(p0 * a^2/12/L^2) * (3 * a^2-8 * a * L+6 * L^2)
            MB=(p0 * a^3/12/L^2) * (4 * L-3 * a)
        otherwise
            p0=eload(i,4)
            RA=-3 * p0 * L/20
            RB=-7 * p0 * L/20
            MA=-p0 * L^2/30
            Mb=p0 * L^2/20
    end
    Pe=-[0; RA; MA; 0; RB; MB]
end
```

11.4　平面刚架的 MATLAB 计算

11.4.1 数据的录入与检查

为检查平面刚架有限元离散结构的数据录入工作,编写 MATLAB 函数

$$\text{mesh2dframe(Nxy,Einfor)} \tag{11-8}$$

其输入变量说明,在表 11-9 中给出。

表 11-9　函数 mesh2dframe 的输入变量

输入变量	Nxy	n 行 3 列矩阵,存放桁架的结点坐标,第 1 列为结点编号,第 2、3 列为结点的横、纵坐标,n 为结点总数
	Einfor	m 行 4 列矩阵,存放单元结点和类型信息,第 1 列为单元编号,第 2、3 列为单元包含结点的编号,第 4 列为单元类型编号

【例 11-8】　对例 11-8 图(a)所示刚架进行有限元离散,并检查数据录入。

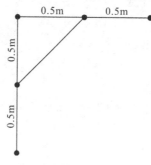

例 11-8 图(a)

【解】　编写如下 MATLAB 程序:

代码下载

```
clear;clc;
Nxy=[1,0,0;
    2,0,0.5;
    3,0,1;
    4,0.5,1;
    5,1,1]
Einfor=[ 1,1,2,1;
        2,2,3,1;
        3,2,4,1;
        4,3,4,1;
        5,4,5,1]
mesh2dframe(Nxy,Einfor)
```

运行后得到例图 11-8(b)所示的刚架有限元离散图。

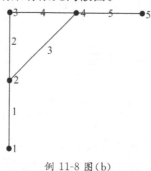

例 11-8 图(b)

11.4.2 函数 mesh2dframe 源码

平面刚架数据录入检查函数 mesh2dframe 的主要功能是,对平面刚架的有限元离散数据进行检查,具体内容如下。

```
function mesh2dframe(Nxy,Einfor)
% Nxy—[nod_id,x,y]
% Einfor—[ele_id,nod_id1,nod_id2,ele_type]
n=size(Einfor,1)
figure
hold on
axis equal
axis off
for i=1:n
    nod_id1=Einfor(i,2);
    nod_id2=Einfor(i,3)
    x=[Nxy(nod_id1,2),Nxy(nod_id2,2)]
    y=[Nxy(nod_id1,3),Nxy(nod_id2,3)]
    xc=mean(x)
    yc=mean(y)
    h1=line(x,y)
    set(h1,'color','k')
    set(h1,'marker','.')
    set(h1,'markersize',15)
    h2=text(xc,yc,num2str(i));
    set(h2,'color','b')
    set(h2,'fontsize',14)
end
m=size(Nxy,1)
for i=1:m
    h3=text(Nxy(i,2),Nxy(i,3),num2str(i))
    set(h3,'color','r')
    set(h3,'fontsize',14)
end
end
```

代码下载

11.4.3 刚架结点位移和支反力计算

为计算平面刚架的结点位移和支座反力,编写 MATLAB 函数

$$[U,R]=sol\_2dframe(Nxy,Einfor,EEAI,Sload,BC) \qquad (11\text{-}9)$$

其输入输出变量说明,在表 11-10 中给出。

表 11-10　函数 sol_2dframe 的输入输出变量

输入变量	Nxy	n 行 3 列的结点坐标矩阵,第 1 列为结点编号,第 2、3 列为结点横、纵坐标,n 为结点总数
	Einfor	m 行 4 列的单元信息矩阵,第 1 列为单元编号,第 2、3 列为单元包含结点的编号,第 4 列为单元类型编号,m 为单元总数
	EEAI	k 行 4 列的单元常数矩阵,第 1 列为单元类型编号,第 2 列为弹性模量,第 3 列为横截面面积,第 4 列为横截面惯性矩,k 为单元类型总数
	Slord	s 行 3 列的外载荷矩阵,第 1 列为单元号,第 2 列为载荷类型,第 3 列代表载荷值,第 4 列为载荷位置 a,s 为外载荷总数
	BC	p 行 3 列的位移约束矩阵,第 1 列为结点号,第 2 列代表已知位移方向(1 为 x 向;2 为 y 向;3 转角),第 3 列代表已知位移的值,p 为已知位移总数
输出变量	U	n 行 4 列 d 的结点位移矩阵,第 1 列为结点编号,第 2、3、4 列为水平位移、竖直位移、转角分量,n 为结点总数
	R	q 行 3 列的约束反力矩阵,第 1 列为结点号,第 2 列代表约束反力方向(1 为 x 向;2 为 y 向;3 为力矩),第 3 列为约束反力的值,p 为约束反力总数

【例 11-9】 图示刚架结构的各杆材料和横截面相同,$E=120\text{GPa}$、$A=15\text{cm}^2$、$I=31.25\text{cm}^4$,计算该刚架的结点位移和约束反力。

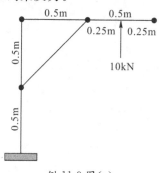

例 11-9 图（a）

【解】

```
clear;clc;
Nxy=[1,0,0;
    2,0,0.5;
    3,0,1;
    4,0.5,1;
    5,1,1]
Einfor=[ 1,1,2,1;
        2,2,3,1;
        3,2,4,1;
        4,3,4,1;
```

```
                  5,4,5,1]
mesh2dframe(Nxy,Einfor)
Sload=[5,2,1e2,0.25]
E=120e9;
A=3*5*1e-4;
I=3*5^3/12*1e-8;
EEAI=[1,120e9,A,I]
BC=[1,1,0;1,2,0;1,3,0]
[U,R]=sol_2dframe(Nxy,Einfor,EEAI,Sload,BC)
```

运行后得到：

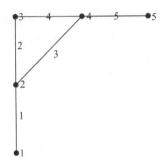

例 11-9 图（b）

U
5x4 double

	1	2	3	4
1	1	0	0	0
2	2	-2.5000e-04	2.7778e-07	1.0000e-03
3	3	-8.3465e-04	3.1537e-08	0.0012
4	4	-8.3501e-04	5.8654e-04	0.0013
5	5	-8.3501e-04	0.0012	0.0013

和

R
3x3 double

	1	2	3
1	1	1	-7.7072e-11
2	1	2	-100.0000
3	1	3	-75.0000

11.4.4　函数 sol_2dframe 源码

函数 sol_2dframe 的主要功能是，计算平面刚架的结点位移和支反力，具体内容如下。

```
function [U,R]=sol_2dframe(Nxy,Einfor,EEAI,Sload,BC)
% Nxy-[id_node,x,y]
% Einfor-[id_ele,id_node1,id_node2,type_ele]
% EEAI-[type_ele,E,A,I]
% Sload-[id_ele,type,P/M0/p0/,a]
```

代码下载

```
% BC—[id_node,1(x)2(y)3(rot),u/v/xt]
% R—[id_node,1(x)2(y)3(rot),X/Y/M]
%U —[id_node,u,v,xt]
m=size(Einfor,1);
n=size(Nxy);
KS(3*n,3*n)=0;%整体刚度矩阵
P(3*n,1)=0;%整体结点载荷列阵
%———————生成整体刚度矩阵——————————
for i=1:m
    ii=Einfor(i,2)
    jj=Einfor(i,3)
    xy=[Nxy(ii,2),Nxy(ii,3);Nxy(jj,2),Nxy(jj,3)]
    type_ele=Einfor(i,4)
    emat=[EEAI(type_ele,2),EEAI(type_ele,3),EEAI(type_ele,4)]
    [ke,T]=Estiff_2dframe(xy,emat)
    Ke=T'*ke*T
    sn=[3*ii-2,3*ii-1,3*ii,3*jj-2,3*jj-1,3*jj]
    KS(sn,sn)=KS(sn,sn)+Ke
end
%———————生成整体结点载荷列阵——————————
% Sload—[id_ele,type,P/M0/p0/,a]
k=size(Sload,1)
for i=1:k
    id_ele=Sload(i,1)
    ii=Einfor(id_ele,2);
    jj=Einfor(id_ele,3);
    xy=[Nxy(ii,2),Nxy(ii,3);Nxy(jj,2),Nxy(jj,3)];
    eload=Sload(i,2:4);
    [T,Pe]=Enload(eload,xy)
    Pe1=T'*Pe
    sn=[3*ii-2,3*ii-1,3*ii,3*jj-2,3*jj-1,3*jj]
    P(sn,1)=P(sn,1)+Pe1
end
%———————整体刚度方程的求解——————————
KS1=KS
C=max(abs(KS))
C=max(C)
C=1e9*C
```

```
s＝size(BC,1)
for i＝1:s
    sn＝BC(i,1)
    sn＝3＊sn－3＋BC(i,2)
    if BC(i,3)＝＝0％化 0 置 1 法处理位移约束
        KS1(:,sn)＝0
        KS1(sn,:)＝0
        KS1(sn,sn)＝1
        P(sn,1)＝0
    else
        KS1(sn,sn)＝C＊KK(sn,sn)％乘大数法处理位移约束
        P(sn)＝C＊KK(sn,sn)＊BC(i,3)
    end
end
U1＝KS1\P％结点位移的求解
P1＝KS＊U1％结点载荷的计算
％－－－－－－－－－结点位移的输出－－－－－－－－－－－－－
％U －[id_node,　u,　v,　xt]
for i＝1:n
    ii＝3＊i－2
    jj＝3＊i－1
    kk＝3＊i
    U(i,1:4)＝[i,U1(ii),U1(jj),U1(kk)]
end
％－－－－－－－－－结点支反力的输出－－－－－－－－－－－－
％ R－[id_node,1(x)2(y)3(rot),X/Y/M]
R(s,3)＝0
for i＝1:s
    ii＝BC(i,1)
    sn＝ii＊3－3＋BC(i,2)
    R(i,1:3)＝[ii,BC(i,2),P1(sn)]
end
end
```

有限元法与 MATLAB

第 11 章习题

习题 11-1　编写计算 3 结点平面梁单元形函数矩阵的 MATLAB 函数。

习题 11-2　编写计算 3 结点平面梁单元应变矩阵的 MATLAB 函数。

习题 11-3　编写计算 3 结点平面梁单元应力矩阵的 MATLAB 函数。

习题 11-4　编写计算 3 结点平面梁单元刚度矩阵的 MATLAB 函数。

第三篇

扩展部分

根据党的二十大精神,必须坚持问题导向,聚焦实践遇到的新问题、不断提出真正解决问题的新理念新思路新办法。随着科学技术的不断发展,动力学问题、多场耦合问题、非线性问题等复杂问题,不断出现在各类工程实践与科学研究中。引导大学生探索这些复杂问题的求解方法,利于为国家培养工程实践和创新能力强、具备国际竞争力的高素质人才。本篇主要介绍这些复杂问题的有限元法,具体内容如下。

第 12 章 动力学问题的有限元法

主要包括弹性动力学简介、动力学有限元法概述、结构固有动力特性、结构动力响应求解、解的稳定性等方面内容。

第 13 章 多场问题的有限元法

主要包括热传导、温变应力、稳态问题的有限元法、瞬态问题的有限元法、流固耦合问题的有限元法等方面内容。

第 14 章 非线性问题的有限元法

主要包括非线性方程组的求解、弹塑性材料的非线性描述、流变材料的非线性描述、非线性有限元方程的建立等方面内容。

第 15 章 扩展有限元法及其应用

主要包括扩展有限元法的单元分析、整体刚度分析、裂纹扩展准则、相关计算技术、工程应用算例等方面内容。

本篇内容,可用作 32 学时本科生"高等有限元法"课程教材,也可用作 24 学时研究生"高等计算力学"课程教材,还可以根据各校实际学时情况,选择本篇部分内容作为本科生或研究生的相关课程教材。

第 12 章　动力学问题的有限元法

12.1　弹性动力学简介

12.1.1　基本方程

弹性动力学的基本方程包括:平衡方程(运动方程)、几何方程和物理方程。下面以三维问题为例介绍弹性动力学的基本方程。

平衡方程(运动方程)可用矩阵表示为

$$\mathbf{L}^{\mathrm{T}}\boldsymbol{\sigma}+\boldsymbol{b}-\rho\frac{\mathrm{d}^2\boldsymbol{u}}{\mathrm{d}t^2}-\mu\frac{\mathrm{d}\boldsymbol{u}}{\mathrm{d}t}=0 \tag{12-1}$$

其中,t 为时间、ρ 为**质量密度**、μ 为**阻尼系数**;$\boldsymbol{L}$ 为**微分算子矩阵**,即

$$\boldsymbol{L}=\begin{bmatrix} \dfrac{\partial}{\partial x} & 0 & 0 \\[2mm] 0 & \dfrac{\partial}{\partial y} & 0 \\[2mm] 0 & 0 & \dfrac{\partial}{\partial z} \\[2mm] \dfrac{\partial}{\partial y} & \dfrac{\partial}{\partial x} & 0 \\[2mm] 0 & \dfrac{\partial}{\partial z} & \dfrac{\partial}{\partial y} \\[2mm] \dfrac{\partial}{\partial z} & 0 & \dfrac{\partial}{\partial x} \end{bmatrix}$$

$\boldsymbol{b}$ 为**体力列阵**,即

$$\boldsymbol{b}=[b_x,b_y,b_z]^{\mathrm{T}}$$

$\boldsymbol{\sigma}$ 为**应力列阵**,即

$$\boldsymbol{\sigma}=[\sigma_x,\sigma_y,\sigma_z,\tau_{xy},\tau_{yz},\tau_{zx}]^{\mathrm{T}}$$

$\boldsymbol{u}$ 为**位移列阵**,即

$$\boldsymbol{u}=[u_x,u_y,u_z]^{\mathrm{T}}$$

几何方程可用矩阵表示为

$$\boldsymbol{\varepsilon}=\boldsymbol{L}\boldsymbol{u} \tag{12-2}$$

其中，$\boldsymbol{L}$ 为微分算子矩阵，$\boldsymbol{u}$ 为位移列阵，$\boldsymbol{\varepsilon}$ 为应变列阵，即

$$\boldsymbol{\varepsilon}=[\varepsilon_x,\varepsilon_y,\varepsilon_z,\gamma_{xy},\gamma_{yz},\gamma_{zx}]^{\mathrm{T}}$$

物理方程可用矩阵表示为

$$\boldsymbol{\sigma}=\boldsymbol{D}\boldsymbol{\varepsilon} \tag{12-3}$$

其中，$\boldsymbol{\sigma}$ 为应力列阵，$\boldsymbol{\varepsilon}$ 为应变列阵，$\boldsymbol{D}$ 为刚度矩阵，即

$$\boldsymbol{D}=\begin{bmatrix} E_1(1-\mu) & \mu & \mu & 0 & 0 & 0 \\ \mu & E_1(1-\mu) & \mu & 0 & 0 & 0 \\ \mu & \mu & E_1(1-\mu) & 0 & 0 & 0 \\ 0 & 0 & 0 & G & 0 & 0 \\ 0 & 0 & 0 & 0 & G & 0 \\ 0 & 0 & 0 & 0 & 0 & G \end{bmatrix}$$

$$G=\frac{E}{2(1+\mu)},\ E_1=\frac{E}{(1+\mu)(1-2\mu)}$$

E 为弹性模量，μ 为泊松比。

12.1.2 边界条件

弹性动力学问题的边界条件包括：位移边界条件和应力边界条件。

位移边界条件可用矩阵表示为

$$\boldsymbol{u}=\bar{\boldsymbol{u}} \tag{12-4a}$$

其中，$\boldsymbol{u}$ 为位移列阵，即

$$\boldsymbol{u}=[u_x,u_y,u_z]^{\mathrm{T}}$$

$\bar{\boldsymbol{u}}$ 为已知边界位移列阵，即

$$\bar{\boldsymbol{u}}=[\bar{u}_x,\bar{u}_y,\bar{u}_z]^{\mathrm{T}}$$

应力边界条件可用矩阵表示为

$$\boldsymbol{n}\boldsymbol{\sigma}=\boldsymbol{s} \tag{12-4b}$$

其中，$\boldsymbol{n}$ 为已知面力边界的方向余弦矩阵，即

$$\boldsymbol{n}=\begin{bmatrix} n_x & 0 & 0 & n_y & 0 & n_z \\ 0 & n_y & 0 & n_x & n_z & 0 \\ 0 & 0 & n_z & 0 & n_y & n_x \end{bmatrix}$$

$\boldsymbol{\sigma}$ 为应力列阵，即

$$\boldsymbol{\sigma}=[\sigma_x,\sigma_y,\sigma_z,\tau_{xy},\tau_{yz},\tau_{zx}]^{\mathrm{T}}$$

$\boldsymbol{s}$ 为已知面力列阵，即

$$\boldsymbol{s}=[s_x,s_y,s_z]^{\mathrm{T}}$$

12.1.3 初始条件

动力学问题的初始条件包括：位移初始条件和速度初始条件。

位移初始条件可用矩阵表示为

$$u\big|_{t=0} = u_0 \tag{12-5a}$$

其中, u 为初始位移列阵, 即

$$u\big|_{t=0} = \big[u_r\big|_{t=0}, u_y\big|_{t=0}, u_z\big|_{t=0}\big]^T$$

u 为初始位移列阵的值, 即

$$u_0 = \big[u_{x0}, u_{y0}, u_{z0}\big]^T$$

速度初始条件可用矩阵表示为

$$\frac{\mathrm{d}u}{\mathrm{d}t}\big|_{t=0} = v_0 \tag{12-5b}$$

其中, $\dfrac{\mathrm{d}u}{\mathrm{d}t}\big|_{t=0}$ 为初始速度分量列阵, 即

$$\frac{\mathrm{d}u}{\mathrm{d}t}\big|_{t=0} = \left[\frac{\mathrm{d}u_x}{\mathrm{d}t}\big|_{t=0}, \frac{\mathrm{d}u_y}{\mathrm{d}t}\big|_{t=0}, \frac{\mathrm{d}u_z}{\mathrm{d}t}\big|_{t=0}\right]^T$$

v_0 为初始速度列阵的值, 即

$$v_0 = \big[v_{x0}, v_{y0}, v_{z0}\big]^T$$

12.2　动力学有限元法概述

12.2.1　求解区域的离散

在动力学问题分析中需要引入了时间变量, 因此三维弹性体动力学问题本质上是四维问题。但在动力学问题有限元分析中, 一般采用部分离散的方法, 即只对空间区域进行离散, 因此动力学问题的有限元离散和静力学问题的有限元离散完全相同。

由于只对空间域进行离散, 动力学问题的单元位移场可表示为

$$u = Na_e \tag{12-6}$$

其中, u 为位移分量列阵, 即

$$u = \big[u_x, u_y, u_z\big]^T$$

a_e 为单元结点位移分量列阵, 即

$$a_e = \begin{Bmatrix} a_1 \\ a_2 \\ \vdots \\ a_n \end{Bmatrix}$$

a_i 为单元结点 i 对应的子列阵, 即

$$a_i = \big[u_{xi}(t), u_{yi}(t), u_{zi}(t)\big]^T \quad (i=1,2,\cdots,n)$$

n 为单元包含的结点总数; N 为单元形函数矩阵, 即

$$N = \big[N_1, N_2, \cdots, N_n\big]$$

N_i 为结点 i 对应的形函数子矩阵, 即

$$N_i = \begin{bmatrix} N_i & 0 & 0 \\ 0 & N_i & 0 \\ 0 & 0 & N_i \end{bmatrix} \quad (i=1,2,\cdots,n)$$

N_i 为结点 i 对应的形函数。

12.2.2　有限元方程的建立

根据加辽金提法,动力学问题的平衡方程(12-1)和应力边界条件(12-4b)的等效积分可表示为

$$\int_\Omega \delta \boldsymbol{u}^{\mathrm{T}}\left(\boldsymbol{L}^{\mathrm{T}}\boldsymbol{\sigma}+\boldsymbol{b}-\rho\frac{\mathrm{d}^2\boldsymbol{u}}{\mathrm{d}t^2}-\mu\frac{\mathrm{d}\boldsymbol{u}}{\mathrm{d}t}\right)\mathrm{d}\Omega-\int_{\Gamma_\sigma}\delta\boldsymbol{u}^{\mathrm{T}}(\boldsymbol{n}\boldsymbol{\sigma}-\boldsymbol{s})\mathrm{d}\Gamma_\sigma=0 \tag{12-7}$$

其中,ρ 为质量密度;μ 为阻尼系数;$\delta\boldsymbol{u}$ 为虚位移列阵,即

$$\delta\boldsymbol{u}=[\delta u_x,\delta u_y,\delta u_y]^{\mathrm{T}}$$

$\boldsymbol{L}$ 为微分算子矩阵,即

$$\boldsymbol{L}=\begin{bmatrix}\dfrac{\partial}{\partial x}&0&0\\[2mm]0&\dfrac{\partial}{\partial y}&0\\[2mm]0&0&\dfrac{\partial}{\partial z}\\[2mm]\dfrac{\partial}{\partial y}&\dfrac{\partial}{\partial x}&0\\[2mm]0&\dfrac{\partial}{\partial z}&\dfrac{\partial}{\partial y}\\[2mm]\dfrac{\partial}{\partial z}&0&\dfrac{\partial}{\partial x}\end{bmatrix}$$

$\boldsymbol{b}$ 为体力列阵,即

$$\boldsymbol{b}=[b_x,b_y,b_z]^{\mathrm{T}}$$

$\boldsymbol{\sigma}$ 为应力列阵,即

$$\boldsymbol{\sigma}=[\sigma_x,\sigma_y,\sigma_z,\tau_{xy},\tau_{yz},\tau_{zx}]^{\mathrm{T}}$$

$\boldsymbol{u}$ 为位移列阵,即

$$\boldsymbol{u}=[u_x,u_y,u_z]^{\mathrm{T}}$$

$\boldsymbol{s}$ 为面力列阵,即

$$\boldsymbol{s}=[s_x,s_y,s_z]^{\mathrm{T}}$$

$\boldsymbol{n}$ 为面力边界的方向余弦矩阵,即

$$\boldsymbol{n}=\begin{bmatrix}n_x&0&0&n_y&0&n_z\\0&n_y&0&n_x&n_z&0\\0&0&n_z&0&n_y&n_x\end{bmatrix}$$

将等效积分(12-7)式用指标记法表示为

$$\int_\Omega \delta u_i(\sigma_{ji,j}+b_i-\rho u_{i,tt}-\mu u_{i,t})\mathrm{d}\Omega-\int_{\Gamma_\sigma}\delta u_i(\sigma_{ji,j}-\overline{f}_i)\mathrm{d}\Gamma_\sigma=0 \tag{a}$$

将物理方程(12-3)式用指标记法表示为

$$\sigma_{ij}=D_{ijkl}\varepsilon_{kl} \tag{b}$$

对等效积分(a)式中的 $\int_\Omega \delta u_i\sigma_{ji,j}\mathrm{d}\Omega$ 进行分部积分,并代入物理方程(b)式,经简化整理后

得到

$$\int_{\Omega}(\delta\varepsilon_{ij}D_{ijkl}\varepsilon_{kl}+\delta u_i\rho u_{i,tt}+\delta u_i\mu u_{i,t})\mathrm{d}\Omega=\int_{\Omega}\delta u_i b_i\mathrm{d}\Omega+\int_{\Gamma_\sigma}\delta u_i\,\overline{f}_i\mathrm{d}\Gamma_\sigma$$

将其用矩阵表示为

$$\int_{\Omega}\left(\delta\boldsymbol{\varepsilon}^{\mathrm{T}}\boldsymbol{D}\boldsymbol{\varepsilon}+\delta\boldsymbol{u}^{\mathrm{T}}\rho\frac{\mathrm{d}^2\boldsymbol{u}}{\mathrm{d}t^2}+\delta\boldsymbol{u}^{\mathrm{T}}\mu\frac{\mathrm{d}\boldsymbol{u}}{\mathrm{d}t}\right)\mathrm{d}\Omega=\int_{\Omega}\delta\boldsymbol{u}^{\mathrm{T}}\boldsymbol{b}\mathrm{d}\Omega+\int_{\Gamma_\sigma}\delta\boldsymbol{u}^{\mathrm{T}}\boldsymbol{s}\mathrm{d}\Gamma_\sigma \tag{12-8}$$

其中,$\delta\boldsymbol{\varepsilon}$ 为虚应变列阵,即

$$\delta\boldsymbol{\varepsilon}=[\delta\varepsilon_x,\delta\varepsilon_y,\delta\varepsilon_z,\delta\gamma_{xy},\delta\gamma_{yz},\delta\gamma_{zx}]^{\mathrm{T}}$$

将离散后的位移表达式(12-6)和几何方程(12-2)代入(12-8)式,并注意到结点位移变分的任意性,可以得到整体有限元方程,即

$$\boldsymbol{M}\frac{\mathrm{d}^2\boldsymbol{a}(t)}{\mathrm{d}t^2}+\boldsymbol{C}\frac{\mathrm{d}\boldsymbol{a}(t)}{\mathrm{d}t}+\boldsymbol{K}\boldsymbol{a}(t)=\boldsymbol{Q}(t) \tag{12-9}$$

其中,$\boldsymbol{a}$ 为整体结点位移列阵,通过单元结点位移列阵集合得到,即

$$\boldsymbol{a}=\sum_e\boldsymbol{a}_e \tag{12-10a}$$

$\boldsymbol{M}$ 为整体质量矩阵,通过单元质量矩阵集合得到,即

$$\boldsymbol{M}=\sum_e\boldsymbol{M}_e \tag{12-10b}$$

$\boldsymbol{C}$ 为整体阻尼矩阵,通过单元阻尼矩阵集合得到,即

$$\boldsymbol{C}=\sum_e\boldsymbol{C}_e \tag{12-10c}$$

$\boldsymbol{K}$ 为整体刚度矩阵,通过单元刚度矩阵集合得到,即

$$\boldsymbol{K}=\sum_e\boldsymbol{K}_e \tag{12-10d}$$

$\boldsymbol{Q}$ 为整体结点载荷列阵,通过单元结点载荷列阵集合得到,即

$$\boldsymbol{Q}=\sum_e\boldsymbol{Q}_e \tag{12-10e}$$

单元质量矩阵的计算式为

$$\boldsymbol{M}_e=\int_{\Omega_e}\rho\boldsymbol{N}^{\mathrm{T}}\boldsymbol{N}\mathrm{d}\Omega \tag{12-11a}$$

其中,ρ 为质量密度,$\boldsymbol{N}$ 为形函数矩阵。单元阻尼矩阵的计算式为

$$\boldsymbol{C}_e=\int_{\Omega_e}\mu\boldsymbol{N}^{\mathrm{T}}\boldsymbol{N}\mathrm{d}\Omega \tag{12-11b}$$

其中,μ 为阻尼系数。单元刚度矩阵的计算式为

$$\boldsymbol{K}_e=\int_{\Omega_e}\boldsymbol{B}^{\mathrm{T}}\boldsymbol{D}\boldsymbol{B}\mathrm{d}\Omega \tag{12-11c}$$

其中,$\boldsymbol{B}$ 为单元应变矩阵,$\boldsymbol{D}$ 为单元刚度矩阵。单元结点载荷列阵的计算式为

$$\boldsymbol{Q}_e=\int_{\Omega_e}\boldsymbol{N}^{\mathrm{T}}\boldsymbol{b}\mathrm{d}\Omega+\int_{\Gamma_e}\boldsymbol{N}^{\mathrm{T}}\boldsymbol{s}\mathrm{d}\Gamma \tag{12-11d}$$

其中,$\boldsymbol{b}$ 为体力列阵,$\boldsymbol{s}$ 为面力列阵。

12.2.3　有限元方程的求解

在特定边界条件和初始条件下求解动力学有限元方程(12-9),可以得到整个离散系统

的结点位移 $a(t)$、结点速度 $\dot{a}(t)$ 和结点加速度 $\ddot{a}(t)$。将各单元结点位移代入设定的单元位移模式(12-6),可以得到单元位移场;将单元位移场代入几何方程(12-2),可以得到单元应变场;将单元应变场代入物理方程(12-3),可以得到单元应力场。

和静力学有限元分析相比,在动力学有限元分析中,由于惯性力和阻尼力的出现,最后得到的动力学有限元方程(12-9)不再是代数方程组,而是对时间的二阶常微分方程组。关于二阶常微分方程组的解法,原则上可以利用求解微分方程组的常用方法,如 Runge-Kutta 法等。在动力学问题有限元分析中,因为矩阵阶数很高,很多常用方法计算效率过低。求解动力学有限元方程(12-9)的比较高效的方法包括:直接积分法和振型叠加法,在本章 12.3 节中将详细介绍这两类方法。

12.3　结构的固有动力特性

12.3.1　质量矩阵

整体质量矩阵 $\boldsymbol{M}$ 的元素 M_{ij} 称为质量影响系数,其物理意义是自由度 j 的单位加速度在自由度 i 方向引起的力。在对结构进行离散化处理时,分配单元质量的常用方法有两种,即**一致质量法**和**集中质量法**。

一致质量法按(12-11a)式计算单元的质量矩阵,因为与推导单元刚度矩阵时使用的位移函数相同,所以称为**一致质量矩阵**。又因为按一致质量矩阵计算的单元的动能和单元的应变势能相互协调,因此一致质量矩阵也称为**协调质量矩阵**。

【例 12-1】　已知平面应力问题三角形 3 结点单元的面积为 A、厚度为 t。利用一致质量法计算该单元的质量矩阵。

【解】　根据例 12-1 图所示的等参元,并利用本书第 4 章 4.6.3 节中介绍的 Hammer 积分,计算三角形 3 结点单元的一致质量矩阵。

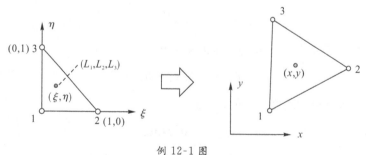

例 12-1 图

根据(12-11a)式和 Hammer 积分,编写如下 MATLAB 程序:

```
clear;clc;
syms r s A rou t
N1=1-r-s
N2=r
N3=s
```

```
NN1=[N1,0;0,N1]
   NN2=[N2,0;0,N2]
   NN3=[N3,0;0,N3]
   NN(r,s)=[NN1,NN2,NN3]
   M=(1/6)*NN(1/6,1/6)'*NN(1/6,1/6)
   M=M+(1/6)*NN(2/3,1/6)'*NN(2/3,1/6)
   M=M+(1/6)*NN(1/6,2/3)'*NN(1/6,2/3)
   M=2*A*rou*t*M
```

运行后,得到:

M=

```
[ (A*rou*t)/6,            0,(A*rou*t)/12,            0,(A*rou*t)/12,            0]
[            0,(A*rou*t)/6,            0,(A*rou*t)/12,            0,(A*rou*t)/12]
[(A*rou*t)/12,            0,(A*rou*t)/6,            0,(A*rou*t)/12,            0]
[            0,(A*rou*t)/12,            0,(A*rou*t)/6,            0,(A*rou*t)/12]
[(A*rou*t)/12,            0,(A*rou*t)/12,            0,(A*rou*t)/6,            0]
[            0,(A*rou*t)/12,            0,(A*rou*t)/12,            0,(A*rou*t)/6]
```

可见,对于平面应力问题的三角形 3 结点单元,根据(12-11a)式计算得到的质量矩阵为

$$\boldsymbol{M}_e=\frac{\rho At}{12}\begin{bmatrix} 2 & 0 & 1 & 0 & 1 & 0 \\ & 2 & 0 & 1 & 0 & 1 \\ & & 2 & 0 & 1 & 0 \\ & 对 & & 2 & 0 & 1 \\ & & 称 & & 2 & 0 \\ & & & & & 2 \end{bmatrix}$$

其中,A 为三角形单元面积,t 为三角形单元厚度,ρ 为质量密度。

集中质量法简单地将单元的质量分配于单元的结点,形成**集中质量矩阵**。每个结点所分配到的质量视该结点所管辖的范围而定。通常假定质量集中在结点上,且不考虑转动惯量,所以与转动自由度相关的质量系数为零。此外,任一结点的加速度仅在这一结点上产生惯性力,对其他结点没有作用,即单元质量矩阵中的非对角线元素为零。可见,集中质量矩阵是对角矩阵,且对角线上与转动自由度对应的元素为零。

关于集中质量的计算方法,目前还没有理论可循,最常用的方法是对一致质量矩阵的行求和,即

$$M_{ii}^D=\sum_j M_{ij}^C=\int_{\Omega_e}\rho N_i\Big(\sum_j N_j\Big)\mathrm{d}\Omega=\int_{\Omega_e}\rho N_i\mathrm{d}\Omega \tag{12-12}$$

对于平面应力问题的三角形 3 结点单元,根据该方法得到的集中质量矩阵为

$$\boldsymbol{M}_e=\frac{\rho At}{3}\begin{bmatrix} 1 & 0 & 0 & 0 & 0 & 0 \\ & 1 & 0 & 0 & 0 & 0 \\ & & 1 & 0 & 0 & 0 \\ & 对 & & 1 & 0 & 0 \\ & & 称 & & 1 & 0 \\ & & & & & 1 \end{bmatrix}$$

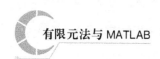

集中质量矩阵是对角线矩阵,形式简单、计算方便。困难是对于高次单元如何将单元的质量分配到各个结点上,分配方法可能有多种,不容易把握。一致质量矩阵是非对角线矩阵,采用这种矩阵进行有限元计算时,工作量要比采用一致质量矩阵时要大很多。

研究表明,采用一致质量矩阵将高估系统的最高自振频率,采用集中质量矩阵将低估系统的最高自振频率。因此,有学者建议在实际应用中采用混合质量矩阵,即取两种质量矩阵的平均值。

【例 12-2】 例 12-2 图所示 2 结点杆单元,长度为 L,横截面面积为 A,质量密度为 ρ。计算该单元的质量矩阵。

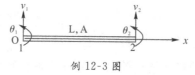
例 12-2 图

【解】 编写如下 MATLAB 程序:

```
clear;clc;
syms x L A rou
assume(x>0)
assume(L>0)
assume(x<=L)
assume(A>0)
assume(rou>0)
N1=1-x/L
N2=x/L
NN(x)=[N1,N2]
M=A*rou*int(NN'*NN,x,0,L)
```

运行后,得到:

$$M=$$
$$[(A*L*rou)/3,(A*L*rou)/6]$$
$$[(A*L*rou)/6,(A*L*rou)/3]$$

【例 12-3】 例 12-3 图所示 Euler-Bernouli 梁单元的长为 L、横截面面积为 A、质量密度为 ρ。计算该单元的质量矩阵。

例 12-3 图

【解】 编写如下 MATLAB 程序:

```
clear;clc;
syms x L A rou
assume(x>0)
assume(L>0)
assume(x<=L)
```

```
assume(A>0)
assume(rou>0)
r=x/L
N1=1-3*r^2+2*r^3
N2=r-2*r^2+r^3
N3=3*r^2-2*r^3
N4=-r^2+r^3
NN(x)=[N1,N2,N3,N4]
M=A*rou*int(NN'*NN,x,0,L)
```

运行后,得到:

M=

[(13*A*L*rou)/35,(11*A*L*rou)/210, (9*A*L*rou)/70,−(13*A*L*rou)/420]
[(11*A*L*rou)/210, (A*L*rou)/105, (13*A*L*rou)/420,−(A*L*rou)/140]
[(9*A*L*rou)/70,(13*A*L*rou)/420, (13*A*L*rou)/35,−(11*A*L*rou)/210]
[−(13*A*L*rou)/420,−(A*L*rou)/140,−(11*A*L*rou)/210, (A*L*rou)/105]

12.3.2　广义特征值问题

在实际工程中,阻尼对结构自振频率和振型的影响不大,可以忽略不计。如果忽略阻尼的影响,整体有限元方程(12-9)可以简化为

$$M \frac{d^2 a(t)}{dt^2} + Ka(t) = Q(t) \tag{12-13}$$

若上式右端项为零,则整体有限元方程(12-9)可以进一步简化为

$$M \frac{d^2 a(t)}{dt^2} + Ka(t) = 0 \tag{12-14}$$

即有限元离散系统的自由振动方程,又称为有限元离散系统的动力学特征方程,根据该方程可以求出有限元系统的固有频率和固有振型。

自由振动方程(12-14)为常系数线性齐次微分方程组,可将其解设为

$$a = \phi \cos\omega t \tag{12-15}$$

其中,ω 和 ϕ 分别称为**固有频率**和**固有振型**。将(12-15)式代入(12-14)式,得到齐次代数方程组

$$(K - \omega^2 M)\phi = 0 \tag{12-16}$$

在自由振动时,离散结构中各结点振幅不全为零,即(12-16)式有非零解,因此其系数行列式等于零,即

$$|K - \omega^2 M| = 0 \tag{12-17}$$

可见求固有频率和固有振型本质上是求解广义特征值和特征向量问题,通常称为**广义特征值问题**。若动力学问题有限元离散系统的自由度总数为 n,则结构刚度矩阵 K 和结构质量矩阵 M 均为 n 阶方阵,则根据(12-17)式可以求出 n 个**特征值** $\omega_i^2 (i=1,2,\cdots,n)$,将求出的特征值代入(12-16)式,可以得到 n 个相应的**特征向量**,即固有振型 $\phi_i (i=1,2,\cdots,n)$。

【例 12-4】 例 12-4 图所示杆系结构中各杆的弹性模量 $E=200\text{Gpa}$、长度 $L=100\text{mm}$、横截面面积 $A=10\text{mm}^3$、密度 $\rho=7800\text{kg/m}^3$。求该结构的固有频率和固有振型。

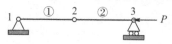

例 12-4 图

【解】 编写如下 MATLAB 程序：

```
clear;clc;
rou=7.8e3; % kg/m^3
A=10e−6; % m
E=200e9 % Pa
L=100e−3; % m
K1=E*A/L*[1,−1;−1,1];
K2=E*A/L*[1,−1;−1,1];
sn1=[1,2];
sn2=[2,3];
K(1:3,1:3)=0
M1=A*L*rou*[1/3,1/6;1/6,1/3]
M2=A*L*rou*[1/3,1/6;1/6,1/3]
K(sn1,sn1)=K(sn1,sn1)+K1;
K(sn2,sn2)=K(sn2,sn2)+K2
M(1:3,1:3)=0
M(sn1,sn1)=M(sn1,sn1)+M1;
M(sn2,sn2)=M(sn2,sn2)+M2
[V,D]=eig(K,M)
omg1=D(1,1)^0.5
phi1=V(:,1)
omg2=D(2,2)^0.5
phi2=V(:,2)
omg3=D(3,3)^0.5
phi3=V(:,3)
```

运行后,得到各阶固有频率及固有振型：

omg1=	omg2=	omg3=
0.0017	8.7706e+04	1.7541e+05
phi1=	phi2=	phi3=
8.0064	−13.8675	13.8675
8.0064	0.0000	−13.8675
8.0064	13.8675	13.8675

12.3.3 特征值和特征向量

在动力学有限元分析中,刚度矩阵和质量矩阵都是实对称矩阵。消除刚体位移后刚度矩阵是正定的,采用一致质量矩阵时质量矩阵也是正定的。当质量矩阵为对称正定、刚度矩阵为对称正定或半正定时,所有特征值为非负实数,相应的特征向量也是实数向量。

对于广义特征值问题,可将其 n 个非负实数特征值由小到大顺次排列为

$$\omega_1^2 \leqslant \omega_2^2 \leqslant \cdots \leqslant \omega_i^2 \leqslant \cdots \omega_n^2$$

其中,ω_i 称为第 i 阶固有频率,对应的特征向量(即固有振型)ϕ_i 称为第 i 阶固有振型。固有频率和固有振型之间满足

$$\boldsymbol{K}\phi_i = \omega_i^2 \boldsymbol{M}\phi_i \quad (i=1,2,\cdots,n) \tag{12-18}$$

如果 ϕ_i 为广义特征值问题的特征向量,那么将其乘以一个不为零的常数后仍为特征向量。为确定起见,通常使特征向量满足

$$\phi_i^{\mathrm{T}}\boldsymbol{M}\phi_i = 1 \quad (i=1,2,\cdots,n) \tag{12-19}$$

这样规定的特征向量(即固有振型)称为**正则振型**。

将特征值 ω_i^2 及其对应的固有振型 ϕ_i 代入(12-15)式,得到

$$\boldsymbol{K}\phi_i = \omega_i^2 \boldsymbol{M}\phi_i \tag{12-20}$$

类似地将另一组不同的特征值 ω_j^2 及其对应的固有振型 ϕ_j 代入(12-15)式,得到

$$\boldsymbol{K}\phi_j = \omega_j^2 \boldsymbol{M}\phi_j \tag{12-21}$$

根据(12-20)式可以进一步得到

$$\phi_j \boldsymbol{K}\phi_i = \omega_i^2 \phi_j \boldsymbol{M}\phi_i$$

根据(12-21)式可进一步得到

$$\phi_i \boldsymbol{K}\phi_j = \omega_j^2 \phi_i \boldsymbol{M}\phi_j$$

根据以上两式,并利用 K 和 M 的对称性,可以得到

$$(\omega_i^2 - \omega_j^2)\phi_j^{\mathrm{T}}\boldsymbol{M}\phi_i = 0$$

这表明,当 $\omega_i \neq \omega_j$ 时,必有

$$\phi_j^{\mathrm{T}}\boldsymbol{M}\phi_i = 0 \tag{12-22}$$

即特征向量(固有振型)关于质量矩阵 M 是正交的。将(12-19)式和(12-22)式合并表示为

$$\phi_j^{\mathrm{T}}\boldsymbol{M}\phi_i = \delta_{ij} \tag{12-23}$$

其中,

$$\delta_{ij} = \begin{cases} 1 & i=j \\ 0 & i \neq j \end{cases}$$

根据(12-18)式和(12-23)式,可进一步得到

$$\phi_j^{\mathrm{T}}\boldsymbol{K}\phi_i = \delta_{ij}\omega_i^2 \tag{12-24}$$

若定义特征矩阵

$$\Phi = [\phi_1, \phi_2, \cdots, \phi_n] \tag{12-25}$$

则特征值和特征向量间的关系可表示为

$$\left.\begin{array}{l} \Phi^{\mathrm{T}}\boldsymbol{M}\Phi = I \\ \Phi^{\mathrm{T}}\boldsymbol{K}\Phi = \boldsymbol{\Omega}^2 \end{array}\right\} \tag{12-26}$$

其中

$$\boldsymbol{\Omega}^2 = \begin{bmatrix} \omega_1^2 & 0 & \cdots & 0 \\ 0 & \omega_2^2 & \cdots & 0 \\ \vdots & \vdots & \ddots & \vdots \\ 0 & 0 & \cdots & \omega_n^2 \end{bmatrix} \tag{12-27}$$

求解特征值问题有很多方法,如逆迭代法、子空间迭代法等,具体内容可在数值方法教科书中查阅,这里不再赘述。

12.4 结构动力响应求解

12.4.1 阻尼矩阵

动力学有限元方程中的阻尼项代表系统在运动中所消耗的能量。产生阻尼的原因是多方面的,例如滑动摩擦、空气阻力、材料内摩擦等。完全考虑这些因素是不可能的,通常是用等效粘滞阻尼来代替,即认为固体材料的阻尼与粘滞流体中的粘滞阻尼相似,阻尼力与运动速度或应变速度呈线性关系。所谓等效是指假定的粘滞阻尼在振动一周产生的能量消耗与实际阻尼的能量消耗相同。

若假设阻尼力正比于运动速度,单元阻尼矩阵的计算式为

$$\boldsymbol{C}_e = \alpha \boldsymbol{M}_e$$

即阻尼矩阵与质量矩阵成正比。若假设阻尼应力正比于应变速度,单元阻尼矩阵的计算式为

$$\boldsymbol{C}_e = \beta \boldsymbol{K}_e$$

即阻尼矩阵与刚度矩阵成正比。

求出单元阻尼矩阵后,采用直接集成方法可以得到整体阻尼矩阵。但是,阻尼系数一般和结构固有频率有关,这事先并不知道。可见,要精确地确定阻尼矩阵相当困难。通常将实际结构的阻尼简化为质量矩阵和刚度矩阵的线性组合,即

$$\boldsymbol{C} = \alpha \boldsymbol{M} + \beta \boldsymbol{K} \tag{12-28}$$

其中,α 和 β 为不依赖于频率的常数,可以通过实验确定。按(12-28)计算得到的阻尼称为 Rayleigh 阻尼。

12.4.2 振型迭加法

振型叠加法是求解动力学有限元方程(12-9)式的有效方法之一。通常方程(12-9)式是耦合的,振型叠加法的基本思想是先将方程组非耦合化,然后再积分求解非耦合方程组。质量矩阵 $\boldsymbol{M}$ 和刚度矩阵 $\boldsymbol{K}$ 是振型正交的,若采用 Rayleigh 阻尼(12-28)式,阻尼矩阵 $\boldsymbol{C}$ 也是振型正交的,因此可借助振型向量所构成的位移变换矩阵,实现方程组(12-9)式的非耦合化。

根据自由振动方程(12-14)式求出固有频率 ω_i 和固有振型 ϕ_i 以后,可以用振型的线性组合来表示离散结构的结点位移列阵,即

$$\boldsymbol{a}(t) = \boldsymbol{\Phi}\boldsymbol{x}(t) \tag{12-29}$$

其中，$\boldsymbol{\Phi}$ 为振型矩阵，即

$$\boldsymbol{\Phi} = [\boldsymbol{\phi}_1, \boldsymbol{\phi}_2, \cdots, \boldsymbol{\phi}_n]$$

$\boldsymbol{x}$ 称为广义坐标列阵，即

$$\boldsymbol{x}(t) = [x_1(t), x_2(t), \cdots, x_n(t)]^{\mathrm{T}}$$

将(12-29)式代入动力学有限元方程组(12-9)，并将方程两边左乘 $\boldsymbol{\Phi}^{\mathrm{T}}$，得到

$$\boldsymbol{\Phi}^{\mathrm{T}}\boldsymbol{M}\boldsymbol{\Phi}\frac{\mathrm{d}^2\boldsymbol{x}(t)}{\mathrm{d}t^2} + \boldsymbol{\Phi}^{\mathrm{T}}\boldsymbol{C}\boldsymbol{\Phi}\frac{\mathrm{d}^2\boldsymbol{x}(t)}{\mathrm{d}t^2} + \boldsymbol{\Phi}^{\mathrm{T}}\boldsymbol{K}\boldsymbol{\Phi}\boldsymbol{x}(t) = \boldsymbol{\Phi}^{\mathrm{T}}\boldsymbol{Q}(t) \tag{12-30}$$

根据(12-26)式和(12-27)式可知

$$\boldsymbol{\Phi}^{\mathrm{T}}\boldsymbol{M}\boldsymbol{\Phi} = \begin{bmatrix} 1 & 0 & 0 & 0 \\ 0 & 1 & 0 & 0 \\ 0 & 0 & \ddots & 0 \\ 0 & 0 & 0 & 1 \end{bmatrix}_{n \times n} \tag{12-31a}$$

$$\boldsymbol{\Phi}^{\mathrm{T}}\boldsymbol{K}\boldsymbol{\Phi} = \begin{bmatrix} \omega_1^2 & 0 & \cdots & 0 \\ 0 & \omega_2^2 & \cdots & 0 \\ \vdots & \vdots & \ddots & \vdots \\ 0 & 0 & \cdots & \omega_n^2 \end{bmatrix} \tag{12-31b}$$

根据(12-28)式可以得到

$$\boldsymbol{\Phi}^{\mathrm{T}}\boldsymbol{C}\boldsymbol{\Phi} = \begin{bmatrix} 2\omega_1\lambda_1 & 0 & \cdots & 0 \\ 0 & 2\omega_2\lambda_2 & \cdots & 0 \\ \vdots & \vdots & \ddots & \vdots \\ 0 & 0 & \cdots & 2\omega_n\lambda_n \end{bmatrix} \tag{12-31c}$$

其中，

$$2\omega_i\lambda_i = \alpha + \beta\omega_i \quad (i=1,2,\cdots,n) \tag{12-32}$$

而 λ_i 称为**阻尼比**。根据(12-32)式可知，当已知结构的两个频率 ω_i 和 ω_j，及它们相应的阻尼比 λ_i 和 λ_j，则有

$$\left.\begin{array}{l} \alpha = \dfrac{2(\lambda_i\omega_j - \lambda_j\omega_i)}{(\omega_j + \omega_i)(\omega_j - \omega_i)} \\[3mm] \beta = \dfrac{2(\omega_i\lambda_i - \omega_j\lambda_j)}{\omega_i - \omega_j} \end{array}\right\} \tag{12-33}$$

将(12-31a)式、(12-31b)式和(12-31c)式代入(12-30)式，得到

$$\frac{\mathrm{d}^2 x_i(t)}{\mathrm{d}t^2} + 2\omega_i\lambda_i\frac{\mathrm{d}x_i(t)}{\mathrm{d}t} + \omega_i^2 x_i(t) = r_i(t) \quad (i=1,2,\cdots,n) \tag{12-34}$$

其中，

$$r_i(t) = \boldsymbol{\phi}_i^{\mathrm{T}}\boldsymbol{Q}(t)$$

求解(12-34)式，将得到的解代入(12-29)式便得到有限元离散系统的各个结点位移分量。由于高阶振型对结构动力响应的贡献一般都很小，通常只计算最低阶的 3 到 5 个振型即可。振型叠加法的局限是：必须先求解固有频率和固有振型；该法应用了叠加原理，因此只适用于线性问题。

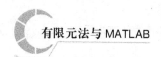

微分方程(12-34)式通常采用 Duhamel 积分法求解。首先将激振力 $r_i(t)$ 分解为一系列微冲量的连续作用,分别求出每个微分冲量的响应,然后将所有微冲量的响应叠加起来得到微分方程的解,即

$$x_i(t) = \frac{1}{\omega_i} \int_0^t \frac{r_i(\tau)\sin\overline{\omega}_i(t-\tau)}{\exp[\lambda_i(t-\tau)]} d\tau + \frac{a_i\sin\overline{\omega}_i t + b_i\cos\overline{\omega}_i t}{\exp(\lambda_i\overline{\omega}_i t)} \tag{12-35}$$

其中,

$$\overline{\omega}_i = \omega_i \sqrt{1-\lambda_i^2} \tag{12-36}$$

常数 a_i 和 b_i 由初始条件确定。在忽略阻尼($\lambda_i=0$)情况下,Duhamel 积分解(12-35)式可简化为

$$x_i(t) = \frac{1}{\omega_i} \int_0^t r_i(\tau)\sin\omega_i(t-\tau) d\tau + (a_i\sin\omega_i t + b_i\cos\omega_i t)$$

【例 12-5】 利用振型叠加法求解运动方程

$$M\frac{d^2 a}{dt^2} + Ka = Q$$

其中,

$$M = \begin{bmatrix} 2 & 0 \\ 0 & 1 \end{bmatrix}, \quad K = \begin{bmatrix} 6 & -2 \\ -2 & 4 \end{bmatrix}, \quad Q = \begin{Bmatrix} 0 \\ 10 \end{Bmatrix}$$

初始条件为

$$a_0 = \begin{Bmatrix} 0 \\ 0 \end{Bmatrix}, \left(\frac{da}{dt}\right)_0 = \begin{Bmatrix} 0 \\ 0 \end{Bmatrix}$$

【解】 编写如下 MATLAB 程序:

```
clear;clc;
M=[2,0;0,1];
K=[6,-2;-2,4];
Q=[0;10];
[V,D]=eig(K,M);
V=sym(V)
r=V'*Q;
syms x1(t) x2(t)
deq1=diff(x1,t,2)+D(1,1)*x1==r(1);
dx1=diff(x1,t,1);
con1=[x1(0)==0,dx1(0)==0];
x1=dsolve(deq1,con1);
deq2=diff(x2,t,2)+D(2,2)*x2==r(2);
dx2=diff(x2,t,1);
con2=[x2(0)==0,dx2(0)==0];
x2=dsolve(deq2,con2);
```

代码下载

```
x=[x1;x2]
a=V*x;
a=simplify(a)
pretty(a)
t=0.28*(1:12)
a1=eval(a(1))
a2=eval(a(2))
aa=[a1;a2]
```

运行后,得到:

$V=$

$$[-3\verb|^|(1/2)/3, \qquad -6\verb|^|(1/2)/6]$$
$$[-3\verb|^|(1/2)/3,(2\verb|^|(1/2)*3\verb|^|(1/2))/3]$$

$x=$

$$(5*3\verb|^|(1/2)*\cos(2\verb|^|(1/2)*t))/3-(5*3\verb|^|(1/2))/3$$
$$(2*6\verb|^|(1/2))/3-(2*6\verb|^|(1/2)*\cos(5\verb|^|(1/2)*t))/3$$

$a=$

$$(2*\cos(5\verb|^|(1/2)*t))/3-(5*\cos(2\verb|^|(1/2)*t))/3+1$$
$$3-(4*\cos(5\verb|^|(1/2)*t))/3-(5*\cos(2\verb|^|(1/2)*t))/3$$

$$\begin{bmatrix} \dfrac{2\cos(\text{aqrt}(5)\ t)}{3}-\dfrac{5\cos(\text{sqrt}(2)\ t)}{3}+1 \\[2mm] 3-\dfrac{4\cos(\text{sqrt}(5)\ t)}{3}-\dfrac{5\cos(\text{sqrt}(2)\ t)}{3} \end{bmatrix}$$

将不同时刻的解列于表 12-1。

表 12-1　振型叠加法得到的各时刻的 a(其中 $\Delta t=0.28$)

t	Δt	$2\Delta t$	$3\Delta t$	$4\Delta t$	$5\Delta t$	$6\Delta t$	$7\Delta t$	$8\Delta t$	$9\Delta t$	$10\Delta t$	$11\Delta t$	$12\Delta t$
$a(1)$	0.003	0.038	0.176	0.486	0.996	1.657	2.338	2.861	3.052	2.806	2.131	1.157
$a(2)$	0.382	1.412	2.781	4.094	4.996	5.291	4.986	4.277	3.457	2.806	2.484	2.489

12.4.3　直接积分法

直接积分法是运动方程,即动力学有限元方程(12-9),进行逐步积分,而不进行任何形式的变换。其求解的基本思路包括:①将在求解时域 $0<t<T$ 内任何时刻都满足运动方程的要求,代之以仅在时间间隔 Δt 内的离散时间点上满足运动方程;②在某时域内假定运动状态的时变规律,或采用某种差分格式就时间变量 t 离散方程组。在此基础上,建立由时刻 t 结点运动量(位移、速度、加速度),计算时刻 $t+\Delta t$ 结点运动量(位移、速度、加速度)的计算公式。

假设的时变规律,或采用的差分格式不同,对 t 的离散方法就不同,从而得到不同的数

值积分方法。目前主要包括中心差分法、线性加速度法、Newmark 法和 Wilson 法，下面分别介绍。

12.3.3.1 中心差分法

在中心差分法中，在 t 时刻结点的加速度可用结点位移表示为

$$\left(\frac{\mathrm{d}^2 \boldsymbol{a}}{\mathrm{d}t^2}\right)_t = \frac{1}{\Delta t^2}\left[\boldsymbol{a}_{t-\Delta t} - 2\boldsymbol{a}_t + \boldsymbol{a}_{t+\Delta t}\right] \tag{a}$$

其中 $\boldsymbol{a}$ 为离散系统的结点位移列阵。在 t 时刻结点的速度可用结点位移表示为

$$\left(\frac{\mathrm{d}\boldsymbol{a}}{\mathrm{d}t}\right)_t = \frac{1}{2\Delta t}\left[\boldsymbol{a}_{t+\Delta t} - \boldsymbol{a}_{t-\Delta t}\right] \tag{b}$$

根据（b），当 $t=0$ 时，为了计算 $\boldsymbol{a}_{\Delta t}$，除了初始条件已知的 $\boldsymbol{a}_0$ 外，还需要知道 $\boldsymbol{a}_{-\Delta t}$。为此利用（a）和（b）可以得到

$$\boldsymbol{a}_{-\Delta t} = \boldsymbol{a}_0 - \Delta t\left(\frac{\mathrm{d}\boldsymbol{a}}{\mathrm{d}t}\right)_0 + \frac{\Delta t^2}{2}\left(\frac{\mathrm{d}^2 \boldsymbol{a}}{\mathrm{d}t^2}\right)_0$$

在 t 时刻，动力学有限元方程（12-9）可表示为

$$\boldsymbol{M}\left(\frac{\mathrm{d}^2 \boldsymbol{a}}{\mathrm{d}t^2}\right)_t + \boldsymbol{C}\left(\frac{\mathrm{d}\boldsymbol{a}}{\mathrm{d}t}\right)_t + \boldsymbol{K}\boldsymbol{a}_t = \boldsymbol{Q}_t \tag{12-37}$$

将（a）和（b）代入（12-37）式，得到

$$\overline{\boldsymbol{K}}\boldsymbol{a}_{t+\Delta t} = \overline{\boldsymbol{Q}}_{t+\Delta t} \tag{12-38}$$

其中，

$$\overline{\boldsymbol{K}} = \frac{1}{\Delta t^2}\boldsymbol{M} + \frac{1}{2\Delta t}\boldsymbol{C} \tag{12-39}$$

称为**有效刚度矩阵**；

$$\overline{\boldsymbol{Q}}_{t+\Delta t} = \boldsymbol{Q}_t - \left[\boldsymbol{K} - \frac{2}{\Delta t^2}\boldsymbol{M}\right]\boldsymbol{a}_t - \left[\frac{1}{\Delta t^2}\boldsymbol{M} - \frac{1}{2\Delta t}\boldsymbol{C}\right]\boldsymbol{a}_{t-\Delta t} \tag{12-40}$$

称为**有效结点载荷**。

方程（12-38）是用相邻时刻的位移表示的代数方程组，由此可以解出 $\boldsymbol{a}_{t+\Delta t}$。由于 $\boldsymbol{a}_{t+\Delta t}$ 是利用 t 时刻的运动方程得到的，$\boldsymbol{K}$ 不出现在有效刚度矩阵 $\overline{\boldsymbol{K}}$ 中，因此中心差分法被称为**显式积分法**。这种方法的优点是计算简单，缺点则在于它是有条件稳定的，即当时间步长 Δt 过大时，积分是不稳定的。

【例 12-6】 利用中心差分法求解运动方程

$$\boldsymbol{M}\frac{\mathrm{d}^2 \boldsymbol{a}}{\mathrm{d}t^2} + \boldsymbol{K}\boldsymbol{a} = \boldsymbol{Q}$$

其中，

$$\boldsymbol{M} = \begin{bmatrix} 2 & 0 \\ 0 & 1 \end{bmatrix}, \quad \boldsymbol{K} = \begin{bmatrix} 6 & -2 \\ -2 & 4 \end{bmatrix}, \quad \boldsymbol{Q} = \begin{Bmatrix} 0 \\ 10 \end{Bmatrix}$$

初始条件为

$$\boldsymbol{a}_0 = \begin{Bmatrix} 0 \\ 0 \end{Bmatrix}, \left(\frac{\mathrm{d}\boldsymbol{a}}{\mathrm{d}t}\right)_0 = \begin{Bmatrix} 0 \\ 0 \end{Bmatrix}$$

【解】 编写如下 MATLAB 程序：

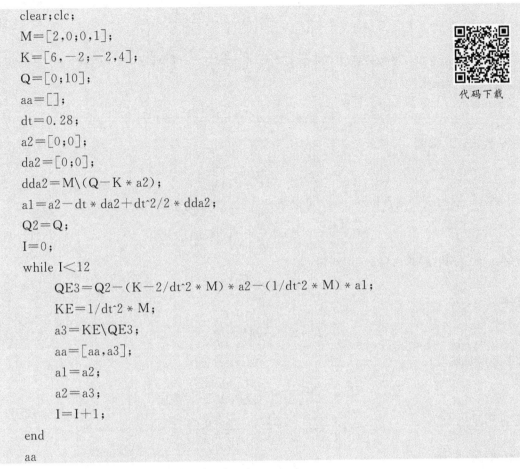

```
clear;clc;
M=[2,0;0,1];
K=[6,-2;-2,4];
Q=[0;10];
aa=[];
dt=0.28;
a2=[0;0];
da2=[0;0];
dda2=M\(Q-K*a2);
a1=a2-dt*da2+dt^2/2*dda2;
Q2=Q;
I=0;
while I<12
    QE3=Q2-(K-2/dt^2*M)*a2-(1/dt^2*M)*a1;
    KE=1/dt^2*M;
    a3=KE\QE3;
    aa=[aa,a3];
    a1=a2;
    a2=a3;
    I=I+1;
end
aa
```

代码下载

运行后,得到各时刻的 a 的解,将它们列于表 12-2 中。

表 12-2　中心差分法得到的各时刻的 a(其中 $\Delta t=0.28$)

t	Δt	$2\Delta t$	$3\Delta t$	$4\Delta t$	$5\Delta t$	$6\Delta t$	$7\Delta t$	$8\Delta t$	$9\Delta t$	$10\Delta t$	$11\Delta t$	$12\Delta t$
$a(1)$	0.000	0.031	0.168	0.487	1.017	1.701	2.397	2.913	3.071	2.771	2.037	1.022
$a(2)$	0.392	1.445	2.834	4.144	5.015	5.257	4.901	4.168	3.368	2.778	2.535	2.601

12.3.3.2 线性加速度法

在线性加速度法中,假定在时间段 $[t,t+\Delta t]$ 内,加速度呈线性变化,即

$$\left(\frac{\mathrm{d}^2\boldsymbol{a}}{\mathrm{d}t^2}\right)_{t+\tau}=\left(\frac{\mathrm{d}^2\boldsymbol{a}}{\mathrm{d}t^2}\right)_t+\frac{\tau}{\Delta t}\left[\left(\frac{\mathrm{d}^2\boldsymbol{a}}{\mathrm{d}t^2}\right)_{t+\tau}-\left(\frac{\mathrm{d}^2\boldsymbol{a}}{\mathrm{d}t^2}\right)_t\right] \tag{a}$$

据此可进一步得到

$$\left(\frac{\mathrm{d}\boldsymbol{a}}{\mathrm{d}t}\right)_{t+\tau}=\left(\frac{\mathrm{d}\boldsymbol{a}}{\mathrm{d}t}\right)_t+\int_0^\tau\left(\frac{\mathrm{d}^2\boldsymbol{a}}{\mathrm{d}t^2}\right)_{t+\tau}\mathrm{d}\tau \tag{b}$$

$$\boldsymbol{a}_{t+\tau}=\boldsymbol{a}_t+\int_0^\tau\left(\frac{\mathrm{d}\boldsymbol{a}}{\mathrm{d}t}\right)_{t+\tau}\mathrm{d}\tau \tag{c}$$

将(a)代入(b)和(c),并令 $\tau=\Delta t$,得到

$$\left(\frac{\mathrm{d}\boldsymbol{a}}{\mathrm{d}t}\right)_{t+\Delta t}=\left(\frac{\mathrm{d}\boldsymbol{a}}{\mathrm{d}t}\right)_{t}+\frac{\Delta t}{2}\left(\frac{\mathrm{d}^{2}\boldsymbol{a}}{\mathrm{d}t^{2}}\right)_{t}+\frac{\Delta t}{2}\left(\frac{\mathrm{d}^{2}\boldsymbol{a}}{\mathrm{d}t^{2}}\right)_{t+\Delta t} \qquad (\mathrm{d})$$

$$\boldsymbol{a}_{t+\Delta t}=\boldsymbol{a}_{t}+\Delta t\left(\frac{\mathrm{d}\boldsymbol{a}}{\mathrm{d}t}\right)_{t}+\frac{\Delta t^{2}}{3}\left(\frac{\mathrm{d}^{2}\boldsymbol{a}}{\mathrm{d}t^{2}}\right)_{t}+\frac{\Delta t^{2}}{6}\left(\frac{\mathrm{d}^{2}\boldsymbol{a}}{\mathrm{d}t^{2}}\right)_{t+\Delta t} \qquad (\mathrm{e})$$

根据(e)可以得到

$$\left(\frac{\mathrm{d}^{2}\boldsymbol{a}}{\mathrm{d}t^{2}}\right)_{t+\Delta t}=\frac{6}{\Delta t^{2}}\left[\boldsymbol{a}_{t+\Delta t}-\boldsymbol{a}_{t}\right]-\frac{6}{\Delta t}\left(\frac{\mathrm{d}\boldsymbol{a}}{\mathrm{d}t}\right)_{t}-2\left(\frac{\mathrm{d}^{2}\boldsymbol{a}}{\mathrm{d}t^{2}}\right)_{t} \qquad (\mathrm{f})$$

将(f)代入(d),得到

$$\left(\frac{\mathrm{d}\boldsymbol{a}}{\mathrm{d}t}\right)_{t+\Delta t}=\frac{3}{\Delta t}\boldsymbol{a}_{t+\Delta t}-\frac{3}{\Delta t}\boldsymbol{a}_{t}-2\left(\frac{\mathrm{d}\boldsymbol{a}}{\mathrm{d}t}\right)_{t}-\frac{\Delta t}{2}\left(\frac{\mathrm{d}^{2}\boldsymbol{a}}{\mathrm{d}t^{2}}\right)_{t} \qquad (\mathrm{g})$$

在 $t+\Delta t$ 时刻的结点位移 $\boldsymbol{a}_{t+\Delta t}$,可以通过 $t+\Delta t$ 时刻的运动方程

$$\boldsymbol{M}\left(\frac{\mathrm{d}^{2}\boldsymbol{a}}{\mathrm{d}t^{2}}\right)_{t+\Delta t}+\boldsymbol{C}\left(\frac{\mathrm{d}\boldsymbol{a}}{\mathrm{d}t}\right)_{t+\Delta t}+\boldsymbol{K}\boldsymbol{a}_{t+\Delta t}=\boldsymbol{Q}_{t+\Delta t} \qquad (12\text{-}41)$$

得到。将(f)和(g)代入(12-41)式,得到

$$\overline{\boldsymbol{K}}\boldsymbol{a}_{t+\Delta t}=\overline{\boldsymbol{Q}}_{t+\Delta t} \qquad (12\text{-}42)$$

其中,

$$\overline{\boldsymbol{K}}=\boldsymbol{K}+\frac{6}{\Delta t^{2}}\boldsymbol{M}+\frac{3}{\Delta t}\boldsymbol{C} \qquad (12\text{-}43)$$

为有效刚度矩阵;

$$\begin{aligned}\overline{\boldsymbol{Q}}_{t+\Delta t}=\boldsymbol{Q}_{t+\Delta t}+\boldsymbol{M}\left[\frac{6}{\Delta t^{2}}\boldsymbol{a}_{t}+\frac{6}{\Delta t}\left(\frac{\mathrm{d}\boldsymbol{a}}{\mathrm{d}t}\right)_{t}+2\left(\frac{\mathrm{d}^{2}\boldsymbol{a}}{\mathrm{d}t^{2}}\right)_{t}\right]\\+\boldsymbol{C}\left[\frac{3}{\Delta t}\boldsymbol{a}_{t}+2\left(\frac{\mathrm{d}\boldsymbol{a}}{\mathrm{d}t}\right)_{t}+\frac{\Delta t}{2}\left(\frac{\mathrm{d}^{2}\boldsymbol{a}}{\mathrm{d}t^{2}}\right)_{t}\right]\end{aligned} \qquad (12\text{-}44)$$

为有效结点载荷。

在线性加速度法中,$\boldsymbol{a}_{t+\Delta t}$ 是利用 $t+\Delta t$ 时刻的运动方程得到的,$\boldsymbol{K}$ 出现在有效刚度矩阵 $\overline{\boldsymbol{K}}$ 中,因此称为**隐式积分法**。可以证明,线性加速度法也是有条件稳定的,其应用受到了一定限制。下面介绍的 Newmark 法和 Wilson-θ 法都是无条件稳定的,它们都可以看作是线性加速度法的推广。

【例 12-7】 利用线性加速度法求解运动方程

$$\boldsymbol{M}\frac{\mathrm{d}^{2}\boldsymbol{a}}{\mathrm{d}t^{2}}+\boldsymbol{K}\boldsymbol{a}=\boldsymbol{Q}$$

其中,

$$\boldsymbol{M}=\begin{bmatrix}2 & 0\\0 & 1\end{bmatrix},\quad \boldsymbol{K}=\begin{bmatrix}6 & -2\\-2 & 4\end{bmatrix},\quad \boldsymbol{Q}=\begin{Bmatrix}0\\10\end{Bmatrix}$$

初始条件为

$$\boldsymbol{a}_{0}=\begin{Bmatrix}0\\0\end{Bmatrix},\quad \left(\frac{\mathrm{d}\boldsymbol{a}}{\mathrm{d}t}\right)_{0}=\begin{Bmatrix}0\\0\end{Bmatrix}$$

【解】 编写如下 MATLAB 程序:

```
clear;clc;
M=[2,0;0,1];
K=[6,-2;-2,4];
Q=[0;10];
aa=[];
dt=0.28;
a1=[0;0]
da1=[0;0]
dda1=M\(Q-K*a1)
KE=K+6/dt^2*M;
Q2=Q
I=0
while I < 12
    QE2=Q2+M*(6/dt^2*a1+6/dt*da1+2*dda1)
    a2=KE\QE2
    da2=3/dt*a2-3/dt*a1-2*da1-dt/2*dda1;
    dda2=6/dt^2*(a2-a1)-6/dt*da1-2*dda1;
    aa=[aa,a2];
    a1=a2;
    da1=da2;
    dda1=dda2;
    I=I+1;
end
aa
```

运行后,得到各时刻的 a 的解,将它们列于表 12-3 中。

表 12-3　线性加速度法得到的各时刻的 a(其中 $\Delta t=0.28$)

t	Δt	$2\Delta t$	$3\Delta t$	$4\Delta t$	$5\Delta t$	$6\Delta t$	$7\Delta t$	$8\Delta t$	$9\Delta t$	$10\Delta t$	$11\Delta t$	$12\Delta t$
$a(1)$	0.005	0.044	0.183	0.485	0.978	1.618	2.285	2.811	3.029	2.832	2.212	1.280
$a(2)$	0.373	1.381	2.732	4.045	4.974	5.316	5.060	4.378	3.548	2.846	2.453	2.395

12.3.3.3　Newmark 法

根据 Newmark 法,假设

$$\left(\frac{\mathrm{d}a}{\mathrm{d}t}\right)_{t+\Delta t}=\left(\frac{\mathrm{d}a}{\mathrm{d}t}\right)_t+(1-\gamma)\left(\frac{\mathrm{d}^2a}{\mathrm{d}t^2}\right)_t\Delta t+\gamma\left(\frac{\mathrm{d}^2a}{\mathrm{d}t^2}\right)_{t+\Delta t}\Delta t \tag{a}$$

$$a_{t+\Delta t}=a_t+\left(\frac{\mathrm{d}a}{\mathrm{d}t}\right)_t\Delta t+[1/2-\beta]\left(\frac{\mathrm{d}^2a}{\mathrm{d}t^2}\right)_{t+\Delta t}\Delta t^2+\beta\left(\frac{\mathrm{d}^2a}{\mathrm{d}t^2}\right)_{t+\Delta t}\Delta t^2 \tag{b}$$

其中,γ 和 β 是按积分精度和稳定性要求而决定的参数。当 $\gamma=1/2$ 和 $\beta=1/6$ 时,以上两式和线性加速度法的表达式完全相同。

373

在 Newmark 法中，$t+\Delta t$ 时刻的结点位移也是通过满足 $t+\Delta t$ 时刻的运动方程

$$M\left(\frac{\mathrm{d}^2\boldsymbol{a}}{\mathrm{d}t^2}\right)_{t+\Delta t}+C\left(\frac{\mathrm{d}\boldsymbol{a}}{\mathrm{d}t}\right)_{t+\Delta t}+K\boldsymbol{a}_{t+\Delta t}=\boldsymbol{Q}_{t+\Delta t} \tag{12-45}$$

得到。首先，根据(b)得到

$$\left(\frac{\mathrm{d}^2\boldsymbol{a}}{\mathrm{d}t^2}\right)_{t+\Delta t}=\frac{1}{\beta\Delta t^2}[\boldsymbol{a}_{t+\Delta t}-\boldsymbol{a}_t]-\frac{1}{\beta\Delta t}\left(\frac{\mathrm{d}\boldsymbol{a}}{\mathrm{d}t}\right)_t-\left[\frac{1}{2\beta}-1\right]\left(\frac{\mathrm{d}^2\boldsymbol{a}}{\mathrm{d}t^2}\right)_t \tag{c}$$

将(c)代入(a)，得到

$$\left(\frac{\mathrm{d}\boldsymbol{a}}{\mathrm{d}t}\right)_{t+\Delta t}=\frac{\gamma}{\beta\Delta t}[\boldsymbol{a}_{t+\Delta t}-\boldsymbol{a}_t]+\left[1-\frac{\gamma}{\beta}\right]\left(\frac{\mathrm{d}\boldsymbol{a}}{\mathrm{d}t}\right)_t+\left[1-\frac{\gamma}{2\beta}\right]\Delta t\left(\frac{\mathrm{d}^2\boldsymbol{a}}{\mathrm{d}t^2}\right)_t \tag{d}$$

将(c)和(d)代入(12-45)式，整理后可以得到

$$\overline{\boldsymbol{K}}\boldsymbol{a}_{t+\Delta t}=\overline{\boldsymbol{Q}}_{t+\Delta t} \tag{12-46}$$

其中，

$$\overline{\boldsymbol{K}}=\boldsymbol{K}+\frac{1}{\beta\Delta t^2}\boldsymbol{M}+\frac{\gamma}{\beta\Delta t}\boldsymbol{C} \tag{12-47}$$

为有效刚度矩阵；

$$\begin{aligned}\overline{\boldsymbol{Q}}_{t+\Delta t}=\boldsymbol{Q}_{t+\Delta t}&+\boldsymbol{M}\Big[\frac{1}{\beta\Delta t^2}\boldsymbol{a}_t+\frac{1}{\beta\Delta t}\left(\frac{\mathrm{d}\boldsymbol{a}}{\mathrm{d}t}\right)_t+\left(\frac{1}{2\beta}-1\right)\left(\frac{\mathrm{d}^2\boldsymbol{a}}{\mathrm{d}t^2}\right)_t\Big]\\&+\boldsymbol{C}\Big[\frac{\gamma}{\beta}\boldsymbol{a}_t+\left(\frac{\gamma}{\beta}-1\right)\left(\frac{\mathrm{d}\boldsymbol{a}}{\mathrm{d}t}\right)_t+\left(\frac{\gamma}{2\beta}-1\right)\Delta t\left(\frac{\mathrm{d}^2\boldsymbol{a}}{\mathrm{d}t^2}\right)_t\Big]\end{aligned} \tag{12-48}$$

为有效结点载荷。

【例 12-8】 利用 Newmark 法求解运动方程

$$\boldsymbol{M}\frac{\mathrm{d}^2\boldsymbol{a}}{\mathrm{d}t^2}+\boldsymbol{Ka}=\boldsymbol{Q}$$

其中，

$$\boldsymbol{M}=\begin{bmatrix}2&0\\0&1\end{bmatrix},\quad \boldsymbol{K}=\begin{bmatrix}6&-2\\-2&4\end{bmatrix},\quad \boldsymbol{Q}=\begin{Bmatrix}0\\10\end{Bmatrix}$$

初始条件为

$$\boldsymbol{a}_0=\begin{Bmatrix}0\\0\end{Bmatrix},\left(\frac{\mathrm{d}\boldsymbol{a}}{\mathrm{d}t}\right)_0=\begin{Bmatrix}0\\0\end{Bmatrix}$$

【解】 编写如下 MATLAB 程序：

```
clear;clc;
M=[2,0;0,1];
K=[6,-2;-2,4];
Q=[0;10];
aa=[];
dt=0.28;
bt=1/6;
gm=1/2;
a1=[0;0]
da1=[0;0]
```

代码下载

```
dda1＝M\(Q－K＊a1)
KE＝K＋1/bt/dt^2＊M;
Q2＝Q
I＝0
while I ＜ 12
    QE2＝Q2＋M＊(1/bt/dt^2＊a1＋1/bt/dt＊da1＋(1/2/bt－1)＊dda1)
    a2＝KE\QE2
    da2＝gm/bt/dt＊(a2－a1)＋(1－gm/bt)＊da1＋(1－gm/2/bt)＊dt＊dda1;
    dda2＝1/bt/dt^2＊(a2－a1)－1/bt/dt＊da1－(1/2/bt－1)＊dda1;
    aa＝[aa,a2];
    a1＝a2;
    da1＝da2;
    dda1＝dda2;
    I＝I＋1;
end
aa
```

运行后,得到各时刻的 a 的解,将它们列于表 12-4 中。可见在 $\gamma=1/2$ 和 $\beta=1/6$ 时,Newmark 法的解和线性加速度法的解完全相同。

表 12-4 Newmark 法得到的各时刻的 a(其中 $\Delta t=0.28$)

t	Δt	$2\Delta t$	$3\Delta t$	$4\Delta t$	$5\Delta t$	$6\Delta t$	$7\Delta t$	$8\Delta t$	$9\Delta t$	$10\Delta t$	$11\Delta t$	$12\Delta t$
$a(1)$	0.005	0.044	0.183	0.485	0.978	1.618	2.285	2.811	3.029	2.832	2.212	1.280
$a(2)$	0.373	1.381	2.732	4.045	4.974	5.316	5.060	4.378	3.548	2.846	2.453	2.395

12.3.3.4 Wilson－θ 法

在 Wilson－θ 法中,假定在时间段 $[t,t+\theta\Delta t]$ 内,加速度呈线性变化。若 $0\leqslant\tau\leqslant\theta\Delta t$,则在 $t+\tau$ 时刻的加速度

$$\left(\frac{\mathrm{d}^2\boldsymbol{a}}{\mathrm{d}t^2}\right)_{t+\tau}=\left(\frac{\mathrm{d}^2\boldsymbol{a}}{\mathrm{d}t^2}\right)_t+\frac{\tau}{\theta\Delta t}\left[\left(\frac{\mathrm{d}^2\boldsymbol{a}}{\mathrm{d}t^2}\right)_{t+\theta\Delta t}-\left(\frac{\mathrm{d}^2\boldsymbol{a}}{\mathrm{d}t^2}\right)_t\right] \tag{a}$$

其中,参数 $\theta\geqslant1.0$。对(a)进行积分运算,得到

$$\left(\frac{\mathrm{d}\boldsymbol{a}}{\mathrm{d}t}\right)_{t+\tau}=\left(\frac{\mathrm{d}\boldsymbol{a}}{\mathrm{d}t}\right)_t+\tau\left(\frac{\mathrm{d}^2\boldsymbol{a}}{\mathrm{d}t^2}\right)_t+\frac{\tau^2}{2\theta\Delta t}\left[\left(\frac{\mathrm{d}^2\boldsymbol{a}}{\mathrm{d}t^2}\right)_{t+\theta\Delta t}-\left(\frac{\mathrm{d}^2\boldsymbol{a}}{\mathrm{d}t^2}\right)_t\right] \tag{b}$$

$$\boldsymbol{a}_{t+\tau}=\boldsymbol{a}_t+\tau\left(\frac{\mathrm{d}\boldsymbol{a}}{\mathrm{d}t}\right)_t+\frac{\tau^2}{2}\left(\frac{\mathrm{d}^2\boldsymbol{a}}{\mathrm{d}t^2}\right)_t+\frac{\tau^3}{6\theta\Delta t}\left[\left(\frac{\mathrm{d}^2\boldsymbol{a}}{\mathrm{d}t^2}\right)_{t+\theta\Delta t}-\left(\frac{\mathrm{d}^2\boldsymbol{a}}{\mathrm{d}t^2}\right)_t\right] \tag{c}$$

在(b)和(c)中令 $\tau=\theta\Delta t$,得到

$$\left(\frac{\mathrm{d}\boldsymbol{a}}{\mathrm{d}t}\right)_{t+\theta\Delta t}=\left(\frac{\mathrm{d}\boldsymbol{a}}{\mathrm{d}t}\right)_t+\frac{\theta\Delta t}{2}\left[\left(\frac{\mathrm{d}^2\boldsymbol{a}}{\mathrm{d}t^2}\right)_{t+\theta\Delta t}+\left(\frac{\mathrm{d}^2\boldsymbol{a}}{\mathrm{d}t^2}\right)_t\right] \tag{d}$$

$$\boldsymbol{a}_{t+\theta\Delta t}=\boldsymbol{a}_t+\theta\Delta t\left(\frac{\mathrm{d}\boldsymbol{a}}{\mathrm{d}t}\right)_t+\frac{\theta^2\Delta t^2}{6}\left[\left(\frac{\mathrm{d}^2\boldsymbol{a}}{\mathrm{d}t^2}\right)_{t+\theta\Delta t}+2\left(\frac{\mathrm{d}^2\boldsymbol{a}}{\mathrm{d}t^2}\right)_t\right] \tag{e}$$

根据(d)和(e)可进一步得到

$$\left(\frac{\mathrm{d}^2\boldsymbol{a}}{\mathrm{d}t^2}\right)_{t+\theta\Delta t}=\frac{6}{\theta^2\Delta t^2}[\boldsymbol{a}_{t+\theta\Delta t}-\boldsymbol{a}_t]-\frac{6}{\theta\Delta t}\left(\frac{\mathrm{d}\boldsymbol{a}}{\mathrm{d}t}\right)_t-2\left(\frac{\mathrm{d}^2\boldsymbol{a}}{\mathrm{d}t^2}\right)_t \tag{f}$$

$$\left(\frac{\mathrm{d}\boldsymbol{a}}{\mathrm{d}t}\right)_{t+\theta\Delta t}=\frac{3}{\theta\Delta t}[\boldsymbol{a}_{t+\theta\Delta t}-\boldsymbol{a}_t]-2\left(\frac{\mathrm{d}\boldsymbol{a}}{\mathrm{d}t}\right)_t-\frac{\theta\Delta t}{2}\left(\frac{\mathrm{d}^2\boldsymbol{a}}{\mathrm{d}t^2}\right)_t \tag{g}$$

在 $t+\theta\Delta t$ 时刻的动力学方程为

$$\boldsymbol{M}\left(\frac{\mathrm{d}^2\boldsymbol{a}}{\mathrm{d}t^2}\right)_{t+\theta\Delta t}+C\left(\frac{\mathrm{d}\boldsymbol{a}}{\mathrm{d}t}\right)_{t+\theta\Delta t}+\boldsymbol{K}\boldsymbol{a}_{t+\theta\Delta t}=\boldsymbol{Q}_{t+\theta\Delta t} \tag{12-49}$$

将(f)和(g)代入上式,得到

$$\overline{\boldsymbol{K}}\boldsymbol{a}_{t+\theta\Delta t}=\overline{\boldsymbol{Q}}_{t+\theta\Delta t} \tag{12-50}$$

其中,

$$\overline{\boldsymbol{K}}=\boldsymbol{K}+\frac{6}{\theta^2\Delta t^2}\boldsymbol{M}+\frac{3}{\theta\Delta t}C \tag{12-51}$$

为有效刚度矩阵;

$$\begin{aligned}\overline{\boldsymbol{Q}}_{t+\theta\Delta t}=&\boldsymbol{Q}_{t+\theta\Delta t}+\boldsymbol{M}\left[\frac{6}{\theta^2\Delta t^2}\boldsymbol{a}_t+\frac{6}{\theta\Delta t}\left(\frac{\mathrm{d}\boldsymbol{a}}{\mathrm{d}t}\right)_t+2\left(\frac{\mathrm{d}^2\boldsymbol{a}}{\mathrm{d}t^2}\right)_t\right]\\&+C\left[\frac{3}{\theta\Delta t}\boldsymbol{a}_t+2\left(\frac{\mathrm{d}\boldsymbol{a}}{\mathrm{d}t}\right)_t+\frac{\theta\Delta t}{2}\left(\frac{\mathrm{d}^2\boldsymbol{a}}{\mathrm{d}t^2}\right)_t\right]\end{aligned} \tag{12-52}$$

为有效结点载荷。

根据(12-50)式可以求出 $\boldsymbol{a}_{t+\theta\Delta t}$,再根据(f)确定 $\left(\frac{\mathrm{d}^2\boldsymbol{a}}{\mathrm{d}t^2}\right)_{t+\theta\Delta t}$。在(a)、(b)、(c)中令 $\tau=\Delta t$,得到

$$\begin{aligned}\left(\frac{\mathrm{d}^2\boldsymbol{a}}{\mathrm{d}t^2}\right)_{t+\Delta t}&=\left[1-\frac{1}{\theta}\right]\left(\frac{\mathrm{d}^2\boldsymbol{a}}{\mathrm{d}t^2}\right)_t+\frac{1}{\theta}\left(\frac{\mathrm{d}^2\boldsymbol{a}}{\mathrm{d}t^2}\right)_{t+\theta\Delta t}\\\left(\frac{\mathrm{d}\boldsymbol{a}}{\mathrm{d}t}\right)_{t+\Delta t}&=\left(\frac{\mathrm{d}\boldsymbol{a}}{\mathrm{d}t}\right)_t+\Delta t\left(\frac{\mathrm{d}^2\boldsymbol{a}}{\mathrm{d}t^2}\right)_t+\frac{\Delta t}{2\theta}\left[\left(\frac{\mathrm{d}^2\boldsymbol{a}}{\mathrm{d}t^2}\right)_{t+\theta\Delta t}-\left(\frac{\mathrm{d}^2\boldsymbol{a}}{\mathrm{d}t^2}\right)_t\right]\\\boldsymbol{a}_{t+\Delta t}&=\boldsymbol{a}_t+\Delta t\left(\frac{\mathrm{d}\boldsymbol{a}}{\mathrm{d}t}\right)_t+\frac{\Delta t^2}{2}\left(\frac{\mathrm{d}^2\boldsymbol{a}}{\mathrm{d}t^2}\right)_t+\frac{\Delta t^2}{6\theta}\left[\left(\frac{\mathrm{d}^2\boldsymbol{a}}{\mathrm{d}t^2}\right)_{t+\theta\Delta t}-\left(\frac{\mathrm{d}^2\boldsymbol{a}}{\mathrm{d}t^2}\right)_t\right]\end{aligned} \tag{12-53}$$

由此可计算 $t+\Delta t$ 时刻的离散系统的结点加速度 $\left(\frac{\mathrm{d}^2\boldsymbol{a}}{\mathrm{d}t^2}\right)_{t+\Delta t}$、结点速度 $\left(\frac{\mathrm{d}\boldsymbol{a}}{\mathrm{d}t}\right)_{t+\Delta t}$ 和结点位移 $\boldsymbol{a}_{t+\Delta t}$。

12.5 解的稳定性

12.5.1 基本概念

在动力学问题有限元分析中,选择时间步长 Δt 时,需要考虑两个因素:解的稳定性和解的精度。对于某一算法,如果在任何时间步长下,对任何初始条件,方程的解不无限制地增长或降低,则称此算法是**无条件稳定**的;如果时间步长必须小于某个临界值时,才具有上述性质,则称此算法是**有条件稳定**的。

运动方程解耦后,其性质不变,因此可以方便地用非耦合微分方程讨论解的稳定性。由

于各振型的运动是相互独立的,方程是相似的,只需从(12-34)中取出典型振型的运动方程

$$\frac{\mathrm{d}^2 x_i}{\mathrm{d}t^2} + 2\omega_i \lambda_i \frac{\mathrm{d}x_i}{\mathrm{d}t} + \omega_i^2 x_i = r_i \tag{12-54}$$

来分析解的稳定性即可。解的稳定性实质是误差的响应问题,因此可令上式的 $r_i=0$;由于阻尼对解的稳定性是有利的,因此可令 $\lambda_i=0$;为简洁起见,再略去下标 i。于是可以将(12-54)式简写为

$$\frac{\mathrm{d}^2 x}{\mathrm{d}t^2} + \omega^2 x = 0 \tag{12-55}$$

12.5.2 稳定性条件

对于中心差分法,为保证解的稳定性,时间步长必须满足

$$\Delta t \leqslant \Delta t_{cr} = \frac{T_n}{\pi} \tag{12-56}$$

其中,Δt_{cr} 为临界时间步长,T_n 为系统的最小固有周期。

对于 Newmark 法,如果

$$\left. \begin{array}{l} \gamma \geqslant \dfrac{1}{2} \\[2mm] \beta \geqslant \dfrac{1}{4}\left(\dfrac{1}{2}+\gamma\right) \end{array} \right\} \tag{12-57}$$

则解是无条件稳定的,一般取 $\gamma=0.5$,$\beta=0.25$。如果上述(12-57)式条件不满足,要得到稳定解,时间步长必须满足

$$\Delta t < \Delta t_{cr} \tag{12-58}$$

其中,临界时间步长由

$$\Delta t_{cr} = \frac{T_n}{\pi \sqrt{(1/2+\gamma)^2 - 4\beta}} \tag{12-59}$$

确定。

对于 Wilson 法,为保证解的无条件稳定,应满足 $\theta \geqslant 1.37$,通常取 $\theta=1.4$ 可得到较好的计算结果。

12.5.3 条件的推导

1)特征方程

下面以中心差分法为例,介绍解的稳定性条件的推导过程。在 t 时刻(12-55)式可表示为

$$\left(\frac{\mathrm{d}^2 x}{\mathrm{d}t^2}\right)_t + \omega^2 x_t = 0 \tag{12-60}$$

根据中心差分法,加速度的差分格式可表示为

$$\left(\frac{\mathrm{d}^2 x}{\mathrm{d}t^2}\right)_t = \frac{1}{\Delta t^2}(x_{t-\Delta t} - 2x_t + x_{t+\Delta t})$$

将上式代入(12-60)式,得到

$$x_{t+\Delta t} = -(\Delta t^2 \omega^2 - 2)x_t - x_{t-\Delta t} \tag{12-61}$$

假定解的形式为

$$x_{t+\Delta t} = \lambda x_t, \quad x_t = \lambda x_{t-\Delta t} \tag{12-62}$$

将(12-62)式代入(12-61)式,得到特征方程

$$\lambda^2 + (p-2)\lambda + 1 = 0 \tag{12-63}$$

其中,$p = \Delta t^2 \omega^2$。求解方程(12-63)式,得到特征根为

$$\lambda_{1,2} = \frac{2 - p \pm \sqrt{(p-2)^2 - 4}}{2} \tag{12-64}$$

2)解的性质

特征根即由(12-64)式描述的 λ,关系到解的性质。首先,在小阻尼情况下为保证解具有震荡特性,λ 应为复数,要求 $(p-2)^2 - 4 < 0$,即 $p < 4$。由于 $p = \Delta t^2 \omega^2$,并且 $\omega = 2\pi/T$,因此有

$$\Delta t < \frac{T}{\pi} \tag{12-65}$$

其次,为使解不无限制增长,还要求 $|\lambda| \leqslant 1$,根据(12-64)式可知该条件自动满足。

直接积分法相当于采用同样的时间步长对所有 n 个振型的单自由度方程同时进行积分。因此,中心差分法的时间步长由系统的最小自振周期决定。为保证解的稳定性,根据(12-65)式可知,时间步长必须满足(12-56)式。

第 12 章习题

习题 12-1 如习题 12-1 图所示矩形 4 结点平面应力矩形单元,厚度为 t,密度为 ρ。推导其一致质量矩阵的表达式。

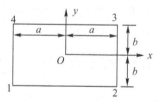

习题 12-1 图

习题 12-2 习题 12-2 图所示矩形 6 结点平面应力三角形单元,厚度为 t,密度为 ρ,直角边长度为 a,结点 4、5、6 为三角形各边重点。推导其一致质量矩阵的表达式。

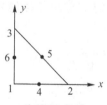

习题 12-2 图

习题 12-3 利用 Wilson-θ 法求解运动方程

$$M\frac{\mathrm{d}^2 a}{\mathrm{d}t^2} + Ka = Q,$$

其中，

$$\boldsymbol{M}=\begin{bmatrix} 2 & 0 \\ 0 & 1 \end{bmatrix}, \quad \boldsymbol{K}=\begin{bmatrix} 6 & -2 \\ -2 & 4 \end{bmatrix}, \quad \boldsymbol{Q}=\begin{Bmatrix} 0 \\ 10 \end{Bmatrix}$$

初始条件为

$$\boldsymbol{a}_0=\begin{Bmatrix} 0 \\ 0 \end{Bmatrix}, \left(\frac{\mathrm{d}\boldsymbol{a}}{\mathrm{d}t}\right)_0=\begin{Bmatrix} 0 \\ 0 \end{Bmatrix}$$

习题 12-4 计算习题 12-4 图所示杆系结构中各杆的弹性模量 $E=200\mathrm{Gpa}$、横截面面积 $A=10\mathrm{mm}^3$、密度 $\rho=7800\mathrm{kg/m}^3$。①杆长度 $L=100\mathrm{mm}$、②杆长度为 $2L$。求该结构的固有频率和固有振型。

习题 12-4 图

第 13 章　多场问题的有限元法

13.1　热传导与变温应力

结构在变温条件下,可能会因温度变化而产生显著的应力。这种情况下的结构设计与分析必须考虑变温应力,而要计算变温应力,首先需要确定温度场,这就涉及热传导与变温应力问题。

13.1.1　基本方程

1)热传导方程

分析固体热传导问题时,可以假定热流密度与温度梯度成正比,即

$$\left.\begin{array}{l} q_x = -\lambda_x \dfrac{\partial T}{\partial x} \\[2mm] q_y = -\lambda_y \dfrac{\partial T}{\partial y} \\[2mm] q_z = -\lambda_z \dfrac{\partial T}{\partial z} \end{array}\right\} \tag{13-1}$$

其中,q_x、q_y、q_z 分别为 x、y、z 方向的**热流密度**(单位时间内通过单位面积的热量),其国标单位是瓦特/平方米,即 $W \cdot m^{-2}$;λ_x、λ_y、λ_z 分别为 x、y、z 方向的**导热系数**(1m 厚的材料,两侧表面的温差为 1K 或℃,在一定时间内,通过 1 平方米面积传递的热量),其国标位是瓦特/(米·开尔文),即 $W \cdot m^{-1} \cdot K^{-1}$。**由于热量是从高温处向低温处流动的,因此上式等号右边项取符号。**

从固体中取微元体进行分析,根据热平衡原理可以得到热传导方程

$$\frac{\partial}{\partial x}\left(\lambda_x \frac{\partial T}{\partial x}\right) + \frac{\partial}{\partial y}\left(\lambda_y \frac{\partial T}{\partial y}\right) + \frac{\partial}{\partial z}\left(\lambda_z \frac{\partial T}{\partial z}\right) + q_v = c\rho \frac{\partial T}{\partial t} \tag{13-2}$$

其中,c 为**比热容**(单位质量物质升高单位温度所需的热量),简称**比热**,国标单位是焦耳/(千克·开尔文),即 $J \cdot kg^{-1} \cdot K^{-1}$;$\rho$ 为质量密度,国标单位是千克/立方米,即 $kg \cdot m^{-3}$;q_v 为内部热源(单位时间内单位体积释放的热量),国标单位是焦耳/(立方米·秒),即 $J \cdot m^{-3} \cdot s^{-1}$。

380

2）边界条件

通常热传导问题的边界条件包括三类。

第一类边界条件为：已知边界上的温度，即

$$T|_{\Gamma_1} = T(x, y, t) \tag{13-3}$$

第二类边界条件为：已知边界上的热流密度，即

$$\lambda_x \frac{\partial T}{\partial x} n_x + \lambda_y \frac{\partial T}{\partial y} n_y + \lambda_z \frac{\partial T}{\partial z} n_z \Big|_{\Gamma_2} = -q(x, y, z, t) \tag{13-4}$$

其中，q 为热流密度，国标单位是焦耳/（平方米 · 秒），即 $J \cdot m^{-2} \cdot s^{-1}$。对于热流各向同性介质，上式改写为

$$\lambda \frac{\partial T}{\partial n} \Big|_{\Gamma_2} = -q(x, y, z, t) \tag{13-5}$$

热流方向是边界外法线方向，亦即热流量从物体向外流出时 q 为正。第二类边界条件中的热流密度是人工供给的。

第三类边界条件为：固体与流体因温差而发生热对流，通过固体表面的热流密度与温度差成正比，即

$$\lambda_x \frac{\partial T}{\partial x} n_x + \lambda_y \frac{\partial T}{\partial y} n_y + \lambda_z \frac{\partial T}{\partial z} n_z \Big|_{\Gamma_3} = -\beta(T - T_c) \tag{13-6}$$

其中，β 为换热系数（固体表面与流体温差 1℃ 或 K 时，单位时间单位面积上通过对流，与流体交换的热量），国标单位是焦耳/（平方米 · 开尔文 · 秒），即 $J \cdot m^{-2} \cdot K^{-1} \cdot s^{-1}$；$T$ 为固体表面温度；T_c 为流体温度。

3）初始条件

在稳态热传导中，温度不随时间变化，这样的温度场称为**稳态温度场**，这种问题不需要初始条件。当需要考虑一个系统的加热或冷却过程时，则属于瞬态热传导问题，需要求解**瞬态温度场**，初始条件表示为

$$T|_{t=0} = T_0(x, y, z) \tag{13-7}$$

13.1.2　稳态问题有限元法

对于稳态热传导问题，$\frac{\partial T}{\partial t} = 0$，热传导方程（13-2）简化为

$$\frac{\partial}{\partial x}\left(\lambda_x \frac{\partial T}{\partial x}\right) + \frac{\partial}{\partial y}\left(\lambda_y \frac{\partial T}{\partial y}\right) + \frac{\partial}{\partial z}\left(\lambda_z \frac{\partial T}{\partial z}\right) + q_v = 0$$

将第一类边界条件（13-3）式作为强制边界条件，该问题对应的泛函数可表示为

$$\Pi(T) = \int_{\Omega} \left\{ \frac{1}{2}\left[\lambda_x \left(\frac{\partial T}{\partial x}\right)^2 + \lambda_y \left(\frac{\partial T}{\partial y}\right)^2 + \lambda_z \left(\frac{\partial T}{\partial z}\right)^2\right] - q_v T \right\} d\Omega \\ + \int_{\Gamma_2} qT d\Gamma + \int_{\Gamma_3} \beta\left(\frac{1}{2}T^2 - T_c T\right)d\Gamma \tag{13-8}$$

将结构离散后，离散系统的总体泛函等于各单元泛函之和，即

$$\Pi(T) = \sum_e \Pi^{(e)}(T) \tag{13-9}$$

其中，

$$\Pi^{(e)}(T) = \int_{\Omega_e} \left\{ \frac{1}{2} \left[\lambda_x \left(\frac{\partial T}{\partial x} \right)^2 + \lambda_y \left(\frac{\partial T}{\partial y} \right)^2 + \lambda_z \left(\frac{\partial T}{\partial z} \right)^2 \right] - q_v T \right\} d\Omega$$

$$+ \int_{\Gamma_{e2}} qT d\Gamma + \int_{\Gamma_{e3}} \beta \left(\frac{1}{2} T^2 - T_c T \right) d\Gamma \tag{13-10}$$

为单元泛函。

单元内的温度场可用形函数表示为

$$T = \boldsymbol{N} \boldsymbol{T}^{(e)} \tag{13-11}$$

其中,

$$\boldsymbol{N} = [N_1, N_2, \cdots, N_m]$$

为形函数矩行阵,m 为单元结点总数;

$$\boldsymbol{T}^{(e)} = [T_1, T_2, \cdots, T_m]^T$$

为单元结点温度列阵。

将(13-9)式、(13-10)式和(13-11)式代入变分原理 $\delta\Pi = 0$,得到

$$\delta\Pi = \sum_e \left[(\delta \boldsymbol{T}^{(e)})^T \frac{\partial \Pi^{(e)}}{\partial \boldsymbol{T}^{(e)}} \right] = 0 \tag{13-12}$$

其中,

$$\frac{\partial \Pi^{(e)}}{\partial \boldsymbol{T}^{(e)}} = \boldsymbol{K}_T^{(e)} \boldsymbol{T}^{(e)} - \boldsymbol{P}_T^{(e)} \tag{13-13}$$

$\boldsymbol{P}_T^{(e)}$ 相当于单元等效结点载荷向量,计算式为

$$\boldsymbol{P}_T^{(e)} = \int_{\Omega_e} q_v \boldsymbol{N}^T d\Omega - \int_{\Gamma_{e2}} q\boldsymbol{N}^T d\Gamma + \int_{\Gamma_{e3}} \beta T_c \boldsymbol{N}^T d\Gamma \tag{13-14}$$

$\boldsymbol{K}_T^{(e)}$ 相当于单元刚度矩阵,包含两部分,即

$$\boldsymbol{K}_T^{(e)} = \boldsymbol{K}_{T1}^{(e)} + \boldsymbol{K}_{T2}^{(e)} \tag{13-15}$$

在(13-15)式中,矩阵 $\boldsymbol{K}_{T1}^{(e)}$ 中各元素计算式为

$$(\boldsymbol{K}_{T1}^{(e)})_{ij} = \int_{\Omega_e} \left[\lambda_x \frac{\partial N_i}{\partial x} \frac{\partial N_j}{\partial x} + \lambda_y \frac{\partial N_i}{\partial y} \frac{\partial N_j}{\partial y} + \lambda_z \frac{\partial N_i}{\partial z} \frac{\partial N_j}{\partial z} \right] d\Omega \tag{13-16}$$

其中,i、j 为单元结点编号;$\boldsymbol{K}_{T2}^{(e)}$ 的计算式为

$$\boldsymbol{K}_{e2} = \int_{\Gamma_{e3}} \beta \boldsymbol{N}^T \boldsymbol{N} d\Gamma \tag{13-17}$$

其中,$\boldsymbol{N}$ 为(b)表示的形函数行阵。

【例 13-1】 例 13-1 图所示三角形单元的厚度为 1,导热系数 $\lambda_x = \lambda_y = b$,$b$ 为常数;23 边和流体发生热对流,为换热系数 $\beta = c$。求:1)该单元的 $\boldsymbol{K}_{T1}^{(e)}$;2)该单元的和 $\boldsymbol{K}_{T2}^{(e)}$。

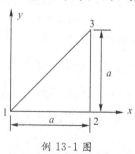

例 13-1 图

【解】 1)根据(13-16)式编写如下 MATLAB 程序：

```
clear;
clc;
syms x y a b
assume(x,'real')
assume(y,'real')
assume(a,'real')
assume(b,'real')
N1=x/a;
N2=1-x/a-y/a;
N3=y/a;
k11=b*diff(N1,x,1)*diff(N1,x,1)+b*diff(N1,y,1)*diff(N1,y,1)
k12=b*diff(N1,x,1)*diff(N2,x,1)+b*diff(N1,y,1)*diff(N2,y,1)
k21=b*diff(N2,x,1)*diff(N1,x,1)+b*diff(N2,y,1)*diff(N1,y,1)
k22=b*diff(N2,x,1)*diff(N2,x,1)+b*diff(N2,y,1)*diff(N2,y,1)
A=a^2/2;
KT_e1=A*[k11,k12;…
        k21,k22]
```

代码下载

运行后,得到：

$$KT\_e1=\begin{bmatrix} b/2, & -b/2 \\ -b/2, & b \end{bmatrix}$$

2)根据(13-17)式编写如下 MATLAB 程序：

```
clear;
clc;
syms x y a c
assume(x,'real')
assume(y,'real')
assume(a,'real')
assume(c,'real')
N1=1;
N2=-y/a;
N3=y/a;
N=[N1,N2,N3]
NTN=N'*N
KT_e2=c*int(NTN,y,0,a)
```

代码下载

运行后,得到：

$$KT\_e2=$$

$$\begin{bmatrix} a*c, & -(a*c)/2, & (a*c)/2 \\ -(a*c)/2, & (a*c)/3, & -(a*c)/3 \\ (a*c)/2, & -(a*c)/3, & (a*c)/3 \end{bmatrix}$$

将(13-13)式代入(13-12)式,并进行单元集成,得到

$$\left. \begin{aligned} \delta\Pi &= \sum_e \left[(\delta \boldsymbol{T}^{(e)}) \boldsymbol{K}_T^{(e)} \boldsymbol{T}^{(e)} - (\delta \boldsymbol{T}^{(e)})^{\mathrm{T}} \boldsymbol{P}_T^{(e)} \right] \\ &= (\delta \boldsymbol{T})^{\mathrm{T}} (\boldsymbol{K}_T \boldsymbol{T} - \boldsymbol{P}_T) \\ &= 0 \end{aligned} \right\}$$

其中,$\boldsymbol{T}$ 为整体结点温度列阵,有单元结点温度列阵集成得到,即

$$\boldsymbol{T} = \sum_e \boldsymbol{T}^{(e)}$$

$\boldsymbol{K}_T$ 为整体刚度矩阵,由单元刚度矩阵集成得到,即

$$\boldsymbol{K}_T = \sum_e \boldsymbol{K}_T^{(e)}$$

$\boldsymbol{P}_T$ 为整体结点载荷向量,由单元结点载荷向量集成得到,即

$$\boldsymbol{P}_T = \sum_e \boldsymbol{P}_T^{(e)}$$

利用 $\delta \boldsymbol{T}$ 的任意性,根据(d)式可进一步得到

$$\boldsymbol{K}_T \boldsymbol{T} = \boldsymbol{P}_T \qquad (13\text{-}18)$$

这就是稳态热传导问题的有限元方程。

13.1.3 瞬态问题有限元法

求解瞬态温度场时,要求在空间域内用有限元法,而在时间域内用有限差分法,从初始温度场开始,每隔一个实践步长求解下一时刻的温度场。首先假定时间变量 t 暂时固定,先考虑一具体时刻下的泛函变分,这样 $\partial T/\partial t$ 仅是空间坐标的函数。然后再考虑时间 t 的变化而把 $\partial T/\partial t$ 离散化。仍将第一类边界条件(13-3)式作为强制边界条件,瞬态温度场的泛函表示为

$$\left. \begin{aligned} \Pi &= \int_\Omega \left\{ \frac{1}{2} \left[\lambda_x \left(\frac{\partial T}{\partial x} \right)^2 + \lambda_y \left(\frac{\partial T}{\partial y} \right)^2 + \lambda_z \left(\frac{\partial T}{\partial z} \right)^2 \right] - q_v T + \rho c \frac{\partial T}{\partial t} T \right\} \mathrm{d}\Omega \\ &+ \int_{\Gamma_2} q T \mathrm{d}\Gamma + \int_{\Gamma_3} \beta \left(\frac{1}{2} T^2 - T_c T \right) \mathrm{d}\Gamma \end{aligned} \right\} \qquad (13\text{-}19)$$

利用类似的方法,经过类似的推导过程,得到瞬态问题的有限元方程,即

$$\boldsymbol{K}_T \boldsymbol{T} + \boldsymbol{M} \frac{\mathrm{d}\boldsymbol{T}}{\mathrm{d}t} = \boldsymbol{P}_T \qquad (13\text{-}20)$$

与稳态问题有限元方程(13-18)相比,上式等号左边多出了第二项,其中 M 为整体瞬态变温矩阵,由单元瞬态变温矩阵集成得到,即

$$\boldsymbol{M} = \sum_e \boldsymbol{M}^{(e)} \qquad (13\text{-}21)$$

单元瞬态变温矩阵的计算式为

$$\boldsymbol{M}^{(e)} = \int_{\Omega_e} \boldsymbol{N}^{\mathrm{T}} \rho c \boldsymbol{N} \mathrm{d}\Omega \qquad (13\text{-}22)$$

【例 13-2】 例 13-2 图所示三角形单元的密度 ρ 和比热容 c 为常数,求该单元瞬态变温矩阵 $\boldsymbol{M}^{(e)}$。

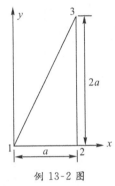

例 13-2 图

【解】 根据(13-22)式,编写如下 MATLAB 程序:

```
clear;
clc;
assume(x,'real')
assume(y,'real')
assume(a,'real')
assume(c,'real')
assume(rou,'real')
N1=x/a;
N2=1-x/a-y/(2*a);
N3=y/(2*a);
N=[N1,N2,N3]
NTN=N'*N
M_e=int(NTN,y,0,2*x)
M_e=rou*c*int(M_e,x,0,a)
M_e_11=factor(M_e(1,1))
M_e_12=factor(M_e(1,2))
M_e_13=factor(M_e(1,3))
M_e_21=factor(M_e(2,1))
M_e_22=factor(M_e(2,2))
M_e_23=factor(M_e(2,3))
M_e_31=factor(M_e(3,1))
M_e_32=factor(M_e(3,2))
M_e_33=factor(M_e(3,3))
```

代码下载

运行后,得到:

　　　　M_e_11＝
　　　　　　[1/2,a,a,c,rou]

$$M\_e\_12=$$
$$[-1/12,a,a,c,rou]$$

$$M\_e\_13=$$
$$[\;1/4,a,a,c,rou]$$

$$M\_e\_21=$$
$$[-1/12,a,a,c,rou]$$

$$M\_e\_22=$$
$$[\;1/6,a,a,c,rou]$$

$$M\_e\_23=$$
$$[-1/12,a,a,c,rou]$$

$$M\_e\_31=$$
$$[\;1/4,a,a,c,rou]$$

$$M\_e\_32=$$
$$[-1/12,a,a,c,rou]$$

$$M\_e\_33=$$
$$[\;1/6,a,a,c,rou]$$

瞬态问题的有限元方程(13-20)是以时间 t 为变量的常微分方程组。对时间 t 离散可以采用如下差分格式

$$\alpha\left(\frac{\mathrm{d}\boldsymbol{T}}{\mathrm{d}t}\right)^{(t)}+(1-\alpha)\left(\frac{\mathrm{d}\boldsymbol{T}}{\mathrm{d}t}\right)^{(t-\Delta t)}=\frac{1}{\Delta t}\left[\boldsymbol{T}^{(t)}-\boldsymbol{T}^{(t-\Delta t)}\right] \tag{13-23}$$

其中,$0\leqslant\alpha\leqslant1$。当 $\alpha=0$ 时,为前差分格式;$\alpha=1$ 时,为后差分格式;$\alpha=1/2$ 时,为 Crank-Nicolson 差分格式。计算分析表明,Crank-Nicolson 差分格式精度较高且无条件稳定,因此得到较为广泛的应用,此时

$$\frac{1}{2}\left[\left(\frac{\mathrm{d}\boldsymbol{T}}{\mathrm{d}t}\right)^{(t)}+\left(\frac{\mathrm{d}\boldsymbol{T}}{\mathrm{d}t}\right)^{(t-\Delta t)}\right]=\frac{1}{\Delta t}\left[\boldsymbol{T}_t^{(t)}-\boldsymbol{T}^{(t-\Delta t)}\right] \tag{13-24}$$

在 t 时刻瞬态问题有限元方程(13-20)表示为

$$\boldsymbol{K}_T\boldsymbol{T}^{(t)}+\boldsymbol{M}\left(\frac{\mathrm{d}\boldsymbol{T}}{\mathrm{d}t}\right)^{(t)}=\boldsymbol{P}_T^{(t)} \tag{a}$$

从(13-24)式中解出 $\left(\dfrac{\mathrm{d}\boldsymbol{T}}{\mathrm{d}t}\right)^{(t)}$ 后代入(a)式,得到

$$\left(\boldsymbol{K}_T+2\,\frac{\boldsymbol{M}}{\Delta t}\right)\boldsymbol{T}^{(t)}=\boldsymbol{P}_T^{(t)}+2\,\frac{\boldsymbol{M}}{\Delta t}\boldsymbol{T}^{(t-\Delta t)}+\boldsymbol{M}\left(\frac{\mathrm{d}\boldsymbol{T}}{\mathrm{d}t}\right)^{(t-\Delta t)} \tag{b}$$

在 $t-\Delta t$ 时刻瞬态问题有限元方程(13-20)表示为

$$\boldsymbol{K}_T\boldsymbol{T}^{(t-\Delta t)}+\boldsymbol{M}\left(\frac{\mathrm{d}\boldsymbol{T}}{\mathrm{d}t}\right)^{(t-\Delta t)}=\boldsymbol{P}_T^{(t-\Delta t)} \tag{c}$$

从(c)式中解出 $\boldsymbol{M}\left(\dfrac{\mathrm{d}\boldsymbol{T}}{\mathrm{d}t}\right)^{(t-\Delta t)}$,代入(b)式,得到

$$\left(\boldsymbol{K}_T+2\,\frac{\boldsymbol{M}}{\Delta t}\right)\boldsymbol{T}^{(t)}=\boldsymbol{P}_T^{(t)}+\boldsymbol{P}_T^{(t-\Delta t)}+\left(2\,\frac{\boldsymbol{M}}{\Delta t}-\boldsymbol{K}_T\right)\boldsymbol{T}^{(t-\Delta t)} \tag{13-25}$$

其中,$\boldsymbol{T}^{(t-\Delta t)}$ 为初始时刻或前一时刻整体结点温度列阵。根据(13-25)式可以求出任意时刻 t

的整体结点温度列阵。

13.1.4 温度应力

变温应力计算可归结初应变问题。变温 T 引起的初应变就是没有任何约束时自由膨胀或收缩产生的应变,这种应变与应力无关。对于各向同性弹性介质,变温不引起剪应变。对于空间问题,变温 T 引起的初应变为

$$\varepsilon_0 = [\alpha T, \alpha T, \alpha T, 0, 0, 0]^{\mathrm{T}}$$

其中,α 为线性膨胀系数。

实际结构物总是受到约束的,因此变温将引起弹性体内的变温应力。为计算变温引起的位移和应力,只要将变温造成的初应变转化成等效结点载荷,再进行通常的有限元计算即可。变温造成的初应变转化成等效结点载荷的计算式为

$$\boldsymbol{P}_{\varepsilon_0}^{(e)} = \int_{\Omega_e} \boldsymbol{B}^{\mathrm{T}} \boldsymbol{D} \boldsymbol{\varepsilon}_0 \, \mathrm{d}\Omega \tag{13-26}$$

其中,$\boldsymbol{B}$ 为单元应变矩阵;$\boldsymbol{D}$ 为弹性矩阵。

【例 13-3】 例 13-3 图所示三角形平面应力单元厚度为 1,线性膨胀系数为 α,温度变化为 T,弹性模量为 E,泊松比为 μ。求该单元的等效结点载荷 $\boldsymbol{P}_{\varepsilon_0}^{(e)}$。

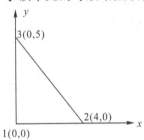

例 13-3 图

【解】 根据(13-26)式,编写如下 MATLAB 程序:

代码下载

```
clear;
clc;
syms x y af T E mu
assume(x,'real')
assume(y,'real')
assume(af,'real')
assume(T,'real')
assume(E,'real')
assume(mu,'real')
N1=1-x/4-y/5;
N2=x/4;
N3=y/5;
B1=[diff(N1,x,1),0;…
     0,diff(N1,y,1);…
```

```
            diff(N1,y,1),diff(N1,x,1)]
B2=[diff(N2,x,1),0;···
        0,diff(N2,y,1);...
        diff(N2,y,1),diff(N2,x,1)]
B3=[diff(N3,x,1),0;···
        0,diff(N3,y,1);...
        diff(N3,y,1),diff(N3,x,1)]
B=[B1,B2,B3]
D=E/(1-mu^2)*[1,mu,0;...
    mu,1,0;...
    0,0,(1-mu)/2]
A=4*5/2
ST0=[af*T,af*T,af*T,0,0,0]'
PST0_e=A*(B'*D*B)*ST0
PST0_e_1=factor(PST0_e(1))
PST0_e_2=factor(PST0_e(2))
PST0_e_3=factor(PST0_e(3))
PST0_e_4=factor(PST0_e(4))
PST0_e_5=factor(PST0_e(5))
PST0_e_6=factor(PST0_e(6))
```

运行后,得到:

```
        PST0_e_1=
            [-1/20,E,T,af,mu+9,1/(mu-1),1/(mu+1)]
        PST0_e_2=
            [ 1/80,E,T,af,45*mu-77,1/(mu-1),1/(mu+1)]
        PST0_e_3=
            [ 1/2,E,T,af,mu,1/(mu-1),1/(mu+1)]
        PST0_e_4=
            [-9/16,E,T,af,1/(mu+1)]
        PST0_e_5=
            [-9/20,E,T,af,1/(mu+1)]
        PST0_e_6=
            [ 2/5,E,T,af,1/(mu-1),1/(mu+1)]
```

13.2 流固耦合作用

13.2.1 概 述

当流体与固体结构共同构成的体系受到动载荷作用时,流体与固体之间发生相互作用,即固体在流体作用下产生变形或运动,而这种变形和运动反过来影响流体的运动。这就是流体与固体的耦合作用问题,其中流体或固体域均无法单独求解。

13.2.2 基本方程

1)控制方程

这里重点研究固体结构,因此对流体做出适当的简化。首先,假设流体小幅度运动,在分析中可以忽略高阶小量。取微元体,考虑质量守恒,不难得出**连续方程**

$$\rho\left(\frac{\partial v_x}{\partial x}+\frac{\partial v_y}{\partial y}+\frac{\partial v_z}{\partial z}\right)=-\frac{\partial \rho}{\partial t}$$

其中,ρ 为流体的质量密度;v_x,v_y,v_z 为流体速度分量。

其次,假设流体无粘性,因而微元体上无粘性力作用。考虑微元体的动态平衡,可得运动方程

$$\left.\begin{aligned}\rho\frac{\partial v_x}{\partial t}&=-\frac{\partial p}{\partial x}\\[2pt]\rho\frac{\partial v_y}{\partial t}&=-\frac{\partial p}{\partial y}\\[2pt]\rho\frac{\partial v_z}{\partial t}&=-\frac{\partial p}{\partial z}\end{aligned}\right\} \tag{a}$$

其中,p 为流体压力。

流体密度的相对变化取决于压力的变化,因此状态方程或本构方程表示为

$$\mathrm{d}\rho=\rho\frac{\mathrm{d}p}{K}$$

其中,K 为流体的体积模量。

在流体力学分析中,以压力为基本场变量比较简单。从上述方程中消去速度,可以得到

$$\frac{\partial^2 p}{\partial x^2}+\frac{\partial^2 p}{\partial y^2}+\frac{\partial^2 p}{\partial z^2}-\frac{1}{c^2}\frac{\partial^2 p}{\partial t^2}=0 \tag{13-27}$$

这就是**小幅度流体波动方程**,其中 $c=\sqrt{\dfrac{K}{\rho}}$ 为声波速度。

2)边界条件

流体边界条件有三种。第一种是已知压力的边界 Γ_p,边界条件表示为

$$p|_{\Gamma_p}=\overline{p} \tag{13-28}$$

其中,$\overline{p}$ 为 Γ_p 上给定的动水压力,在自由面边界上可简单地假设压力为零。

第二种边界为流固交界处的接触边界 Γ_u,该处的法向速度应该保持连续,即

$$v_{nf} = \boldsymbol{v}_f \cdot \boldsymbol{n}_f = \boldsymbol{v}_s \cdot \boldsymbol{n}_f = -\boldsymbol{v}_s \cdot \boldsymbol{n}_s = -\frac{\partial u_n}{\partial t} \qquad \text{(b)}$$

其中，$\boldsymbol{v}_f$ 和 $\boldsymbol{v}_s$ 分别为交界面处流体和固体的速度；$\boldsymbol{n}_f$ 和 $\boldsymbol{n}_s$ 分别为交界处流体表面和固体表面的单位外法向矢量，显然 $\boldsymbol{n}_f = -\boldsymbol{n}_s$；$u_n$ 为交界处结构表面位移的法向位移分量。

对(b)式时间求导，得到

$$\frac{\partial v_{nf}}{\partial t} = -\frac{\partial^2 u_n}{\partial t^2}$$

根据运动方程(a)，有

$$\rho \frac{\partial v_{nf}}{\partial t} = -\frac{\partial p}{\partial n}$$

从以上两式不难得到第二类边界条件表达式

$$\frac{\partial p}{\partial n}\bigg|_{\Gamma_u} = \rho \frac{\partial^2 u_n}{\partial t^2} \qquad (13\text{-}29)$$

第三种边界是刚性固定边界 Γ_b，它可视为第二种边界的特例，即法向位移为零的特例，此时

$$\frac{\partial p}{\partial n} = 0$$

13.2.3 流固耦合有限元法

1)流体平衡

将第一种边界条件作为强制边界条件，流体运动的泛函可表示为

$$\Pi = \int_{\Omega} \left\{ \frac{1}{2}\left[\left(\frac{\partial p}{\partial x}\right)^2 + \left(\frac{\partial p}{\partial y}\right)^2 + \left(\frac{\partial p}{\partial z}\right)^2\right] + \frac{1}{c^2}\frac{\partial^2 p}{\partial t^2}p \right\} \mathrm{d}\Omega - \int_{\Gamma_u} \rho \frac{\partial^2 u_n}{\partial t^2}p\,\mathrm{d}\Gamma \qquad (13\text{-}30)$$

流体离散后，总体泛函等于各个单元的泛函之和，即

$$\Pi = \sum_e \Pi^{(e)}$$

其中，单元泛函为

$$\Pi^{(e)} = \int_{\Omega_e} \left\{ \frac{1}{2}\left[\left(\frac{\partial p}{\partial x}\right)^2 + \left(\frac{\partial p}{\partial y}\right)^2 + \left(\frac{\partial p}{\partial z}\right)^2\right] + \frac{1}{c^2}\frac{\partial^2 p}{\partial t^2}p \right\} \mathrm{d}\Omega - \int_{\Gamma_{ue}} \rho \frac{\partial^2 u_n}{\partial t^2}p\,\mathrm{d}\Gamma \qquad (13\text{-}31)$$

单元内压力场可用形函数表示为

$$p = \boldsymbol{N}\boldsymbol{p}^{(e)} \qquad (13\text{-}32)$$

其中，

$$\boldsymbol{N} = [N_1, N_2, \cdots, N_m]$$

为形函数行阵；

$$\boldsymbol{p}^{(e)} = [p_1, p_2, \cdots, p_m]^{\mathrm{T}}$$

为单元结点压力列阵。

根据(13-31)式和(13-32)式，得到

$$\frac{\partial \Pi^{(e)}}{\partial \boldsymbol{p}^{(e)}} = \boldsymbol{H}_p^{(e)}\boldsymbol{p}^{(e)} - \boldsymbol{P}_p^{(e)} \qquad (13\text{-}33)$$

其中，矩阵 $\boldsymbol{H}_p^{(e)}$ 的元素表达式为

$$(H_p^{(e)})_{ij} = \int_{\Omega_e} \left[\frac{\partial N_i}{\partial x}\frac{\partial N_j}{\partial x} + \frac{\partial N_i}{\partial y}\frac{\partial N_j}{\partial y} + \frac{\partial N_i}{\partial z}\frac{\partial N_j}{\partial z} \right] \mathrm{d}\Omega \tag{13-34}$$

$i、j$ 为单元结点编号；列阵 $\boldsymbol{P}_p^{(e)}$ 的计算式为

$$\boldsymbol{P}_p^{(e)} = -\boldsymbol{G}^{(e)} \frac{\mathrm{d}^2 \boldsymbol{p}^{(e)}}{\mathrm{d}t^2} + \boldsymbol{S}^{(e)} \frac{\mathrm{d}^2 \boldsymbol{a}^{(e)}}{\mathrm{d}t^2} \tag{13-35}$$

在(13-35)式中

$$\left.\begin{aligned}
\boldsymbol{G}^{(e)} &= \int_{\Omega_e} \boldsymbol{N}^{\mathrm{T}} c^{-2} \boldsymbol{N} \mathrm{d}\Omega \\
\boldsymbol{S}^{(e)} &= \int_{\Gamma_{ue}} \rho \boldsymbol{N}^{\mathrm{T}} \overline{\boldsymbol{N}} \mathrm{d}\Gamma
\end{aligned}\right\} \tag{11-36}$$

其中，$\overline{\boldsymbol{N}}$ 为流体与固体交界处固体边界的位移法向分量 $\boldsymbol{u}_n$ 的插值函数，即

$$\boldsymbol{u}_n = \overline{\boldsymbol{N}} \boldsymbol{a}^{(e)} \tag{11-37}$$

【**例 13-4**】　例 13-4 图所示三角形单元，厚度为 1，比热容 c 为常数，求该单元的 $\boldsymbol{G}^{(e)}$。

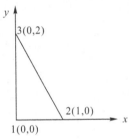

例 13-4 图

【**解**】　根据(11-36)式并结合 4.6.3 节介绍的 Hammer 积分，编写如下 MATLA 程序：

```
clear;
clc;
x1=0;
y1=0;
x2=1;
y2=0;
x3=0;
y3=2;
J=[x2-x1,y2-y1;x3-x1,y3-y1]
J=det(J)
syms r s c
assume(r,'real')
assume(s,'real')
N1=1-r-s
N2=r
N3=s
N=[N1,N2,N3]
```

代码下载

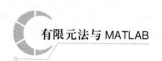

```
NTN(r,s)=N'*N
  G_e=J*(c^-2)/6*(NTN(1/6,1/6)+NTN(2/3,1/6)+NTN(1/6,2/3))
```

运行后,得到:

$$G\_e=$$
$$\begin{bmatrix} 1/(6*c^2),1/(12*c^2),1/(12*c^2) \\ 1/(12*c^2), \ 1/(6*c^2),1/(12*c^2) \\ 1/(12*c^2), \ 1/(12*c^2), \ 1/(6*c^2) \end{bmatrix}$$

【另解】 根据(11-36)式,编写如下 MATLA 程序:

代码下载

```
clear;clc;
syms x y c
assume(x,'real')
assume(y,'real')
assume(c,'real')
N1=1-x-y/2;
N2=x;
N3=y/2;
N=[N1,N2,N3];
NTN=N'*N
I=int(NTN,x,0,1-y/2)
G_e=(c^-2)*int(I,y,0,2)
```

运行后,得到:

$$G\_e=$$
$$\begin{bmatrix} 1/(6*c^2),1/(12*c^2),1/(12*c^2) \\ 1/(12*c^2), \ 1/(6*c^2),1/(12*c^2) \\ 1/(12*c^2),1/(12*c^2), \ 1/(6*c^2) \end{bmatrix}$$

通过(13-35)式进行单元集成,得到有限元离散方程

$$\boldsymbol{H}\boldsymbol{p}+\boldsymbol{G}\frac{\mathrm{d}^2\boldsymbol{p}}{\mathrm{d}t^2}-\boldsymbol{S}\frac{\mathrm{d}^2\boldsymbol{a}}{\mathrm{d}t^2}=0 \tag{11-38}$$

其中,

$$\left.\begin{aligned} \boldsymbol{H}&=\sum_e \boldsymbol{H}_p^{(e)} \\ \boldsymbol{G}&=\sum_e \boldsymbol{G}^{(e)} \\ \boldsymbol{S}&=\sum_e \boldsymbol{S}^{(e)} \end{aligned}\right\} \tag{11-39}$$

2)固体平衡

除了需要考虑流固接触边界力以外,固体结构的控制方程及边界条件与通常情况没有什么不同。固体结构离散后的动力学方程可表示为

$$\boldsymbol{M}\frac{\mathrm{d}^2\boldsymbol{a}}{\mathrm{d}t^2}+\boldsymbol{C}\frac{\mathrm{d}\boldsymbol{a}}{\mathrm{d}t}+\boldsymbol{K}\boldsymbol{a}=\boldsymbol{P}+\boldsymbol{P}_p \tag{11-40}$$

其中,M 为结构质量矩阵,由单元质量矩阵集成得到,即

$$M = \sum_e M^{(e)}$$

K 为结构刚度矩阵,由单元刚度矩阵集成得到,即

$$K = \sum_e K^{(e)}$$

C 为结构阻尼矩阵,可表示为

$$C = \alpha M + \beta K$$

α 和 β 为不依赖于频率的 Rayleigh 阻尼常数;a 为结构结点位移列阵,由单元结点位移列阵集成得到,即

$$a = \sum_e a^{(e)}$$

P_p 是流固接触边界上流体压力的等效结点载荷列阵,由相关的单元等效结点载荷列阵集成得到,即

$$P_p = \sum_e P_p^{(e)}$$

设流固接触处的单元发生虚位移 δu,根据虚功等效原则,接触单元上流体压力的等效结点载荷 $P_p^{(e)}$ 满足

$$(\delta a^{(e)})^T P_p^{(e)} = -\int_{\Gamma_{ue}} p n_s \cdot \delta u \mathrm{d}\Gamma = -\int_{\Gamma_{ue}} p \delta u_n \mathrm{d}\Gamma = -(\delta a^{(e)})^T \int_{\Gamma_{ue}} \overline{N}^T p \mathrm{d}\Gamma$$

考虑到 $\delta a^{(e)}$ 的任意性,可进一步得到

$$P_p^{(e)} = -\int_{\Gamma_{ue}} \overline{N}^T p \mathrm{d}\Gamma$$

因此有

$$P_p = \sum_e P_p^{(e)} = -\sum_{i=1}^{n_i} \int_{\Gamma_{ue}} \overline{N}^T p \mathrm{d}\Gamma = -\frac{1}{\rho} S^T p \tag{13-41}$$

将(13-41)式代入(13-40)式,得到

$$M \frac{\mathrm{d}^2 a}{\mathrm{d}t^2} + C \frac{\mathrm{d}a}{\mathrm{d}t} + Ka + \frac{1}{\rho} S^T p = P \tag{13-42}$$

将(13-42)式和(13-38)式联立,得到

$$\left. \begin{array}{c} Hp + G \dfrac{\mathrm{d}^2 p}{\mathrm{d}t^2} - S \dfrac{\mathrm{d}^2 a}{\mathrm{d}t^2} = 0 \\[2mm] M \dfrac{\mathrm{d}^2 a}{\mathrm{d}t^2} + C \dfrac{\mathrm{d}a}{\mathrm{d}t} + Ka + \dfrac{1}{\rho} S^T p = P \end{array} \right\} \tag{13-43}$$

据此可以求解流体压力、固体位移、速度和加速度。

如果流体不可压缩,声波速度 $c \to \infty$,根据(11-36)式可知 $G = 0$,则由(13-38)式得到

$$p = H^{-1} S \frac{\mathrm{d}^2 a}{\mathrm{d}t^2} \tag{13-44}$$

将(13-44)式代入(13-42)式,得到

$$(M + M_p) \frac{\mathrm{d}^2 a}{\mathrm{d}t^2} + C \frac{\mathrm{d}a}{\mathrm{d}t} + Ka = P \tag{13-45}$$

其中,

$$M_p = \frac{1}{\rho} S^{\mathrm{T}} H^{-1} S \qquad (13\text{-}46)$$

称为**附加质量矩阵**。

可见,在流体不可压缩情况下,固体结构运动方程的形式与无流固耦合时的形式相同,只是在质量矩阵 M 上增加了一个附加矩阵 M_p。M_p 反映了流体对固体运动的影响,称为**附加质量矩阵**。如果仅研究固体结构在流固耦合中的动力问题,可以不必求解流体压力,只在固体结构上增加附加质量。

流固耦合问题的具体解法有两种:整体求解法和交替求解法。整体求解法是将流体和固体的动力学方程联立求解。由于描述流体和固体的方程在性质上有很大不同,故给整体求解法带来很大困难。在交替求解方法中,将流体和固体作为单独的求解域,在数值计算过程中交替地求解这两个求解域,并在交替过程中通过界面耦合进行有关物理量的传递,从而达到不同求解域的耦合。

第 13 章习题

习题 13-1 习题 13-1 图所示三角形单元的厚度为 1,导热系数 $\lambda_x = \lambda_y = b$,$b$ 为常数。根据(13-16)式计算该单元的 $K_{\mathrm{T}}^{(e)}$ 矩阵。

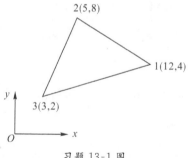

习题 13-1 图

习题 13-2 习题 13-2 图所示三角形单元的密度 ρ 和比热容 c 为常数。根据(13-22)式求该单元瞬态变温矩阵 $M^{(e)}$。

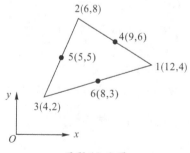

习题 13-2 图

习题 13-3 习题 13-3 图所示四边形平面应力单元厚度为 1,线性膨胀系数为 α,温度变化为 T,弹性模量为 E,泊松比为 1/4。根据(13-26)式求该单元的等效结点载荷 $P_{\varepsilon_0}^{(e)}$。

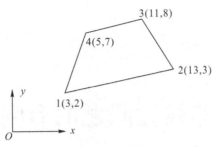

习题 13-3 图

习题 13-4 习题 13-4 图所示三角形单元,厚度为 1,比热容 c 为常数。根据(11-36)式求该单元的 $\boldsymbol{G}^{(e)}$。

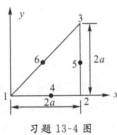

习题 13-4 图

第 14 章　非线性问题的有限元法

14.1　引　言

在前面各章所讨论的都是小变形条件下的线弹性问题。小变形是指应变和转动都很小,几何方程是线性的,列平衡方程时不必考虑物体形状和尺寸的变化。小变形情况下,材料的本构方程是线性的,即采用广义胡克定律。用有限元法分析这种问题,最后归结为求解线性代数方程组。这种分析在很多情况下是符合实际需求的,因此被广泛应用。

有些材料在小变形条件下就表现出非线性性质,如塑性、粘性等,在计算分析时应该按照**材料非线性问题**处理。在大变形情况下的**几何非线性问题**中,必须采用非线性的几何方程,并需要在变形后的物体与位置上列出平衡方程。在接触和碰撞问题中,接触边界是变动的,接触条件是高度非线性的,因而被称为**边界非线性问题**。本章以材料非线性问题为例,介绍非线性问题的有限元法。

14.2　非线性方程组的解法

非线性代数方程组可表示为

$$\boldsymbol{\psi}(\boldsymbol{a}) = \boldsymbol{P}(\boldsymbol{a}) - \boldsymbol{Q} = \boldsymbol{0} \tag{14-1a}$$

或

$$\boldsymbol{P}(\boldsymbol{a}) = \boldsymbol{Q} \tag{14-1b}$$

其中,$\boldsymbol{a}$ 是待求未知列阵,$\boldsymbol{P}$ 是 $\boldsymbol{a}$ 的非线性函数矩阵,$\boldsymbol{Q}$ 是已知列阵。

如果 $\boldsymbol{P}$ 是 $\boldsymbol{a}$ 的线性函数矩阵,即 $\boldsymbol{P}(\boldsymbol{a}) = \boldsymbol{K}\boldsymbol{a}$ 且 $\boldsymbol{K}$ 为常数矩阵,则方程组(14-1)退化为线性代数方程组 $\boldsymbol{K}\boldsymbol{a} = \boldsymbol{Q}$,由于 $\boldsymbol{K}$ 为常数矩阵,可以直接求解线性代数方程组。对于非线性代数方程组,不能像线性代数方程组那样直接求解。下面介绍介绍一些非线性代数方程组的常用求解方法。

14.2.1　直接迭代法

将非线性代数方程组(14-1)改写为

$$\boldsymbol{K}(\boldsymbol{a})\boldsymbol{a} = \boldsymbol{Q} \tag{14-2}$$

其中,

$$P(a) = K(a)a$$

直接迭代法求解非线性代数方程组(14-2)的过程如下。

1)首先,假定初始试探解

$$a = a_0 \tag{14-3}$$

将其代入 $K(a)$ 中,可求得改进后的第 1 次近似解

$$a_1 = (K_0)^{-1}Q \tag{14-4}$$

其中

$$K_0 = K(a_0)$$

2)然后,重复上述过程,可以得到第 n 次近似解

$$a_n = (K_{n-1})^{-1}Q \tag{14-5}$$

其中,

$$K_{n-1} = K(a_{n-1})$$

3)当计算误差的某种范数小于某个规定的容许小量 er,即

$$\|e\| = \|a_n - a_{n-1}\| \leqslant \text{er} \tag{14-6}$$

时,终止上述迭代过程,取 a_n 为非线性代数方程组的近似解。

利用直接迭代法求解非线性代数方程组时,需要假设一个初始试探解 a_0。通常情况下初始试探解只会影响求解问题的速度问题。如果迭代方程没错的话,当初始试探解较接近实际结果时,迭代的次数会较少。如果选取的初始试探解距离实际结果较远时,只会增加迭代次数而不会无法求解。所以一般来说可以按经验取初始试探解,例如在材料非线性问题中,a_0 通常可以从首先求解的线弹性问题得到。

在直接迭代法中,每次迭代需要计算和形成系数矩阵 $K(a_{n-1})$,并对它进行求逆计算。这要求 K 可以表示为 a 的显示函数,因此该法只适用于与变形历史无关的非线性问题。对于这类问题,应力可以由应变(或应变率)确定,也可以由位移(或位移变化率)确定,例如非线性弹性问题、可利用变形理论分析的弹塑性问题及稳态蠕变问题等。

对于依赖于变形历史的非线性问题,由于应力需要由应变(或应变率)所经历的路径决定,上述直接迭代法是不适用的。例如加载路径不断变化或涉及卸载和反复加载等弹塑性问题都属于这种情况,这时必须利用增量理论进行分析。

对于单自由度系统,直接迭代法收敛性如图 14-1 所示。当 $P(a)$-a 曲线为图 14-1(a)所示凸形的,通常是收敛的;当 $P(a)$-a 曲线为图 14-1(b)所示凹形的,则可能是发散的。

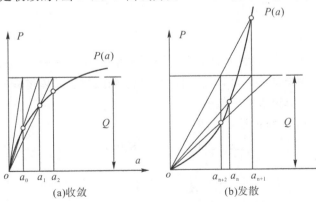

图 14-1 直接迭代法

【例 14-1】 利用直接迭代法求解方程组

$$\left.\begin{array}{r} a_1^2 + 2a_2 = 6 \\ 4a_1 + a_2^2 = 7 \end{array}\right\}$$

【解】 将方程组改写为

$$\begin{bmatrix} a_1 & 2 \\ 4 & a_2 \end{bmatrix} \begin{Bmatrix} a_1 \\ a_2 \end{Bmatrix} = \begin{Bmatrix} 6 \\ 7 \end{Bmatrix}$$

编写如下 MATLAB 程序:

代码下载

```
clear;clc;
    b=[6;7];
    a0=[0;0];
    error=10;
    N=0;
    while error > 1e-6
        K0=[a0(1),2;4,a0(2)];
        a1=K0\b;
        error=norm(a1-a0);
        a0=a1;
        N=N+1;
    end
    a=a0
    N_iteration=N
```

运行后,得到:

    a=

    −0.3883
    2.9246

    N_iteration=

    18

上述直接迭代法在每次迭代中,都需要对新系数矩阵 $K_{n-1} = K(a_{n-1})$ 的求逆计算,这需要消耗很大计算量。为减少计算量,可采用常刚度直接迭代法,具体过程如下。

1)根据(14-4)式计算第 1 次近似解 a_1。

2)根据下式计算 a_1 的修正量 Δa_1,即

$$\Delta a_1 = (K_0)^{-1}(Q - K_1 a_1) \tag{14-7}$$

其中,

$$K_1 = K(a_1)$$

进一步得到

$$a_2 = a_1 + \Delta a_1 \tag{14-8}$$

3）继续迭代，得到

$$\Delta a_{n-1} = (K_0)^{-1}(Q - K_{n-1}a_{n-1}) , \quad n = 2,3,\cdots \tag{14-9}$$

$$a_n = a_{n-1} + \Delta a_{n-1} , \quad n = 2,3,\cdots \tag{14-10}$$

直到计算误差满足(14-6)式为止。

对于单自由度系统，常刚度直接迭代法可用图 14-2 表示。由于重新形成 K_{n-1} 的计算量远小于对 K_{n-1} 求逆的计算量，因此一般情况下常刚度直接迭代法的计算效率高于直接迭代法的计算效率。

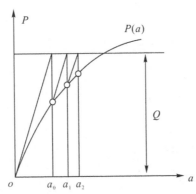

图 14-2　常刚度直接迭代法

【例 14-2】　利用常刚度直接迭代法求解方程组

$$\left.\begin{array}{l} a_1^2 + 2a_2 = 6 \\ 4a_1 + a_2^2 = 7 \end{array}\right\}$$

【解】　将方程组改写为

$$\begin{bmatrix} a_1 & 2 \\ 4 & a_2 \end{bmatrix} \begin{Bmatrix} a_1 \\ a_2 \end{Bmatrix} = \begin{Bmatrix} 6 \\ 7 \end{Bmatrix}$$

编写如下 MATLAB 程序

代码下载

```
clear;clc;
b=[6;7];
a0=[0;0];
K0=[a0(1),2;4,a0(2)]
K0_inv=inv(K0)
a1=K0_inv*b;
error=10;
N=0;
while error > 1e-6
    K1=[a1(1),2;4,a1(2)];
    da1=K0_inv*(b-K1*a1);
    a2=a1+da1;
    a1=a2;
```

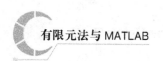

```
        error＝norm(da1);
        N＝N＋1;
end
a＝a2
N_iteration＝N
```

运行后,得到:

   a＝

     −0.3883
      2.9246

   N_iteration＝

    45

14.2.2　Newton-Raphson 法

设非线性方程组(14-1a),即

$$\psi(a)=P(a)-Q=0$$

的第 n 次近似解为 a_n。一般情况下 a_n 不能使非线性方程组(14-1a)精确满足,即

$$\psi(a_n)=P(a_n)-Q\neq0$$

设非线性方程组(14-1a)的第 $n+1$ 次近似解

$$a_{n+1}=a_n+\Delta a_n \tag{14-11}$$

将 $\psi(a)$ 在 a_{n+1} 处作 Taylor 展开,并近保留线性项,得到

$$\psi(a_{n+1})=\psi(a_n)+\widetilde{K}(a_n)\Delta a_n=0 \tag{14-12}$$

其中,

$$\widetilde{K}(a)=\frac{\mathrm{d}\psi}{\mathrm{d}a}=\frac{\mathrm{d}P}{\mathrm{d}a} \tag{14-13}$$

称为切线刚度矩阵。

根据(4-12)式和(14-1a)式可以得到

$$\left.\begin{aligned}\Delta a_n&=-(\widetilde{K}_n)^{-1}\psi_n\\&=-(\widetilde{K}_n)^{-1}(P_n-Q)\\&=(\widetilde{K}_n)^{-1}(Q-P_n)\end{aligned}\right\} \tag{14-14}$$

其中,

$$\widetilde{K}_n=\widetilde{K}(a_n),P_n=P(a_n)$$

由(14-11)式和(14-14)式形成了 Newton-Raphson 法的迭代公式。重复上述迭代过程直到计算误差满足(14-6)式为止。

Newton-Raphson 法的求解过程可用图 14-3 表示。一般情况下 Newton-Raphson 法具

有良好的收敛性，如图 14-3(a)所示。但是也存在图 14-3(b)所示的发散的情况。

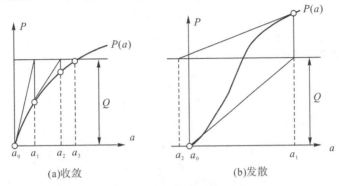

(a)收敛　　　　　　　(b)发散

图 14-3　Newton-Raphson 法

在利用 Newton-Raphson 法时，可以简单地将初始试探解设置为 $a_0=0$。在这种情况下，切线刚度矩阵 $\widetilde{\boldsymbol{K}}_0$ 在材料非线性问题中就是弹性刚度矩阵。根据（14-14）式可知，Newton-Raphson 法的每次迭代都需要重新形成和求逆一个新的切线刚度矩阵 $\widetilde{\boldsymbol{K}}_n$，这需要很多的计算量。

为减少 Newton-Raphson 法对每次迭代需要重新形成和求逆一个新的切线刚度矩阵所需的计算量，可令切线刚度矩阵总保持为它的初始值，即

$$\widetilde{\boldsymbol{K}}_n=\widetilde{\boldsymbol{K}}_0 \tag{14-15}$$

将其代入（14-14）式，得到

$$\Delta\boldsymbol{a}_n=(\widetilde{\boldsymbol{K}}_0)^{-1}(\boldsymbol{Q}-\boldsymbol{P}_n) \tag{14-16}$$

这样由（14-11）式和（14-16）式构成的迭代计算，减少了次迭代需要重新形成和求逆一个新的切线刚度矩阵所需的计算量，极大提高了计算效率。通常将这种算法称为修正的 Newton-Raphson 法，其迭代过程可表示为图 14-4。还有一种折中方案是在迭代若干次后（例如 m 次）以后，更新 $\widetilde{\boldsymbol{K}}$ 为 $\widetilde{\boldsymbol{K}}_m$，再进行以后的迭代，在某些情况下，折中方案是很有效的。

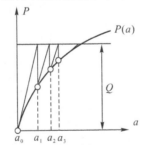

图 14-4　修正的 Newton-Raphson 法

需要说明的是，上述 Newton-Raphson 法和修正的 Newton-Raphson 法，隐含着 $\widetilde{\boldsymbol{K}}$ 可以显示地表示为 a 的函数。对于 $\widetilde{\boldsymbol{K}}$ 不能显示地表示为 a 的函数的情况，不能直接应用上述两种方法求解，需要和以下介绍的增量法相结合进行求解。

【**例 14-3**】 利用 Newton-Raphson 法求解方程组

$$
\left.\begin{array}{l}
a_1^2 + 2a_2 = 6 \\
4a_1 + a_2^2 = 7
\end{array}\right\}
$$

【**解**】 将方程组改写为

$$
\begin{bmatrix} a_1 & 2 \\ 4 & a_2 \end{bmatrix}
\begin{Bmatrix} a_1 \\ a_2 \end{Bmatrix} =
\begin{Bmatrix} 6 \\ 7 \end{Bmatrix}
$$

编写如下 MATLAB 程序：

代码下载

```
clear;
clc;
Q=[6;7];
a0=[0;0];
error=10;
N=0;
while error > 1e-6
    K0=[a0(1),2;4,a0(2)];
    P0=[a0(1)^2+2*a0(2);4*a0(1)+a0(2)^2];
    da0=K0\(Q-P0);
    error=norm(da0);
    a1=a0+da0;
    a0=a1;
    N=N+1;
end
a=a0
N_iteration=N
```

运行后,得到：

    a＝

    −0.3883
    2.9246

    N_iteration＝

    18

14.2.3 增量法

增量法的基本思想是将载荷划分为若干个增量,每次施加一个增量。在每个增量步内,假定刚度矩阵是常数。对于不同的增量步,刚度矩阵具有不同的数值,并与本构方程相对应。增量法是用一系列线性问题去近似非线性问题,即用分段线性的折线替代非线性曲线。

只要载荷增量步足够下，增量法就能保证得到收敛解，且通常是合理的。

将总载荷分为 m 个增量，施加到第 i 个载荷增量之前，载荷累加到

$$P_{i-1} = \sum_{j=1}^{i-1} \Delta P_j \tag{14-13}$$

相应的位移和应力分别为

$$\left. \begin{aligned} a_{i-1} &= \sum_{j=1}^{i-1} \Delta a_j \\ \sigma_{i-1} &= \sum_{j=1}^{i-1} \Delta \sigma_j \end{aligned} \right\} \tag{14-14}$$

施加第 i 个载荷增量 ΔP_i，将产生位移增量 Δa_i 和应力增量 $\Delta \sigma_i$。因此在施加第 i 个载荷增量后，位移和应力分别为

$$\left. \begin{aligned} a_i &= a_{i-1} + \Delta a_i \\ \sigma_i &= \sigma_{i-1} + \Delta \sigma_i \end{aligned} \right\} \tag{14-15}$$

在施加载荷增量时，通常引入不变的参考载荷 P_0 和标量参数 λ 来描述载荷的变化，即

$$P = \lambda P_0 \tag{14-16}$$

将(14-16)式代入(14-5)式，得到

$$\boldsymbol{\Psi}(a) = K(a)a - P = Q(a) - \lambda P_0 = 0 \tag{14-17}$$

对(14-17)式求 λ 的导数，得到

$$\frac{\mathrm{d}Q}{\mathrm{d}a}\frac{\mathrm{d}a}{\mathrm{d}\lambda} - P_0 = 0 \tag{14-18}$$

注意到

$$\left. \begin{aligned} \frac{\mathrm{d}Q}{\mathrm{d}a} &= K_T(a) \\ P_0 \mathrm{d}\lambda &= \mathrm{d}P \end{aligned} \right\} \tag{14-19}$$

可将(14-18)式改写为

$$K_T \mathrm{d}a = \mathrm{d}P \tag{14-20}$$

在数值计算时，将(14-20)式改写为增量形式，即

$$K_T \Delta a = \Delta P \tag{14-20}$$

至于如何由载荷增量 ΔP 计算位移增量 Δa 和应力增量 $\Delta \sigma$，取决于增量步刚度的计算。常用的增量步刚度计算方法包括：**始点刚度法**、**平均刚度法**和**中点刚度法**。

1) 始点刚度法

设第 $i-1$ 步末的应力 σ_{i-1} 已求出，根据 σ_{i-1} 及本构方程可以确定 $i-1$ 步末的切线刚度 K_{i-1}。假定在第 i 步内刚度矩阵保持不变且近似等于 K_{i-1}，于是可由

$$K_{i-1} \Delta a_i = \Delta P_i \quad (i=1,2,\cdots,m) \tag{14-21}$$

计算第 i 步的位移增量 Δa_i。

在(14-21)式中，$K_{i-1} = K_{i-1}(a_{i-1})$，而初始刚度 K_0 是根据本构关系曲线在开始加载时计算的，因此将这种方法称为**始点刚度法**，又称为 **Euler 法**。

2) 平均刚度法

始点刚度法计算过程比较简单，但计算结果通常精度不高。为了提高计算精度，可采用

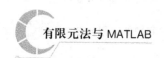

平均刚度法。具体做法介绍如下。

先用 K_{i-1} 根据(14-21)式计算初步的位移增量 Δa_i^* 和位移 a_i^*；然后根据 a_i^* 和本构方程计算第 i 步的 K_i；将 K_{i-1} 和 K_i 的平均值

$$\overline{K}_i = \frac{1}{2}(K_{i-1} + K_i) \tag{14-22}$$

作为第 i 步的刚度矩阵，并根据

$$\overline{K}_i \Delta a_i = \Delta P_i \tag{14-23}$$

计算第 i 步的位移增量 Δa_i。

3)中点刚度法

平均刚度法虽然提高了计算精度，但增加了存储量。中点刚度法在提高计算精度的同时，可以有效降低存储量，具体情况介绍如下。

首先，施加载荷增量的一半 $\Delta P_i/2$，用 K_{i-1} 计算相应的位移增量 $\Delta a_{i-1/2}^*$，具体计算公式为

$$K_{i-1} \Delta a_{i-1/2}^* = \Delta P_i/2 \tag{14-24}$$

根据位移增量 $\Delta a_{i-1/2}^*$，计算中点位移 $a_{i-1/2}^*$，计算式为

$$a_{i-1/2}^* = a_{i-1} + \Delta a_{i-1/2}^* \tag{14-25}$$

然后，根据 $a_{i-1/2}^*$ 及本构方程求得中点刚度矩阵 $K_{i-1/2}$，再由

$$K_{i-1/2} \Delta a_i = \Delta P_i \tag{14-26}$$

计算第 i 步位移增量 Δa_i。

【例 14-4】 例 14-4 图所示阶梯形拉杆，①、②两段的材料相同，应力应变关系为 $\sigma = E\varepsilon^{0.6}$，长度分别为 L_1 和 L_2，横截面面积分别为 A_1 和 A_2。推导增量法中的增量刚度矩阵 K_T。

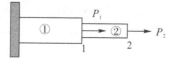

例 14-4 图

【解】 设结点 1、2 的轴向位移分别为 a_1、a_2。对于①段，根据截面法，得到其轴力

$$N_1 = P_1 + P_2$$

其应力

$$\sigma_1 = \frac{N_1}{A_1} = \frac{P_1 + P_2}{A_1} = E_0 \left(\frac{a_1}{L_1}\right)^{0.5}$$

由此得到

$$A_1 E_0 \left(\frac{a_1}{L_1}\right)^{0.5} = P_1 + P_2$$

$$A_1 E_0 \left(\frac{a_1}{L_1}\right)^{0.5} = Q_1 \tag{a}$$

其中，$Q_1 = P_1 + P_2$。

对②段杆经过相似处理可以得到

$$A_2 E_0 \left(\frac{a_2 - a_1}{L_2}\right)^{0.5} = Q_2 \tag{b}$$

其中,$Q_2 = P_2$。

根据(a)式和(b)式编写如下 MATLAB 计算程序:

```
clear;clc;
syms a1 a2
syms A1 A2 E0 L1 L2
Q1=A1*E0*(a1/L1)^0.5
k11=diff(Q1,a1,1)
k11=simplify(k11)
k12=diff(Q1,a2,1)
Q2=A2*E0*(a2-a1)^0.5/L2^0.5
k21=diff(Q2,a1,1)
k21=simplify(k21)
k22=diff(Q2,a2,1)
k22=simplify(k22)
KT=[k11,k12;k21,k22]
KT=simplify(KT)
```

代码下载

运行后,得到:

```
k11 =                                  k12 =

(A1*E0)/(2*L1*(a1/L1)^(1/2))           0


        A1 E0
---------------

        / a1 \
2 L1 sqet| -- |
        \ L1 /
k21 =                                  k22 =

-(A2*E0)/(2*L2^(1/2)*(a2 - a1)^(1/2))  (A2*E0)/(2*L2^(1/2)*(a2 - a1)^(1/2))

        A2 E0                                  A2 E0
--------------------                   --------------------

2 sqrt(L2)  sqrt(a2 - a1)              2 sqrt(L2)  sqrt(a2 - a1)
```

整理后,增量刚度矩阵表示为

$$\boldsymbol{K}_T = \begin{bmatrix} \dfrac{A_1 E_0}{2\sqrt{L_1 a_1}} & 0 \\ -\dfrac{A_2 E_0}{2\sqrt{L_2(a_2-a_1)}} & \dfrac{A_2 E_0}{2\sqrt{L_2(a_2-a_1)}} \end{bmatrix}。$$

【例 14-5】 利用始点刚度法求解方程组

$$\left.\begin{array}{l} a_1^2 + 2a_2 = 6\lambda \\ 4a_1 + a_2^2 = 7\lambda \end{array}\right\}, \tag{a}$$

在 $\lambda \in [0,1]$ 范围内的解。

【解】　根据(14-19)式，求得方程组(a)的增量刚度矩阵为

$$K_T = \begin{bmatrix} 2a_1 & 2 \\ 4 & 2a_2 \end{bmatrix}。$$

编写如下 MATLAB 程序：

代码下载

```
clear;clc;
    a0=[0;0]
    A=a0
    Q=[6;7]
    dm=0.1
    dQ=dm*Q;
    m=0
    while m<0.9
        KT=[2*a0(1),2;4,2*a0(2)];
        da1=KT\dQ;
        m=m+dm;
        a1=a0+da1;
        A=[A,a1];
        a0=a1;
    end
    mm=0:0.1:1.0
    mA=[mm;A]
```

运行后得到在范围 $\lambda \in [0,1]$ 内的解,列于表 14-1 中。

表 14-1　始点刚度法得到的方程在范围 $\lambda \in [0,1]$ 内的解

λ	0.000	0.100	0.200	0.300	0.400	0.500	0.600	0.700	0.800	0.900	1.000
a_1	0.000	0.175	0.309	0.406	0.464	0.472	0.415	0.279	0.080	−0.135	−0.338
a_2	0.000	0.300	0.577	0.847	1.123	1.419	1.746	2.103	2.458	2.775	3.048

14.3　弹塑性材料非线性描述

14.3.1　弹塑性增量本构方程

根据弹塑性增量理论,当材料变形进入塑性状态且在加载条件下,应变增量为弹性应变增量与塑性应变增量之和,即

$$d\boldsymbol{\varepsilon} = d\boldsymbol{\varepsilon}_e + d\boldsymbol{\varepsilon}_p \tag{14-27}$$

弹塑性增量本构方程表示为

$$d\boldsymbol{\sigma} = \boldsymbol{D}_{ep} d\boldsymbol{\varepsilon} \text{ 或 } \Delta\boldsymbol{\sigma} = \boldsymbol{D}_{ep} \Delta\boldsymbol{\varepsilon} \tag{14-28}$$

其中，D_{ep} 为**弹塑性矩阵**，其计算式为

$$D_{ep}=D-\frac{1}{\alpha}D\frac{\partial g}{\partial \boldsymbol{\sigma}}\left(\frac{\partial f}{\partial \boldsymbol{\sigma}}\right)^{\mathrm{T}}D$$
$$\alpha=A+\left(\frac{\partial f}{\partial \boldsymbol{\sigma}}\right)^{\mathrm{T}}D\frac{\partial g}{\partial \boldsymbol{\sigma}}$$

(14-29)

D 为弹性矩阵，对于各向同性材料，

$$D=\begin{bmatrix}\lambda+2G & \lambda & \lambda & 0 & 0 & 0\\ \lambda & \lambda+2G & \lambda & 0 & 0 & 0\\ \lambda & \lambda & \lambda+2G & 0 & 0 & 0\\ 0 & 0 & 0 & G & 0 & 0\\ 0 & 0 & 0 & 0 & G & 0\\ 0 & 0 & 0 & 0 & 0 & G\end{bmatrix}$$

(a)

$$G=\frac{E}{2(1+\mu)},\lambda=\frac{E\mu}{(1+\mu)(1-2\mu)}$$

(b)

E 为弹性模量，μ 为泊松比；g 为塑性势函数，f 为屈服函数，A 是与硬化规律有关的硬化函数，其表达式为

$$A=-\left[\left(\frac{\partial f}{\partial \boldsymbol{\varepsilon}_p}\right)^{\mathrm{T}}+\frac{\partial f}{\partial H}\left(\frac{\partial H}{\partial \boldsymbol{\varepsilon}_p}\right)^{\mathrm{T}}\right]\frac{\partial g}{\partial \boldsymbol{\sigma}}$$

(14-30)

H 为硬化参数。

根据塑性势理论，在塑性状态存在一塑性势函数 g，塑性应变的方向与塑性势函数的梯度或外法线方向一致。当塑性势函数与屈服函数相同，即 $g=f$ 时，弹塑性矩阵 D_{ep} 可表示为

$$D_{ep}=D-D_p$$
$$D_p=\frac{1}{\alpha}D\frac{\partial f}{\partial \boldsymbol{\sigma}}\left(\frac{\partial f}{\partial \boldsymbol{\sigma}}\right)^{\mathrm{T}}D$$
$$\alpha=A+\left(\frac{\partial f}{\partial \boldsymbol{\sigma}}\right)^{\mathrm{T}}D\frac{\partial f}{\partial \boldsymbol{\sigma}}$$

(14-31)

其中，D_p 称为**塑性矩阵**。采用不同的屈服条件和硬化规律，将得到不同的塑性矩阵。

【例 14-6】 已知：Mises 屈服条件 $f=\sqrt{3J_2}-\sigma_s=0$，其中 σ_s 为材料的屈服极限，J_2 为偏应力第二不变量，$J_2=\frac{1}{6}\left[(\sigma_x-\sigma_y)^2+(\sigma_y-\sigma_z)^2+(\sigma_z-\sigma_x)^2+6(\tau_{xy}^2+\tau_{yz}^2+\tau_{zx}^2)\right]$。求：$\dfrac{\partial f}{\partial \boldsymbol{\sigma}}$ 的表达式，其中 $\sigma=[\sigma_x,\sigma_y,\sigma_z,\tau_{xy},\tau_{yz},\tau_{zx}]^{\mathrm{T}}$。

【解】 根据复合函数偏导法则，可知

$$\frac{\partial f}{\partial \boldsymbol{\sigma}}=\frac{\partial f}{\partial J_2}\frac{\partial J_2}{\partial \boldsymbol{\sigma}}$$

(a)

编写如下 MATLAB 程序：

```
clear;clc;
syms J2 Ss
f=(3*J2)^0.5-Ss
dfdJ2=diff(f,J2,1)
pretty(dfdJ2)
```

代码下载

```
syms Sx Sy Sz Txy Tyz Tzx
assume（Sx,'real'）
assume（Sy,'real'）
assume（Sz,'real'）
assume（Txy,'real'）
assume（Tyz,'real'）
assume（Tzx,'real'）
J2＝(Sx－Sy)^2＋(Sy－Sz)^2＋(Sz－Sx)^2＋6＊(Txy^2＋Tyz^2＋Tzx^2)
J2＝J2/6
dJ2dSx＝diff(J2,Sx,1)
dJ2dSy＝diff(J2,Sy,1)
dJ2dSz＝diff(J2,Sz,1)
dJ2dTxy＝diff(J2,Txy,1)
dJ2dTyz＝diff(J2,Tyz,1)
dJ2dTzx＝diff(J2,Tzx,1)
dJ2dS＝[dJ2dSx,dJ2dSy,dJ2dSz,dJ2dTxy,dJ2dTyz,dJ2dTzx]'
```

运行后,得到:

dfdJ2＝

$$3/(2 * (3 * J2)^{(1/2)})$$

dJ2dS＝

$(2 * Sx)/3－Sy/3－Sz/3$

$(2 * Sy)/3－Sx/3－Sz/3$

$(2 * Sz)/3－Sy/3－Sx/3$

$\qquad\qquad 2 * Txy$

$\qquad\qquad 2 * Tyz$

$\qquad\qquad 2 * Tzx$

将上述运行结果代入(a)式,得到:

$$\frac{\partial f}{\partial \boldsymbol{\sigma}}=\frac{3}{2\sqrt{3J_2}}\begin{Bmatrix} \dfrac{2}{3}\sigma_x-\dfrac{1}{3}(\sigma_y+\sigma_z) \\[2mm] \dfrac{2}{3}\sigma_y-\dfrac{1}{3}(\sigma_z+\sigma_x) \\[2mm] \dfrac{2}{3}\sigma_z-\dfrac{1}{3}(\sigma_x+\sigma_y) \\[2mm] 2\tau_{xy} \\[2mm] 2\tau_{yz} \\[2mm] 2\tau_{zx} \end{Bmatrix}。$$

14.3.2 屈服条件和硬化规律

1)屈服条件

材料初始屈服时的条件称为初始屈服条件,其一般形式可表示为

$$f(\boldsymbol{\sigma})=0,\tag{14-32}$$

又称为**屈服函数**,屈服函数对应的曲面称为**屈服面**。

进入塑性阶段后,卸载并不产生塑性变形,只有加载时才会出现**后继屈服**,因此**后继屈服条件**也称为**加载条件**。后继屈服条件不仅与应力状态有关,而且还取决于塑性应变和反映加载历史的硬化参数 H,可表示为

$$f(\boldsymbol{\sigma},\boldsymbol{\varepsilon}_p,H)=0\tag{14-33}$$

又称为**后继屈服函数**或**加载函数**。

当塑性应变为零时,硬化还未发生,$H=0$,(14-33)式退化为初始屈服条件。在分析问题时,可将初始屈服视为后即屈服的特殊情况。此外,由于理想弹塑性材料不存在硬化问题,因此其屈服面的大小、形状和位置都保持不变,即理想弹塑性材料的后继屈服面与初始屈服面重合。

2)硬化规律

对于理想弹塑性材料,屈服函数与塑性应变无关,也没有硬化问题,故 A 为零。对于硬化材料,为确定后继屈服条件的具体形式,提出了多种模型。其中最常用的是**等向硬化模型**和**随动硬化模型**。

等向强化模型假设拉伸时的硬化屈服极限和压缩时的硬化屈服极限相等,因此在塑性变形过程中后继屈服面均扩大。从数学上看,后继屈服函数只与应力 σ 和硬化参数 H 有关,(14-33)式可写成

$$f(\boldsymbol{\sigma},H)=0\tag{14-34}$$

而(14-30)式可写成

$$A=-\frac{\partial f}{\partial H}\left(\frac{\partial H}{\partial \boldsymbol{\varepsilon}_p}\right)^{\mathrm{T}}\frac{\partial f}{\partial \boldsymbol{\sigma}}\tag{14-35}$$

其中,H 通常取为塑性功,即

$$H=W_p=\int_0^{\varepsilon_p}\boldsymbol{\sigma}^{\mathrm{T}}\mathrm{d}\boldsymbol{\varepsilon}_p\tag{14-36}$$

也可假定 H 是塑性应变的函数,即

$$H=H(\boldsymbol{\varepsilon}_p)\tag{14-37}$$

根据(14-36)式可知

$$\left.\begin{array}{l}\dfrac{\partial f}{\partial H}=\dfrac{\partial f}{\partial W_p}\\[2mm]\dfrac{\partial H}{\partial \boldsymbol{\varepsilon}_p}=\boldsymbol{\sigma}\end{array}\right\}\tag{14-38}$$

将(14-38)式代入(14-35)式,得到

$$A=-\frac{\partial f}{\partial W_p}\boldsymbol{\sigma}^{\mathrm{T}}\frac{\partial f}{\partial \boldsymbol{\sigma}}\tag{14-39}$$

在实际应用中，硬化函数 A 可根据拉伸实验确定，如图 14-6 所示。

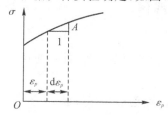

图 14-5　硬化函数 A 的确定

随动硬化模型假设在塑性变形过程中，后继屈服面只在空间作平动，而不改变其大小和形状。从数学上看，后继屈服函数 f 只与应力 $\boldsymbol{\sigma}$ 和决定平动量的塑性应变 $\boldsymbol{\varepsilon}^p$ 有关，可表示为

$$f(\boldsymbol{\sigma}, \boldsymbol{\varepsilon}^p) = 0 \qquad (14\text{-}40)$$

其中，$\boldsymbol{\varepsilon}^p$ 为塑性应变列阵，即

$$\boldsymbol{\varepsilon}^p = [\varepsilon_x^p, \varepsilon_y^p, \varepsilon_z^p, \gamma_{xy}^p, \gamma_{yz}^p, \gamma_{zx}^p]^{\mathrm{T}}$$

若材料为线性硬化，在单向拉伸条件下(14-40)可表示为

$$f = \sigma - c\varepsilon^p - \sigma_s = 0$$

其中，常数 c 可根据单向拉伸实验确定。将上式推广到复杂应力状态，得到

$$f(\sigma, c\varepsilon_p) = 0 \qquad (14\text{-}41)$$

其中，常数矩阵 $\boldsymbol{c}$ 表示为

$$\boldsymbol{c} = c \begin{bmatrix} 1 & 0 & 0 & 0 & 0 & 0 \\ 0 & 1 & 0 & 0 & 0 & 0 \\ 0 & 0 & 1 & 0 & 0 & 0 \\ 0 & 0 & 0 & 1/2 & 0 & 0 \\ 0 & 0 & 0 & 0 & 1/2 & 0 \\ 0 & 0 & 0 & 0 & 0 & 1/2 \end{bmatrix}$$

14.3.3　弹塑性矩阵的计算

对于不同的屈服准则和硬化规律，可以确定出不同的弹塑性矩阵 $\boldsymbol{D}_{ep}$。下面以 Mises 屈服准则和等向硬化规律为例，计算弹塑性矩阵。Mises 屈服条件可表示为

$$f = \sqrt{3J_2} - \sigma_s = 0 \qquad (14\text{-}42a)$$

若假定材料等向强化，Mises 屈服条件(14-42a)式应改写为

$$f = \sqrt{3J_2} - \sigma_s(H) = 0 \qquad (14\text{-}42b)$$

其中，σ_s 为单向拉伸屈服应力，H 为硬化参数，J_2 为偏应力第二不变量，即

$$\left. \begin{aligned} J_2 &= \frac{1}{2} s_{ij} s_{ij} \\ &= \frac{1}{6} \left[(\sigma_x - \sigma_y)^2 + (\sigma_y - \sigma_z)^2 + (\sigma_z - \sigma_x)^2 + 6(\tau_{xy}^2 + \tau_{yz}^2 + \tau_{zx}^2) \right] \end{aligned} \right\} \qquad (14\text{-}43)$$

s_{ij} 为偏应力分量。偏应力分量和应力分量间的关系为

$$\left. \begin{aligned} s_x &= \sigma_x - \sigma_m, \quad s_y = \sigma_y - \sigma_m, \quad s_z = \sigma_z - \sigma_m \\ s_{xy} &= \tau_{xy}, \qquad\qquad s_{yz} = \tau_{yz}, \qquad\qquad s_{zx} = \tau_{zx} \end{aligned} \right\}$$

其中，

$$\sigma_m = \frac{1}{3}(\sigma_x + \sigma_y + \sigma_z)$$

根据(14-43)式和(14-42)式，可以得到

$$\frac{\partial f}{\partial \boldsymbol{\sigma}} = \frac{3}{2\sigma_e}[s_x, s_y, s_z, 2s_{xy}, 2s_{yz}, 2s_{zx}]^T \tag{14-44a}$$

其中，

$$\sigma_e = \sqrt{3J_2} \tag{14-44b}$$

为**等效应力**。

根据偏应力分量和应力分量的关系式(a)和(b)，可以得到

$$s_x + s_y + s_z = 0 \tag{a}$$

根据(14-44)式并利用(a)，可以得到

$$\boldsymbol{D}\frac{\partial f}{\partial \sigma} = \frac{3G}{\sigma_e}\boldsymbol{s} \tag{14-45}$$

其中，s 为**偏应力列阵**，即

$$\boldsymbol{s} = [s_x, s_y, s_z, s_{xy}, s_{yz}, s_{zx}]^T$$

$\boldsymbol{D}$ 为弹性矩阵，即

$$\boldsymbol{D} = \begin{bmatrix} \lambda+2G & \lambda & \lambda & 0 & 0 & 0 \\ \lambda & \lambda+2G & \lambda & 0 & 0 & 0 \\ \lambda & \lambda & \lambda+2G & 0 & 0 & 0 \\ 0 & 0 & 0 & G & 0 & 0 \\ 0 & 0 & 0 & 0 & G & 0 \\ 0 & 0 & 0 & 0 & 0 & G \end{bmatrix}$$

$$G = \frac{E}{2(1+\mu)}, \lambda = \frac{E\mu}{(1+\mu)(1-2\mu)}$$

E 为弹性模量，μ 为泊松比。

根据(14-44)式、(14-45)式和(a)式三式，可以得到

$$\left(\frac{\partial f}{\partial \boldsymbol{\sigma}}\right)^T \boldsymbol{D} \frac{\partial f}{\partial \boldsymbol{\sigma}} = 3G \tag{14-46}$$

将(14-44)式、(14-45)式和(14-46)式代入(14-31)式，得到 Mises 屈服准则下弹塑性矩阵 $\boldsymbol{D}_{ep}$ 和塑性矩阵 $\boldsymbol{D}_p$ 的计算式，即

$$\left.\begin{array}{l} \boldsymbol{D}_{ep} = \boldsymbol{D} - \boldsymbol{D}_p \\ \boldsymbol{D}_p = \alpha^{-1}(3G/\sigma_e)^2 \boldsymbol{ss}^T \\ \alpha = A + 3G \end{array}\right\} \tag{14-47}$$

14.4 流变材料非线性描述

通常将流变问题分为粘弹性问题(蠕变问题)和粘塑性问题。从微观机理上讲，蠕变与粘塑性基本相似，主要区别在于与两种行为相关的时间测量不同，蠕变一般以小时为测量单

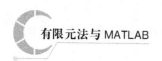

位,而粘塑性以秒或分为测量单位。

14.4.1 粘弹性

将应变率分解为弹性应变率和蠕变应变率,即

$$\frac{\mathrm{d}\boldsymbol{\varepsilon}}{\mathrm{d}t} = \frac{\mathrm{d}\boldsymbol{\varepsilon}^e}{\mathrm{d}t} + \frac{\mathrm{d}\boldsymbol{\varepsilon}^c}{\mathrm{d}t} \tag{14-48}$$

其中,t 代表时间;

$$\frac{\mathrm{d}\boldsymbol{\varepsilon}}{\mathrm{d}t} = \left[\frac{\mathrm{d}\varepsilon_x}{\mathrm{d}t}, \frac{\mathrm{d}\varepsilon_y}{\mathrm{d}t}, \frac{\mathrm{d}\varepsilon_z}{\mathrm{d}t}, \frac{\mathrm{d}\gamma_{xy}}{\mathrm{d}t}, \frac{\mathrm{d}\gamma_{yz}}{\mathrm{d}t}, \frac{\mathrm{d}\gamma_{zx}}{\mathrm{d}t} \right]^{\mathrm{T}}$$

为应变率列阵;

$$\frac{\mathrm{d}\boldsymbol{\varepsilon}^e}{\mathrm{d}t} = \left[\frac{\mathrm{d}\varepsilon_x^e}{\mathrm{d}t}, \frac{\mathrm{d}\varepsilon_y^e}{\mathrm{d}t}, \frac{\mathrm{d}\varepsilon_z^e}{\mathrm{d}t}, \frac{\mathrm{d}\gamma_{xy}^e}{\mathrm{d}t}, \frac{\mathrm{d}\gamma_{yz}^e}{\mathrm{d}t}, \frac{\mathrm{d}\gamma_{zx}^e}{\mathrm{d}t} \right]^{\mathrm{T}}$$

为弹性应变率列阵;

$$\frac{\mathrm{d}\boldsymbol{\varepsilon}^c}{\mathrm{d}t} = \left[\frac{\mathrm{d}\varepsilon_x^c}{\mathrm{d}t}, \frac{\mathrm{d}\varepsilon_y^c}{\mathrm{d}t}, \frac{\mathrm{d}\varepsilon_z^c}{\mathrm{d}t}, \frac{\mathrm{d}\gamma_{xy}^c}{\mathrm{d}t}, \frac{\mathrm{d}\gamma_{yz}^c}{\mathrm{d}t}, \frac{\mathrm{d}\gamma_{zx}^c}{\mathrm{d}t} \right]^{\mathrm{T}}$$

为粘性应变率列阵。对于各向同性材料,弹性应变率和应力率之间满足广义胡克定律,即

$$\frac{\mathrm{d}\boldsymbol{\sigma}}{\mathrm{d}t} = \boldsymbol{D} \frac{\mathrm{d}\varepsilon^e}{\mathrm{d}t} \tag{14-49}$$

其中,$\boldsymbol{D}$ 为弹性矩阵,即

$$\boldsymbol{D} = \begin{bmatrix} \lambda+2G & \lambda & \lambda & 0 & 0 & 0 \\ \lambda & \lambda+2G & \lambda & 0 & 0 & 0 \\ \lambda & \lambda & \lambda+2G & 0 & 0 & 0 \\ 0 & 0 & 0 & G & 0 & 0 \\ 0 & 0 & 0 & 0 & G & 0 \\ 0 & 0 & 0 & 0 & 0 & G \end{bmatrix}$$

$$G = \frac{E}{2(1+\mu)}, \lambda = \frac{E\mu}{(1+\mu)(1-2\mu)}$$

E 为弹性模量,μ 为泊松比。蠕变应变的确定则有不同的方法。

在流变问题中,温度的影响比较显著。但是,在流变方程中通常并不显含温度变量,而是通过测量不同温度下的材料常数来考虑温度对蠕变的影响。具体分析时可假定参数在时段开始时突然变化,而在时间段中间保持为常量。根据单轴蠕变试验资料,蠕变应变通常可以表示为

$$\varepsilon^c = A\sigma^m t^n, \tag{14-50}$$

其中,A、m、n 是与温度有关的材料常数;ε^c 为单轴蠕变应变;σ 为单轴应力。上式适合于描述初始阶段的蠕变。若 σ 不变,则有

$$\frac{\mathrm{d}\varepsilon^c}{\mathrm{d}t} = An\sigma^m t^{n-1} \tag{14-51}$$

等效蠕变应变 ε_e^c 的定义为

$$\varepsilon_e^c = \sqrt{\frac{4}{3} J_2^c}$$

$$J_2^c = \frac{1}{2} e_{ij}^c e_{ij}^c = \frac{1}{6} \left[(\varepsilon_x - \varepsilon_y)^2 + (\varepsilon_y - \varepsilon_z)^2 + (\varepsilon_z - \varepsilon_x)^2 + \frac{3}{2} (\gamma_{xy}^2 + \gamma_{yz}^2 + \gamma_{zx}^2) \right]$$

其中，e_{ij}^c 为蠕变偏应变分量。等效应力 σ_e 的定义为

$$\sigma_e = \sqrt{3 J_2}$$

$$J_2 = \frac{1}{2} s_{ij} s_{ij} = \frac{1}{6} \left[(\sigma_x - \sigma_y)^2 + (\sigma_y - \sigma_z)^2 + (\sigma_z - \sigma_x)^2 + 6(\tau_{xy}^2 + \tau_{yz}^2 + \tau_{zx}^2) \right]$$

其中，s_{ij} 为偏应力分量。利用等效蠕变应变定义和等效应力定义，将(14-50)式由简单应力状态推广到复杂应力状态，即

$$\varepsilon_e^c = A \sigma_e^m t^n \tag{14-52}$$

蠕变应变率可以表示为

$$\frac{d\varepsilon^c}{dt} = \lambda_c \frac{\partial f}{\partial \sigma} \tag{14-53}$$

其中，f 为与塑性理论相似的加载函数，

$$\lambda_c = \frac{3}{2} \sigma_e^{-1} \left[\frac{d\varepsilon_e^c}{dt} \right]$$

ε_e^c 为等效蠕变应变，σ_e 为等效应力。

14.4.2　粘塑性

如果材料只在塑性阶段才呈现明显的粘性，且蠕变与塑性耦合，则可将应变率可分解为弹性应变率与粘塑性应变率两部分，即

$$\frac{d\boldsymbol{\varepsilon}}{dt} = \frac{d\varepsilon^e}{dt} + \frac{d\varepsilon^{vp}}{dt}, \tag{14-54}$$

其中，

$$\frac{d\boldsymbol{\varepsilon}^{vp}}{dt} = \left[\frac{d\varepsilon_x^{vp}}{dt}, \frac{d\varepsilon_y^{vp}}{dt}, \frac{d\varepsilon_z^{vp}}{dt}, \frac{d\gamma_{xy}^{vp}}{dt}, \frac{d\gamma_{yz}^{vp}}{dt}, \frac{d\gamma_{zx}^{vp}}{dt} \right]^T$$

为粘塑性应变率列阵。对于各向同性材料，弹性应变率和应力率间仍满足广义胡克定律(14-49)式。

为确定粘塑性应变率，假设粘塑性应变的出现由粘塑性屈服函数 f 控制，粘塑性屈服条件表示为

$$f(\boldsymbol{\sigma}, \boldsymbol{\varepsilon}_{vp}, \boldsymbol{\kappa}) = 0 \tag{14-55}$$

其中，$\boldsymbol{\kappa}$ 为硬化参数。粘性流动法则表示为

$$\frac{d\boldsymbol{\varepsilon}^{vp}}{dt} = \gamma \langle \phi(f) \rangle \frac{\partial g}{\partial \boldsymbol{\sigma}} \tag{14-56}$$

其中，g 为粘塑性势函数，γ 是控制塑性流动速率的流动参数，符号 $\langle \phi \rangle$ 的含义是

$$\langle \phi(x) \rangle = \begin{cases} \phi(x) & x \geqslant 0 \\ 0 & x < 0 \end{cases}$$

(14-56)式表明塑性应变率的方向就是粘塑性势面的外法线方向。当 $g = f$ 时，为相关联的粘塑性流动。若采用相关联的粘塑性流动法则和 Mises 屈服准则，则粘塑性应变率表

述为

$$\frac{\mathrm{d}\boldsymbol{\varepsilon}^{\eta p}}{\mathrm{d}t} = \gamma \langle \phi(\sigma_e - \sigma_s) \rangle \frac{\partial g}{\partial \boldsymbol{\sigma}}$$

如果 $\sigma_s = 0$，ϕ 为指数函数，上式可改写为

$$\frac{\mathrm{d}\boldsymbol{\varepsilon}^{\eta p}}{\mathrm{d}t} = \gamma \boldsymbol{\sigma}_e^m \boldsymbol{s} \tag{14-57}$$

其中，s 为偏应力列阵，即

$$s = [s_x, s_y, s_z, s_{xy}, s_{yz}, s_{zx}]^{\mathrm{T}}$$

这就是著名的 **Norton-Soderberg 蠕变定律**。

14.5 非线性有限元方程

14.5.1 弹塑性有限元方程

采用增量本构方程进行弹塑性分析时，必须将载荷分成若干增量。对于每个载荷增量，将弹塑性方程线性化，从而把弹塑性分析分解为一系列线性问题。

设 t 时刻的载荷为 $\boldsymbol{P}^{(t)}$，在 $\boldsymbol{P}^{(t)}$ 作用下的结点位移 $a^{(t)}$、应变 $\boldsymbol{\varepsilon}^{(t)}$ 和应力 $\boldsymbol{\sigma}^{(t)}$ 等已经得到。现在的问题是求解 $t + \Delta t$ 时刻的解答，此时的载荷水平为 $\boldsymbol{P}^{(t+\Delta t)} = \boldsymbol{P}^{(t)} + \Delta \boldsymbol{P}$，应力为 $\boldsymbol{\sigma}^{(t+\Delta t)} = \boldsymbol{\sigma}^{(t)} + \Delta \boldsymbol{\sigma}$，应变为 $\boldsymbol{\varepsilon}^{(t+\Delta t)} = \boldsymbol{\varepsilon}^{(t)} + \Delta \boldsymbol{\varepsilon}$。虚位移原理可表述为：在虚位移发生时，外力所做虚功等于物体的虚应变能，即

$$\sum_e \int_{\Omega_e} [\delta(\boldsymbol{\varepsilon}^{(t)} + \Delta \boldsymbol{\varepsilon})]^{\mathrm{T}} (\boldsymbol{\sigma}^{(t)} + \Delta \boldsymbol{\sigma}) \mathrm{d}\Omega = [\delta(\boldsymbol{a}^{(t)} + \Delta \boldsymbol{a})]^{\mathrm{T}} (\boldsymbol{P}^{(t)} + \Delta \boldsymbol{P}) \tag{a}$$

由于 t 时刻的结点位移 $a^{(t)}$ 和应变 $\boldsymbol{\varepsilon}^{(t)}$ 是已知量，因此有

$$\left.\begin{array}{l} \delta(\boldsymbol{\varepsilon}^{(t)} + \Delta \boldsymbol{\varepsilon}) = \delta(\Delta \boldsymbol{\varepsilon}) \\ \delta(\boldsymbol{a}^{(t)} + \Delta \boldsymbol{a}) = \delta(\Delta \boldsymbol{a}) \end{array}\right\} \tag{b}$$

将单元内任一点的位移和位移增量，分别用单元结点位移和结点位移增量表示为

$$\left.\begin{array}{l} \boldsymbol{u} = \boldsymbol{N}\boldsymbol{a}_e \\ \Delta \boldsymbol{u} = \boldsymbol{N}\Delta \boldsymbol{a}_e \end{array}\right\} \tag{c}$$

其中 $\boldsymbol{N}$ 为形函数矩阵。

将 (c) 式代入几何方程，可进一步得到

$$\left.\begin{array}{l} \Delta \boldsymbol{\varepsilon} = \boldsymbol{B}\Delta \boldsymbol{a}_e \\ \delta(\Delta \boldsymbol{\varepsilon}) = \boldsymbol{B}\delta(\Delta \boldsymbol{a}_e) \end{array}\right\} \tag{d}$$

其中 $\boldsymbol{B}$ 为应变矩阵，表示为

$$\boldsymbol{B} = \boldsymbol{LN}$$

L 为微分算子矩阵，即

$$L = \begin{bmatrix} \dfrac{\partial}{\partial x} & 0 & 0 \\[2mm] 0 & \dfrac{\partial}{\partial y} & 0 \\[2mm] 0 & 0 & \dfrac{\partial}{\partial z} \\[2mm] \dfrac{\partial}{\partial y} & \dfrac{\partial}{\partial x} & 0 \\[2mm] 0 & \dfrac{\partial}{\partial z} & \dfrac{\partial}{\partial y} \\[2mm] \dfrac{\partial}{\partial z} & 0 & \dfrac{\partial}{\partial x} \end{bmatrix}$$

利用(d)式中第 1 式,可以得到应力增量和单元结点位移增量的关系,即

$$\Delta \boldsymbol{\sigma} = \boldsymbol{D}_{ep} \Delta \boldsymbol{\varepsilon} = \boldsymbol{D}_{ep} \boldsymbol{B} \Delta \boldsymbol{a}_e \qquad (e)$$

其中,$\boldsymbol{D}_{ep}$ 为 14.3.1 节介绍的弹塑性矩阵。

将(b)式、(d)式、(e)式代入(a)式,并进行单元集成,得到有限元方程

$$\boldsymbol{K} \Delta \boldsymbol{a} = \Delta \boldsymbol{P} + \boldsymbol{Q} \qquad (14\text{-}58)$$

其中

$$\boldsymbol{K} = \sum_e \boldsymbol{K}_e \qquad (14\text{-}59)$$

为整体刚度矩阵;

$$\boldsymbol{K}_e = \int_{\Omega_e} \boldsymbol{B}^{\mathrm{T}} \boldsymbol{D}_{ep} \boldsymbol{B} \, \mathrm{d}\Omega \qquad (14\text{-}60)$$

为单元刚度矩阵;

$$\boldsymbol{Q} = \boldsymbol{P}^{(t)} - \sum_e \int_{\Omega_e} \boldsymbol{B}^{\mathrm{T}} \boldsymbol{\sigma}^{(t)} \, \mathrm{d}\Omega \qquad (14\text{-}61)$$

是 t 时刻的不平衡力。

14.5.2 流变有限元方程

现将粘塑性问题描述为:已知 t 时刻的结点位移 $\boldsymbol{a}^{(t)}$、应力 $\boldsymbol{\sigma}^{(t)}$、粘塑性应变 $(\boldsymbol{\varepsilon}^{vp})^{(t)}$ 和粘塑性应变率 $\left(\dfrac{\mathrm{d}\boldsymbol{\varepsilon}^{vp}}{\mathrm{d}t}\right)^{(t)}$,求 $t + \Delta t$ 时刻的解答。从 t 时刻到 $t + \Delta t$ 时刻产生的粘塑性应变增量为

$$\Delta \boldsymbol{\varepsilon}^{vp} = \Delta t \left[(1-\theta) \left(\frac{\mathrm{d}\boldsymbol{\varepsilon}^{vp}}{\mathrm{d}t}\right)^{(t)} + \theta \left(\frac{\mathrm{d}\boldsymbol{\varepsilon}^{vp}}{\mathrm{d}t}\right)^{(t+\Delta t)} \right] \qquad (a)$$

当 $\theta = 0$ 时,上式为向前差分法;当 $\theta = 1$ 时,上式为向后差分法。

根据(14-56)式和(14-57)式可知,$\dfrac{\mathrm{d}\boldsymbol{\varepsilon}^{vp}}{\mathrm{d}t}$ 是应力的函数,在 $t + \Delta t$ 时刻对其作 Taylor 展开并取线性项,得到

$$\left(\frac{\mathrm{d}\boldsymbol{\varepsilon}^{vp}}{\mathrm{d}t}\right)^{(t+\Delta t)} = \left(\frac{\mathrm{d}\boldsymbol{\varepsilon}^{vp}}{\mathrm{d}t}\right)^{(t)} + \boldsymbol{H}^{(t)} \Delta \boldsymbol{\sigma} \qquad (b)$$

其中,$\Delta \boldsymbol{\sigma}$ 是在 Δt 内产生的应力增量;

$$H^{(t)} = \left(\frac{\mathrm{d}\boldsymbol{\varepsilon}^{vp}}{\mathrm{d}\boldsymbol{\sigma}}\right)^{(t)}$$

将(b)式代入(a)式,得到粘塑性应变增量

$$\Delta\boldsymbol{\varepsilon}^{vp} = \Delta t\left(\frac{\mathrm{d}\boldsymbol{\varepsilon}^{vp}}{\mathrm{d}t}\right)^{(t)} + \boldsymbol{C}^{(t)}\Delta\boldsymbol{\sigma} \tag{14-62}$$

其中,

$$\boldsymbol{C}^{(t)} = \theta\Delta t\boldsymbol{H}^{(t)}$$

弹性应变增量与应力增量服从广义胡克定律,即

$$\Delta\boldsymbol{\sigma} = \boldsymbol{D}\Delta\boldsymbol{\varepsilon}^e = \boldsymbol{D}(\Delta\boldsymbol{\varepsilon} - \Delta\boldsymbol{\varepsilon}^{vp}) \tag{c}$$

单元应变与单元结点位移之间的关系为

$$\Delta\varepsilon = \boldsymbol{B}\Delta\boldsymbol{a}_e \tag{d}$$

将(14-62)式代入(c)式,得到

$$\Delta\sigma = \widetilde{\boldsymbol{D}}\left[\boldsymbol{B}\Delta\boldsymbol{a}_e - \left(\frac{\mathrm{d}\boldsymbol{\varepsilon}^{vp}}{\mathrm{d}t}\right)^{(t)}\Delta t\right] \tag{14-63}$$

其中,

$$\widetilde{\boldsymbol{D}} = (\boldsymbol{I} + \boldsymbol{D}\boldsymbol{C}^{(t)})^{-1}\boldsymbol{D} \tag{14-64}$$

增量平衡方程为

$$\sum_e \int_{\Omega_e} \boldsymbol{B}^{\mathrm{T}}\Delta\boldsymbol{\sigma}\mathrm{d}\Omega = \Delta\boldsymbol{P}$$

将(14-63)式代入上式,得到

$$\boldsymbol{K}\Delta\boldsymbol{a} = \Delta\boldsymbol{P} + \boldsymbol{R} \tag{14-65}$$

其中,

$$\left.\begin{array}{l} \boldsymbol{K} = \sum_e \boldsymbol{K}_e \\[2mm] \boldsymbol{K}_e = \int_{\Omega_e} \boldsymbol{B}^{\mathrm{T}}\widetilde{\boldsymbol{D}}\boldsymbol{B}\mathrm{d}\Omega \\[2mm] \boldsymbol{R} = \int_{\Omega_e} \boldsymbol{B}^{\mathrm{T}}\widetilde{\boldsymbol{D}}\left(\frac{\mathrm{d}\boldsymbol{\varepsilon}^{vp}}{\mathrm{d}t}\right)^{(t)}\Delta t\mathrm{d}\Omega \end{array}\right\} \tag{14-66}$$

由平衡方程(14-65)式解得结点位移增量 $\Delta\boldsymbol{a}$,由(14-60)式求得单元应力增量 $\Delta\boldsymbol{\sigma}$。于是

$$\left.\begin{array}{l} \boldsymbol{a}^{(t+\Delta t)} = \boldsymbol{a}^{(t)} + \Delta\boldsymbol{a} \\[2mm] \boldsymbol{\sigma}^{(t+\Delta t)} = \boldsymbol{\sigma}^{(t)} + \Delta\boldsymbol{\sigma} \end{array}\right\} \tag{14-67}$$

根据(c)式和(d)式,可以得到

$$\Delta\boldsymbol{\varepsilon}^{vp} = \boldsymbol{B}\Delta\boldsymbol{a}_e - \boldsymbol{D}^{-1}\Delta\boldsymbol{\sigma}$$

于是

$$(\boldsymbol{\varepsilon}^{vp})^{(t+\Delta t)} = (\boldsymbol{\varepsilon}^{vp})^{(t)} + \Delta\boldsymbol{\varepsilon}^{vp} \tag{14-68}$$

对于蠕变问题,蠕变应变率不仅取决于当时的应力应变状态,还与整个应力应变状态历史有关。为了确定某个时间段内的蠕变位移增量 $\Delta\boldsymbol{\varepsilon}^c$,必须知道以前所有时段的应力应变状态,而这些状态的数据可以在计算过程中获得,因此在理论上没有太多困难。然而在实际计算的执行过程中,存储全部应力应变历史的数据是不现实的。

如果不考虑蠕变应变 $\boldsymbol{\varepsilon}^c$ 对蠕变应变率的影响，则蠕变本构方程可表示为

$$\frac{\mathrm{d}\boldsymbol{\varepsilon}^c}{\mathrm{d}t}=\boldsymbol{h}(\boldsymbol{\sigma}) \tag{14-69}$$

可见蠕变应变率也是应力的函数，因此只要将上述粘塑性问题公式中的 $\left(\dfrac{\mathrm{d}\boldsymbol{\varepsilon}^{vp}}{\mathrm{d}t}\right)^{(t)}$ 和 $\Delta\boldsymbol{\varepsilon}^{vp}$ 换成 $\left(\dfrac{\mathrm{d}\boldsymbol{\varepsilon}^c}{\mathrm{d}t}\right)^{(t)}$ 和 $\Delta\boldsymbol{\varepsilon}^c$，并令

$$\boldsymbol{H}=\left(\frac{\partial\boldsymbol{h}}{\partial\boldsymbol{\sigma}}\right)^{(t)} \tag{14-70}$$

即可得到蠕变问题的计算公式。

第 14 章习题

习题 14-1　利用直接迭代法求解方程组 $\left.\begin{array}{r}a_1^2+2a_2+a_3^2=4\\4a_1+2a_2^2+a_3=7\\3a_1^3+a_2+a_3^2=5\end{array}\right\}$ 的解。

习题 14-2　利用 Newton-Raphson 法求解方程组 $\left.\begin{array}{r}a_1^2+2a_2+a_3^2=4\\4a_1+2a_2^2+a_3=7\\3a_1^3+a_2+a_3^2=5\end{array}\right\}$ 的解。

习题 14-3　已知：Mises 屈服条件 $f=\sqrt{3J_2}-\sigma_s=0$，其中 σ_s 为材料的屈服极限，J_2 为偏应力第二不变量，$J_2=\dfrac{1}{6}\left[(\sigma_x-\sigma_y)^2+(\sigma_y-\sigma_z)^2+(\sigma_z-\sigma_x)^2+6(\tau_{xy}^2+\tau_{yz}^2+\tau_{zx}^2)\right]$。求弹塑性矩阵的表达式。

习题 14-4　利用平均刚度法求解方程组 $\left.\begin{array}{r}a_1^2+2a_2=6\lambda\\4a_1+a_2^2=7\lambda\end{array}\right\}$ 在 $\lambda\in[0,1]$ 范围内的解。

第15章 扩展有限元法及其应用

15.1 引　言

　　不连续问题的数值模拟,是固体力学和众多工程领域的备受关注的问题。不连续问题的起因主要分为两大类,一类是由于物体内部材料特性的突变所引起的,如双材料、夹杂等问题,这类问题称为弱不连续问题;另一类是由于物体内部几何突变所引起的,如物体内部的裂纹或其他缺陷等,这类问题称为强不连续问题。传统有限元法(CFEM)具有格式统一和易于编程的优点,适合于处理复杂几何形状和边界条件、材料和几何非线性、各向异性等众多问题,也可以被用来求解不连续体问题。

　　CFEM 中的单元插值形函数是连续函数,单元内部的位移和材料特性等物理量也都要求是连续的、不能具有间断性或跳跃性,因此在处理裂纹等强不连续问题时,必须将裂纹面设置为单元的边,裂纹尖点设置为单元的结点,在裂纹尖点附近需要很高的网格密度,在模拟裂纹扩展时还需要不断地重新划分网格,致使求解规模急剧增大、效率很低,问题稍加复杂就显得无能为力。1999 年,Belytschko 在 CFEM 框架提出的扩展有限元法(XFEM),很好地解决了 CFEM 求解不连续体问题所遇到的上述难以克服困难。

15.2　扩展有限元法

　　XFEM 是在 CFEM 的框架内建立的,和 CFEM 的主要不同是 XFEM 在位移不连续的单元内,引入一些反映位移不连续性的**加强函数**。不同类型的不连续问题,只需选取不同的加强函数即可。XFEM 的其他求解过程,如单元刚度矩阵的建立、整体刚度矩阵的集成、整体结点载荷列阵的形成、整体刚度方程的求解等,和 CFEM 的求解过程基本相同。

15.2.1　单元位移和应变

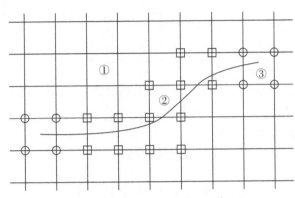

图 15-1　含裂纹体的 XFEM 计算网格

图 15-1 所示含裂纹体的 XFEM 计算网格,其中包含三种单元:①是不包含裂纹的普通单元,其结点称为普通结点;②被裂纹完全切割的单元,其结点称为切割加强结点,用正方形标出;③包含裂纹尖端的单元,其结点称为**裂尖加强结点**,用小圆圈标出。对于不包含裂纹的普通单元,其单元位移模式的选择和 CFEM 完全相同。本章取四边形等参元,单元位移场描述为

$$
\left.
\begin{aligned}
u &= \sum_{i=1}^{4} N_i u_i \\
v &= \sum_{i=1}^{4} N_i v_i
\end{aligned}
\right\}
\tag{15-1}
$$

其中,u 和 v 分别为单元内任一点的 x 方向和 y 方向的位移分量,u_i 和 v_i 分别为单元结点的 x 方向和 y 方向的位移分量,N_i 为四边形等参元的形函数。弹性平面问题的几何方程为

$$
\left.
\begin{aligned}
\varepsilon_x &= \frac{\partial u}{\partial x} \\
\varepsilon_y &= \frac{\partial v}{\partial y} \\
\gamma_{xy} &= \frac{\partial u}{\partial y} + \frac{\partial v}{\partial x}
\end{aligned}
\right\}
\tag{15-2}
$$

其中,ε_x 和 ε_y 为线应变分量,γ_{xy} 为剪应变分量。将单元位移场函数(15-1)式带入几何方程(15-2)式,得到

$$
\boldsymbol{\varepsilon} = \sum_{i=1}^{4} \boldsymbol{B}_i^{\text{non}} \boldsymbol{d}_i
\tag{15-3}
$$

其中,

$$
\boldsymbol{\varepsilon} = [\varepsilon_x, \varepsilon_y, \gamma_{xy}]^{\mathrm{T}}
\tag{15-4}
$$

称为应变列阵;

$$\boldsymbol{B}_i^{\mathrm{non}}=\begin{bmatrix}\dfrac{\partial N_i}{\partial x} & 0 \\[2mm] 0 & \dfrac{\partial N_i}{\partial y} \\[2mm] \dfrac{\partial N_i}{\partial y} & \dfrac{\partial N_i}{\partial x}\end{bmatrix} \tag{15-5}$$

为描述不含裂纹的普通单元的应变和结点位移间的关系矩阵,称为**常规应变矩阵**;

$$\boldsymbol{d}_i=[u_i,v_i]^{\mathrm{T}} \tag{15-6}$$

为结点位移列阵或结点自由度列阵。

对于被裂纹完全切割的单元,单元位移场可描述为

$$\left.\begin{aligned}u&=\sum_{i=1}^{4}N_i(u_i+Hu_i^{\mathrm{cut}})\\ v&=\sum_{i=1}^{4}N_i(v_i+Hv_i^{\mathrm{cut}})\end{aligned}\right\} \tag{15-7}$$

其中,H 为描述裂纹完全切割特性的加强函数,称为**切割加强函数**,可以取为 Heaviside 函数,即

$$H(x,y)=\begin{cases}+1 & (x,y)\in\mathrm{top}\\ -1 & (x,y)\in\mathrm{bot}\end{cases} \tag{15-8}$$

即在裂纹一侧的值为 $+1$,在裂纹另一侧的值为 -1;u_i^{cut} 和 v_i^{cut} 为反映裂纹完全切割特性的结点加强变量,称为**结点切割附加自由度**。

【例 15-1】 例 15-1 图所示含一贯穿裂纹的矩形单元,裂纹方程为 $y=x/3$。求单元内点 $A(2,1.5)$ 和 $B(2,-1.5)$ 的位移分量表达式。

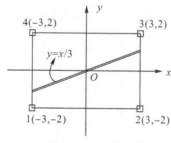

例 15-1 图

【解】 根据(15-7),编写如下 MATLAB 程序:

```
clear;
clc;
syms x y
N1(x,y)=1/24*(x-3)*(y-2)
N2(x,y)=-1/24*(x+3)*(y-2)
N3(x,y)=1/24*(x+3)*(y+2)
N4(x,y)=1/24*(x-3)*(y+2)
f(x,y)=x/3-y
```

代码下载

```
f_A=f(2,1.5)
f_B=f(2,-1.5)
N1_A=N1(2,1.5)
N2_A=N2(2,1.5)
N3_A=N3(2,1.5)
N4_A=N4(2,1.5)
N1_B=N1(2,-1.5)
N2_B=N2(2,-1.5)
N3_B=N3(2,-1.5)
N4_B=N4(2,-1.5)
syms u1 u2 u3 u4 u1_cut u2_cut u3_cut u4_cut
syms v1 v2 v3 v4 v1_cut v2_cut v3_cut v4_cut
u_A=N1_A*u1+N2_A*u2+N3_A*u3+N4_A*u4+...
    sign(f_A)*N1_A*u1_cut+sign(f_A)*N2_A*u2_cut+...
    sign(f_A)*N3_A*u3_cut+sign(f_A)*N4_A*u4_cut
u_B=N1_B*u1+N2_B*u2+N3_B*u3+N4_B*u4+...
    sign(f_B)*N1_B*u1_cut+sign(f_B)*N2_B*u2_cut+...
    sign(f_B)*N3_B*u3_cut+sign(f_B)*N4_B*u4_cut
v_A=N1_A*v1+N2_A*v2+N3_A*v3+N4_A*v4+...
    sign(f_A)*N1_A*v1_cut+sign(f_A)*N2_A*v2_cut+...
    sign(f_A)*N3_A*v3_cut+sign(f_A)*N4_A*v4_cut
v_B=N1_B*v1+N2_B*v2+N3_B*v3+N4_B*v4+...
    sign(f_B)*N1_B*v1_cut+sign(f_B)*N2_B*v2_cut+...
    sign(f_B)*N3_B*v3_cut+sign(f_B)*N4_B*v4_cut
```

运行后,得到:

u_A=

u1/48+(5*u2)/48+(35*u3)/48-(7*u4)/48 -
u1_cut/48-(5*u2_cut)/48-(35*u3_cut)/48+(7*u4_cut)/48

u_B=

(7*u1)/48+(35*u2)/48+(5*u3)/48-u4/48+
(7*u1_cut)/48+(35*u2_cut)/48+(5*u3_cut)/48-u4_cut/48

v_A=

v1/48+(5*v2)/48+(35*v3)/48-(7*v4)/48 -

$$v1\_cut/48-(5*v2\_cut)/48-(35*v3\_cut)/48+(7*v4\_cut)/48$$

v_B=

$$(7*v1)/48+(35*v2)/48+(5*v3)/48-v4/48+$$
$$(7*v1\_cut)/48+(35*v2\_cut)/48+(5*v3\_cut)/48-v4\_cut/48$$

将单元位移场函数(15-7)式带入几何方程(15-2)式,得到

$$\boldsymbol{\varepsilon}=\sum_{i=1}^{4}\boldsymbol{B}_i^{\text{non}}\boldsymbol{d}_i+\sum_{i=1}^{4}\boldsymbol{B}_i^{\text{cut}}\boldsymbol{d}_i^{\text{cut}} \tag{15-9}$$

其中,

$$\boldsymbol{d}_i^{\text{cut}}=[u_i^{\text{cut}},v_i^{\text{cut}}]^{\mathrm{T}} \tag{15-10}$$

为结点切割附加自由度列阵;

$$\boldsymbol{B}_i^{\text{cut}}=\begin{bmatrix} \dfrac{\partial(N_iH)}{\partial x} & 0 \\[2mm] 0 & \dfrac{\partial(N_iH)}{\partial y} \\[2mm] \dfrac{\partial(N_iH)}{\partial y} & \dfrac{\partial(N_iH)}{\partial x} \end{bmatrix} \tag{15-11}$$

为描述结点切割附加自由度对单元应变影响的矩阵,称为结点**切割附加应变矩阵**。

【例 15-2】 计算例 15-1 图所示含一贯穿裂纹的矩形单元,在点 $A(2,1.5)$ 的切割附加应变矩阵。

【解】 根据(15-11),编写如下 MATLAB 程序:

```
clear;
clc;
syms x y
N1(x,y)=1/24*(x-3)*(y-2)
N2(x,y)=-1/24*(x+3)*(y-2)
N3(x,y)=1/24*(x+3)*(y+2)
N4(x,y)=1/24*(x-3)*(y+2)
f(x,y)=x/3-y
f_A=f(2,1.5)
H=sign(f_A)
N1H=H*N1
N2H=H*N2
N3H=H*N3
N4H=H*N4
B1(x,y)=[diff(N1H,x,1),0;...
        0,diff(N1H,y,1);...
        diff(N1H,y,1),diff(N1H,x,1)]
```

代码下载

```
B2(x,y)=[diff(N2H,x,1),0;...
        0,diff(N2H,y,1);...
        diff(N2H,y,1),diff(N2H,x,1)]
B3(x,y)=[diff(N3H,x,1),0;...
        0,diff(N3H,y,1);...
        diff(N3H,y,1),diff(N3H,x,1)]
B4(x,y)=[diff(N4H,x,1),0;...
        0,diff(N4H,y,1);...
        diff(N4H,y,1),diff(N4H,x,1)]
B1=B1(2,1.5)
B2=B2(2,1.5)
B3=B3(2,1.5)
B4=B4(2,1.5)
```

运行后,得到:

B1=

$$
\begin{bmatrix}
1/48, & 0 \\
0, & 1/24 \\
1/24, & 1/48
\end{bmatrix}
$$

B2=

$$
\begin{bmatrix}
-1/48, & 0 \\
0, & 5/24 \\
5/24, & -1/48
\end{bmatrix}
$$

B3=

$$
\begin{bmatrix}
-7/48, & 0 \\
0, & -5/24 \\
-5/24, & -7/48
\end{bmatrix}
$$

B4=

$$
\begin{bmatrix}
-7/48, & 0 \\
0, & 1/24 \\
1/24, & -7/48
\end{bmatrix}
$$

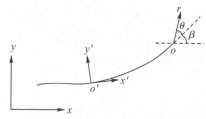

图 15-2　裂纹尖端局部极坐标系

对于包含裂纹尖端的单元,单元位移场描述为

$$
\left.
\begin{aligned}
u &= \sum_{i=1}^{4} N_i \left(u_i + \varphi_1 u_{i1}^{\text{tip}} + \varphi_2 u_{i2}^{\text{tip}} + \varphi_3 u_{i3}^{\text{tip}} + \varphi_4 u_{i4}^{\text{tip}} \right) \\
v &= \sum_{i=1}^{4} N_i \left(v_i + \varphi_1 v_{i1}^{\text{tip}} + \varphi_2 v_{i2}^{\text{tip}} + \varphi_3 v_{i3}^{\text{tip}} + \varphi_4 v_{i4}^{\text{tip}} \right)
\end{aligned}
\right\}
\qquad (15\text{-}12)
$$

其中,

$$
\left.
\begin{aligned}
\varphi_1(r) &= \sqrt{r}\sin\frac{\theta}{2}, \quad \varphi_2(r) = \sqrt{r}\cos\frac{\theta}{2} \\
\varphi_3(r) &= \sqrt{r}\sin\frac{\theta}{2}\sin\theta, \quad \varphi_4(r) = \sqrt{r}\cos\frac{\theta}{2}\sin\theta
\end{aligned}
\right\}
\qquad (15\text{-}13)
$$

为反映裂纹尖端奇异性的加强函数,称为**裂尖加强函数**,r 和 θ 为图 15-2 所示的裂纹尖端处的局部极坐标系内的坐标;u_{i1}^{tip},v_{i1}^{tip},u_{i2}^{tip},v_{i2}^{tip},u_{i3}^{tip},v_{i3}^{tip},u_{i4}^{tip},v_{i4}^{tip} 为反映裂纹尖端奇异性的结点加强变量,称为**结点裂尖附加自由度**。

【例 15-3】　例 15-3 图所示包含裂纹尖端的矩形单元,求单元内点 $A(-1,1)$ 的位移分量表达式。

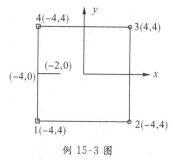

例 15-3 图

【解】　根据(15-12),编写如下 MATLAB 程序:

```
clear;
clc;
syms x y
N1(x,y)=1/64*(x-4)*(y-4);
N2(x,y)=-1/64*(x+4)*(y-4);
N3(x,y)=1/64*(x+4)*(y+4);
N4(x,y)=-1/64*(x-4)*(y+4);
r=2^0.5;
xt=pi/4;
```

```
f1＝r^0.5 * sin(xt/2);
f2＝r^0.5 * cos(xt/2);
f3＝r^0.5 * sin(xt/2) * sin(xt);
f4＝r^0.5 * cos(xt/2) * sin(xt);
syms u1 u2 u3 u4 u1_tip u2_tip u3_tip u4_tip
syms v1 v2 v3 v4 v1_tip v2_tip v3_tip v4_tip
syms C1 C2 C3 C4 C5 C6 C7 C8
u＝C1 * u1＋C2 * u2＋C3 * u3＋C4 * u4＋...
    C5 * u1_tip＋C6 * u2_tip＋C7 * u3_tip＋C8 * u4_tip
v＝C1 * v1＋C2 * v2＋C3 * v3＋C4 * v4＋...
    C5 * v1_tip＋C6 * v2_tip＋C7 * v3_tip＋C8 * v4_tip
N1＝N1(－1,1);
N2＝N2(－1,1);
N3＝N3(－1,1);
N4＝N4(－1,1);
C1＝eval(N1)
C2＝eval(N2)
C3＝eval(N3)
C4＝eval(N4)
C5＝eval(f1 * N1)
C6＝eval(f2 * N2)
C7＝eval(f3 * N3)
C8＝eval(f4 * N4)
```

运行后,得到:

$$u＝C1 * u1＋C2 * u2＋C3 * u3＋C4 * u4＋$$
$$C5 * u1\_tip＋C6 * u2\_tip＋C7 * u3\_tip＋C8 * u4\_tip$$
$$v＝C1 * v1＋C2 * v2＋C3 * v3＋C4 * v4＋$$
$$C5 * v1\_tip＋C6 * v2\_tip＋C7 * v3\_tip＋C8 * v4\_tip$$

C1＝0.2344;C2＝0.1406;C3＝0.2344;C4＝0.3906;
C5＝0.1067;C6＝0.1545;C7＝0.0754;C8＝0.3035

将单元位移场函数(15-12)式,代入几何方程(15-2)式,得到

$$\varepsilon＝\sum_{i=1}^{4} \boldsymbol{B}_i^{non}\boldsymbol{d}_i＋\sum_{i=1}^{4} \boldsymbol{B}_i^{tip}\boldsymbol{d}_i^{tip} \tag{15-14}$$

其中,

$$\boldsymbol{d}_i^{tip}＝[u_{i1}^{tip},v_{i1}^{tip},u_{i2}^{tip},v_{i2}^{tip},u_{i3}^{tip},v_{i3}^{tip},u_{i4}^{tip},v_{i4}^{tip}]^{T} \tag{15-15}$$

为结点裂尖附加自由度列阵;

$$\boldsymbol{B}_i^{tip}＝[\boldsymbol{B}_i^{tip1},\boldsymbol{B}_i^{tip2},\boldsymbol{B}_i^{tip3},\boldsymbol{B}_i^{tip4}] \tag{15-16}$$

为描述结点裂尖附加自由度对单元应变影响的矩阵,称为结点**裂尖附加应变矩阵**,

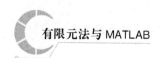

$$B_i^{\eta p j} = \begin{bmatrix} \dfrac{\partial(N_i\varphi_j)}{\partial x} & 0 \\[3mm] 0 & \dfrac{\partial(N_i\varphi_j)}{\partial y} \\[3mm] \dfrac{\partial(N_i\varphi_j)}{\partial y} & \dfrac{\partial(N_i\varphi_j)}{\partial x} \end{bmatrix} \quad (j=1,2,3,4) \tag{15-17}$$

【例 15-4】 例 15-4 图所示包含裂纹尖端的矩形单元。推导该单元的裂尖附加应变矩阵表达式。

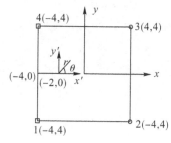

例 15-4 图

【解】 根据复合函数偏导法则

$$\frac{\partial(N_i\varphi_j)}{\partial x} = N_i\,\frac{\partial\varphi_j}{\partial x} + \varphi_j\,\frac{\partial N_i}{\partial x} \tag{a}$$

根据例 15-4 图,可知

$$\begin{aligned} \frac{\partial\varphi_j}{\partial x} &= \frac{\partial\varphi_j}{\partial r}\frac{\partial r}{\partial x} + \frac{\partial\varphi_j}{\partial\theta}\frac{\partial\theta}{\partial x} \\ &= \cos\theta\,\frac{\partial\varphi_j}{\partial r} - \frac{\sin\theta}{r}\frac{\partial\varphi_j}{\partial\theta} \end{aligned} \left.\right\} \tag{b}$$

将(b)代入(a),得到

$$\frac{\partial(N_i\varphi_j)}{\partial x} = N_i\left(\cos\theta\,\frac{\partial\varphi_j}{\partial r} - \frac{\sin\theta}{r}\frac{\partial\varphi_j}{\partial\theta}\right) + \varphi_j\,\frac{\partial N_i}{\partial x} \tag{c}$$

同理可以得到

$$\frac{\partial(N_i\varphi_j)}{\partial y} = N_i\,\frac{\partial\varphi_j}{\partial y} + \varphi_j\,\frac{\partial N_i}{\partial y} \tag{d}$$

$$\begin{aligned} \frac{\partial\varphi_j}{\partial y} &= \frac{\partial\varphi_j}{\partial r}\frac{\partial r}{\partial y} + \frac{\partial\varphi_j}{\partial\theta}\frac{\partial\theta}{\partial y} \\ &= \sin\theta\,\frac{\partial\varphi_j}{\partial r} + \frac{\cos\theta}{r}\frac{\partial\varphi_j}{\partial\theta} \end{aligned} \left.\right\} \tag{e}$$

将(e)代入(d),得到

$$\frac{\partial(N_i\varphi_j)}{\partial y} = N_i\left(\sin\theta\,\frac{\partial\varphi_j}{\partial r} + \frac{\cos\theta}{r}\frac{\partial\varphi_j}{\partial\theta}\right) + \varphi_j\,\frac{\partial N_i}{\partial y} \tag{f}$$

将(c)和(f)代入(15-17)式,得到例 15-4 图所示包含裂纹尖端的矩形单元的裂尖附加应变矩阵表达式,即

$$B_i^{tipj} = \begin{bmatrix} N_i\left(\cos\theta\,\dfrac{\partial\varphi_j}{\partial r} - \dfrac{\sin\theta}{r}\right) + \varphi_j\,\dfrac{\partial N_i}{\partial x} & 0 \\[3mm] 0 & N_i\left(\sin\theta\,\dfrac{\partial\varphi_j}{\partial r} + \dfrac{\cos\theta}{r}\,\dfrac{\partial\varphi_j}{\partial\theta}\right) + \varphi_j\,\dfrac{\partial N_i}{\partial y} \\[3mm] N_i\left(\sin\theta\,\dfrac{\partial\varphi_j}{\partial r} + \dfrac{\cos\theta}{r}\,\dfrac{\partial\varphi_j}{\partial\theta}\right) + \varphi_j\,\dfrac{\partial N_i}{\partial y} & N_i\left(\cos\theta\,\dfrac{\partial\varphi_j}{\partial r} - \dfrac{\sin\theta}{r}\right) + \varphi_j\,\dfrac{\partial N_i}{\partial x} \end{bmatrix} \quad (g)$$

需要特别说明的是:与现存 XFEM 文献不同的是,本章定义了结点附加应变矩阵的概念,例如(15-11)式描述的结点切割附加应变矩阵和(15-16)式描述的结点裂尖附加应变矩阵。结点附加应变矩阵的物理意义可解释为:结点附加应变矩阵和结点附加自由度列阵的乘积,定量描述了单元不连续特性对单元应变场的影响。例如根据(15-9)式可以知:结点切割附加应变矩阵与结点切割附加自由度列阵的乘积,定量地描述了裂纹完全切割特性对单元应变场的影响;根据(15-14)式可知:结点裂尖附加应变矩阵与结点裂尖附加自由度列阵的乘积,定量地描述了裂纹尖端特性对单元应变场的影响。

15.2.2　整体刚度方程

设某一单元的各结点产生的虚位移,用结点虚位移列阵 δd_e 表示;由此引起的单元内任一点的虚应变,用虚应变列阵 $\delta\varepsilon_e$ 表示。根据弹性力学虚功原理,结点力的在虚位移上的虚功和等于单元虚应变引起的虚应变能,即

$$\int_{V_e} \delta\boldsymbol{\varepsilon}_e^{\mathrm{T}}\boldsymbol{\sigma}_e \mathrm{d}V_e = \delta\boldsymbol{d}_e^{\mathrm{T}}\boldsymbol{F}_e \qquad (15\text{-}18)$$

其中,$\boldsymbol{F}_e$ 为单元结点力列阵,σ_e 为单元应力列阵。

根据 Hooke 定律,单元的应力应变关系为

$$\boldsymbol{\sigma}_e = \boldsymbol{D}\boldsymbol{\varepsilon}_e \qquad (15\text{-}19)$$

其中,ε_e 单元应变列阵,$\boldsymbol{D}$ 为弹性矩阵。

单元应变和结点位移间的关系为

$$\boldsymbol{\varepsilon}_e = \boldsymbol{B}_e \boldsymbol{d}_e \qquad (15\text{-}20)$$

其中,$\boldsymbol{B}_e$ 为单元应变矩阵,$\boldsymbol{d}_e$ 为单元结点位移列阵。根据(15-20)式,可得到单元虚应变和结点虚位移间的关系为

$$\delta\boldsymbol{\varepsilon}_e = \boldsymbol{B}_e \delta\boldsymbol{d}_e \qquad (15\text{-}21)$$

将(15-19)式、(15-20)式和(15-21)式带入(15-18)式,得到

$$\delta\boldsymbol{d}_e^{\mathrm{T}}\left(\int_{V_e} \boldsymbol{B}_e^{\mathrm{T}}\boldsymbol{D}\boldsymbol{B}_e \mathrm{d}V_e\right)\boldsymbol{d}_e = \delta\boldsymbol{d}_e^{\mathrm{T}}\boldsymbol{F}_e \qquad (15\text{-}22)$$

考虑到结点虚位移 $\delta\boldsymbol{d}_e$ 的任意性,(15-22)式可进一步简化为

$$\boldsymbol{k}_e\boldsymbol{d}_e = \boldsymbol{F}_e \qquad (15\text{-}23)$$

其中,

$$\boldsymbol{k}_e = \int_{V_e} \boldsymbol{B}_e^{\mathrm{T}}\boldsymbol{D}\boldsymbol{B}_e \mathrm{d}V_e \qquad (15\text{-}24)$$

称为单元刚度矩阵。和 CFEM 不同的是,在 XFEM 中不同种类单元(普通单元,被裂纹完全切割的单元,包含裂纹尖端的单元)的单元刚度矩阵的规模大小是不同的(如常规单元的刚度矩阵是 4 行 4 列的、包含裂纹尖端的单元的刚度矩阵是 10 行 10 列的),但所有单元刚度

矩阵中的子矩阵可统一表示为：

$$k_{ij}^{\alpha\beta} = \int_V (\boldsymbol{B}_i^e)^{\mathrm{T}} \boldsymbol{D} \boldsymbol{B}_j^\beta \mathrm{d}V \quad (\alpha,\beta = \mathrm{non,cut,tip}) \tag{15-25}$$

其中，$\boldsymbol{B}_i^\alpha$ 为各种不同类型应变矩阵，当 α 等于 non、cut 和 tip 时分别代表(15-5)式、(15-11)式和(15-16)式所描述的常规应变矩阵、切割应变矩阵和裂尖应变矩阵。

对于平面应力问题，(15-25)式中的弹性矩阵

$$\boldsymbol{D} = \frac{E}{2(1-\mu^2)} \begin{bmatrix} 2 & 2\mu & 0 \\ 2\mu & 2 & 0 \\ 0 & 0 & 1-\mu \end{bmatrix} \tag{15-26}$$

其中，E 和 μ 分弹性模量和泊松比。若将(15-26)式中的 E 和 μ 分别用 $E/(1-\mu^2)$ 和 $\mu/(1-\mu)$ 替换，即可得到平面应变问题的弹性矩阵。

根据(15-25)式，计算得到单元刚度矩阵的子矩阵后，无需进一步求出单元刚度矩阵，直接根据 CFEM 的"对号入座"的方法，将所有单元刚度矩阵的子矩阵累加到整体刚度矩阵，就可得到整体刚度矩阵，进而得到结构的整体刚度方程，即

$$\boldsymbol{KU} = \boldsymbol{Q} \tag{15-27}$$

其中，$\boldsymbol{K}$ 为整体刚度矩阵。

在整体刚度方程(15-27)式中，$\boldsymbol{U}$ 为整体结点自由度列阵，和 CFEM 不同的是，$\boldsymbol{U}$ 不仅包含各结点的位移分量，还包括了反映裂纹引起位移不连续的结点切割附加自由度和结点裂尖附加自由度；$\boldsymbol{Q}$ 为整体结点载荷列阵，可以根据'对号入座'的方法由单元结点载荷列阵 $\boldsymbol{q}_e$ 集合而成。

单元结点载荷是单元上的外载荷向结点简化得到的，这种简化要遵循静力等效原则。对于外载荷向常规自由度方向上的简化，和 CFEM 的转化方法完全相同，单元结点载荷转化公式为

$$\boldsymbol{q}_e^{\mathrm{non}}|_i = \int_{A_e} N_i \boldsymbol{P}_s \mathrm{d}A_e + \int_{V_e} N_i \boldsymbol{P}_b \mathrm{d}V_e + N_i \boldsymbol{P} \quad (i=1,2,3,4) \tag{15-28}$$

其中，$\boldsymbol{P}_s$、$\boldsymbol{P}_b$ 和 $\boldsymbol{P}$ 分别为单元上的面力、体力和集中力的载荷列阵，N_i 为四边形等参元形函数。

对于外载荷向附加自由度方的简化，只需将(15-28)式中的形函数 N_i 乘上附加自由度所对应的加强函数即可。外载荷向切割附加自由度转化的结点载荷转化公式为

$$\boldsymbol{q}_e^{\mathrm{cut}}|_i = \int_{A_e} N_i H \boldsymbol{P}_s \mathrm{d}A_e + \int_{V_e} N_i H \boldsymbol{P}_b \mathrm{d}V_e + N_i H \boldsymbol{P} \quad (i=1,2,3,4) \tag{15-29}$$

其中，H 为(15-8)式表示的 Heaviside 函数，即结点切割附加自由度所对应的切割加强函数。外载荷向结点裂尖附加自由度转化的结点载荷转化公式为

$$\boldsymbol{q}_e^{\mathrm{tip}}|_i = \int_{A_e} N_i \varphi_j \boldsymbol{P}_s \mathrm{d}A_e + \int_{V_e} N_i \varphi_j \boldsymbol{P}_b \mathrm{d}V_e + N_i \varphi_j \boldsymbol{P} \quad (i,j=1,2,3,4) \tag{15-30}$$

其中，φ_j 为(15-13)式描述的结点裂尖附加自由度所对应的裂尖加强函数。

15.2.3 形函数及相关偏导数

在整体刚度方程(15-27)式的建立过程中，用到了四边形等参元的形函数及其与加强函

数乘积对整体空间坐标的偏导数,合理正确地计算这些偏导数对于程序设计至关重要。四边形等参元的形函数为

$$N_i(\xi,\eta)=\frac{1}{4}(1+\xi_i\xi)(1+\eta_i\eta) \quad (i=1,2,3,4) \tag{15-31}$$

其中,ξ_i 和 η_i 为图 15-3(a)所示的局部坐标系下的结点坐标,单元内任一点整体坐标和局部坐标间的转换关系为

$$\left.\begin{aligned} x=\sum_{i=1}^{4}N_i(\xi,\eta)x_i \\ y=\sum_{i=1}^{4}N_i(\xi,\eta)y_i \end{aligned}\right\} \tag{15-32}$$

其中,x_i 和 y_i 为图 15-3(b)所示整体坐标系下的结点坐标。

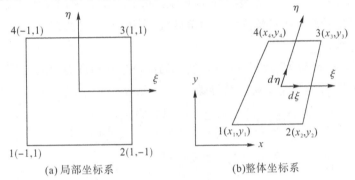

(a) 局部坐标系   (b)整体坐标系

图 15-3 四边形等参元

形函数 N_i 对整体坐标的偏导数和对局部坐标的偏导数的关系为

$$\left\{\begin{matrix}\dfrac{\partial N_i}{\partial x}\\[2mm]\dfrac{\partial N_i}{\partial y}\end{matrix}\right\}=\boldsymbol{J}^{-1}\left\{\begin{matrix}\dfrac{\partial N_i}{\partial \xi}\\[2mm]\dfrac{\partial N_i}{\partial \eta}\end{matrix}\right\} \tag{15-33}$$

其中,

$$\boldsymbol{J}=\begin{bmatrix}\dfrac{\partial x}{\partial \xi} & \dfrac{\partial y}{\partial \xi}\\[2mm]\dfrac{\partial x}{\partial \eta} & \dfrac{\partial y}{\partial \eta}\end{bmatrix} \tag{15-34}$$

称为Jacobi矩阵,可利用整体坐标和局部坐标间的转换关系(15-32)式计算得到。

形函数和切割加强函数的乘积 N_iH,对整体坐标的偏导数可表示为

$$\left.\begin{aligned}\frac{\partial(N_iH)}{\partial x}=\frac{\partial N_i}{\partial x}H\\[2mm]\frac{\partial(N_iH)}{\partial y}=\frac{\partial N_i}{\partial y}H\end{aligned}\right\} \tag{15-35}$$

可见只要根据(15-33)式,求出形函数 N_i 对整体坐标的偏导数后,带入(15-35)式即可求出 N_iH 对整体坐标的偏导数。

形函数和裂尖加强函数的乘积 $N_i\varphi_j$,对整体坐标的偏导数可表示为

$$
\left.\begin{array}{l}
\dfrac{\partial(N_i\varphi_j)}{\partial x}=\varphi_j\ \dfrac{\partial N_i}{\partial x}+N_i\ \dfrac{\partial \varphi_j}{\partial x}\\[3mm]
\dfrac{\partial(N_i\varphi_j)}{\partial y}=\varphi_j\ \dfrac{\partial N_i}{\partial y}+N_i\ \dfrac{\partial \varphi_j}{\partial y}
\end{array}\right\}\quad (j=1,2,3,4)
\qquad (15\text{-}36)
$$

其中的形函数 N_i 对整体坐标的偏导数可根据(15-33)式求得,而裂尖加强函数 φ_j 是在如图 15-3 所示裂纹尖端局部极坐标下描述的函数,其对整体坐标的偏导数不能直接计算,可进一步描述为

$$
\left.\begin{array}{l}
\dfrac{\partial \varphi_j}{\partial x}=\dfrac{\partial \varphi_j}{\partial x'}\dfrac{\partial x'}{\partial x}+\dfrac{\partial \varphi_j}{\partial y'}\dfrac{\partial y'}{\partial x}\\[3mm]
\dfrac{\partial \varphi_j}{\partial y}=\dfrac{\partial \varphi_j}{\partial x'}\dfrac{\partial x'}{\partial y}+\dfrac{\partial \varphi_j}{\partial y'}\dfrac{\partial y'}{\partial y}
\end{array}\right\}\quad (j=1,2,3,4)
\qquad (15\text{-}37)
$$

其中,x' 和 y' 为如图 15-2 所示的裂纹局部坐标。只要求出裂尖加强函数 φ_j 对裂纹局部坐标的偏导数和裂纹局部坐标对整体坐标的偏导数,利用(15-37)式即可得到裂尖加强函数 φ_j 对整体坐标的函数。

根据如图 15-2 所示的裂纹局部坐标、裂尖局部极坐标和裂尖加强函数(15-13)式,可以得到裂尖加强函数 φ_j 对局部坐标的偏导数,即

$$
\left.\begin{array}{l}
\dfrac{\partial \varphi_1}{\partial x'}=-\dfrac{\sin(\theta/2)}{2\sqrt{r}},\ \dfrac{\partial \varphi_1}{\partial y'}=-\dfrac{\cos(\theta/2)}{2\sqrt{r}}\\[4mm]
\dfrac{\partial \varphi_2}{\partial x'}=\dfrac{\cos(\theta/2)}{2\sqrt{r}},\ \dfrac{\partial \varphi_2}{\partial y'}=\dfrac{\sin(\theta/2)}{2\sqrt{r}}\\[4mm]
\dfrac{\partial \varphi_3}{\partial x'}=-\dfrac{\sin\theta\sin(3\theta/2)}{2\sqrt{r}},\ \dfrac{\partial \varphi_3}{\partial y'}=\dfrac{\sin(\theta/2)+\sin(3\theta/2)\cos\theta}{2\sqrt{r}}\\[4mm]
\dfrac{\partial \varphi_4}{\partial x'}=-\dfrac{\sin\theta\cos(3\theta/2)}{2\sqrt{r}},\ \dfrac{\partial \varphi_4}{\partial y'}=\dfrac{\cos(\theta/2)+\cos(3\theta/2)\cos\theta}{2\sqrt{r}}
\end{array}\right\}
\qquad (15\text{-}38)
$$

根据如图 15-2 所示的整体坐标和裂纹局部坐标间的关系,可以得到裂纹局部坐标相对整体坐标的偏导数

$$
\left.\begin{array}{l}
\dfrac{\partial x'}{\partial x}=\cos\beta,\ \dfrac{\partial x'}{\partial y}=\sin\beta\\[3mm]
\dfrac{\partial y'}{\partial x}=-\sin\beta,\ \dfrac{\partial y'}{\partial y}=\cos\beta
\end{array}\right\}
\qquad (15\text{-}39)
$$

其中,β 为裂纹尖端切线与 x 轴的夹角,如图 15-2 所示。

15.3 裂纹扩展准则

15.3.1 应力强度因子的计算

应力强度因子的常用数值计算方法有单元应力外推法、结点位移外推法、J 积分法等。研究表明,J 积分法计算应力强度因子的精度高,本章采用该法计算应力强度因子。对于平面应力问题,I 型裂纹和 II 裂纹的应力强度因子,可统一描述为

$$K=\frac{E}{2}\int_A(\boldsymbol{\sigma}_{ij}\boldsymbol{u}_{i,1}^{\text{aux}}+\boldsymbol{\sigma}_{ij}^{\text{aux}}\boldsymbol{u}_{i,1}-\boldsymbol{\sigma}_{ik}\boldsymbol{\varepsilon}_{ik}^{\text{aux}}\delta_{1j})q_{,j}\mathrm{d}A \tag{15-40}$$

其中,u_i^{aux}、$\varepsilon_{ik}^{\text{aux}}$、$\sigma_{ij}^{\text{aux}}$ 为辅助位移分量、辅助应变分量、辅助应力分量,q 为权函数。

对于平面应力问题,辅助位移分量对坐标的偏导数描述为

$$\left.\begin{aligned}u_{1,1}^{\text{aux}}&=\frac{1+\mu}{2E}(\sqrt{\frac{r}{2\pi}}f_{1,1}+\frac{f_1}{2\sqrt{2\pi r}}r_{,1}),u_{1,2}^{\text{aux}}=\frac{1+\mu}{2E}(\sqrt{\frac{r}{2\pi}}f_{1,2}+\frac{f_1}{2\sqrt{2\pi r}}r_{,2})\\u_{2,1}^{\text{aux}}&=\frac{1+\mu}{2E}(\sqrt{\frac{r}{2\pi}}f_{2,1}+\frac{f_2}{2\sqrt{2\pi r}}r_{,1}),u_{2,2}^{\text{aux}}=\frac{1+\mu}{2E}(\sqrt{\frac{r}{2\pi}}f_{2,2}+\frac{f_2}{2\sqrt{2\pi r}}r_{,2})\end{aligned}\right\} \tag{15-41}$$

其中,f_1 和 f_2 为图 15-2 所示裂纹尖端局部极坐标 θ 的函数,在计算 I 裂纹的应力强度因子 K_I 时,

$$\left.\begin{aligned}f_1&=\frac{4-4\mu}{1+\mu}\cos\frac{\theta}{2}+2\sin\theta\sin\frac{\theta}{2}\\f_2&=-\frac{8}{1+\mu}\sin\frac{\theta}{2}-2\sin\theta\cos\frac{\theta}{2}\end{aligned}\right\} \tag{15-42}$$

在计算 II 裂纹的应力强度因子 K_{II} 时,

$$\left.\begin{aligned}f_1&=-\frac{4-4\mu}{1+\mu}\sin\frac{\theta}{2}+2\sin\theta\cos\frac{\theta}{2}\\f_2&=-\frac{8}{1+\mu}\cos\frac{\theta}{2}+2\sin\theta\sin\frac{\theta}{2}\end{aligned}\right\} \tag{15-43}$$

根据(15-41)式求出辅助位移分量对坐标的偏导数,根据几何方程(15-2)式求出辅助应变分量 $\varepsilon_{ik}^{\text{aux}}$,再根据物理方程(15-19)式求出辅助应力分量 σ_{ij}^{aux}。在计算平面应变问题的应力强度因子时,只需将(15-41)式、(15-42)式和(15-43)式中的 E 和 μ 分别用 $E/(1-\mu^2)$ 和 $\mu/(1-\mu)$ 替换即可。

在应力强度因子的计算式(15-40)式中的权函数 q 在积分区域 A 内的结点处的取值为 1,在积分区域 A 单元内任一点的值为

$$q=\sum_{i=1}^4 N_i q_i \tag{15-44}$$

其中,N_i 单元形函数。式(15-40)中的积分区域位于以裂纹尖端为圆心半径为 R 的圆内,且有

$$R=r_k h_e \tag{15-45}$$

其中,h_e 为裂纹尖端处的单元尺寸,r_k 为常数,通常取值为 2。

15.3.2 最拉应力理论

裂纹扩展判据是断裂力学的重要内容,它主要解决两方面问题:①裂纹在什么条件下开始扩展;②裂纹沿着什么方向扩展。脆性材料裂纹扩展判据主要包括最大周向应力理论,应变能密度因子理论和最大拉应力理论。本章采用最大拉应力理论。

最大拉应力理论是 Palaniswamy 和 Knauss 于 1978 年建立的,它认为裂纹扩展方向与最大主应力方向垂直,当裂纹端部最大主应力达到极限值时裂纹开始扩展。根据该理论,平面复合裂纹的扩展条件描述为

$$\frac{f_1(K_{\text{I}}, K_{\text{II}}, \theta) + f_2(K_{\text{I}}, K_{\text{II}}, \theta)}{2\sqrt{2\pi r}} = \sigma_t \tag{15-46}$$

其中,σ_t 为材料的拉伸强度极限,r 和 θ 为图 15-3 所示的裂纹尖端局部极坐标系内的极坐标,K_{I} 和 K_{II} 为 I 和 II 型裂纹的应力强度因子,

$$f_1(K_{\text{I}}, K_{\text{II}}, \theta) = 2K_{\text{I}}\cos\frac{\theta}{2} - 2K_{\text{II}}\sin\frac{\theta}{2} \tag{15-47}$$

$$f_2(K_{\text{I}}, K_{\text{II}}, \theta) = \sqrt{K_{\text{I}}^2\sin^2\theta + K_{\text{II}}^2(1 - \frac{3}{4}\sin^2\theta) + 4K_{\text{I}}K_{\text{II}}\cos\theta\sin\theta} \tag{15-48}$$

裂纹的扩展方向描述为

$$\theta_c = \arccos\left(\frac{3K_{\text{II}}^2 + \sqrt{K_{\text{I}}^4 + 8K_{\text{I}}^2K_{\text{II}}^2}}{K_{\text{I}}^2 + 9K_{\text{II}}^2}\right) \tag{15-49}$$

15.4 相关计算技术

15.4.1 单元的数值积分

由(15-25)式可知在计算单元刚度矩阵时涉及积分运算,对于平面四边形等参元(15-25)式可以表示为

$$k_{ij}^{\alpha\beta} = t\int_{-1}^{1}\int_{-1}^{1}(B_i^\alpha)^{\text{T}}DB_j^\beta|J|\,\mathrm{d}\xi\mathrm{d}\eta \quad (\alpha, \beta = \text{non}, \text{cut}, \text{tip}) \tag{15-50}$$

其中,$|J|$ 为(15-34)式描述的 Jocobi 矩阵的行列式,B_i^{non}、B_i^{cut} 和 B_i^{tip} 代表(15-5)式、(15-11)式和(15-16)式描述的常规应变矩阵、切割应变矩阵和裂尖应变矩阵。对于 α 和 β 都等于 non 的常规单元,式积分(15-50)式计算和 CFEM 完全相同,采用高斯积分,取 4 个积分点就可以满足精度要求。

对于 α 和 β 不都等于 non 的非常规单元,式积分(15-50)式是不连续函数的积分,本章将含裂纹的单元沿着裂纹所在位置分割成若干个四边形子域,在每个子域进行 4 个积分点的高斯积分,再将各子域内的积分相加,得到整个单元的积分。对于被裂纹完全分割方案的单元如图 15-4(a)所示,即从 2 个被裂纹分割区域的形心向每个区域周围各边中点连线,将单元分割成若干个四边形。对于包含裂纹尖端的单元的子域划分方案如图 15-4(b)所示,即从裂纹尖端点向不和裂纹相交的 3 个边的中点连线,将单元分割成若干个四边形。

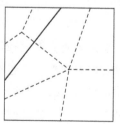 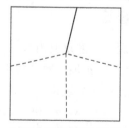

(a)裂纹完全分割的单元　　(b)包含裂纹尖端的单元

图 15-4　非常规单元的分割方案

15.4.2　裂纹及扩展路径的识别

与 CFEM 不同的是在 XFEM 程序设计中,需要识别裂纹初始位置与扩展路径,以确定非常规单元类别和具体位置。本章将裂纹的初始位置和扩展路径,由一组相互连接的直线段描述,用二维数组存放各直线段端点的坐标。为便于跟踪裂纹的扩展路径,裂纹的初始位置和裂纹扩展路径分别用不同的二维数组存放。借助裂纹面的法向水平集函数和切向水平集函数,确定包含裂纹的非常规单元及其加强结点类型。

如图 15-5 所示裂纹面水平集函数示意图,其中 ϕ_1 和 ϕ_2 为切向水平集函数,Ψ 为法向水平集函数。如图 15-2 所示单元类型为②的裂纹完全切割单元的水平集函数满足

$$\phi_{1\max}<0, \phi_{2\max}<0, \Psi_{\max}\Psi_{\min}\leqslant 0 \tag{15-51}$$

其结点加强类型为切割加强结点,即如图 15-3 所示小方框内的结点。如图 15-2 所示单元类型③的裂纹尖端单元的水平集函数满足

$$\phi_{1\max}\phi_{1\min}<0, \phi_{2\max}\phi_{2\min}<0, \Psi_{\max}\Psi_{\min}\leqslant 0 \tag{15-52}$$

其结点加强类型为裂尖加强结点,即如图 15-2 所示小圆圈内的结点。若单元的水平集函数不满足(15-49)式和(15-50)式所描述的条件,则其单元类型为如图 15-2 所示单元类型为①的常规单元,其结点为普通结点,即如图 15-2 所示无特殊标记的结点。

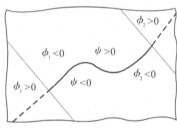

图 15-5　裂纹的水平集函数

15.4.3　附加自由度的处理

与 CFEM 相比由于结点附加自由度的存在,XFEM 在形成总体刚度矩阵和整体载荷列阵,建立整体刚度方程的过程要相对复杂一些。为便于利用 CFEM 中的建立整体刚度方程的"对号入座法"建立 XFEM 中的总体刚度方程,本章在包含附加自由度的结点处设置附加结点,在于包含切割附加自由度的结点(即切割加强结点)设置 1 个附加结点,在包含裂尖附加自由度的结点(即裂尖加强结点)设置 4 个附加结点。

为了便于识别裂纹位置和扩展路径,结点的编号顺序遵循如下原则:先编真实结点的编号,再编原始裂纹引起附加结点的编号,然后按照扩展次序编裂纹扩展引起的附加结点的编号。按照上述原则对普通结点和附加结点进行结点编号后,按"对号入座法"法形成的总体刚度方程,求解总体方程后得到如下整体结点自由度列阵

$$U=[U_d, U_{a0}, U_{a1}]^{\mathrm{T}} \tag{15-53}$$

其中,

$$U_d=[u_1^d, v_1^d, u_2^d, v_2^d, \cdots, u_N^d, v_N^d]^{\mathrm{T}} \tag{15-54}$$

为结点位移列阵,N 为真实结点总数;

$$\boldsymbol{U}_{a0} = [u_1^{a0}, v_1^{a0}, u_2^{a0}, v_2^{a0}, \cdots, u_M^{a0}, v_M^{a0}]^{\mathrm{T}} \qquad (15\text{-}55)$$

为初始裂纹附加自由度列阵，M 为初始裂纹附加结点总数；

$$\boldsymbol{U}_{a1} = [u_1^{a1}, v_1^{a1}, u_2^{a1}, v_2^{a1}, \cdots, u_K^{a1}, v_K^{a1}]^{\mathrm{T}} \qquad (15\text{-}56)$$

为裂纹扩展附加自由度列阵，K 为裂纹扩展附加结点总数。

15.5 工程应用算例

15.5.1 数值算例一

图 15-6 为缝隙内压作用下的岩体 XFEM 模型，长和宽分别为 2m 和 1m，上部居中竖直方向裂纹长 0.2m，如图中红色粗实线所示，模型中共含 1540 个平面应变四边形等参元，其中沿高度和宽度两方向的单元数分别为 55 和 28 个。岩体的材料参数如下：弹性模量 $E=$ 10GPa，泊松比 $v=0.2$，拉伸强度极限 $\sigma_t=6$MPa。边界条件为：在 $x=0$ 和 $x=2$ 的左右两边的 x 方向位移 $u=0$，在 $y=0$ 的底边 y 方向的位移 $v=0$。施加的静载荷为：裂缝内施加的内压由 0 逐渐增加到 6Mpa。

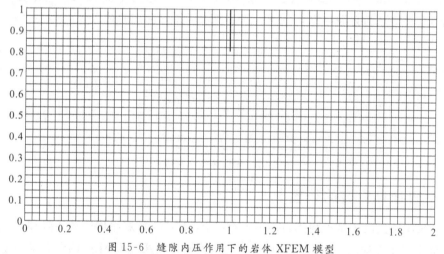

图 15-6 缝隙内压作用下的岩体 XFEM 模型

图 15-7 为通过数值计算得到的缝隙内压作用下岩体裂纹的扩展路径图，其中红色实线代表初始裂纹，蓝色虚线代表裂纹的扩展路径。裂纹沿着原始裂纹方向扩展，直到模型沿中部完全断开。根据图 15-6 中模型的载荷和边界条件，该模型中的裂纹属于 I 型裂纹，II 裂纹应力强度因子 $K_{II}=0$，将 $K_{II}=0$ 带入(48)式得到 $\theta_c=0^0$，即裂纹沿着原始裂纹方向扩展，因此图 15-7 通过数值计算得到的裂纹扩展路径和最大应力理论(15-48)式的结果完全一致，可见对图 15-6 中 XFEM 模型的数值计算结果是合理的。

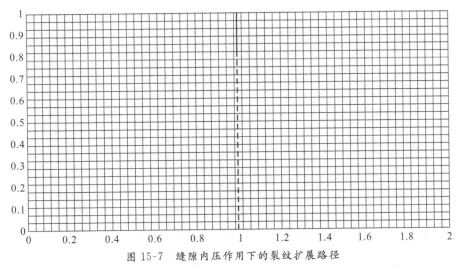

图 15-7　缝隙内压作用下的裂纹扩展路径

图 15-8 为图 15-6 中计算模型的外力功/弹性能与缝隙内压间的关系曲线,其中红色虚线为弹性能与缝隙内压间的关系曲线,蓝色实线为外力功与内压间的关系曲线,图 15-8(a) 和图 15-8(b) 分别为曲线的整体图和局部放大图,A 点对应的缝隙内压为 $p_1 = 3.96\text{MPa}$,B 点和 C 点对应的缝隙内压均为 $p_2 = 3.97\text{MPa}$。当缝隙内压力小于 p_1 时,弹性能与缝隙内压间的关系曲线和外力功与缝隙内压间的关系曲线重合,这是由于本章将岩体描述为线弹性材料,因此在裂纹未扩展前缝隙内压的外力功完全转化为模型的弹性能。当缝隙内压超过 p_1 时,弹性能曲线和外力功曲线均发生突变,这是由于裂纹扩展,裂缝间相对位移急剧增加,导致缝隙内压作功急剧增加引起的,可见 A 点对应的缝隙内压 p_1 为裂纹开始扩展的临界内压。当弹性能曲线达到 B 点突变结束,当外力功曲线达到 C 点突变结束,这是由于模型沿扩展路径完全断开后,弹性能和外力功又开始连续缓慢变化,因此 C 点和 D 点对应的内压 p_2 为模型完全断开时所对应的裂纹扩展结束内压。弹性能曲线和外力功曲线达到 A 点后,外力功开始大于弹性能,这是由于外力功未完全转变变为弹性能,其中一部分转化为裂纹面扩展所需要消耗的能量的缘故。

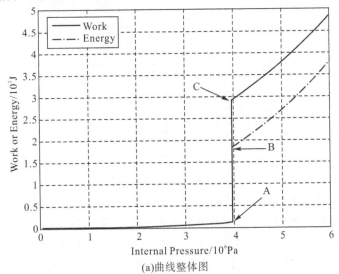

(a)曲线整体图

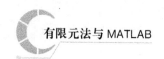

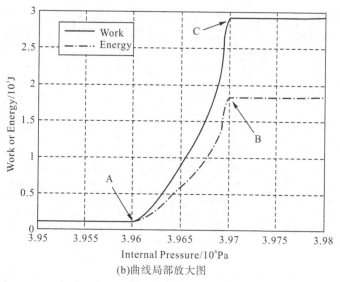

(b)曲线局部放大图

图 15-8　外力功/弹性能量与载荷的关系曲线

15.5.2　数值算例二

图 15-9 为内压和剪切共同作用下的含裂纹岩体的 XFEM 计算模型,其几何尺寸、材料参数、裂纹位置、裂纹长度与图 15-6 缝隙内压作用下的岩体 XFEM 模型相同。模型中包含 6327 个平面应变四边形等参元,其中高度和宽度两方向的单元数分别为 111 和 57 个。边界条件为:在 $x=0$ 的左边界的 x 方向和 y 方向位移 $u=0$ 和 $v=0$,在 $x=2$ 的右边界水平位移 $u=0$。在计算过程中裂缝中的内压由 0 逐渐增加到 $4.5\mathrm{MPa}$,$x=2$ 的右边界的 y 负方向的位移由 0 逐渐增加到 $0.6\mathrm{mm}$。

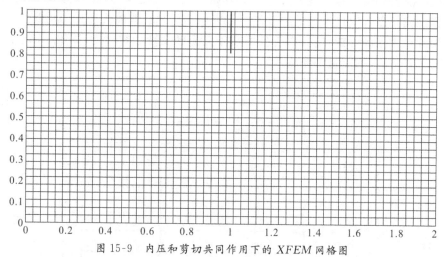

图 15-9　内压和剪切共同作用下的 XFEM 网格图

图 15-10 为经过数值计算得到图 15-9 中含裂纹岩体在裂缝内压与剪切共同作用下,裂纹扩展后的岩体位移云图,图 15-10(a)为岩体的水平位移云图,图 15-10(b)为岩体的竖直应力云图。可以看出岩体中在原始裂纹和裂纹扩展路径附近的水平位移场和竖直位移场均发生了突变,这是由于裂纹的存在及扩展引起岩体结构几何不连续所致的结果。

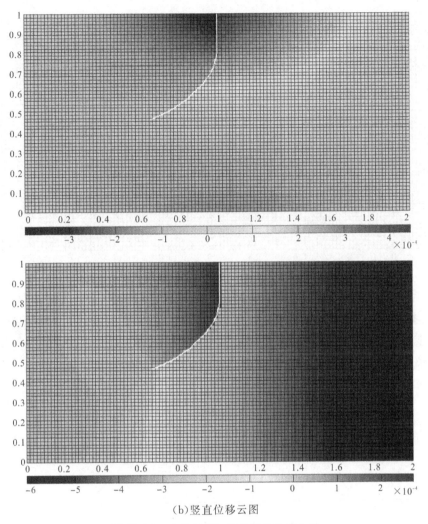

(b)竖直位移云图

图 15-10　内压与剪切作用下的位移云图

　　为方便对数值模拟结果的分析,在图 15-11 中用红色虚线绘制了含裂纹岩体在缝隙内压和剪切共同作用下的裂纹扩展路径,用粉色的点划线定义了一个穿过裂纹扩展路径的水平结点路径,其中的蓝色实线代表岩体内的初始裂纹。在缝隙内压与剪切作用,裂纹不再沿着其原来所在的直线方向扩展。根据边界条件和载荷条件,可知图 15-9 中计算模型中的裂纹为 I－II 混合型裂纹,应力强度因子 K_{I} 和 K_{II} 都不为零,根据最大拉应力理论(15-49)式可知 $\theta_c \neq 0^\circ$,裂纹也不应该沿着初始裂纹所在的直线方向扩展。可见对图 15-9 中 XFEM 计算模型的计算结果符合最大拉应力理论。

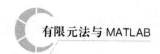

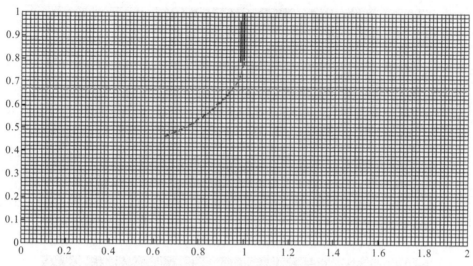

图 15-11　裂纹扩展路径、水平结点路径和初始裂纹

　　图 15-12 为数值计算结束时图 15-11 中水平结点路径上各结点的水平位移的路径分布曲线,由于裂纹的存在水平位移的路径分布曲线出现了突变。不难发现水平位移路径分布曲线的突变位置,与图 15-11 中裂纹扩展路径与水平结点路径的交点的位置是一致的,这也说明了对图 15-9 中 XFEM 计算模型的数值计算结果的合理性。

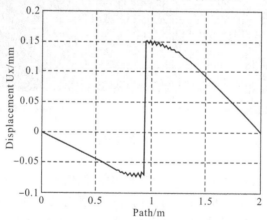

图 15-12　水平位移的路径分布曲线

第 15 章习题

习题 15-1 习题 15-1 图所示含一贯穿裂纹的三角形单元,已知其结点位移和附加自由度分别为 $u_1, v_1, u_2, v_2, u_3, v_3$ 和 $u_1^{cut}, v_1^{cut}, u_2^{cut}, v_2^{cut}, u_3^{cut}, v_3^{cut}$。求单元内点 $A(0.5, 1)$ 的位移分量。

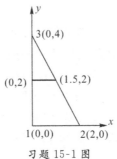

习题 15-1 图

习题 15-2 习题 15-2 图所示包含裂纹尖端的三角形单元。推导该单元的裂尖附加应变矩阵表达式。

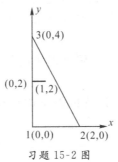

习题 15-2 图

习题 15-3 习题 15-2 图所示包含裂纹尖端的三角形单元,若已知其结点位移和附加自由度分别为 $u_1, v_1, u_2, v_2, u_3, v_3$ 和 $u_1^{tip}, v_1^{tip}, u_2^{tip}, v_2^{tip}, u_3^{tip}, v_3^{tip}$。求单元内点 $A(0.5, 1)$ 的位移分量。

习题 15-4 推导习题 15-1 图所示含一贯穿裂纹三角形单元的切割附加应变矩阵的表达式。

参考文献

1. 王勖成.有限单元法[M].北京:清华大学出版社,2003.

2. 薛守义.有限元法[M].北京:中国建筑出版社,2005.

3. 曾攀.有限元分析及应用[M].北京:清华大学出版社,2004.

4. 张雄,王天舒.计算动力学[M].北京:清华大学出版社,2007.

5. 署恒木,仝兴华.工程有限单元法[M].青岛:中国石油大学出版社,2006.

5. 周博,薛世峰,朱秀星.固体力学:理论及 MATLAB 求解[M].青岛:中国石油大学出版社,2021.

6. 周博,薛世峰.基于 MATLAB 的有限元法与 ANSYS 应用[M].北京:科学出版社,2015.

7. 周博,薛世峰.MATLAB 工程与科学绘图[M].北京:清华大学出版社,2015.

8. 周博,孙博,薛世峰.岩石断裂力学的扩展有限元法[J].中国石油大学学报(自然科学版),2016,40(4):121−126.

9. 周博,薛世峰.基于扩展有限元的应力强度因子的位移外推法[J].力学与实践,2017,39(4):371−378.

10. 周博,薛世峰.石油院校有限元法课程的教学改革探索[J].石油教育,2017,1(1):70−73.